集成电路系列丛书 · 集成电路设计 ·

国产EDA系列教材

微波射频电路设计与实践教程

——基于华大九天微波射频电路全流程设计平台AetherMW

张 兰 王才军 邹 炼 / 编著

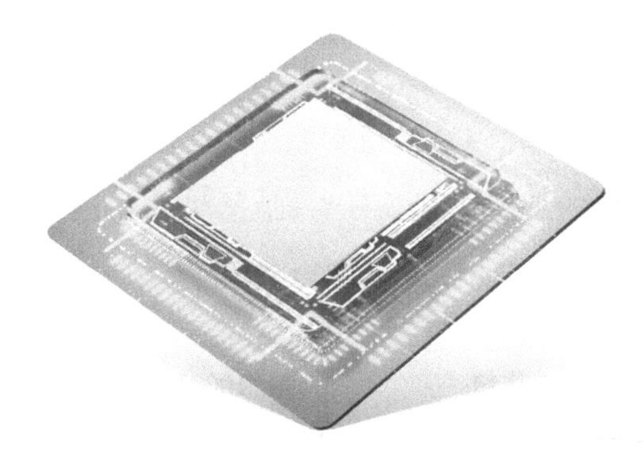

電子工業出版社
Publishing House of Electronics Industry
北京 · BEIJING

内 容 简 介

本书主要介绍基于国产微波射频电路全流程设计平台 AetherMW 进行微波射频电路设计与仿真的方法。本书将基本概念、模块设计与系统设计相结合，涉及微波射频系统概述、阻抗匹配电路设计、功率分配器设计、定向耦合器设计、射频滤波器设计、射频放大器设计、混频器设计、雷达射频前端设计与仿真、常用测量仪器及 AetherMW 等内容。书中各模块的设计均从实际的工程技术指标入手，按照“理论分析—模块分割—指标参数计算—电路仿真与实现”的过程展开，重点关注通用微波射频电路的理论知识及设计方法，力图达到概念清晰、思路流畅、方法多样、过程明了、理论联系实际的效果，满足微波射频工程领域不同层次读者的需求。

本书包含大量的工程实例，可作为通信工程、电子信息工程、电波传播与天线等专业相关课程的教材，特别是相关实验课程的教材，也可供相关专业的科研工作者、工程技术人员、无线电爱好者查阅使用。

图书在版编目（CIP）数据

微波射频电路设计与实践教程 ： 基于华大九天微波射频电路全流程设计平台 AetherMW / 张兰， 王才军， 邹炼编著. -- 北京 ： 电子工业出版社， 2024. 10.
(集成电路系列丛书). -- ISBN 978-7-121-48809-2

Ⅰ. TN710.02

中国国家版本馆 CIP 数据核字第 2024TV3628 号

责任编辑：魏子钧（weizj@phei.com.cn）
印　　刷：固安县铭成印刷有限公司
装　　订：固安县铭成印刷有限公司
出版发行：电子工业出版社
北京市海淀区万寿路 173 信箱　　邮编：100036
开　　本：787×1092　1/16　印张：16.75　字数：415 千字
版　　次：2024 年 10 月第 1 版
印　　次：2025 年 1 月第 2 次印刷
定　　价：69.00 元

凡所购买电子工业出版社图书有缺损问题，请向购买书店调换。若书店售缺，请与本社发行部联系，联系及邮购电话：（010）88254888，88258888。

质量投诉请发邮件至 zlts@phei.com.cn，盗版侵权举报请发邮件至 dbqq@phei.com.cn。

本书咨询联系方式：（010）88254613。

前　言

随着信息技术的飞速发展，电子设计自动化（EDA）软件成为从事微波射频设计的必备工具。鉴于国内微波射频设计与仿真相关的教材相对较少、学习资料不系统的情况，为了满足通信工程、电子信息工程、电波传播与天线等专业学生的“微波技术”“射频电路”等专业必修课程的开设需求，连接理论知识与实际无线系统“最后一公里”，作者团队有针对性地编写了本书。

本书主要介绍基于国产微波射频电路全流程设计平台AetherMW进行微波射频电路设计与仿真的方法。不同于传统的EDA软件工具书，本书不仅关注软件介绍和使用本身，还将基本概念、模块设计与系统设计相结合，以典型的射频前端系统技术需求的实现为目标自上而下地展开。本书共9章。第1章从微波射频频段划分和电路特点、典型射频结构、射频系统设计主要考虑因素、典型射频系统介绍等方面展开，对射频电路基础和微波系统设计等进行了介绍。第2章至第7章为典型微波射频电路设计，包括微波射频无源器件和有源器件的设计，共6个设计项目，分别为阻抗匹配电路设计、功率分配器设计、定向耦合器设计、射频滤波器设计、射频放大器设计、混频器设计。这些设计项目大都按照射频器件实际的设计方法与步骤展开，在进行基本原理分析、明确设计背景和关键参数指标后，给出设计方法，主要包括参数计算、选择元器件、设计电路图、仿真指标及优化电路等，设计方法及过程部分包含清晰的关键步骤和操作规程。第8章介绍了以海洋探测雷达产品为原型的一个射频系统级的综合项目，其遵循典型射频系统的设计流程，结合设计背景和应用需求开展射频前端设计，使用射频仿真软件完成系统的电路建模，完成系统功能及关键参数仿真与性能评估。第9章对微波射频电路测量中常用设备（如频谱分析仪和矢量网络分析仪）的工作原理及使用方法进行了说明，并重点对电路设计和系统仿真中用到的AetherMW的基本功能和使用方法进行了较为详细的介绍。

本书由张兰、王才军和邹炼编著，张兰对全书进行了整理和统稿。在本书的编写过程中，华大九天公司的余涵、梁艳、邓检、腊晓丽、邹兰榕、张涛、薛新东等资深专家给予了大力支持，为书中电路仿真实例等相关内容提供了大量的软件协助、案例参考和技术支持，在此向他们表示衷心感谢。同时，在本书编写过程中，作者参考和引用了许多同类资料的相关内容及华大九天公司提供的技术资料，在此向这些资料的作者和华大九天公司一并表示感谢。此外，在书稿整理过程中，研究生高世宇和本科生张瀚聪、林鸿炜、樊祖伊等参与了部分插图绘制和文字校对的工作。电子工业出版社的魏子钧编辑对本书的出版给予了极大的支持和帮助，在此深表谢意。

由于作者水平有限，书中难免有不妥之处，恳请读者批评指正。

目　录

第1章 微波射频系统概述

1.1 基本概念

射频（Radio Frequency，RF），其英文直译为“无线电频率”，这是从信号传播的角度判别的，即只要是通过无线的方式发送和接收信息的系统都可以认为是射频系统。典型射频系统包括通信系统和雷达系统等，主要应用实例包括无线通信、卫星通信、雷达、广播、导航、射频识别、遥感、医学应用、无人机、无人船、无人车等。微波（Micro Wave，MW），其英文直译为“微小的波长”，这是从电路或目标尺寸的角度判别的，即当信号的波长远小于电子系统的实际尺寸（如飞机、船舶、电路板、元器件等）时，该电子系统可被定义为微波系统。射频系统与微波系统并没有严格的界限，一般认为射频频段低于微波频段，由于两类系统的设计理念存在千丝万缕的联系（除非是在非常具体的细节设计方面），因此很多系统工程师都笼统地将射频系统与微波系统的设计方法归为一类。

1.1.1 频段划分

频率是一种不可再生、排他性的资源，一旦某个频段被分配给某项业务，其他设备就不允许再使用该频段。作为一种社会资源，频段的规划和分配非常重要，然而频段划分并没有统一的定义，历史上，政府部门、社会机构、军方等实权单位都曾参与频段的命名和分配。目前比较通用的频段划分有三类：其一是美国电气与电子工程师学会（Institute of Electrical and Electronics Engineers，IEEE）建立的 IEEE 频段，主要负责为不同的频段命名；其二是联合国专门机构之一的国际电信联盟（International Telecommunication Union，ITU）建立的 ITU 频段，主要负责为各类无线设备分配具体的工作频段；其三是美国军用标准频段，主要服务于军事应用，部分国家也有沿用该命名标准的。

图 1.1 给出了 IEEE 频段命名规则，从频率的角度，频段分为赫兹（Hz）、千赫兹（kHz）、兆赫兹（MHz）、吉赫兹（GHz）、太赫兹（THz）等；从波长的角度，频段分为超长波、长波、中波、短波、超短波（米波）、微波（分米波、厘米波、毫米波）、亚毫米波等；从常用的特定频段的角度，频段分为音频（VF）、甚低频（VLF）、低频（LF）、中频（MF）、高频

（HF）、甚高频（VHF）、特高频（UHF）、超高频（SHF）、极高频（EHF）等。从图 1.1 可以看出，无线系统使用的频段从甚低频到极高频甚至光波。大体而言，射频与微波工程覆盖 300kHz～300GHz 及部分亚毫米波等广阔的无线频段，介于声学频段与光电频段之间。中频（300kHz～3MHz）为中波，常用于超远距离广播通信、水下通信、声学无线收发设备等；高频（3MHz～30MHz）为短波，大多数短波广播、军事通信、超视距雷达使用这个范围；甚高频（30MHz～300MHz）为米波，常用于数字电视、海上通信、中远距离通信、米波雷达、调频广播等；特高频（300MHz～3GHz）为分米波，由移动通信系统、导航系统、微波雷达及卫星无线电系统等使用；超高频（3GHz～30GHz）为厘米波，主要用于微波雷达、卫星无线电系统等；极高频（30GHz～300GHz）为毫米波，主要用于射电天文、卫星通信和雷达系统等。射频系统与微波系统在设计思想、设计方法、系统结构、有源和无源器件功能、系统指标定义等各方面都有相似性。区分射频工程与微波工程最直接的特征是信号波长与电路尺寸的相对关系。受早期电子工艺限制，电路元器件和互连线的尺寸较大，射频工程一般指频率范围为 300kHz～300MHz 的电路和系统，而频率超过 300MHz、波长达到分米波以下就需要考虑微波工程。随着微电子工艺的发展，电路尺寸达到纳米（nm）级，元器件集成度持续提高，传统的专用微波元器件功能可以使用普通主流的电子元器件实现，射频工程与微波工程的差异正在不断缩小。一般认为，射频频段上扩至数吉赫兹（如 C/X 频段）、数十吉赫兹（如毫米波频段），涵盖大部分商用通信系统和非军用雷达、导航系统；微波频段上扩至数太赫兹和红外频段（或亚毫米波频段）。

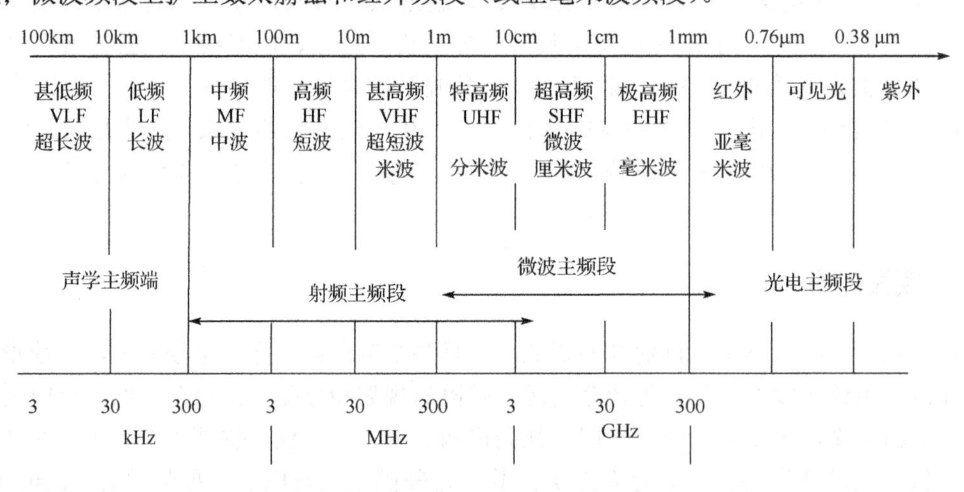

图 1.1　IEEE 频段命名规则

频率资源是有限的，随着电子和通信技术的快速发展，频率资源越加珍贵。不同无线电设备工作需要遵循分配的频率和功率标准，ITU 负责协调和分配全世界的频率资源，并按区域划分频率资源，如第一区包括欧洲、非洲，第二区包括北美洲、南美洲，第三区包括亚洲、大洋洲等。我国属于 ITU 第三区，在我国工作的无线电设备均须由工业和信息化部下属国家无线电监测中心负责管理和分配频率资源。

表 1.1 列出了我国第 5 代移动通信（5G）技术的频段分配，基本上沿用了 ITU 授权给我国的频段。从表 1.1 中可以看出，5G 频段保留了部分使用 2G/3G/4G 技术的频段，

其中部分频段沿用了 LTE（Long Term Evolution）4G 的频段编号（如 Bxx 编号），部分频段采用了新的频段编号（New Radio，NR，如 nxx 编号）。从工作频段分析，5G 频段分为 7GHz 以下的 FR1 频段和 24GHz 以上的 FR2 频段或毫米波频段。其中 FR1 频段细分为低频段（<1GHz）和中频段（1～7GHz），低频段具有大的通信覆盖率，且可以穿透建筑满足室内通信要求，但通信容量有限，峰值数据率约为 200Mbit/s；中频段兼顾通信容量和覆盖率，峰值数据率可达到 2Gbit/s。FR2 频段具有较大的通信容量，峰值数据率可达到 10Gbit/s，但通信覆盖率小，通信距离短，需要在室内安装大量中继站。5G 技术引入了有源天线阵列系统（Active Antenna System，AAS），通过波束形成技术提高通信覆盖率。从工作带宽分析，5G 技术带宽为 100MHz 以上，最大为 400MHz。为满足用户大容量、低时延的需求，移动通信工作频段和带宽不断提升，给微波射频器件研发及电路设计带来了新的挑战。

表 1.1　5G 技术的频段分配

工作频段		频率（上行/下行）（MHz）	使用带宽（MHz）	技术，运营商
<1GHz	FR1/n28	703～748/ 758～803	30	5G，中国广电
	FR1/B5	824～849/ 869～894	10	2G/3G/4G，中国电信
	FR1/B8	880～915/ 925～960	20/6	2G/3G，中国移动/中国联通
1～3GHz	FR1/ B1	1920～1980/ 2110～2170	20/25	3G，中国电信/中国联通
	FR1/B3	1710～1785/ 1805～1880	20/25/30	2G/4G，中国移动/中国联通/中国电信
	FR1/B34	2010～2025	15	4G，中国移动
	FR1/B39	1880～1920	40	4G，中国移动
	FR1/B40	2300～2400	20/50	4G，中国联通/中国移动/中国电信
	FR1/n41	2496～2690	160	4G/5G，中国移动
3～7GHz	FR1 /n77/n78	3300～3800	100	5G，中国电信/中国联通
	FR1/n79	4400～5000	100/60	5G，中国移动/中国广电
	FR1/n79	5925～6125	200	5G，未部署
毫米波	FR2 /n258	24250～27500	400	5G，未部署
	FR2/n259/n260	37000～43500	400	

表 1.2 所示为 IEEE 521-2019 标准频段命名与 ITU 分配的频段比较，IEEE 频段采用字母命名，相对图 1.1 细化了 1GHz 以上频段的命名。雷达的工作频段同雷达的工作性能密切相关。表 1.2 列出了 ITU 在 IEEE 相应频段内具体的频段分配，这些频段涵盖卫星通信、气象雷达、无人驾驶等非军事无线系统频率。频段分配并非一成不变的。例如，随着互联网的兴起，部分中波、短波广播退出了历史舞台，相应地会释放该广播频段。

表 1.2　IEEE 521-2019 标准频段命名与 ITU 分配的频段比较

<table>
<tr><th rowspan="2">IEEE
频段命名</th><th rowspan="2">频段范围</th><th colspan="3">ITU 分配的频段</th></tr>
<tr><th>第一区</th><th>第二区</th><th>第三区</th></tr>
<tr><td>HF</td><td>3～30MHz</td><td colspan="3">5.25～5.275MHz，13.45～13.55MHz</td></tr>
<tr><td>VHF</td><td>30～300MHz</td><td>None</td><td>138～144MHz
216～225MHz</td><td>223～230MHz</td></tr>
<tr><td>UHF</td><td>300～1000MHz</td><td colspan="3">420～450MHz，890～942MHz</td></tr>
<tr><td>L</td><td>1～2GHz</td><td colspan="3">1215～1400MHz</td></tr>
<tr><td rowspan="2">S</td><td rowspan="2">2～4GHz</td><td colspan="3">2300～2500MHz</td></tr>
<tr><td>2700～3600MHz</td><td colspan="2">2700～3700MHz</td></tr>
<tr><td rowspan="2">C</td><td rowspan="2">4～8GHz</td><td colspan="3">4200～4400MHz</td></tr>
<tr><td>5250～5850MHz</td><td colspan="2">5250～5925MHz</td></tr>
<tr><td>X</td><td>8～12GHz</td><td colspan="3">8.5～10.68GHz</td></tr>
<tr><td rowspan="2">Ku</td><td rowspan="2">12～18GHz</td><td colspan="3">13.4～14GHz</td></tr>
<tr><td colspan="3">15.7～17.7GHz</td></tr>
<tr><td>K</td><td>18～27GHz</td><td>24.05～24.25GHz</td><td>24.05～24.25GHz
24.65～24.75GHz</td><td>24.05～24.25GHz</td></tr>
<tr><td>Ka</td><td>27～40GHz</td><td colspan="3">33.4～36GHz</td></tr>
<tr><td>V</td><td>40～75GHz</td><td colspan="3">59～64GHz</td></tr>
<tr><td rowspan="2">W</td><td rowspan="2">75～110GHz</td><td colspan="3">76～81GHz</td></tr>
<tr><td colspan="3">92～100GHz</td></tr>
<tr><td rowspan="3">mm</td><td rowspan="3">110～300GHz</td><td colspan="3">126～142GHz</td></tr>
<tr><td colspan="3">144～149GHz</td></tr>
<tr><td colspan="3">231～235GHz，238～248GHz</td></tr>
</table>

1.1.2　射频电路与低频电路

低频一般泛指 IEEE 频谱中低段及以下的频率，包括极低频 ELF（频率为 30～300Hz，波长为 1000～10000km）、特低频 ULF（频率为 300～3000Hz，波长为 100～1000km）、甚低频 VLF（频率为 3～30kHz，波长为 10～100km）及低频 LF（频率为 30～300kHz，波长为 1～10km）等。低频电路指工作在低频段的电路。

在低频段，电路尺寸（或信号路径长度）相比其传输的波长小得多，故整个长度内其电压和电流的幅度和相位可以认为是不变的，因此电路分析适用于基尔霍夫电流定律（Kirchhoff's Current Law，KCL）和基尔霍夫电压定律（Kirchhoff 's Voltage Law，KVL），电路元器件主要包括电阻、电容和电感等。

在射频段，频率越高，意味着信号波长越小，电磁波波长与电路元器件的尺寸可相比拟，电压和电流等信号不再保持空间不变，不再满足 KCL 或 KVL；此时，信号等同传输的电磁波，受周围电路及信号的影响，形成分布电路效应，集总参数电路分析方法不再适用。因此，在射频电路设计中，电路元器件、互连线等引起的传播时延不能再忽略不计，电路分析将进入电磁场研究范畴，麦克斯韦方程组成为基本的分析工具。

假设自由空间中光速为 $c=3\times10^8\text{m/s}$，ε_r 为介质的相对介电常数，则电磁波在介质中的传播速度为 $c/\sqrt{\varepsilon_\text{r}}$；若电路长度为 L，则信号通过电路的传播时延可表示为 Δt，如式（1.1）所示，其中信号周期 T、频率 f、波长 λ 的关系如下。

$$\begin{aligned} &\Delta t=\frac{L}{c/\sqrt{\varepsilon_\text{r}}}=\frac{L\sqrt{\varepsilon_\text{r}}}{c},\ \Delta t<T/10 \\ &T=\frac{1}{f}=\frac{\lambda}{c/\sqrt{\varepsilon_\text{r}}}=\frac{\lambda\sqrt{\varepsilon_\text{r}}}{c},\ \lambda>10L \end{aligned} \tag{1.1}$$

若信号传播时延 Δt 达到周期 T 的若干分之一，则信号电平将会随空间位置变化，从而不再满足 KVL。当 $\Delta t<T/10$ 或 $\lambda>10L$，即信号波长远大于电路长度时，可以认为信号电平稳定，每个瞬间都可应用 KVL 或 KCL，此时集总参数电路模型能准确建立电路特征。

图 1.2 所示为频率为 4kHz 和 4GHz 的两个信号在 20cm 长的电路板连接线中传播时的电压变化仿真曲线，可以看出，低频率 4kHz 信号的电压稳定不变，高频率 4GHz 信号的电压随空间位置呈周期性变化。随着工艺的发展，元器件尺寸不断减小，传播时延相应减小，因此，集总参数电路模型适应的频率越来越高，甚至基于分布式元器件的微波频率低段的传统电路也可以用集总参数电路模型近似描述。

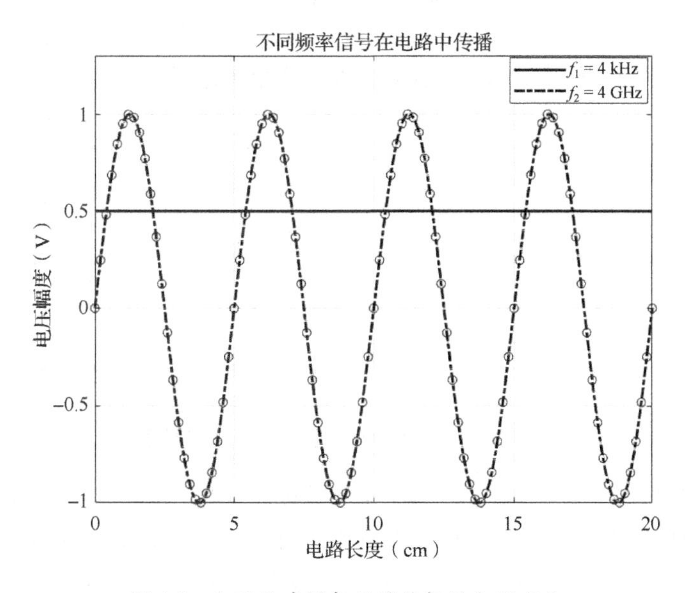

图 1.2　电路尺寸引起信号传播的电压变化

微波射频频段位于声学（低频）频段和光电频段之间，既不适合低频的集总元器件模型，也不适合光电的几何反射模型。完整的射频电路分析需要控制电磁场，许多射频仿真软件都是基于麦克斯韦方程组的近似条件完成的，以便获得数值解。例如，美国 Keysight 公司的 PathWave ADS（Advanced Design System）软件基于矩量法（Method Of Moments，MOM）求解麦克斯韦方程组的数值解；德国 CST 公司的 CST MicroWave Studio 软件基于时域有限积分法（FITD）求解麦克斯韦方程组的数值解；美国 Ansys 公司的 HFSS（High

Frequency Structure Simulator）软件基于有限元法（Finite Element Method，FEM）求解麦克斯韦方程组的数值解。为简化射频电路的分析，实际应用中一般使用黑盒法，不再关注元器件内部电磁场分布，转而将元器件当成多端口网络进行建模。元器件的电路特征采用一个新的参数，即散射参数（S），来表征。S 参数是一个功率参数，射频电路关注信号功率大小，这是因为射频段的电压随空间位置变化，但平均功率保持稳定。射频电路分析尤其关注元器件的输入、输出阻抗，因此，不同元器件之间的连接应保持阻抗匹配，以便获得最大的功率传输。

下面以放大电路为例进行分析，图 1.3 所示为低频电路晶体管小信号近似模型，根据此模型可列式（1.2）

$$\begin{cases} v_{\mathrm{BE}} = h_{11} i_{\mathrm{B}} + h_{12} v_{\mathrm{CE}} \\ i_{\mathrm{C}} = h_{21} i_{\mathrm{B}} + h_{22} v_{\mathrm{CE}} \end{cases} \tag{1.2}$$

根据 KVL 和 KCL，可以列式（1.3）进行计算，若 $r_{\mathrm{BC}} \gg r_{\mathrm{BE}}$，则可得近似解。从式（1.3）可以看出，$h_{11}$ 表示输入阻抗，h_{21} 表示小信号电流增益。其中 $v_{\mathrm{CE}} = 0$ 可采用短路来实现。

$$\begin{aligned} h_{11} &= \frac{v_{\mathrm{BE}}}{i_{\mathrm{B}}}\bigg|_{v_{\mathrm{CE}}=0} = r_{\mathrm{BE}} // r_{\mathrm{BC}} \approx r_{\mathrm{BE}} \\ h_{21} &= \frac{i_{\mathrm{C}}}{i_{\mathrm{B}}}\bigg|_{v_{\mathrm{CE}}=0} = \frac{\beta r_{\mathrm{BC}} - r_{\mathrm{BE}}}{r_{\mathrm{BC}} + r_{\mathrm{BE}}} \approx \beta \end{aligned} \tag{1.3}$$

从上述公式计算可知，低频电路晶体管级电路分析将晶体管作为集总参数元器件建模，采用 KVL 和 KCL 作为分析工具，主要关注电压或电流增益。

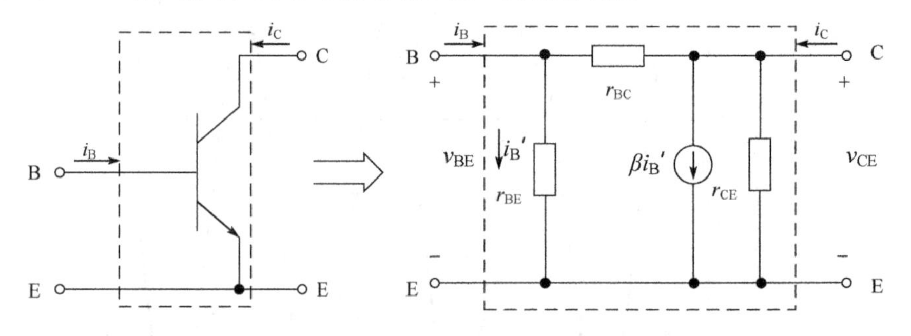

图 1.3　低频电路晶体管小信号近似模型

图 1.4 所示为射频电路二端口放大器 S 参数模型，用二端口网络的分析方法确定其特征。S 参数表达的是电压波，用入射电压波和反射电压波的方式定义网络的输入、输出关系。其中，a_1、a_2 分别表示端口 1、端口 2 的入射电压波功率，b_1、b_2 分别表示端口 1、端口 2 的反射电压波功率，反射电压波功率大小如式（1.4）所示。

$$\begin{cases} b_1 = S_{11} a_1 + S_{12} a_2 \\ b_2 = S_{21} a_1 + S_{22} a_2 \end{cases} \tag{1.4}$$

S_{11}、S_{21}、S_{12}、S_{22} 的定义为

$$S_{11} = \frac{b_1}{a_1}\bigg|_{a_2=0} = \frac{\text{端口1反射电压波功率}}{\text{端口1入射电压波功率}}$$

$$S_{21}=\frac{b_2}{a_1}\Big|_{a_2=0}=\frac{\text{端口2反射电压波功率}}{\text{端口1入射电压波功率}}$$

$$S_{12}=\frac{b_1}{a_2}\Big|_{a_1=0}=\frac{\text{端口1反射电压波功率}}{\text{端口2入射电压波功率}}$$

$$S_{22}=\frac{b_2}{a_2}\Big|_{a_1=0}=\frac{\text{端口2反射电压波功率}}{\text{端口2入射电压波功率}}$$

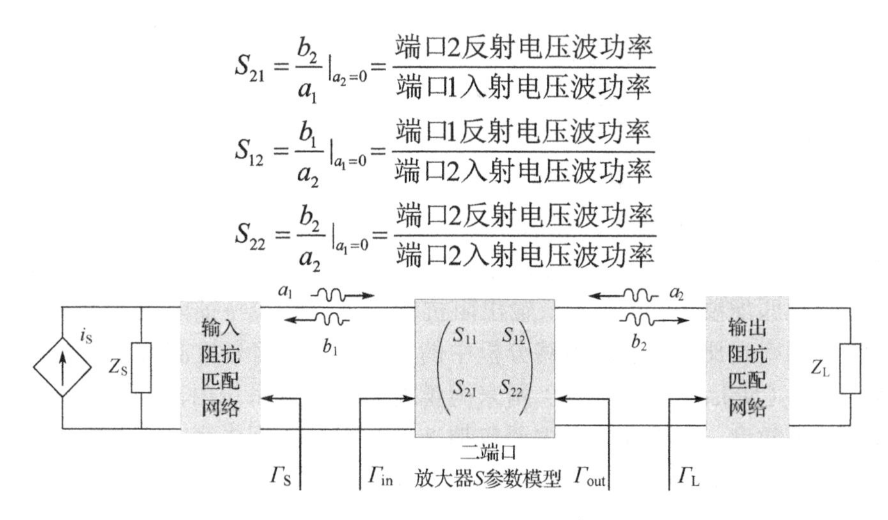

图1.4　射频电路二端口放大器S参数模型

放大器的输入反射系数Γ_{in}定义为反射电压波功率b_1与入射电压波功率a_1之比，即$\Gamma_{in}=b_1/a_1$，同理，放大器的输出反射系数为$\Gamma_{out}=b_2/a_2$。对于源而言，入射电压波功率为b_1，反射电压波功率为a_1，则源反射系数定义为$\Gamma_S=a_1/b_1$，同理，负载反射系数为$\Gamma_L=a_2/b_2$。结合式（1.4）得

$$\begin{aligned}\Gamma_{in}&=\frac{b_1}{a_1}=S_{11}+\frac{S_{12}S_{21}}{1-S_{22}\Gamma_L}\Gamma_L\\ \Gamma_{out}&=\frac{b_2}{a_2}=S_{22}+\frac{S_{12}S_{21}}{1-S_{22}\Gamma_S}\Gamma_S\end{aligned}\tag{1.5}$$

从式（1.4）可知，$S_{11}=\frac{b_1}{a_1}|_{a_2=0}$；由式（1.5）可知，当$\Gamma_L=0$时，有$S_{11}=\frac{b_1}{a_1}=\Gamma_{in}$。在低频电路中，电压$v_{CE}=0$可采用短路实现，在射频电路中，$a_2=0$说明负载网络无反射信号，即要求负载反射系数$\Gamma_L=0$。根据输入反射系数$\Gamma_{in}$可以计算放大器的电路特征，如电压驻波比（Voltage Standing Wave Ratio，VSWR，后文中简称为驻波比）、回波损耗（Return Loss，RL）、输入阻抗Z_{in}等，如式（1.6）所示。

$$\begin{aligned}\text{VSWR}_{in}&=\frac{1+|\Gamma_{in}|}{1-|\Gamma_{in}|}\\ \text{RL}&=-20\lg|\Gamma_{in}|\\ Z_{in}&=Z_0\frac{1+\Gamma_{in}}{1-\Gamma_{in}}\end{aligned}\tag{1.6}$$

从上述过程可知，射频电路器件级电路分析将放大器作为S参数模型进行建模，不再关注内部的晶体管电路，主要分析入射电压波功率和反射电压波功率，关注最大功率传输方法。

综上，射频电路与低频电路参数分析比较如表1.3所示。低频电路偏重晶体管级电路分析，以时域分析为主，一般以电压V、电流I形式表征，如峰峰值（Peak-Peak，P-P）电压、均方根（Root-Mean-Square，RMS）电压等。射频电路偏重器件级（或芯片级）

电路分析，要解决的核心问题包括频率、阻抗和功率等，信号以频谱分析为主，一般以 S 参数、信噪比（Signal Noise Ratio，SNR）、增益（dB）、功率（dBm、dBW）等形式表征。其中，信噪比、增益是相对值（dB），dBm 和 dBW 表示射频信号绝对功率，dBm 表示相对 1 毫瓦特（mW）的功率，这是因为射频信号通过无线方式接收，功率很小，dBW 表示相对 1 瓦特（W）的功率。在低频段，为了保证最大电压传输，输入阻抗应最大（$Z_{in}\to\infty$），输出阻抗应最小（$Z_{out}\to 0$）；在射频段，为了保证最大功率传输，输入、输出端口应满足阻抗匹配要求，如输入、输出阻抗均等于传输线特征阻抗（50Ω）。信噪比表示信号与噪声功率之比，是射频电路分析中的重要指标，信号检测质量以信噪比大小来评判。噪声系数（Noise Factor，NF）用来衡量射频部件或系统内部的噪声大小，它直接影响了系统的灵敏度。非线性失真主要包括谐波失真及互调失真，其主要表现是电路的输出端口产生了新的频谱分量。非线性失真是导致放大器增益压缩的原因。在射频电路中，用来衡量非线性失真的常用指标包括 1dB 压缩点、三阶互调点、动态范围等，产生非线性的原因可以归结为器件本身的非线性及电路工作状态导致的传输特性非线性等。另外，由于采用了网络参数分析方法，因此射频电路很容易实现多器件级联分析，特别是系统级指标分析。

表 1.3　射频电路与低频电路参数分析比较

参数	低频电路	射频电路
电路分析	晶体管级，V/I	器件级，S 参数
信号	P-P 电压、RMS 电压	信噪比（SNR/dB）、增益（G/dB）、功率（dBm/dBW）
阻抗	$Z_{in}\to\infty$，$Z_{out}\to 0$	$Z_{in}\to 50\Omega$，$Z_{out}\to 50\Omega$
噪声	无	噪声系数 NF、灵敏度
线性度	时域波形失真：谐波失真、互调失真	频谱失真：1dB 压缩点、三阶互调点、动态范围
系统	难以分析系统指标	易实现系统级多器件级联指标分析

1.2　微波射频电路功能部件

射频电路是无线通信设备和雷达系统等的基础部件，射频收发系统的作用为传输和接收信息，典型的射频收发系统结构如图 1.5 所示，包括发射部分和接收部分。

发射部分的任务一般是先利用混频器等完成基带信号对载波的调制，将其搬移到所需的频段上，再通过功率放大器对已调制的射频信号进行功率放大，以足够的功率馈入发射天线，经发射天线有效地发射出去。发射部分包括从数模转换器（Digital-to-Analog Converter，DAC）到发射天线端口的通路，在图 1.5 所示结构中，包括混频器、频率合成器、功率分配器、射频滤波器和功率放大器等功能部件。DAC 和发射天线一般独立设计，不属于射频电路设计的范围。将待传输信号通过调制器或混频器变频至某个高频段，通过功率放大器后送入发射天线，从而保证发射信号足够强，以便能传输较远的距离。发射部分的发射信号频谱纯度、发射功率和发射天线效率是其核心指标。

接收部分是射频收发系统中重要的组成部分，由于无线信号传输过程的不可控性，因此对接收部分电路的性能要求很高。接收部分电路不仅要从众多的干扰电波中选出有用信号，还需要对接收的微弱信号进行放大处理，并通过混频器将高频率的射频信号转换为基带低频信号，以便满足采样的电平和带宽要求。接收部分电路包括从接收天线端口到模数转换器（Analog-to-Digital Converter，ADC）的通路，在图 1.5 所示结构中，包括射频滤波器、低噪声放大器（Low Noise Amplifier，LNA）、混频器、中频滤波器、中频放大器、频率合成器、功率分配器等功能部件。ADC 和接收天线一般独立设计，不属于射频电路设计范围。

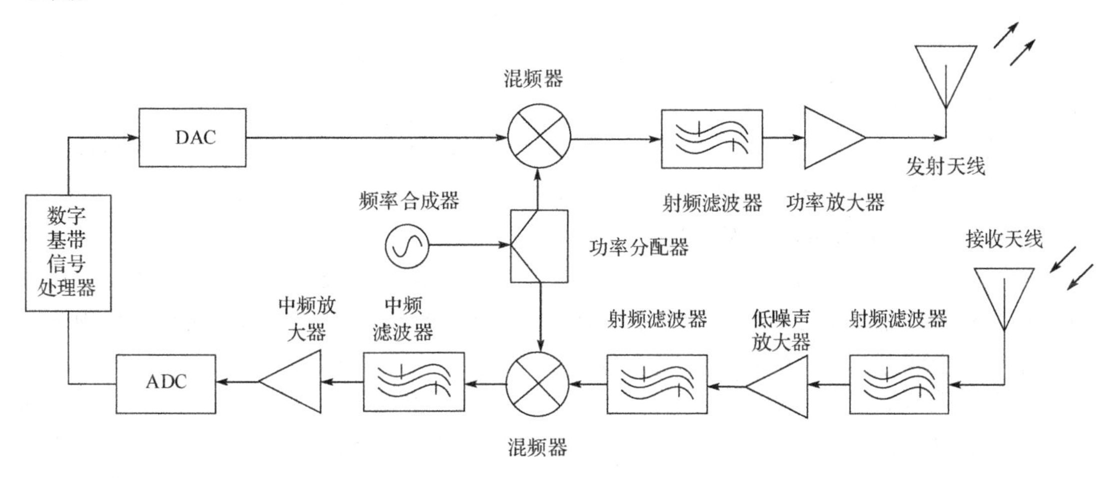

图 1.5　典型的射频收发系统结构

尽管大多数射频收发系统会根据设计需求、成本、电路尺寸等因素对图 1.5 所示结构进行适当的调整，或改变器件的排列顺序，或减少或增加器件级联的个数，或增加通道支路数等，但组成各类射频收发系统的关键功能部件具有很大的通用性。微波射频电路的分析属于器件级电路分析，对包含多器件级联的系统指标分析非常方便，组成射频收发系统的各类功能部件的特性是射频电路分析的基础。

1.2.1　接收机射频电路功能部件

1. 射频滤波器

接收机射频电路前端第一级一般为预选滤波器（Preselection Filter），其主要用于限制系统带宽，抑制外部干扰和噪声，尤其是抑制易引起二阶或三阶非线性谐波失真的频率。在满足系统需求的情况下，带宽越小越好。图 1.6 所示为接收机射频电路的预选滤波器功能，大多数射频电路采用带通预选滤波器，f_L 表示频段的低端边界，f_H 表示频段的高端边界，一般带宽 f_H-f_L 会略大于信号有效带宽。由于滤波器后端连接非线性器件（如放大器），因此要特别注意放大器的二阶非线性成分和三阶非线性成分，如移动通信工作频段 f_0 为 869～894MHz，前端的高通预选滤波器应重点抑制 $f_0/2$ 处的频段 434.5～447MHz，因为该频段的信号经过非线性放大器后，其二阶谐波刚好落入通信工作频段内，严重干扰通信功能。

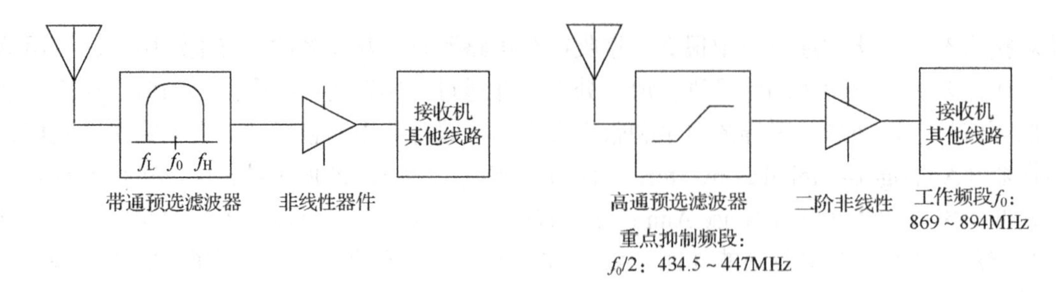

图 1.6　接收机射频电路的预选滤波器功能

射频电路中的滤波器通常有多级级联，第一级预选滤波器和后级射频滤波器（可选）兼具抗镜频干扰和抗中频干扰的功能，这两类干扰都无法被中频滤波器滤除。除此之外，第一级预选滤波器的插入损耗应尽可能小，带宽应尽可能小，以降低系统的噪声系数。系统的噪声系数与前级器件噪声系数直接相关，噪声系数会限制系统最小可检测信号（Minimum Detection Signal，MDS）。

根据预选滤波器的带宽，射频系统分为窄带系统和宽带系统。通常，窄带系统是指射频电路所有预选滤波器带宽均小于一个倍频程，即 $f_H / f_L <2$；只要射频电路有一级预选滤波器带宽大于或等于一个倍频程，即 $f_H / f_L \geqslant 2$，就称为宽带系统。

宽带系统与窄带系统示例如图 1.7 所示，图 1.7（a）中预选滤波器带宽 $f_H / f_L =4$，所以图 1.7（a）所示的系统是宽带系统。宽带系统设计简单，但存在严重的二阶非线性干扰，如 1GHz 信号经过非线性放大后，产生二阶谐波 2GHz、三阶谐波 3GHz、四阶谐波 4GHz 等干扰信号，这些非线性谐波会严重干扰原有用频率 2GHz、3GHz、4GHz 处的信号。图 1.7（b）所示的系统将 1～4GHz 宽带分成三段滤波，每段的带宽都不超过一个倍频程，如 1.8GHz/1GHz=1.8<2，所以图 1.7（b）所示的系统是窄带系统。窄带系统的设计相对复杂，但很好地避免了非线性谐波干扰。

对于工作带宽较宽，但瞬时宽带较窄的系统，采用宽带全带宽接收方式的性价比较低，此时，有两种方式来实现预选滤波器，其一是中心频率可调的调谐滤波器，瞬时带宽是窄带，但可在宽带内调谐；其二是采用类似于图 1.7（b）所示的系统将宽带分段的形式来实现，每段都是一个窄带滤波。图 1.8（a）所示为电压可调谐滤波器，滤波器中心频率可调，滤波器带宽仍然很窄；图 1.8（b）所示为多支路窄带滤波器组，由开关电路选择相应的子频段，每个子频段带宽不超过一个倍频程。

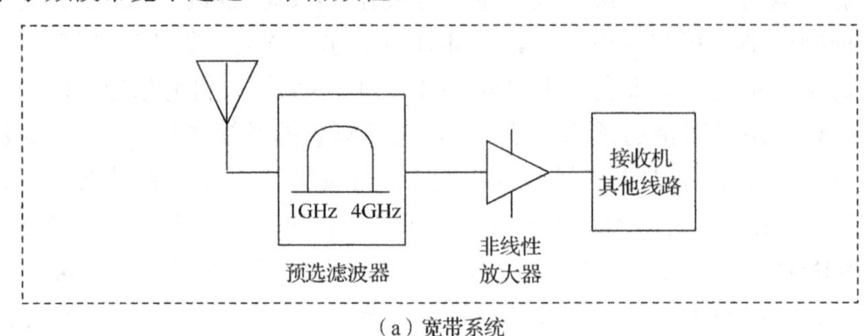

（a）宽带系统

图 1.7　宽带系统与窄带系统示例

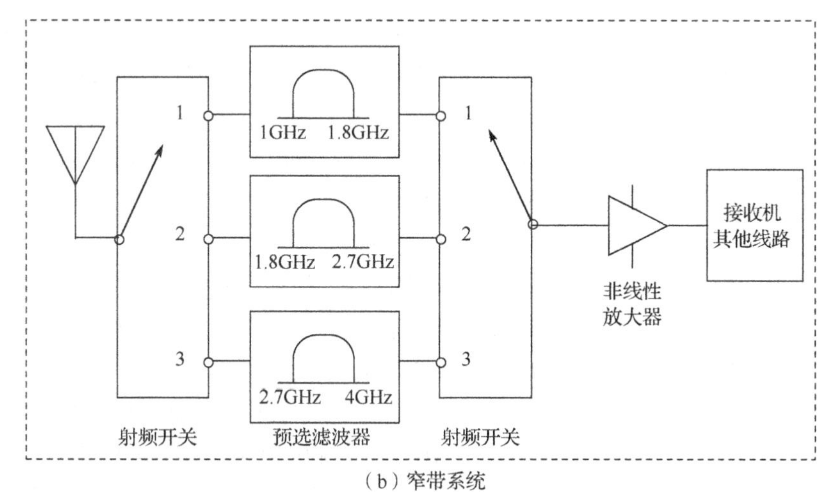

（b）窄带系统

图 1.7　宽带系统与窄带系统示例（续）

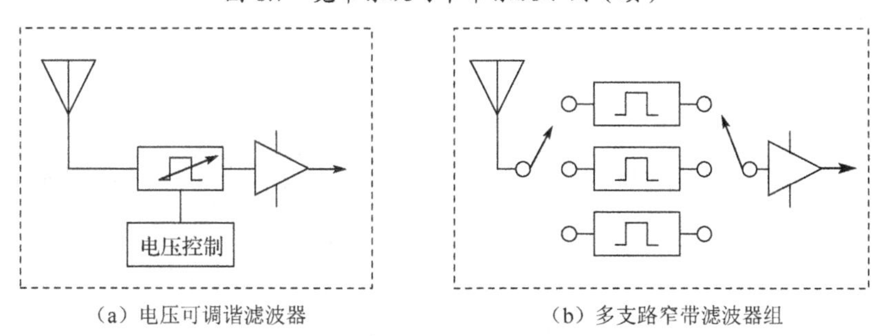

（a）电压可调谐滤波器　　（b）多支路窄带滤波器组

图 1.8　宽带系统预选滤波器的两种实现结构

2. 低噪声放大器

放大器的作用是为接收链路提供足够大的增益，一般是放大带宽，但噪声和干扰会同时被放大。第一级放大器应使用低噪声系数、高增益的放大器，即低噪声放大器，以降低系统级联的噪声系数。系统级联的噪声系数与前级器件噪声系数和增益直接相关，噪声系数决定了接收机的灵敏度。第一级放大器的线性度，如输入三阶截断点（Input Third Order Intercept/Input Third-Order Intercept Point，ITOI/IIP3），要求不高，因为天线直接接收的信号功率较弱。其反向隔离度（S_{12}）非常有用，它可以将系统内部产生的信号（如阻抗失配反射的信号、本振泄漏的信号等）衰减，限制其通过天线二次发射出去。此外，放大器增益随频率变化，一般低频段增益高，高频段增益低。

3. 混频器

混频器包括三个端口：射频（RF）端口、本振（Local Oscillator，LO）端口和中频（Intermediate Frequency，IF）端口，其作用是将射频信号转换（或降低）为中频信号。混频器一般只降低载波频率，信号调制信息及带宽会被保留。

混频器的线性度通常决定了接收机的互调特性。混频器各端口之间的隔离度有限（如 30dB 量级），因此会有信号不经混频直接泄漏至下一级。由于本振功率较大，因此本振到射频的泄漏及本振到中频的泄漏对电路的影响较大。本振到射频的泄漏会到达天线端口并再次发射出去，或者与混频器再次混频得到直流分量及二阶谐波，本振到中频的泄漏会进入下一级混频器参与混频，应避免 $LO_1 \pm LO_2$ 落入中频频段，引起杂散。射频到中频的泄漏会使中频输出包含射频分量。两个邻近射频信号 RF_1、RF_2 同时进入混频器，会产生互调干扰信号，即 $2RF_1 \pm RF_2$ 或 $2RF_2 \pm RF_1$，与本振混频后落入中频频段，产生三阶互调干扰（IMD），三阶截断点是表征混频器三阶互调干扰的重要指标。

在接收机中，为了获得更高的灵敏度和选择性，频率的搬移过程可能不止发生一次。图 1.9 所示为典型的两次变频的射频接收系统结构。该系统主要由射频滤波器（BPF1、BPF2）、中频滤波器（BPF3、BPF4）、放大器（A1、A2、A3、A4）、混频器（M1、M2）及本振信号（LO_1、LO_2）组成，在每一个混频器之后都有放大器和滤波器。A2、A3 分别为第二级放大器和第三级放大器。如果 BPF2 的输出阻抗不是 50Ω，则 A2 可提供 M1 带宽匹配。由于 M1 的输出包含了本振信号 LO_1，其泄漏信号功率仍然很强，因此要求 A3 具有良好的线性度。如果在 M1 之后接 BPF3（如交换 BPF3 和 A3 的位置），则 A3 不必要求有良好的线性度。

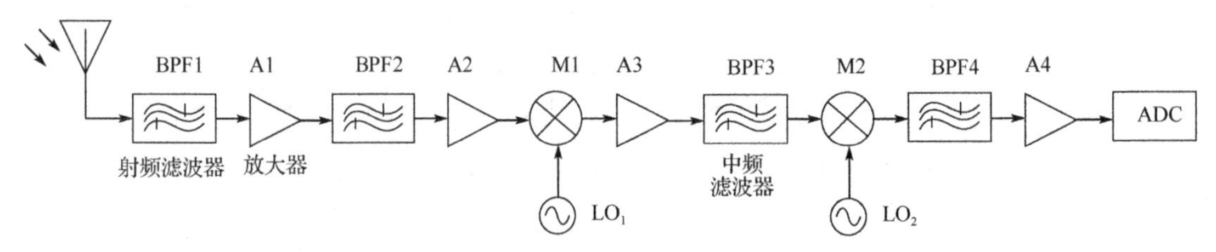

图 1.9 两次变频的射频接收系统结构

4. 中频滤波器

中频滤波器的作用是抑制杂散信号，如镜频、本振泄漏及所有混频器输出杂散 $|m\mathrm{LO} \pm n\mathrm{RF}|$（$m,n \neq 1$）；带宽要尽可能窄，使输出频率在 DAC 的奈奎斯特带宽之内。对于两次变频的射频接收系统，至少需要两个中频滤波器：中频滤波器 1 放置在混频器 1 之后和混频器 2 之前，主要抑制混频器产生的各种不需要的变频频率分量；中频滤波器 2 放置在混频器 2 之后，除抑制混频器 2 产生的各种不需要的变频频率分量外，还往往具有对信号匹配滤波的功能。

5. 中频放大器

中频放大器是最后一级放大器，应保证有足够的增益，使信号最低功率经放大后达到 ADC 最低采样电平要求。单级中频放大器的电压增益可高达 40dB，有时也会采用可变增益放大器。

6. 频率合成器

频率合成器提供混频所需要的本振信号，通常由一个合成器和一个通过锁相环的压控振荡器组成。本振信号的近区相位噪声会影响接收机信号的调制精度。

7. 功率分配器

功率分配器是通信系统的重要组成部分，在图 1.5 所示的结构中，功率分配器将频率合成器的输出信号一分为二，分别输入发射部分和接收部分的混频电路，进行后续的变频操作。

1.2.2　发射机射频电路功能部件

发射机射频电路的功能部件与接收机射频电路大部分相同，如混频器、射频滤波器等，其中，发射信号的生成和功率放大器与接收机射频电路有所不同。不同于接收信号的不可控性，发射信号的功率和组成是可控的。已调制的数字基带信号由数字基带信号处理器产生，经过 DAC 转变成模拟基带信号。由于数字信号频谱的非唯一性，DAC 的输出包含基带谱和各阶谐波谱，一般通过低通滤波器选出基带谱，得到纯净的模拟基带信号。模拟基带信号由射频系统产生，信号干净，功率可控，因此发射机通路各器件的设计考虑主要集中在电路内部非线性的控制上，如避免发射信号的二阶谐波、三阶谐波干扰其他的无线设备。

功率放大器是射频系统发射通路最重要的器件之一，它的性能在很大程度上影响整个系统的质量。功率放大器的主要指标包括输出功率、效率、功率增益和非线性失真（功率压缩和互调）等。当设计或选择功率放大器时，需要满足系统要求的足够大的输出功率和较高的效率，同时要满足系统带宽和稳定性等方面的要求。

1.3　典型射频系统设计考虑

1.3.1　频率选择

射频系统设计首先要确定系统工作频段。对于商用系统，ITU 一般已分配了相应的频段，射频频率的选择应遵循 ITU 分配的频段，不得随意改变频率和带宽大小。对于特定需求的射频系统，射频频率的选择应考虑与待探测目标的尺寸相匹配，当电磁波波长与目标尺寸相比拟时，可获得最强的散射回波能量。同时，应兼顾目标探测距离和探测精度，一般来说，低频率可以绕射，适用于远距离目标探测；高频率波长短，适用于精确目标探测。

从严格意义上来说，中频频率是可以让用户根据需要自定义的，但一定要注意中频频率不要落入商用无线电设备或常用业余无线电设备的频段内，否则会形成较强的中频干扰。从经济角度考虑，应优先选择市面上的商用中频滤波器频段。常用的中频频率有 455kHz、10.7MHz、21.4MHz、45MHz、70MHz、140MHz 和 160MHz 等。

射频频率与中频频率确定之后就可以计算本振频率 $\mathrm{LO}=|\mathrm{RF}\pm\mathrm{IF}|$。各频率选择完成后需要考虑如下几个因素，以便对所选频率进行调整：①镜像频率（IM）干扰，$|\mathrm{RF}-\mathrm{IM}|=2\mathrm{IF}$，镜像频率应远离射频频率，对于宽带系统，应避免镜像频率与射频频率重叠；②混频器组合输出频率干扰，$\mathrm{IF}=|m\mathrm{LO}\pm n\mathrm{RF}|$（$m,n\neq1$），应避免低阶组合频率落入中频频段，特别地，当 n=0 时，应避免本振信号的谐波落入中频频段，因为本振信号是射频系统内功率最大的信号；③中频频率干扰，应避免中频频率落入射频频段。

1.3.2 信源的实现

射频系统的信源一般包括发射信号和本振信号等，发射信号与本振信号用于射频前端电路，需要考虑信源的频率、相位噪声、功率、波形等因素。单频率信源可使用晶体振荡器（Crystal Oscillator），其频率性能指标有长期稳定度和短期稳定度，分别用频偏 PPM（Part Per Million，10^{-6}）和相位噪声（简称相噪）等来表征。高性能晶体振荡器一般有温补晶体振荡器（Temperature Compensated Crystal Oscillator，TCXO）、恒温晶体振荡器（Oven Controlled Crystal Oscillator，OCXO）等。射频系统一般会使用一个低频率（如 10MHz）的高性能晶体振荡器，提供极低的近端相噪，为整个系统提供参考时钟，系统内其他时钟均通过该时钟倍频或分频得到，晶体振荡器信号远端相噪性能一般较差。

压控振荡器（Voltage-Controlled Oscillator，VCO）是一种电压控制的可调谐信源，其输出频率与电压一般呈线性关系，压控振荡器近端相噪性能一般较差，远端相噪性能较好。锁相环（Phase-Locked Loop，PLL）可以通过相位跟踪的方式实现倍频，通常结合压控振荡器、低频段高性能晶体振荡器、分频器等一起使用，以获得高性能、高频段、可调谐单频信号，用于高频信源或采样时钟。倍频会使相噪性能显著变差，但锁相环结合了晶体振荡器和压控振荡器的优点，近端及远端的相噪性能均较好。

直接数字频率合成器（Direct Digital Frequency Synthesizer，DDS）先读取存储在寄存器中的信号幅度，得到数字波形，再通过 DAC 得到模拟波形，该方式理论上可以实现奈奎斯特带宽内任意频率和任意调制波形的信号。直接数字频率合成器是产生可调制发射信源最常用的方式，结合锁相环可以获得高频率、大带宽发射信源，如图 1.10 所示，这里的微处理器（Microprogrammed Control Unit，MCU）用于实现对锁相环和直接数字频率合成器内的寄存器进行编程控制。

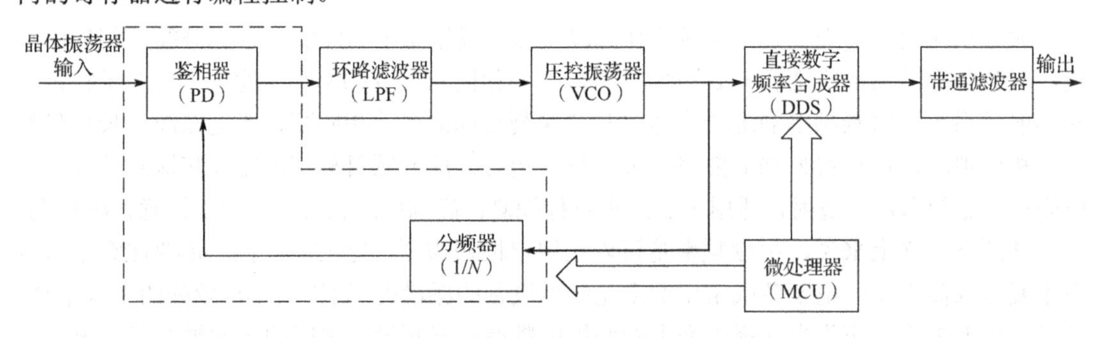

图 1.10 PLL 激励 DDS 信源方案

高频率信源（如 3GHz 以上）的产生是很困难的，此时可以利用信源的谐波分量。信源的输出除基波外，还包含该频率的谐波分量，将对应的谐波分量提取（或滤波）出来即可获得高频率信源，谐波分量的功率一般较低，应增加一级放大器。信源的功率是需要注意的参数，射频系统中对大多数信源，如发射信号、本振信号、采样时钟等都有功率要求，否则会导致系统性能下降甚至不工作。例如，压控振荡器在某些频段会出现功率下降，应避开这些频段；多通道系统中功率分配器的使用会使信源功率下降，可根据实际情况增加一级放大器。

1.3.3　射频系统结构

为适应不同的通信或雷达系统的要求，无线接收机有很多结构，设计射频系统时根据不同需求会采用不同的硬件结构，包含电路的频率转换方式、器件连接及排列顺序、中频处理方式、采样方式等。

1. 超外差接收机

超外差接收机是所有无线设备中应用最广泛的一种接收机结构，这里的“超”表示超音频或高于音频频率范围，“外差”可以理解为混频，即对频率进行转换。超外差接收机的基本思想是使用混频器将高频信号搬移到低得多的中频频率后再进行滤波放大处理，解决了窄带、高频信号处理的难题。图 1.11 所示为经典的超外差接收机，其灵敏度高、抗干扰能力强，是高性能接收机的首选方案。

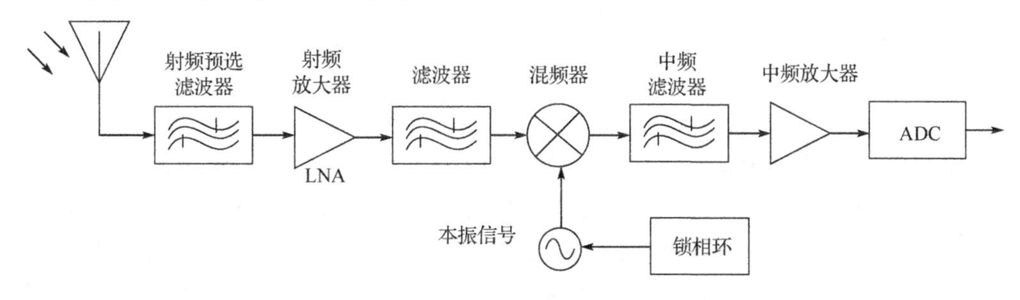

图 1.11　经典的超外差接收机

根据中频信号的频率大小，可以将超外差结构细分为零中频结构、低中频结构和高中频结构。零中频结构直接下变频到基带信号，此时中频频率为零，就不存在镜频干扰，且这种结构减少了滤波器的数量，信号的放大和处理主要在基带进行，易于实现，其对 ADC 的要求不高，具有体积小、成本低、功耗低及不需要镜像频率抑制等优点，还利于实现集成电路，可以用于设计集成度较高的接收机。但是，零中频结构自身存在本振泄漏、偶阶谐波失真、直流偏差和闪烁噪声等缺点。低中频结构的中频频率低，结合了超外差结构和零中频结构各自的优点，还消除了直流偏差的问题，但是其 I/Q 通道不平衡度很敏感，且存在偶阶谐波失真等问题，并引入了镜像频率，且镜像频率与有用信号频率相隔很近，导致镜像频率的抑制非常困难。

镜频干扰是超外差接收机特有的现象，对于一个给定的本振信号 f_{LO}，有两个不同的射频信号 $f_{LO}+f_{IF}$ 和 $f_{LO}-f_{IF}$ 可以产生相同的中频信号 f_{IF}，其中一个是期望的射频信号 f_{RF}，另一个就是镜频信号 f_{IM}。镜频干扰进入超外差接收机与本振信号混频后，可得到频率大小与中频频率完全一样的虚假中频信号（该中频信号的相位与真实中频信号不同），混频之后的滤波器无法滤除该虚假中频信号。在图 1.11 所示的超外差接收机中，混频前应使用窄带抗镜频干扰滤波器（Image Reject Filter，IRF）将镜频频率滤除，中频频率不能太小，否则镜频频率将靠近射频频率，不利于中频滤波器设计。

图 1.12 所示为 I/Q 正交混频接收机，也称复数混频接收机，相对图 1.11 中的超外差接收机，I/Q 正交混频接收机将射频前端一分为二，分别与同频 Cos 本振信号（I 通道）和 Sin

本振信号（Q 通道）进行混频（一般会直接混到零中频），之后将 I、Q 两路合成，如 IF=I+jQ，利用相位差抵消镜频干扰。I/Q 正交混频比使用滤波器抑制镜频干扰有效，同时，合成之后的信号功率增加 2 倍；此外，I/Q 正交混频得到复数信号，可以获得单边谱，保留相位信息。不足之处是在该混频方式下模拟 I/Q 通道容易存在幅相不平衡问题，很难做到完全正交；另外，结构变复杂了，增加了一路硬件的成本。

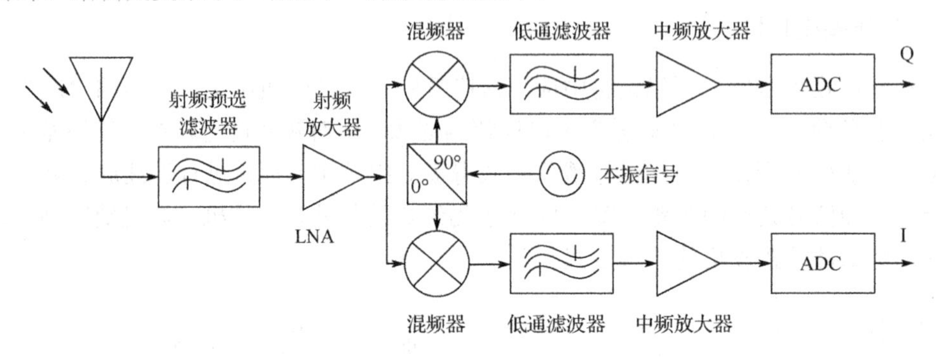

图 1.12　I/Q 正交混频接收机

图 1.13 所示为数字中频接收机，该结构采用一次混频方式，中频信号直接被 ADC 采样，I/Q 正交混频在数字域处理，这样可解决幅相不平衡问题，该结构与软件无线电思想非常接近，是目前宽带系统设计的优选方案。该方案的不足是对 ADC 性能要求非常高，其一为采样速率足够高（带宽大），其二为位数足够大（动态范围要大）。由于 FPGA（Field-Programmable Gate Array，现场可编程门阵列）/DSP（Digital Signal Process，数字信号处理）器件的发展，信号处理速率加快，数据吞吐量增大，极大地方便了大带宽信号的处理。

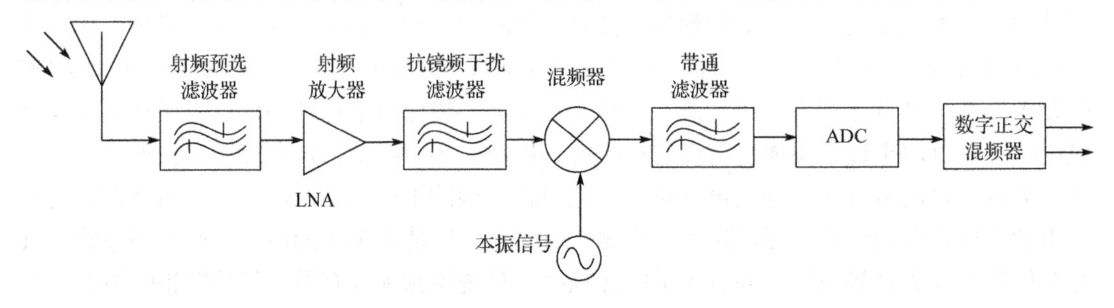

图 1.13　数字中频接收机

2．直接数字化接收机

直接数字化接收机又称软件无线电接收机，其核心思想是将 ADC 和 DAC 尽可能地靠近天线，以尽早地将天线接收下来的射频信号数字化。它可以自定义配置接收机的参数，是理想的接收机。图 1.14 所示为直接数字化接收机，它的射频前端仅需要低噪声放大器和带通滤波器。这种结构的接收机不需要很多非线性电路，所以调试起来非常简单，且具有良好的系统稳定性。但由于低噪声放大器的放大倍数有限，直接数字化接收机要求 ADC 具有大动态范围、高采样速率和大带宽，因此一般采取带通采样方式。由于射频频率较高，因此直接数字化接收机要求滤波器具有良好的频带选择性。另外，由于采样速率高、数据量大，因此直接数字化接收机对后续 FPGA/DSP 器件有很高的要求。

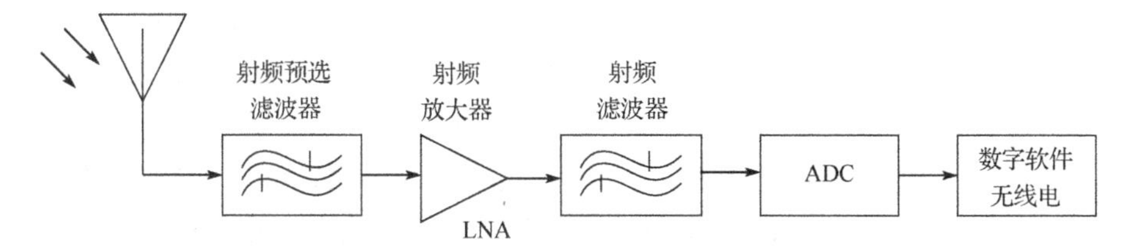

图 1.14　直接数字化接收机

直接数字化接收机虽然结构简单，器件数量少，但对器件性能要求高，尤其是工作频率较高的时候，因此真正实现还是非常困难的。目前宽带多波段射频系统获得高性能的方法大多数仍采用最保守、最简单的分段接收机方案。

总之，在设计射频系统时，首先应该基于设计目标选择一种接收机结构。不论选择哪种接收机结构，经常使用的关键部件都是射频滤波器、低噪声放大器、射频下变频器、本振信号合成器、基带放大器、基带低通滤波器、ADC 等。超外差接收机中还有中频滤波器、中频放大器等。接收机把这些器件组合起来，总的接收机性能就是由其中的每个器件的性能共同决定的。

1.3.4　射频系统性能评估

从射频前端的结构组成来看，除混频器改变频率大小外，射频前端对信号仅进行滤波、放大等处理，信号本质未改变，即信号的组成、带宽等均未改变。因此可以说，射频前端的功能就是更好、更多地保留原始信号，抑制外部不需要的干扰信号。接收机内部要尽可能不产生虚假的干扰信号。这就涉及如下问题。

- 接收机能检测的最小信号功率是多少？
- 接收机允许输入的最大信号功率是多少？
- 接收机抑制外部干扰的能力有多强？
- 接收机抑制内部虚假信号的能力有多强？

1. 噪声系数与噪声功率

当电磁波沿自由空间传播时，信号能量会随距离的增大而减小，因此接收信号的功率与目标探测距离直接有关，还与系统发射信号功率、目标散射截面积（Radar Cross-Section，RCS）等有关。信号检测的判断依据是信噪比（SNR），信噪比不仅与信号功率有关，还与噪声功率有关。噪声会限制射频系统的性能，如果没有噪声，则射频系统可以把信号传播到更远的地方，并接收到任意小功率的输入信号。

通常，噪声包括外部噪声，如各种人工无线电信号、大气噪声及宇宙噪声等，还包括射频系统内部硬件电路的电子噪声。在射频的低频段，如 300MHz 以下，人工电台非常多且信号通过绕射或电离层反射等方式可以传播很远，因此低频段噪声非常强。外部噪声（人工噪声）因子 F_a（单位为 dB）随频率的对数呈线性变化，如式（1.7）所示，其中频率 f 的单位是 MHz；c 和 d 为系数，与所处地理位置（城市、郊区、乡村等）有关，如农村地区 c=67.2，d=27.7。

$$F_{\mathrm{a}} = c - d\lg f \tag{1.7}$$

低频段 F_a 非常大，如在 10MHz 时，F_a>40dB，远大于普通接收机的内部噪声，设计低频段射频系统时应注意考虑外部噪声。不过在射频较高频段（如 500MHz 以上），外部噪声非常小，可以忽略不计，主要考虑接收机的内部噪声。

接收机内的各射频器件噪声的大小使用噪声系数（Noise Factor，NF）来表征，噪声系数的定义如式（1.8）所示，S_{in}、S_{out} 分别表示器件的输入、输出信号，N_{in}、N_{out} 分别表示器件的输入、输出噪声，器件噪声系数表示信号经过器件之后的信噪比损耗。如果电路中不存在噪声，则它的输出信噪比等于输入信噪比，噪声系数为 1。

$$\mathrm{NF} = \frac{S_{\mathrm{in}} / N_{\mathrm{in}}}{S_{\mathrm{out}} / N_{\mathrm{out}}} = \frac{\mathrm{SNR}_{\mathrm{in}}}{\mathrm{SNR}_{\mathrm{out}}} \tag{1.8}$$

射频系统由多个器件级联而成，系统总的噪声系数 $\mathrm{NF_{sys}}$ 满足式（1.9），其中 NF_n（n=1,2,…）表示各器件噪声系数；G_n（n=1,2,…）表示各器件增益，注意式（1.9）中 NF_n、G_n 均为幅度值，若器件参数是 dB 值，则应将 dB 值转成幅度值。根据式（1.9）可以看出系统级联噪声系数与前级器件的噪声系数和增益最相关。

$$\mathrm{NF_{sys}} = \mathrm{NF}_1 + \frac{\mathrm{NF}_2 - 1}{G_1} + \frac{\mathrm{NF}_3 - 1}{G_1 G_2} + \cdots + \frac{\mathrm{NF}_n - 1}{G_1 G_2 \cdots G_{n-1}} \tag{1.9}$$

当负载与源匹配时，噪声功率如式（1.10）所示，其中 $k = 1.38 \times 10^{-23}\,\mathrm{J/K}$，为玻尔兹曼常数；$T$ 为温度（单位为开尔文，K），包含天线（T_{ANT}）、电缆（T_{CAT}）、接收机（T_{RX}）等信号链路中所有器件的温度（$T = T_{\mathrm{ANT}} + T_{\mathrm{CAT}} + T_{\mathrm{RX}}$），$T_{\mathrm{ANT}}$ 对应外部噪声温度；B 为噪声带宽，由天线带宽、射频滤波器带宽、中频滤波器带宽等共同确定。

$$P_{\mathrm{N0}} = kTB \tag{1.10}$$

特别地，在室温下（$T = T_0 = 300\mathrm{K}$），噪声带宽为单位带宽（$\Delta f = 1\mathrm{Hz}$）时，噪声功率如式（1.11）所示，也称为本底噪声功率或最低噪声功率。

$$P_{\mathrm{N0}} = 1.38 \times 10^{-23} \times 300 \times 1\mathrm{W} = 4.14 \times 10^{-21}\,\mathrm{W} = -204\mathrm{dBW} = -174\mathrm{dBm} \tag{1.11}$$

不考虑接收机内部噪声，对于带宽为 B（单位为 Hz）的系统，输入外部噪声功率为

$$P_{\mathrm{N0in,dBm}} = kT_0 B = P_{\mathrm{N0}} + 10\lg B \tag{1.12}$$

系统总的噪声功率 $P_{\mathrm{Nin,dBm}}$ 实际上包含了外部噪声功率和内部噪声功率，其中内部噪声功率用接收机噪声系数 $\mathrm{NF_{sys,dB}}$ 表征。

$$P_{\mathrm{Nin,dBm}} = kT_0 BF_{\mathrm{sys}} = P_{\mathrm{N0in,dBm}} + \mathrm{NF_{sys,dB}} \tag{1.13}$$

如果考虑外部噪声因子 F_a（单位为 dB），则

$$P_{\mathrm{Nin,dBm}} = P_{\mathrm{N0in,dBm}} + F_{\mathrm{a}} \tag{1.14}$$

设 $\mathrm{G}_{n,\mathrm{dB}}$（$n = 1,2,\cdots$）表示系统各器件增益，则系统级联增益 $G_{\mathrm{sys,dB}}$ 为

$$G_{\mathrm{sys,dB}} = G_{1,\mathrm{dB}} + G_{2,\mathrm{dB}} + \cdots + G_{n,\mathrm{dB}} \tag{1.15}$$

可得输出噪声功率 $P_{\mathrm{Nout,dBm}}$ 为

$$P_{\mathrm{Nout,dBm}} = P_{\mathrm{Nin,dBm}} + \mathrm{NF_{sys,dB}} + G_{\mathrm{sys,dB}} \tag{1.16}$$

若 $P_{\mathrm{Sin,dBm}}$、$P_{\mathrm{Sout,dBm}}$ 分别表示输入、输出信号功率，则

$$P_{\mathrm{Sout,dBm}} = S_{\mathrm{in}} G_{\mathrm{sys}} = P_{\mathrm{Sin,dBm}} + G_{\mathrm{sys,dB}} \tag{1.17}$$

由式（1.16）、式（1.17）可知，噪声和信号均会被接收机放大，信噪比变化如式（1.18）所示，由于接收机存在噪声，因此输出信噪比会损失 $\mathrm{NF}_{\mathrm{sys,dB}}$。

$$\begin{aligned}\mathrm{SNR}_{\mathrm{out}} &= \frac{S_{\mathrm{in}}G_{\mathrm{sys}}}{kT_0BF_{\mathrm{sys}}G_{\mathrm{sys}}} = P_{\mathrm{Sout,dBm}} - P_{\mathrm{Nout,dBm}} \\ &= (P_{\mathrm{Sin,dBm}} - P_{\mathrm{Nin,dBm}}) - \mathrm{NF}_{\mathrm{sys,dB}} = \mathrm{SNR}_{\mathrm{in}} - \mathrm{NF}_{\mathrm{sys,dB}}\end{aligned} \tag{1.18}$$

2. 最小可检测信号与灵敏度

信号检测是为了判断信号是否存在，射频系统的最小可检测信号（Minimum Detectable Signal，MDS）是指在接收机输出端能判断信号存在的条件下最小的信号功率。最小可检测信号等于接收机的总噪声功率（此时 $\mathrm{SNR}_{\mathrm{out}} = 0$），因为只有功率高于噪声的信号才能被识别，即

$$\mathrm{S}_{\mathrm{MDS}} = P_{\mathrm{Nin,dBm}} = kT_0BF_{\mathrm{sys}} \tag{1.19}$$

注意式（1.19）中的总噪声功率未包含接收机增益的贡献，这是因为信号和噪声会被同时放大。从式（1.19）可以看出，最小可检测信号与噪声系数和噪声带宽有关，当 B 设为 1Hz 时，式（1.19）的计算结果即接收机显示的平均噪声基底（Displayed Average Noise Level，DANL），DANL 越低，接收机检测弱信号的能力越强。

大多数射频系统都要求输出信号有一定的信噪比（$\mathrm{SNR}_{\mathrm{min}}$），以便对信号进行精确、稳定的解调或其他处理。信噪比越高，信号处理的质量越好。表 1.4 列出了在保证误码率（Bit Error Rate，BER）小于 10^{-6} 时，不同类型的信号解调所需的最低信噪比。例如，SNR=21dB，解调二进制相移键控（Binary Phase Shift Keying，BPSK）信号完全没问题，解调 16 位正交幅度调制（16QAM）信号则有点勉强。实际上，为了补偿信号传输损耗，大多数射频系统会预留至少 3dB 的信噪比裕量。

表 1.4　解调不同信号所需最低信噪比

调制方式	所需最低信噪比（dB）
BPSK	10.8
QPSK	13.7
8PSK	18.9
16QAM	20.4
32QAM	23.5
64QAM	26.6

射频系统的灵敏度 $P_{\mathrm{Sin,min}}$ 定义为在信噪比达标的情况下，系统能检测到的最小信号功率，即

$$P_{\mathrm{Sin,min}} = S_{\mathrm{MDS}} + \mathrm{SNR}_{\mathrm{min}} \tag{1.20}$$

从式（1.20）可以看出，为了提高接收机系统的灵敏度，需要从以下方面着手。

（1）尽可能减小接收机的噪声系数或有效噪声温度。

（2）尽可能降低天线噪声温度。

（3）接收机选用最佳带宽。

（4）在满足系统性能要求情况下，尽可能减小识别因子，以减小可分辨的最小信噪比。

3．射频前端增益

接收机的增益表示对回波信号的放大能力，一般包括天线增益、射频前端增益及后期信号处理增益，其中，起主导作用的是射频前端增益。对于射频前端而言，在已知接收机动态范围要求后，如何合理设计增益大小，让接收机所能允许的最大和最小输入信号既满足模拟器件的正常工作要求，不会造成模拟信号的失真，又保证被 ADC 正常采样，是关系到整个雷达系统性能的关键点。

接收机灵敏度非常小，如−100dBm，接收机需要有足够的增益才能使信号功率达到 ADC 采样最小可检测电平。然而，增益又不能过大，否则会引起后级放大器饱和或非线性工作，易产生内部失真干扰。

以 14 位 ADC 为例，峰峰值电压 $V_{\text{P-P}}$=2 V，则 ADC 最小可检测电平（分层电平大小）为

$$P_{\text{ADC,1bit}}=10\lg\frac{\left(\dfrac{V_{\text{P-P}}/2/\sqrt{2}}{2^N-1}\right)^2}{50}\text{W}=10\lg\frac{\left(\dfrac{2/2/\sqrt{2}}{2^{14}-1}\right)^2}{50}\text{W}\qquad(1.21)$$
$$=-104.3\,\text{dBW}=-74.3\,\text{dBm}$$

若系统的灵敏度为−120dBm，则结合 ADC 最小可检测电平，系统总增益 $G_{\text{sys,dB}}\geqslant$ −74.3−(−120)dB=45.7dB，才能保证最小信号被 ADC 有效采样。

为了防止某一级增益过大引起放大器饱和，系统增益应合理地分配给多个放大器，增益分配首先要考虑接收机系统的噪声系数，一般来说，高频低噪声放大器的增益应较高，以减小其后的混频器和中频放大器的噪声对系统噪声系数的影响。但是，高频低噪声放大器的增益不能太高，如果太高，则一方面会影响中频放大器的工作稳定性，另一方面会影响接收机的动态范围。所以，增益、噪声系数和动态范围是三个相互联系又相互制约的参数。

4．接收机非线性与 1dB 压缩点

放大器并非总对信号线性放大，输入信号过大会导致放大器增益下降。有多个指标可以用来衡量电路的线性度，最常用的指标是 1dB 压缩点（1dB Compression Point）。当接收机实际输出功率比理想线性输出功率低 1dB，即产生 1dB 增益压缩时，所对应的输入信号功率称为输入 1dB 压缩点（Input 1dB Compression Point，ICP），输出信号功率称为输出 1dB 压缩点（Output 1dB Compression Point，OCP），如图 1.15 所示，其中输入 1dB 压缩点为 ICP_{dBm}（有时简写为 $P_{1\text{dB}}$），输出 1dB 压缩点为 OCP_{dBm}。

输入 1dB 压缩点、输出 1dB 压缩点满足式（1.22），其中 $G_{P,\text{dB}}$ 表示放大器线性功率增益。

$$\text{OCP}_{\text{dBm}}=\text{ICP}_{\text{dBm}}+(G_{P,\text{dB}}-1)\qquad(1.22)$$

5．互调特性

互调特性是接收机电性能的一个重要指标。互调是一种非线性现象，它可以通过一个无记忆非线性模型来进行分析，即

$$V_{\text{out}}(t)=\sum_{n=1}^{N}c_nV_{\text{in}}^n(t)=c_1V_{\text{in}}(t)+c_2V_{\text{in}}^2(t)+\cdots+c_NV_{\text{in}}^N(t) \tag{1.23}$$

式中，N 为多项式的阶数；$V_{\text{in}}(t)$、$V_{\text{out}}(t)$表示输入、输出信号电压；c_n（n=1,2,⋯N）表示多项式系数。特别地，$V_{\text{out}}(t)=c_1V_{\text{in}}(t)$表示线性放大，$c_1$ 表示线性放大增益。

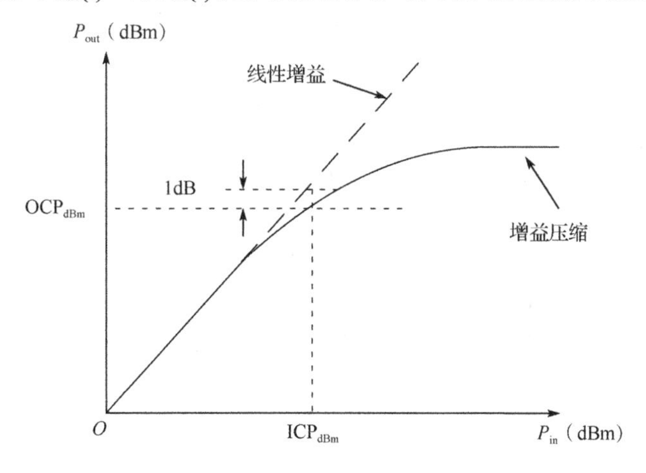

图 1.15　1dB 压缩点定义

假设输入信号电压 $V_{\text{in}}(t)=V_{0m}\cos\omega_0t$，$V_{0m}$ 为幅度，ω_0 为基波频率，则输出信号电压为

$$\begin{aligned}V_{\text{out}}(t)&=c_1V_{0m}\cos\omega_0t+c_2V_{0m}^2\cos^2\omega_0t+c_3V_{0m}^3\cos^3\omega_0t+\cdots\\&=\frac{c_2V_{0m}^2}{2}+\left(c_1V_{0m}+\frac{3c_3V_{0m}^3}{4}\right)\cos\omega_0t+\frac{c_2V_{0m}^2}{2}\cos2\omega_0t+\frac{c_3V_{0m}^3}{4}\cos3\omega_0t+\cdots\end{aligned} \tag{1.24}$$

偶次项（n 为偶数）产生直流和二阶谐波，奇次项（n 为奇数）产生基波和三阶谐波。对于窄带系统，二阶谐波、三阶谐波易被后续滤波器滤除，但三次项的影响（系数为 c_3）仍然保留在基波中，因此在式（1.24）中，奇次项才是需要重点关注的。在射频接收机中，模拟器件（如放大器、混频器）的奇数阶互调失真通常比其相邻的偶数阶互调失真高得多，最低阶的奇次项互调失真，即三阶互调失真是最为麻烦的。而偶数阶互调失真，特别是二阶互调失真，是宽带系统或直接变频结构的系统所必须解决的问题。

1）二阶互调失真

对于宽带系统，式（1.24）中由非线性产生的二阶谐波或二阶失真会被滤波器保留，因此输出端会存在二阶谐波干扰。图 1.16 所示为非线性放大器二阶谐波，其中 $P_{\text{in},f,\text{dBm}}$、$P_{\text{out},f,\text{dBm}}$ 分别表示输入、输出基波的功率，$P_{\text{out},2f,\text{dBm}}$ 表示输出二阶谐波干扰功率。

图 1.17 所示为二阶截断点（SOI 或 IP2）定义，横纵坐标分别为输入、输出信号功率。其中，ISOI 和 OSOI 分别为输入二阶截断点和输出二阶截断点。基波信号的输入、输出功率曲线的斜率为 1。式（1.24）中二阶谐波幅度为 $c_2V^2{}_{0m}/2$，即与输入幅度成平方关系，取对数后曲线的斜率为 2，即二阶谐波的输入、输出功率曲线的斜率为 2。无论是基波还是二阶谐波，随着输入信号的增大，其输出信号的增益都会下降，输出功率逐渐饱和。将基波曲线与二阶谐波曲线的线性部分延长相交，即得到二阶截断点。二阶截断点横坐标表

示输入二阶截断点（ISOI 或 IIP2），纵坐标表示输出二阶截断点（OSOI 或 OIP2），两者满足式（1.25）。

$$\mathrm{OSOI}_{\mathrm{dBm}} = \mathrm{ISOI}_{\mathrm{dBm}} + G_{P,\mathrm{dB}} \tag{1.25}$$

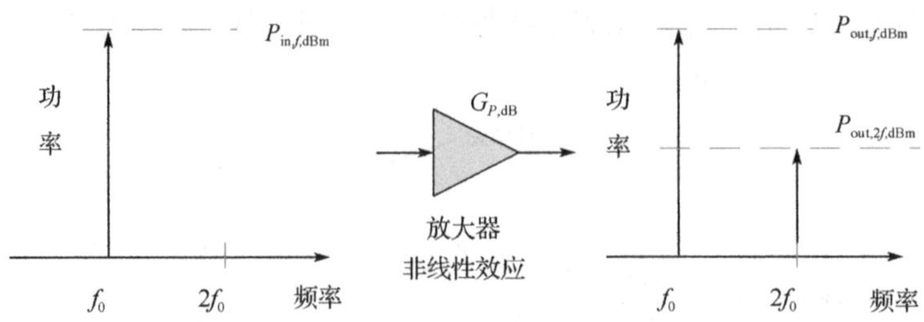

图 1.16　非线性放大器二阶谐波

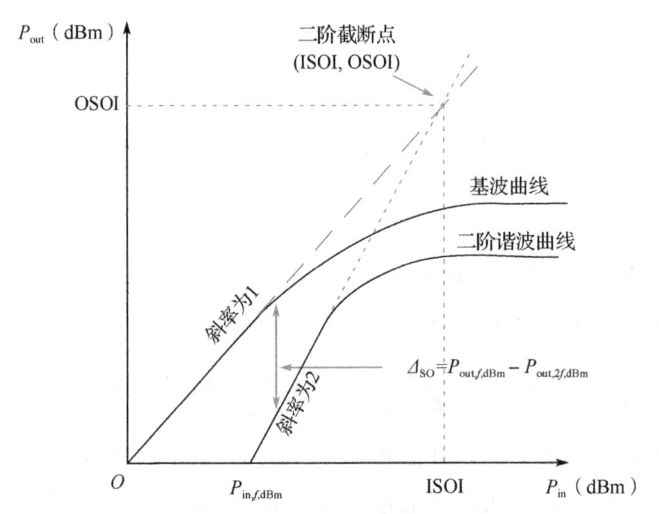

图 1.17　二阶截断点定义

根据图 1.17 中的斜率关系可得式（1.26），其中 $\varDelta_{\mathrm{SO}}$ 表示二阶谐波相对基波功率。

$$\begin{cases} P_{\mathrm{out},f,\mathrm{dBm}} - \mathrm{OSOI}_{\mathrm{dBm}} = 1\times(P_{\mathrm{in},f,\mathrm{dBm}} - \mathrm{ISOI}_{\mathrm{dBm}}) \\ P_{\mathrm{out},2f,\mathrm{dBm}} - \mathrm{OSOI}_{\mathrm{dBm}} = 2\times(P_{\mathrm{in},f,\mathrm{dBm}} - \mathrm{ISOI}_{\mathrm{dBm}}) \\ \varDelta_{\mathrm{SO}} = P_{\mathrm{out},f,\mathrm{dBm}} - P_{\mathrm{out},2f,\mathrm{dBm}} \end{cases} \Rightarrow \begin{cases} P_{\mathrm{out},f,\mathrm{dBm}} = P_{\mathrm{in},f,\mathrm{dBm}} + G_{P,\mathrm{dB}} \\ P_{\mathrm{out},2f,\mathrm{dBm}} = 2P_{\mathrm{out},f,\mathrm{dBm}} - \mathrm{OSOI}_{\mathrm{dBm}} \end{cases}$$
$$\Rightarrow \begin{cases} \mathrm{OSOI}_{\mathrm{dBm}} = 2P_{\mathrm{out},f,\mathrm{dBm}} - P_{\mathrm{out},2f,\mathrm{dBm}} = P_{\mathrm{out},f,\mathrm{dBm}} + \varDelta_{\mathrm{SO}} = \mathrm{ISOI}_{\mathrm{dBm}} + G_{P,\mathrm{dB}} \\ \mathrm{ISOI}_{\mathrm{dBm}} = P_{\mathrm{in},f,\mathrm{dBm}} + \varDelta_{\mathrm{SO}} \end{cases} \tag{1.26}$$

根据式（1.26），若已知输入信号功率 $P_{\mathrm{in},f,\mathrm{dBm}}$，则只用测一组输出信号功率 $P_{\mathrm{out},f,\mathrm{dBm}}$ 及相应的二阶谐波信号功率 $P_{\mathrm{out},2f,\mathrm{dBm}}$，即可计算二阶截断点，即

$$\begin{cases} \varDelta_{\mathrm{SO}} = P_{\mathrm{out},f,\mathrm{dBm}} - P_{\mathrm{out},2f,\mathrm{dBm}} \\ \mathrm{OSOI}_{\mathrm{dBm}} = 2P_{\mathrm{out},f,\mathrm{dBm}} - P_{\mathrm{out},2f,\mathrm{dBm}} = P_{\mathrm{out},f,\mathrm{dBm}} + \varDelta_{\mathrm{SO}} \\ \mathrm{ISOI}_{\mathrm{dBm}} = P_{\mathrm{in},f,\mathrm{dBm}} + \varDelta_{\mathrm{SO}} = \varDelta_{\mathrm{dBm}} - G_{P,\mathrm{dB}} \end{cases} \tag{1.27}$$

2）三阶互调失真

当输入有用信号伴随着两个邻近的强干扰信号时，会引入非线性。假设输入信号电压 $V_{\text{in}}(t)=V_{1\text{m}}\cos\omega_1 t+V_{2\text{m}}\cos\omega_2 t$，$V_{1\text{m}}$ 和 $V_{2\text{m}}$ 为电压幅度，ω_1 和 ω_2 为基波频率，代入式（1.24），则输出信号电压为

$$\begin{aligned}
V_{\text{out}}(t)&=c_1(V_{1\text{m}}\cos\omega_1 t+V_{2\text{m}}\cos\omega_2 t)+c_2(V_{1\text{m}}\cos\omega_1 t+V_{2\text{m}}\cos\omega_2 t)^2+\\
&\quad c_3(V_{1\text{m}}\cos\omega_1 t+V_{2\text{m}}\cos\omega_2 t)^3+\cdots\\
&=\frac{c_2(V_{1\text{m}}^2+V_{2\text{m}}^2)}{2}+\left(c_1V_{1\text{m}}+\frac{3}{4}c_3V_{1\text{m}}^3+\frac{3}{2}c_3V_{1\text{m}}V_{2\text{m}}^2\right)\cos\omega_1 t+\\
&\quad\left(c_1V_{2\text{m}}+\frac{3}{4}c_3V_{2\text{m}}^3+\frac{3}{2}c_3V_{1\text{m}}^2V_{2\text{m}}\right)\cos\omega_2 t+\frac{c_2V_{1\text{m}}^2}{2}\cos(2\omega_1 t)+\frac{c_2V_{2\text{m}}^2}{4}\cos(2\omega_2 t)+\\
&\quad\frac{c_3V_{1\text{m}}^2}{4}\cos(3\omega_1 t)+\frac{c_3V_{2\text{m}}^2}{4}\cos(3\omega_2 t)+c_2V_{1\text{m}}V_{2\text{m}}\cos(\omega_1-\omega_2)t+c_2V_{1\text{m}}V_{2\text{m}}\cos(\omega_1+\omega_2)t+\\
&\quad\frac{3c_3V_{1\text{m}}^2V_{2\text{m}}}{4}\cos(2\omega_1-\omega_2)t+\frac{3c_3V_{1\text{m}}^2V_{2\text{m}}}{4}\cos(2\omega_1+\omega_2)t+\frac{3c_3V_{1\text{m}}V_{2\text{m}}^2}{4}\cos(2\omega_2-\omega_1)t+\\
&\quad\frac{3c_3V_{1\text{m}}V_{2\text{m}}^2}{4}\cos(2\omega_2+\omega_1)t+\cdots
\end{aligned}\tag{1.28}$$

当两个基波频率 ω_1、ω_2 相近时，它们的组合频率 $2\omega_1-\omega_2\approx\omega_1\approx\omega_2$ 和 $2\omega_2-\omega_1\approx\omega_1\approx\omega_2$ 会非常接近基波频率，无法通过滤波器滤除，从而给基波信号带来严重的失真，还会影响邻近通道信号，即三阶互调失真，如图1.18所示。其中，$P_{\text{in},f,\text{dBm}}$、$P_{\text{out},f,\text{dBm}}$ 分别表示输入、输出基波的功率，$P_{\text{out},2f-f,\text{dBm}}$ 表示三阶互调干扰功率。

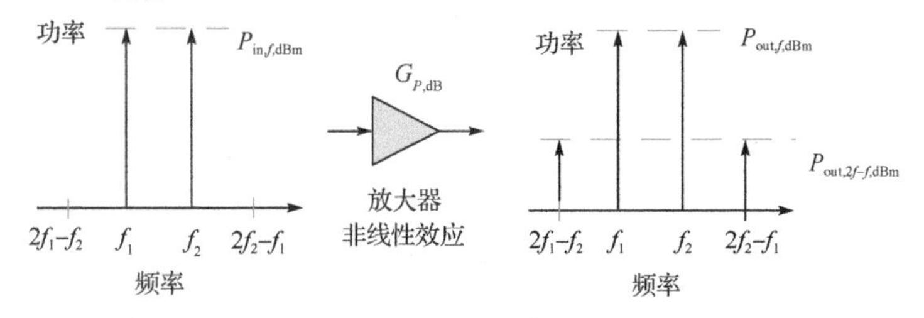

图1.18 非线性系统三阶互调失真

假设输入信号为等幅信号，即 $V_{1\text{m}}=V_{2\text{m}}=V_{\text{m}}$，则将输出三阶互调失真信号功率（如 $3c_3V_{\text{m}}^3/4$）等于有用基波输出功率时对应的输入信号功率称为输入三阶截断点（ITOI 或 IIP3），单位为dBm，根据该定义可得

$$c_1V_{\text{m}}=\frac{3}{4}c_3V_{\text{m}}^3\Rightarrow V_{\text{in,IP3}}=\sqrt{\frac{4}{3}\left|\frac{c_1}{c_3}\right|}\tag{1.29}$$

式（1.29）显示输出三阶互调干扰幅度与输入幅度成立方关系，取对数后曲线的斜率为3。当输入大功率信号时，无论是基波功率还是三阶互调干扰功率，都会发生饱和。

此外，基于式（1.29）可得到输入1dB压缩点电压 $V_{i\text{m,ICP}}$（i=1,2）为

$$20\lg\left|\frac{c_1V_{im}+\dfrac{3c_3V_{im}^3}{4}}{c_1V_{im}}\right|=-1\text{dB}\Rightarrow V_{im,\text{ICP}}=\sqrt{0.145\left|\frac{c_1}{c_3}\right|} \tag{1.30}$$

对比可得

$$20\lg\left(\frac{V_{im,\text{ICP}}}{V_{\text{in,IP3}}}\right)=20\lg\sqrt{\frac{0.145}{4/3}}=-9.6\text{dB}\Rightarrow \text{IIP3}_{\text{dBm}}\approx\text{ICP}_{\text{dBm}}+10\text{dB} \tag{1.31}$$

即输入三阶截断点比输入 1dB 压缩点高约 10dB，注意该结论是基于多项式模型得到的，实际射频系统输入三阶截断点一般比输入 1dB 压缩点高约 10～15dB。

图 1.19 所示为三阶截断点（TOI 或 IP3）定义，其中输入、输出功率取了对数，基波输入、输出功率曲线的斜率为 1；三阶截断点是基波曲线与三阶互调干扰曲线线性部分延长线的交点，对应输入信号功率为输入三阶截断点（ITOI 或 IIP3），对应输出信号功率为输出三阶截断点（OTOI 或 OIP3），两者满足

$$\text{OTOI}_{\text{dBm}}=\text{ITOI}_{\text{dBm}}+G_{P,\text{dB}} \tag{1.32}$$

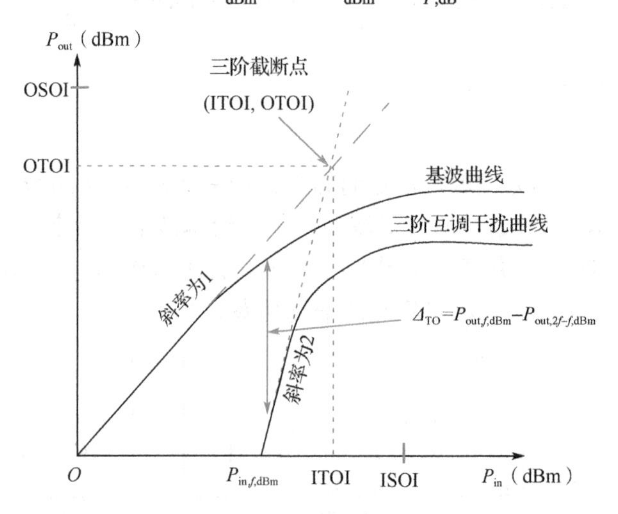

图 1.19　三阶截断点定义

根据图 1.19 中的斜率关系可得式（1.33），其中 Δ_{TO} 表示三阶互调干扰相对基波功率。

$$\begin{cases}P_{\text{out},f,\text{dBm}}-\text{OTOI}_{\text{dBm}}=(P_{\text{in},f,\text{dBm}}-\text{ITOI}_{\text{dBm}})\\ P_{\text{out},2f-f,\text{dBm}}-\text{OTOI}_{\text{dBm}}=3(P_{\text{in},f,\text{dBm}}-\text{ITOI}_{\text{dBm}})\\ \Delta_{\text{TO}}=P_{\text{out},f,\text{dBm}}-P_{\text{out},2f-f,\text{dBm}}\end{cases}\Rightarrow\begin{cases}P_{\text{out},f,\text{dBm}}=P_{\text{in},f,\text{dBm}}+G_{P,\text{dB}}\\ P_{\text{out},2f-f,\text{dBm}}=3P_{\text{out},f,\text{dBm}}-2\text{OTOI}_{\text{dBm}}\end{cases}$$
$$\Rightarrow\begin{cases}\text{OTOI}_{\text{dBm}}=(3P_{\text{out},f,\text{dBm}}-P_{\text{out},2f-f,\text{dBm}})/2=P_{\text{out},f,\text{dBm}}+\Delta_{\text{TO}}/2=\text{ITOI}_{\text{dBm}}+G_{P,\text{dB}}\\ \text{ITOI}_{\text{dBm}}=P_{\text{in},f,\text{dBm}}+\Delta_{\text{TO}}/2\end{cases} \tag{1.33}$$

根据式（1.33）可知，若已知输入信号功率，则只用测一组输出信号功率及相应的三阶互调干扰功率，即可计算三阶截断点。

6. 动态范围

通常用动态范围来衡量接收机能正常工作并产生预期输出信号时，输入信号所允许的

幅度变化范围。在一般情况下，强信号和弱信号是同时进入接收机的，这时的动态范围也称瞬时动态范围。若强信号和弱信号不是同时进入的，如自动增益控制接收机，则动态范围称为非瞬时动态范围。动态范围根据指标不同，有多种表示方法，常用的有无杂散动态范围（Spurious Free Dynamic Range，SFDR）和线性动态范围（Blocking Dynamic Range，BDR），如图 1.20 所示。

SFDR 指不产生三阶互调干扰时允许的最大输入信号范围，一般是接收机的三阶互调干扰等于最小可检测信号时，接收机输入（或输出）的最大信号功率与三阶互调干扰功率之比。BDR 描述了器件的线性工作区域范围，与输入 1dB 压缩点（ICP）有关，一般是指当接收机的输出功率大到产生 1dB 增益压缩时，输入信号功率与最小可检测信号功率或等效噪声功率之比。动态范围的下限一般是灵敏度，BDR 的上限用输入 1dB 压缩点来表征，SFDR 的上限用三阶截断点（TOI 或 IP3）来表征。

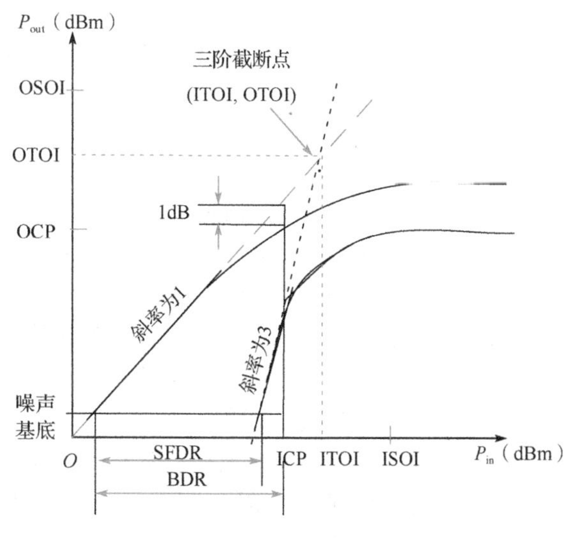

图 1.20　动态范围示意图

当射频系统由多个器件级联时，可以计算级联系统的三阶截断点，$\mathrm{IIP3_{sys}}$、$\mathrm{OIP3_{sys}}$ 分别如下。

$$\frac{1}{\mathrm{IIP3_{sys}}}=\frac{1}{\mathrm{IIP3_1}}+\frac{1}{\mathrm{IIP3_2}}+\frac{1}{\mathrm{IIP3_3}}+\cdots+\frac{1}{\mathrm{IIP3}_n} \tag{1.34}$$

$$\frac{1}{\mathrm{OIP3_{sys}}}=\frac{1}{G_2\cdots G_n\cdot\mathrm{OIP3_1}}+\frac{1}{G_3\cdots G_n\cdot\mathrm{OIP3_2}}+\frac{1}{G_4\cdots G_n\cdot\mathrm{OIP3_3}}+\cdots+\frac{1}{\mathrm{OIP3}_n} \tag{1.35}$$

式中，$\mathrm{IIP3}_n$、$\mathrm{OIP3}_n$（$n=1,2,\cdots$）表示各器件的输入、输出三阶截断点；G_n（$n=1,2,\cdots$）表示各器件增益。注意，上述两式中 $\mathrm{IIP3}_n$、$\mathrm{OIP3}_n$、G_n 均为幅度值，若参数是 dB 值，则应将 dB 值转成幅度值。

为了使系统线性动态范围变大，可以从合理分配增益、设计或选用动态范围大的器件（如选择 1dB 压缩点较大的中频放大器、提高 ADC 的位数及最大输入电平等），加入灵敏度时间控制（Sensitivity Time Control，STC）电路、自动增益控制（Automatic Gain Control，AGC）电路和对数放大器等方面着手。

7. 选择性和信号带宽

选择性表示在邻近信号强干扰和信道阻塞的情况下，接收机提取所需信号的能力。在大多数体系的结构中，信道选择滤波器的设计决定了接收机的选择性，接收机频带的选择与发射波形的特性、接收机的工作带宽及所能提供的射频器件和中频器件的性能均有关。在保证可以接收到所需信号的条件下，带宽越窄或谐振曲线的矩形系数越好，则滤波器性能越好，所受到的邻频干扰越小，即选择性越好。

从前面的分析可以看出，雷达和通信系统中的射频系统基本组成和设计方法是相似的，其涉及的射频器件主要包括滤波器、功率分配器、放大器、混频器、本地振荡器等，只是在设计时需要根据系统的应用场景和具体要求选择器件，并结合布局适当地调整结构、选择器件和配置参数。

1.4 典型射频系统前端电路

1.4.1 高频地波雷达

高频地波雷达（High Frequency Surface Wave Radar，HFSWR）利用垂直极化的高频电磁波能够沿地球表面绕射的特性，实现对海洋表面大面积风场、浪场、流场等动力学参数及海面船舶目标和低空飞行目标的超视距探测，其电磁波传播方式为地（海）面绕射波传播。高频地波雷达一般沿海岸架设，发射天线及接收天线相距较近，具有超视距、大范围、成本低、全天候、不受风暴和海面活动目标干扰等特点，因此受到了众多沿海国家的重视，在近几十年得到了快速的发展。

高频地波雷达包括发射天线、发射机、接收天线、接收机、控制中心等，其中，接收机包括射频前端、数据处理模块、电源、时钟模块等，射频前端主要对接收天线感应的模拟信号进行滤波、放大等处理，是整个雷达系统性能提升的瓶颈。高频地波雷达接收机经过多年的发展，从传统的三次变频零中频采样接收机发展为一次混频中频采样接收机，再到近年来研制成功的全数字化射频直接采样接收机，其射频前端逐步简化，如图 1.21 所示。

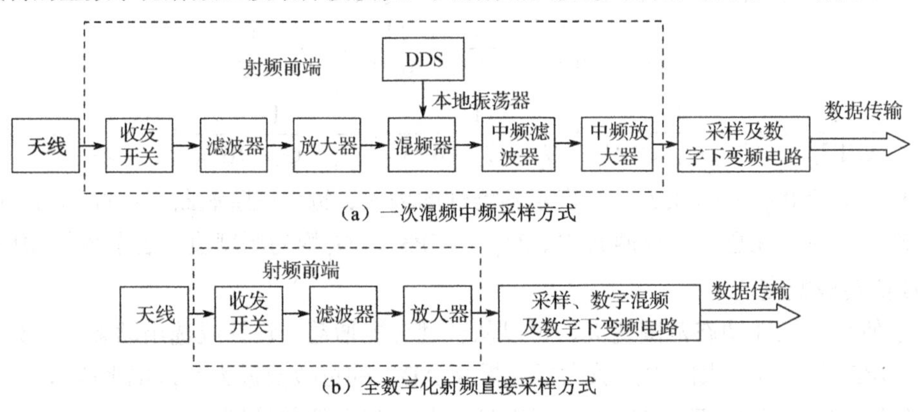

图 1.21　高频地波雷达接收机射频前端结构框图

在进行高频地波雷达设计时，通常综合考虑雷达系统的设计要求，如最大探测距离、发射功率、工作频率（外部噪声因子与工作频率有关）、天线增益等，确定雷达系统的灵敏度和动态范围，并根据 ADC 分层电平大小确定接收机射频前端的最小增益。对于接收机模拟射频前端来说，需要在提高灵敏度、动态范围、选择性等方面做出努力，如降低噪声、减小带宽、选用性能优良的模拟器件及设计良好的接收方案等，并合理安排器件的位置，以提高接收机整体性能。

1.4.2　超高频河流监测雷达

超高频河流监测雷达（River State Measuring and Analyzing Radar-UHF，RISMAR-U）是一种岸基安装、非接触式自动河流流量测量设备。基于电磁波在周期性波浪水面的布拉格散射机理，RISMAR-U 接收水波的回波，水波的相速受水流速度调制，会在水波布拉格频移的基础上，额外增加水流速度的多普勒频移，因此 RISMAR-U 使用多普勒原理测量水流速度。RISMAR-U 的工作频率为 300MHz 的超高频，采用线性调频波形，发射功率为毫瓦级。图 1.22 所示为 RISMAR-U 接收机射频前端电路设计。其中给出了单通道射频前端电路，包括射频开关、一级放大器、二级放大器及滤波器等器件。由于采用了全数字化射频直接采样结构，因此无须混频器变频。图 1.22 还给出了射频前端电路各器件的主要技术指标，如放大器的增益、噪声系数和三阶截断点。同时，由于各器件的输入/输出阻抗都与传输线特征阻抗 50Ω相同，因此电路设计中未考虑阻抗匹配的问题。

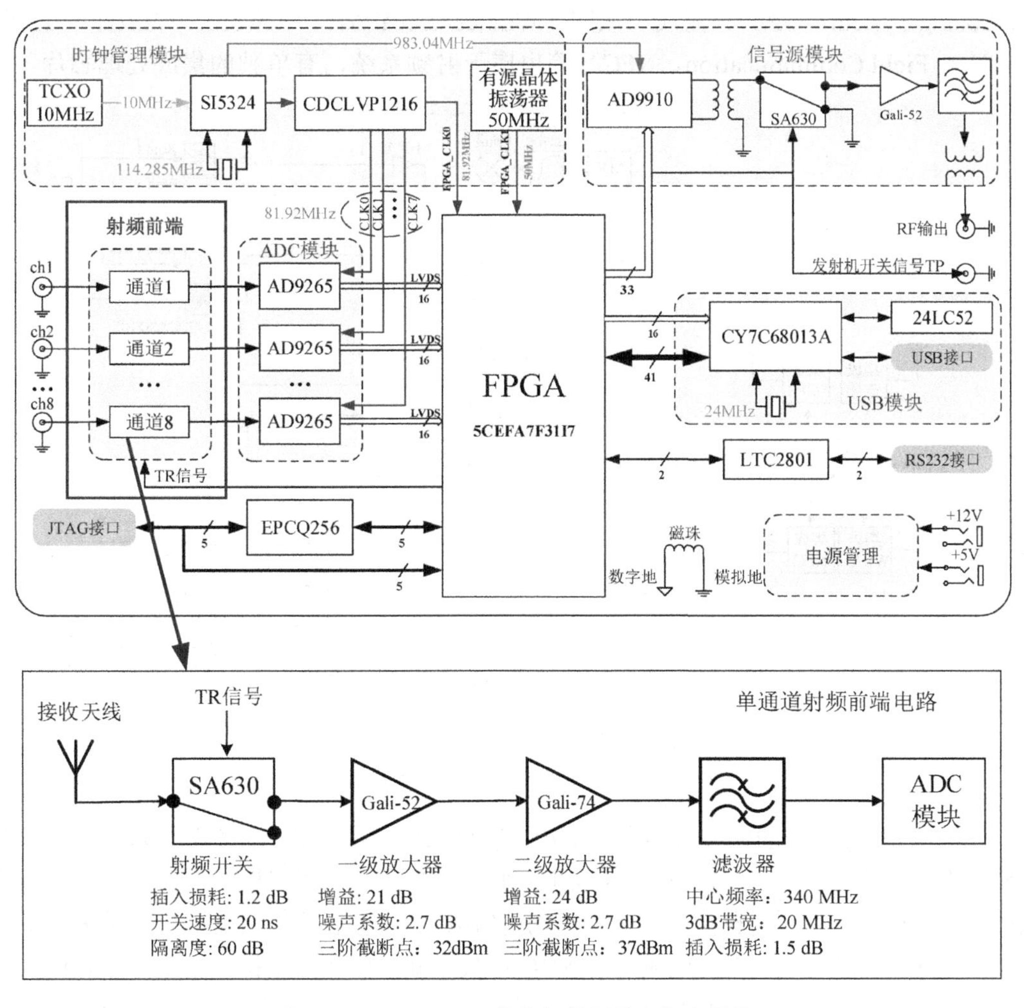

图 1.22　RISMAR-U 接收机射频前端电路设计

1.4.3　智能手机

随着集成电路技术的发展，射频电路集成化、模块化的程度越来越高，这对小型化移动终端的开发和应用是特别有利的。智能手机是非常典型的高度集成射频系统，其电路设计大量采用射频集成芯片，低噪声放大器、低通滤波器、混频器、ADC 等大都已集成在射频收发芯片（RF Transceiver）中。射频集成芯片极大地简化了射频系统的设计，减小了尺寸，降低了成本，增强了系统的稳定性。

以 4G 智能手机为例，图 1.23 所示为典型 4G 智能手机射频前端电路结构框图，作为示意图，其中仅列出了 5 个 4G 工作波段。手机的主体功能是语音通话，从图中可以看出，手机主体的通信链路包含天线、开关、多波段带通滤波器组、多波段功率放大器组、射频收发芯片、集成数字基带处理器（DBB）、中央处理器 App 应用、集成语音信号处理器、听筒及话筒等。除此之外，手机的一些辅助功能，如蓝牙、全球定位系统（Global Positioning System，GPS）、无线局域网（Wireless Local Area Network，WLAN）、近场通信（Near Field Communication，NFC）等也属于射频系统，有单独的集成处理芯片。

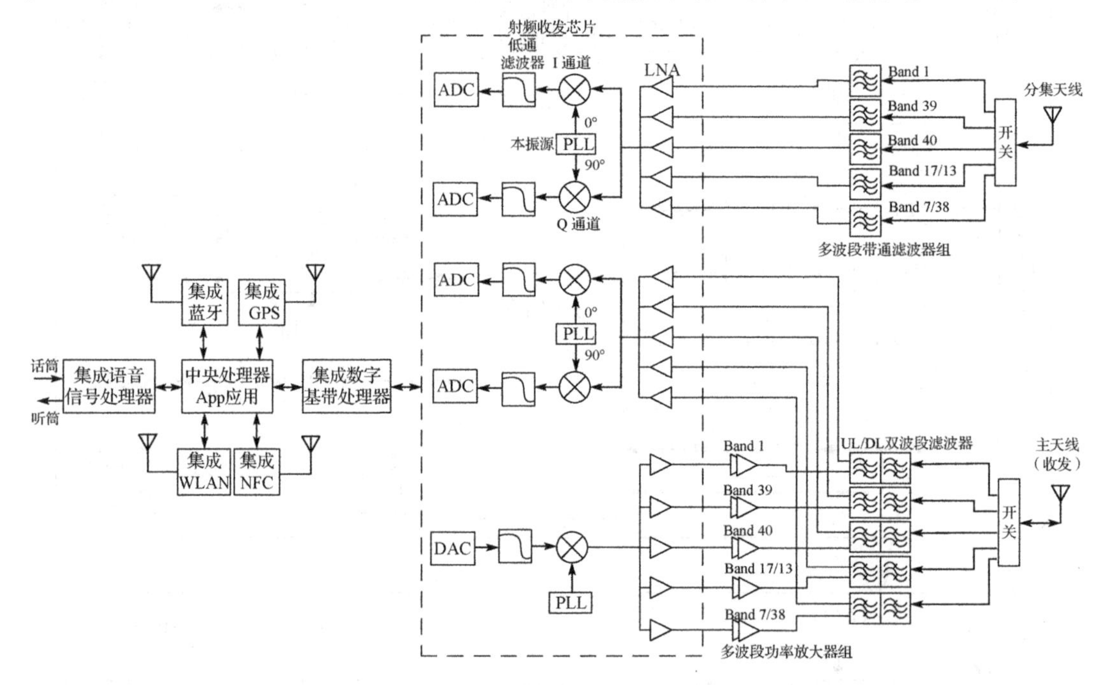

图 1.23　典型 4G 智能手机射频前端电路结构框图

分析 4G 智能手机的射频前端电路结构，接收信号经过射频滤波器和低噪声放大器后，在射频收发芯片内经过正交混频（I/Q 混频）变为零中频，经低通滤波器后送入 ADC 采样。也就是说手机射频系统是典型的零中频结构的射频系统，I/Q 零中频结构的好处很明显，它最大限度地利用了带宽，极大地减轻了 ADC 和数字基带面临的数据处理压力，但 I/Q 零中频结构也会面临镜频干扰的影响及 I/Q 通道失配的影响，在集成芯片中设计 I/Q 正交混频，可以将 I/Q 通道失配的影响降到最低。

相对 4G 频段，5G 频段的频率有明显的提高，新分配的频段包括 7GHz 以内的频率(FR1,

Sub-7GHz），如 3.3GHz、5GHz 等，以及 24GHz 以上的毫米波频段（FR2，mmWave），如 28GHz、39GHz 等。新的 5G 频段可以支持更大的工作带宽，因此可提供更大的网络容量。

1.4.4　宽带卫星通信

随着移动无线信息技术的发展，人们对实时通信和保密通信充满了期待，如全球互联物联网、全球实时视频通信等，进而推动了卫星通信朝更高速率或更大带宽发展。为了获得更大的带宽，卫星工作频率向更高频率的 Ku 波段（12GHz～18GHz），甚至 Ka 波段（27GHz～40GHz）发展，瞬时带宽提升至 200MHz 或 500MHz。新一代卫星通信系统大多采用近地轨道，延迟低、衰减小、制造和发射成本低，适合快速部署，工作频段大多是 Ku 波段或 Ka 波段，瞬时带宽在 GHz 以上，适合多用户跨频段跳频通信，也适合高铁、飞机等需要高速通信的场景，或者偏远地区、抢险救灾应急等通信场景。对于卫星通信而言，不仅要瞬时带宽大、性能指标高，还要达到尺寸小、质量小、功耗低及成本低等苛刻条件，同时要有良好的定向能力和抗干扰能力，因此，新一代宽带卫星通信系统的设计是非常困难的。

100MHz 带宽以内的窄带卫星通信系统设计，通常采用一级混频将 C/X/Ku 波段降到 L 波段或 UHF 等较低的中频，再搭配中频级的射频收发芯片的方案，这既解决了镜频干扰问题，又达到了尺寸小、功耗低的设计要求。要满足 GHz 的瞬时带宽需求，可采用经典的超外差多次混频结构，第一级混频选择高中频，排除镜频干扰，后级中频合理规划，避免镜频干扰和组合频率干扰，再配合高速 ADC/DAC 器件，以实现宽带和高性能要求，这是大多数宽带射频系统选择的方案。然而，超外差多次混频结构需要更多的滤波器、放大器、混频器等射频器件，电路尺寸大、功耗高，并不适合宽带卫星通信系统。图 1.24 给出了单通道、1.5GHz 瞬时带宽的卫星通信射频前端电路结构方案，该方案采用一次混频高中频带通采样方式。实际上，在新一代宽带卫星通信系统设计中，多极化（如同时支持水平极化、垂直极化）与多波段（如同时支持 Ku/Ka 双波段）已属于标配，同时，为获得更优异的定向性能，用平面相控阵列天线取代传统的抛物面天线，用基于数字波束形成的电扫描技术取代机械扫描技术。

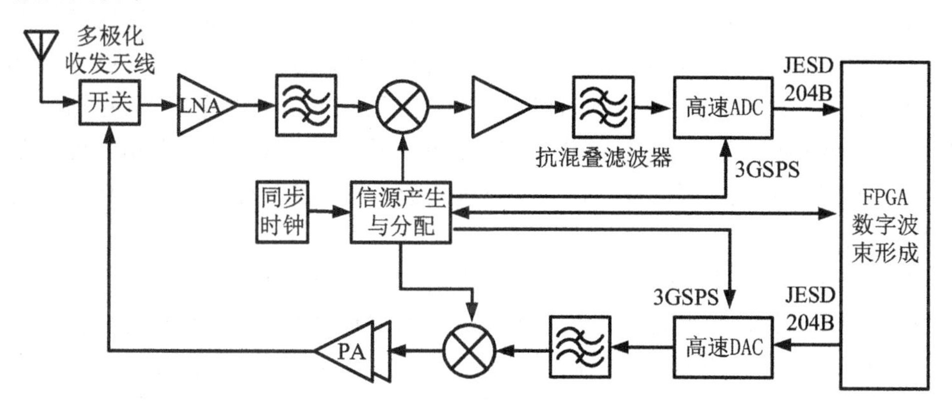

图 1.24　单通道、1.5GHz 瞬时带宽的卫星通信射频前端电路结构方案

1.5 微波射频电路的设计软件

在微波射频电路的设计过程中，常需要用到各种各样的仿真软件，如 ADS（Advanced Design System）、AWR Microwave Office、CST（Computer Simulation Technology）、Ansys HFSS 等。仿真软件可以对所设计的电路和系统进行模拟，以期改善实际性能，找到最优的设计方案。

ADS 是美国 Agilent 公司推出的电路和系统分析软件，它以矩量法为主，仿真手段丰富多样，包含时域电路仿真、频域电路仿真、3D 电磁仿真、通信系统仿真和数字信号处理仿真等，支持设计工程师开发所有类型的射频系统，也是国内各大学和研究所使用最多的微波射频电路设计软件之一，主要应用于微波射频电路的设计与仿真、通信系统的设计等。

AWR 公司的微波射频设计产品套件包含系统仿真工具（Visual System Simulator）、电路仿真工具（Microwave Office 和 Analog Office）和电磁分析工具（AXIEM 和 Analyst），AWR Microwave Office 以矩量法为主，界面直观，可提高工程效率并缩短设计周期。AWR Microwave Office 与 AWR Design Environment 平台内的其他仿真软件可无缝互通，提供完整的微波射频电路、系统和电磁协同仿真环境。

CST 是一种广泛应用于电磁仿真中的软件，以时域有限差分/积分法为主要算法，能够模拟各种电磁现象，包括微波传输、射频和毫米波技术、光学系统和电子装置等，为用户提供完整的系统级和部件级的数值仿真优化。

Ansys HFSS 是一种基于有限元法（Finite Element Method，FEM）的 3D 电磁仿真软件，适用于射频和无线设计的 3D 电磁场模拟，可用于设计天线、天线阵列、微波射频组件、高速互连装置、过滤器、连接器、集成电路封装和 PCB 等高频电子产品，并对此类产品进行仿真。

Empyrean AetherMW（简称 AetherMW）是由北京华大九天科技股份有限公司（简称华大九天）推出的电路和系统分析软件，支持原理图编辑、版图编辑及仿真集成环境，可以和电路仿真工具（Empyrean ALPS）、物理验证工具（Empyrean Argus）、寄生参数提取工具（Empyrean RCExplorer）及可靠性分析工具（Empyrean Polas）无缝集成，为用户提供完整、平滑、高效的一站式设计流程。AetherMW 支持微波射频电路全流程设计，包括前端设计和后端设计。AetherMW 支持微波射频电路器件建模、原理图设计和原理图仿真等前端设计流程，也支持微波射频电路版图设计、版图物理验证、寄生参数提取和后仿真、版图可靠性分析等后端设计流程。

本书后续章节将基于 AetherMW 进行微波射频电路的设计与仿真，结合移动通信收发系统的射频前端结构，采用图 1.25 所示的接收通道单频段射频前端电路简化框图。图 1.25 所示为典型的 I/Q 正交混频结构系统，其包括天线开关、预选滤波器、低噪声放大器、射频放大器、功率分配器、混频器、本振源、低通滤波器、可调增益放大器等。选取其中的功率分配器、放大器、混频器等主要模块及其相关电路进行设计，从简单到复杂，从无源到有源，利用 AetherMW 进行原理图设计和性能仿真及优化。在频率上，选用某一个频段（以 5G 测试频段为例，工作频率为 2515～2675MHz），各模块的工作频率大都围绕这个频段展开，以使各模块的设计流程和指标评估相互呼应和统一，便于设计和实验的开展。

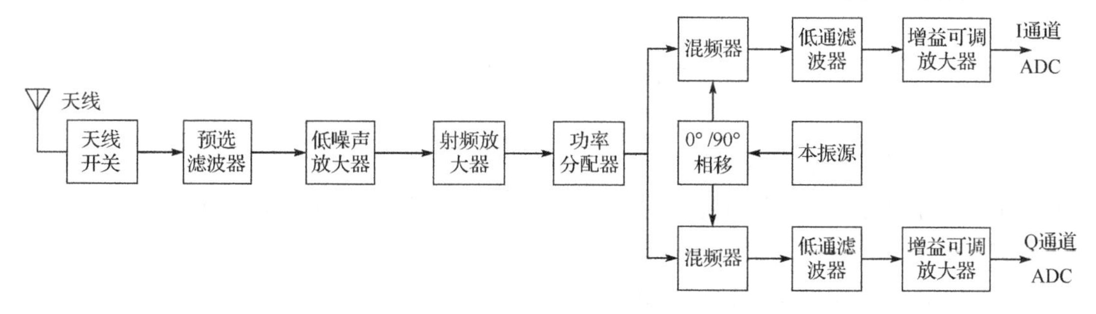

图 1.25　接收通道单频段射频前端电路简化框图

本章讨论了微波射频系统的基本概念，对其频段划分进行了较为详细的介绍，在此基础上对射频电路和低频电路关注的重点和设计方法等方面的区别进行了分析；基于常见的微波射频系统，对其发射部分和接收部分的结构组成、各功能部件的作用及关键点进行了简要的介绍，并给出了设计典型射频系统时需要考虑的几个关键问题和几种典型的射频系统；最后简要介绍了常用的微波射频电路的设计软件。

思考题

（1）查阅调频收音机工作频段，给出至少两个电台的工作频段。

（2）查阅智能手机中的其他射频功能的工作频段，如蓝牙、GPS、WLAN 及 NFC。

（3）查阅一部民用雷达的工作频段，如天气雷达、机场交管雷达、航海雷达、汽车自动驾驶防撞雷达等。

（4）列举几个常见的微波射频系统，并对其系统结构进行分析。

（5）对比射频系统中常用的滤波器，分析其类型、在系统中的不同作用和关键指标。

（6）简述功率放大器和低噪声放大器电路设计的区别。

（7）简述射频电路和低频电路设计的区别。

参考文献

[1] TUOVINEN T, TERVO N, PÄRSSINEN A. Analyzing 5G RF System Performance and Relation to Link Budget for Directive MIMO[J]. IEEE Transactions on Antennas and Propagation, 2017, 65(12): 6636 - 6645.

[2] 蔡昊. 2. 6 GHZ TDD-LTE 接收机的设计和实现[D]. 成都：电子科技大学，2011.

[3] POZAR D M. 微波工程[M]. 谭云华，周乐柱，吴德明，等译. 北京：电子工业出版社，2015.

[4] 游战清. 无线射频识别技术（RFID）理论与应用[M]. 北京：电子工业出版社，2004.
[5] 弋稳. 雷达接收机技术[M]. 北京：电子工业出版社，2004.
[6] QIZHENG G. 无线通信中的射频收发系统设计[M]. 杨国敏，译. 北京：清华大学出版社，2017.
[7] 陈艳华，李朝晖，夏玮. ADS 详解：射频电路设计与仿真[M]. 北京：人民邮电出版社，2008.
[8] 徐兴福. ADS2008 射频电路设计与仿真实例[M]. 北京：电子工业出版社，2009.
[9] 雷振亚. 射频/微波电路导论[M]. 西安：西安电子科技大学出版社，2005.
[10] LUDWIG R, BOGDANOV G. 射频电路设计：理论与应用[M]. 2 版. 王子宇，王心悦，译. 北京：电子工业出版社，2021.
[11] 徐兴福. ADS2011 射频电路设计与仿真实例[M]. 北京：电子工业出版社，2014.
[12] 张媛媛，徐茵，徐粒栗. AWR 射频微波电路设计与仿真教程[M]. 西安：西安电子科技大学出版社，2019.
[13] RAZAVI B. 射频微电子学：精编版[M]. 邹志革，雷鉴铭，邹雪城，译. 北京：机械工业出版社，2016.
[14] 杨子杰，田建生，高火涛，等. 高频地波雷达接收机研制[J]. 武汉大学学报：理学版，2001（05）：532-535.
[15] 吴雄斌，杨绍麟，程丰，等. 高频地波雷达东海海洋表面矢量流探测试验[J]. 地球物理学报，2003（03）：340-346.
[16] 张国军，文必洋，吴雄斌，等. 高频雷达接收机模拟前端的设计与实现[J]. 无线电工程，2004（9）：31-33.
[17] 严卫东. 基于 DDS 的 UHF 雷达线性调频源的设计[D]. 武汉：武汉大学，2006.
[18] 侯义东. 超高频雷达水动力学参数探测机理研究与实验[D]. 武汉：武汉大学，2020.
[19] 李世界，陈章友，张兰，等. 多通道双频高频雷达接收机模拟前端的设计[J]. 电子技术应用，2018，3（44）：31-35.
[20] 田应伟. 双频全数字高频海洋雷达研制及相关问题研究[D]. 武汉：武汉大学，2015.
[21] 柳剑飞，吴雄斌，唐瑞，等. 一种适用于多基地多频组网的高频超视距雷达模拟前端：CN 204188799 [P]. 2014-11.
[22] 侯义东. 超高频雷达水动力学参数探测机理研究与实验[D]. 武汉：武汉大学，2020.

第2章 阻抗匹配电路设计

2.1 阻抗匹配电路基本理论

在处理射频系统的实际应用问题时，总会遇到一些非常困难的工作，对各部分级联电路的不同阻抗进行匹配就是其中之一。阻抗匹配的目的是保证信号或能量有效地从信源传输到负载，确保信号能够在各种射频器件之间传输，并且能够最大限度地提高信号的传输效率和质量。许多实际的阻抗匹配电路还具有其他功能，如减小噪声干扰、提高功率容量及改善频率响应的线性度等。通常认为，阻抗匹配电路的用途就是实现阻抗变换，即在一个频段内将给定的阻抗值变换成其他阻抗值。阻抗匹配电路是无线通信系统中非常重要的一部分。阻抗匹配电路是设计微波射频电路和系统时采用最多的电路单元，放大器、振荡器、混频器等微波射频电路的设计实际上是设计恰当的阻抗匹配电路，本章将讨论利用无源阻抗匹配电路进行阻抗变换的技术。

2.1.1 基本阻抗匹配理论

阻抗匹配一般包含两个方面：一个是信源与传输线间的匹配，另一个是负载与传输线间的匹配。当信源的阻抗与传输线的特性阻抗相等时，传输线的始端对信源的输出不产生反射，信源与传输线间实现匹配。当传输线的特性阻抗与负载阻抗相等时，传输线与负载间实现匹配。解决负载阻抗匹配的问题，主要就是消除负载阻抗引起的反射波，通常需要在传输线与负载之间加入一个匹配电路，使其产生一个新的反射波，与负载阻抗引起的反射波幅度相等、相位相反，两者相互抵消，传输线上没有反射波，从而实现行波工作状态。阻抗匹配关系图如图 2.1 所示。

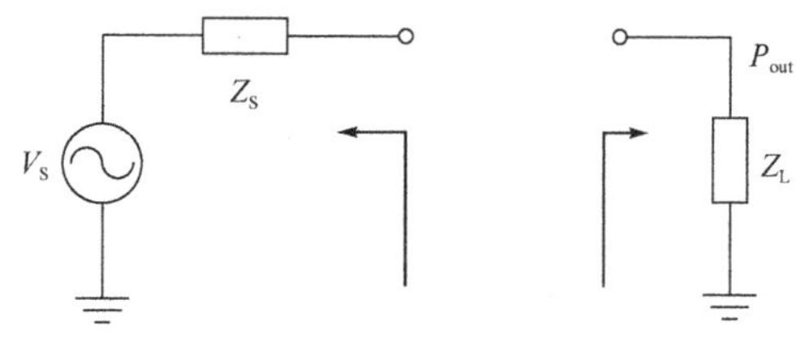

图 2.1 阻抗匹配关系图

2.1.2 阻抗匹配电路设计原理

阻抗匹配电路有多种类型，按照工作带宽的不同，分为宽带匹配电路和窄带匹配电路；

按照使用元件及工作频率的不同，分为集总参数匹配电路和分布参数匹配电路。

1．集总参数匹配电路

集总参数匹配电路主要利用电容、电感来完成设计，一般采用串联电感、串联电容、并联电感、并联电容 4 种形式之一，各形式对 Smith 圆图上参量点的影响如下。

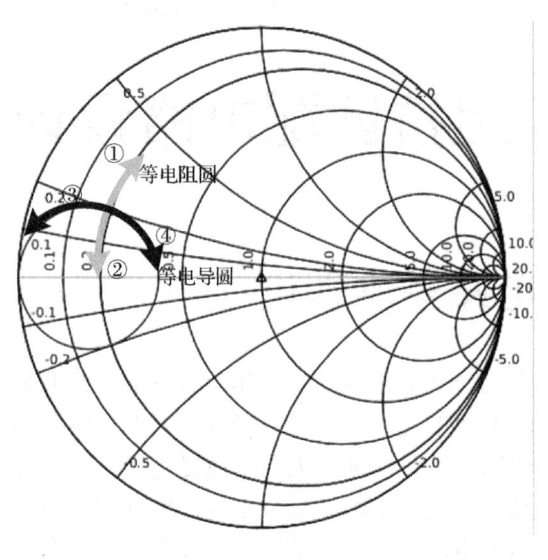

图 2.2　器件对参量点的影响

（1）当串联电感时，阻抗实部不变，虚部增大，如图 2.2 中①所示，沿等电阻圆向电抗增大方向移动，即向上半圆移动。

（2）当串联电容时，阻抗实部不变，虚部减小，如图 2.2 中②所示，沿等电阻圆向电抗减小方向移动，即向下半圆移动。

（3）当并联电感时，导纳实部不变，虚部减小，如图 2.2 中③所示，沿等电导圆向电纳减小方向移动。

（4）当并联电容时，导纳实部不变，虚部增大，如图 2.2 中④所示，沿等电导圆向电纳增大方向移动。

掌握了单个元件对负载的影响，就可以设计出能够将任意负载阻抗变换为任意指定输入阻抗的匹配电路。集总参数匹配电路依据工作频率的大小基本上可以分为 L 形、Π 形和 T 形等拓扑结构。各类匹配电路结构示意图如图 2.3 所示。

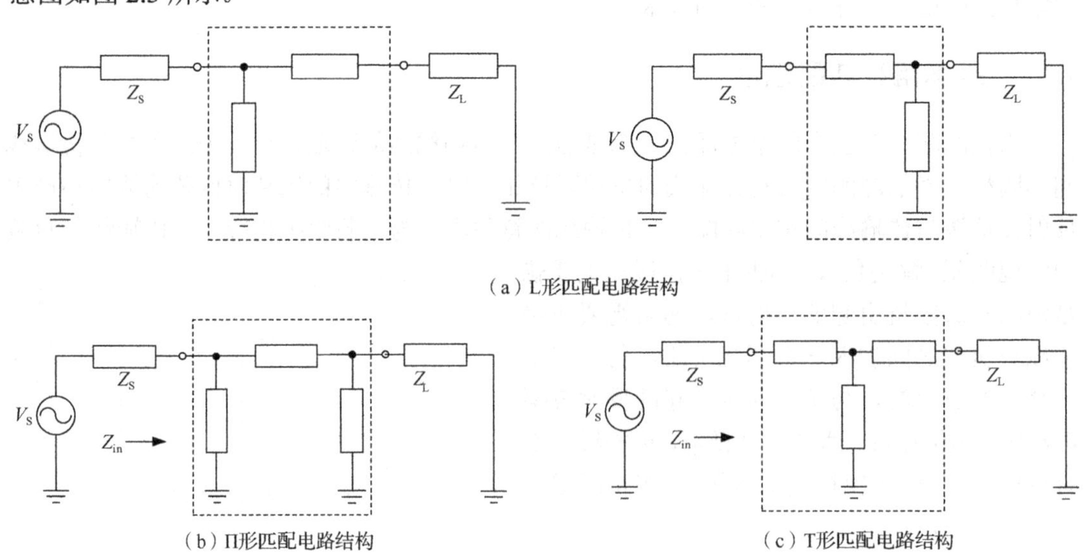

图 2.3　各类匹配电路结构示意图

L 形匹配电路往往采用两个电抗性元件，包含串联电容/电感和并联电容/电感，将负载阻抗变换为满足需求的输入阻抗，它们的频率响应曲线类似于低通、高通或带通滤波器，只有两个自由度，一旦确定阻抗变换比率及谐振频率，其谐振 Q 值就确定了。如果想要增加谐振 Q 值的自由度以便调整电路的带宽特性，就需要在匹配电路中引入更多元件，从而形成 T 形和 Π 形匹配电路。

2．分布参数匹配电路

随着工作频率的提高，集总参数元件的寄生参数效应变得更加明显。当波长明显小于电路元件长度时，分布参数元件则会得到广泛应用。分布参数匹配电路一般采用串联传输线、串联 1/4 波长阻抗变换器及并联支节等形式来实现阻抗匹配。

（1）串联传输线：当串联归一化特性阻抗为 1 的传输线时，参量点会沿 Smith 圆图上的等反射系数（Γ）圆移动。若以负载为起点向源方向匹配，则参量点顺时针移动，否则参量点逆时针移动。当特性阻抗不相同的传输线串联时，由于特性阻抗的相对关系，高阻抗线段可等效为串联电感，低阻抗线段可等效为并联电容。

（2）串联 1/4 波长阻抗变换器：它利用了传输线理论中阻抗的 1/4 波长变换特性。当匹配的负载阻抗为实数时，可以在中间串联 1/4 波长阻抗变换器，参量点会沿 Smith 圆图纯电阻线移动。假设需要连接的两段传输线的特性阻抗分别为 Z_0 和 Z_L，特性阻抗为 Z_L 的传输线终端接匹配负载，为使连接处不产生反射，需要在两段传输线之间接一段特性阻抗为 Z_1 的 1/4 波长阻抗变换器，满足

$$Z_1 = \sqrt{Z_0 Z_L} \tag{2.1}$$

当传输线工作在 1/4 波长对应频率时，传输线上无反射，实现阻抗匹配。

常用的阻抗变换器有两种：一种是由单节或多节 1/4 波长传输线组成的阶梯式阻抗变换器，另一种是由连续渐变的传输线组成的渐变式阻抗变换器。单节阶梯式阻抗变换器结构如图 2.4（a）所示，其工作带宽比较窄，如果要求在宽频带内实现阻抗匹配，则需要使阻抗缓慢变化，可采用多节阶梯式阻抗变换器或渐变式阻抗变换器。多节阶梯式阻抗变换器结构如图 2.4（b）所示，其匹配思想是将较大的阻抗变换转化为多个较小的阻抗变换，N 节阶梯式阻抗变换器有 N 个特性阻抗、N+1 个连接面，即有 N+1 个反射波，这些反射波在返回输入端时，彼此以一定的相位叠加起来。反射波很多，每个反射波的振幅较小，叠加的结果会造成部分波相互抵消，这样总的反射波就可以在较宽的频带内保持较小的值，即在更宽的频带内实现阻抗匹配。设计时先根据两段传输线的特性阻抗得到输入反射系数的解析表达式，再确定需要的响应类型，一般选择最大平坦度响应或等纹波切比雪夫响应，接着求得各阶阻抗，最后得到实际的阻抗变换器电路。

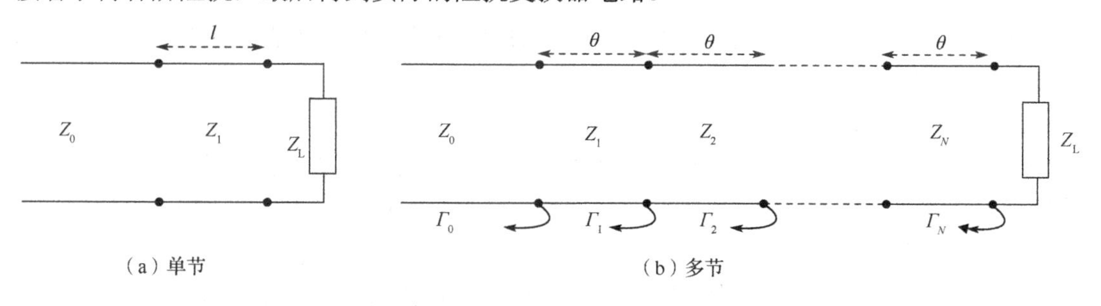

图 2.4　阶梯式阻抗变换器结构

在实际使用阶梯式阻抗变换器进行匹配时，需要注意阻抗变换器与被匹配两端的连接关系。另外，它只适用于两个纯实数阻抗间的匹配，如果为复数阻抗，则需要先用并联支节等方法使阻抗变为实数阻抗。

（3）并联支节：并联支节与并联电抗所导致的参量点在 Smith 圆图上一样，沿等电导圆移动；当并联支节为小于 1/4 波长的短路线时，参量点向电纳减小方向移动；当并联支节为小于 1/4 波长的开路线时，参量点向电纳增大方向移动。由串联的传输线和并联的终端开路线/短路线组成单支节匹配电路，这样匹配电路中便有 4 个可调整参数，包括传输线长度、特性阻抗、终端开路线/短路线的长度和特性阻抗。另外，可由两段开路线/短路线并联在一段固定长度的传输线的两端组成双支节匹配电路，这样可调整参数更多，网络设计的自由度更高。当设计时，选择开路线还是短路线应根据具体情况来定。例如，当使用同轴电缆实现阻抗匹配电路时，可使用短路线，因为开路线断面较大，会产生较大的辐射损耗；使用微带线实现阻抗匹配电路时开路线更适合，这样不需要在板上配置通孔，降低了实现难度。

此外，在某些应用场景下，存在混合使用集总参数元件和分布参数元件的情况，这种类型的阻抗匹配电路通常包括几段串联的传输线和间隔配置的并联电容。

阻抗匹配的程度可用反射系数、回波损耗、驻波比等指标来表征。匹配程度越好，反射系数模值越接近于零。回波损耗可由反射系数模值计算得到，回波损耗越大，表明端口反射越小，匹配程度越好。驻波比越接近于 1，表明匹配程度越好。

2.1.3　阻抗匹配电路的设计方法

在设计射频阻抗匹配电路时，需要考虑很多因素，通常的目的是实现信号的最大功率传输。在设计射频功率放大器的阻抗匹配电路时，需要考虑最大功率容量；在设计低噪声放大器的阻抗匹配电路时，需要综合考虑输入和输出的匹配。归纳起来，阻抗匹配电路主要考虑以下 4 个方面的要求。

（1）简单性：在满足设计要求的情况下，选择最简单的电路实现匹配。成本最低且可靠性最高的阻抗匹配电路往往就是元件数最少的电路。

（2）频带宽度：一般阻抗匹配电路都可以消除在某一个频率上的反射，在该频率下实现完全匹配。要实现在一定的频带宽度内的匹配，如设计宽带放大器的阻抗匹配电路时，则需要更多复杂的设计。

（3）电路种类：在实现一个阻抗匹配电路时，需要首先考虑阻抗匹配电路所使用传输线的种类，然后确定使用匹配电路的种类。

（4）可调节性：在设计阻抗匹配电路时，需要考虑负载阻抗是否发生变化及通过调整阻抗匹配电路适应变化的可行性。

阻抗匹配电路的设计方法如下。

（1）解析法：根据采用的匹配形式及源与负载的阻抗，列出数学方程，求出各匹配元件的值。该方法可得到较为精确的结果，但解析法的复杂程度和计算量比较大，适合采用计算机数学软件来实现。

（2）图解法：以 Smith 圆图为工具，用图解法确定匹配形式及各匹配元件的值。图解法更加直观，可以清楚看到阻抗在 Smith 圆图上的变化过程，从而了解各匹配元件在实现匹配过程中的贡献。相比于解析法，图解法的匹配元件数目增加，但不增加匹配的复杂程度。在实际设计中，广泛采用图解法。以 L 形匹配电路为例，实现最佳功率传输的阻抗匹配电路设计的常规过程包括：①求出归一化源阻抗和负载阻抗；②在 Smith 圆图中过源阻抗对应点画出等电阻圆和等电导圆；③在 Smith 圆图中过负载阻抗对应点画出等电阻圆和等电导圆；④找出前面两步中所画圆的交点，交点的个数就是可能存在的 L 形匹配电路的数目；⑤沿着相应的圆把负载阻抗点变换到源的复数共轭点；⑥根据给定的工作频率确定电感和电容的实际值。

本章主要介绍在 AetherMW 上，采用几种不同的方法实现阻抗匹配电路的设计，这些方法在后续章节，如低噪声放大器的设计中会再次使用。AetherMW 提供了多种方便快捷地设计阻抗匹配电路的工具。下面介绍使用 SmithChart 工具进行阻抗匹配电路设计，以及采用参数优化和调谐工具等来设计阻抗匹配电路的方法。

2.2　设计背景及指标

设计背景及指标如下。

（1）设计中频放大器与滤波器之间的阻抗匹配电路。中频信号为 21.4MHz±10kHz，滤波器（U7 F21.4）的输入、输出阻抗均为 1500Ω，中频放大器（GALI-5）的输入、输出阻抗均为 50Ω。

图 2.5　中频放大器与滤波器之间的阻抗匹配电路

（2）在中心频率为 2.6GHz 时，天线输入阻抗为(100–j100) Ω，利用 AetherMW 对该天线进行阻抗匹配设计，实现与 50Ω馈电系统的匹配。

（3）利用 AetherMW 设计 1/4 波长阻抗变换器，在 2.6GHz 把 120Ω负载匹配到 50Ω传输线。

2.3　设计方法及过程

2.3.1　集总参数阻抗匹配电路设计

1．初始值计算与分析

根据设计要求，需要设计一个阻抗匹配电路在 21.4MHz±10kHz 频率范围内实现 1500Ω到 50Ω的匹配，相对于中心频率，其工作带宽较窄，属于窄带匹配，因此采用电容、电感等搭建 L 形匹配电路就能实现，电容、电感的具体值可以借助 Smith 圆图计算软件直接得到。

AetherMW 中自带 Smith 圆图综合工具 SmithChart，它提供了 Smith 圆图的全部功能，既能够进行阻抗匹配，又可绘制输入/输出稳定性圆、等增益圆、等 Q 值线、等 VSWR 圆、等噪声圆等。利用 SmithChart 工具可以清晰方便地实现阻抗匹配电路设计，其具体设计过程如下。

（1）在元件面板中选择【Tools】→【SmithChart】→【Matching】选项，打开 SmithChart 界面，如图 2.6（a）所示，该界面上包含工具栏、元件调用面板、绘图区、电路响应曲线、参数设置区、匹配电路预览等部分。其中元件调用面板如图 2.6（b）所示，包含搭建阻抗匹配电路所需的各类元件，如串联电感、并联短路电感、串联电容、并联短路电容、串联电阻、并联短路电阻、变压器、串联传输线、并联短路支节和并联开路支节等。

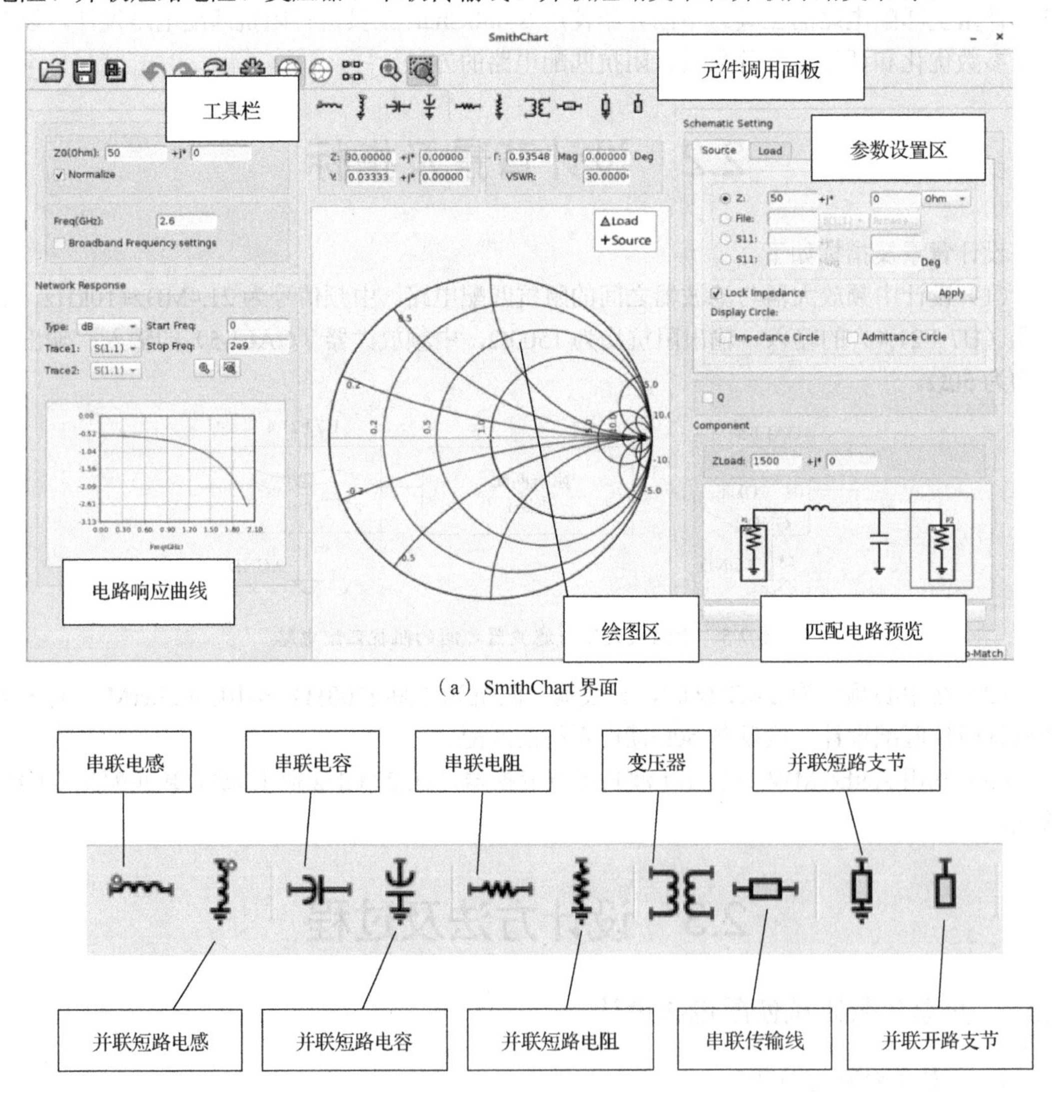

（a）SmithChart 界面

（b）元件调用面板

图 2.6 SmithChart 工具

（2）完成阻抗匹配电路各参数的设置。在菜单栏中选择 SmithChart 工具，输入相关参数，设置阻抗匹配电路相关的工作频率和源阻抗、负载阻抗等参数。可通过勾选【特性阻抗设置】下方的【Normalize】复选框来归一化阻抗。源阻抗和负载阻抗可以直接设置复阻抗值，也可以通过导入或手动输入 S_{11} 的值来完成设置。设置完成后，单击【Apply】按钮。

（3）自动或手动进行阻抗匹配电路设计，生成子网络。阻抗匹配电路组成和元件值可在 SmithChart 界面右下方【Component】区域看到。阻抗匹配电路的拓扑结构多种多样，可选择一种简单且便于实际工程设计的网络结构，得到阻抗匹配后的原理图。

（4）匹配效果分析。匹配效果可在 SmithChart 界面左下方的【Network Response】区域中直接观察，从而便于阻抗匹配电路的调整。其中，Type 栏用来选择显示类型，包括 dB、幅度和相位三种选项；Start Freq 栏和 Stop Freq 栏用来设置所显示电路响应曲线的频率范围；Trace1 栏和 Trace2 栏用来设置电路响应曲线的类型，分别为蓝色曲线和红色曲线。

下面按照上述过程开始设计阻抗匹配电路。在命令行启动 AetherMW，进入图 2.7 所示 Design Manager 主界面。

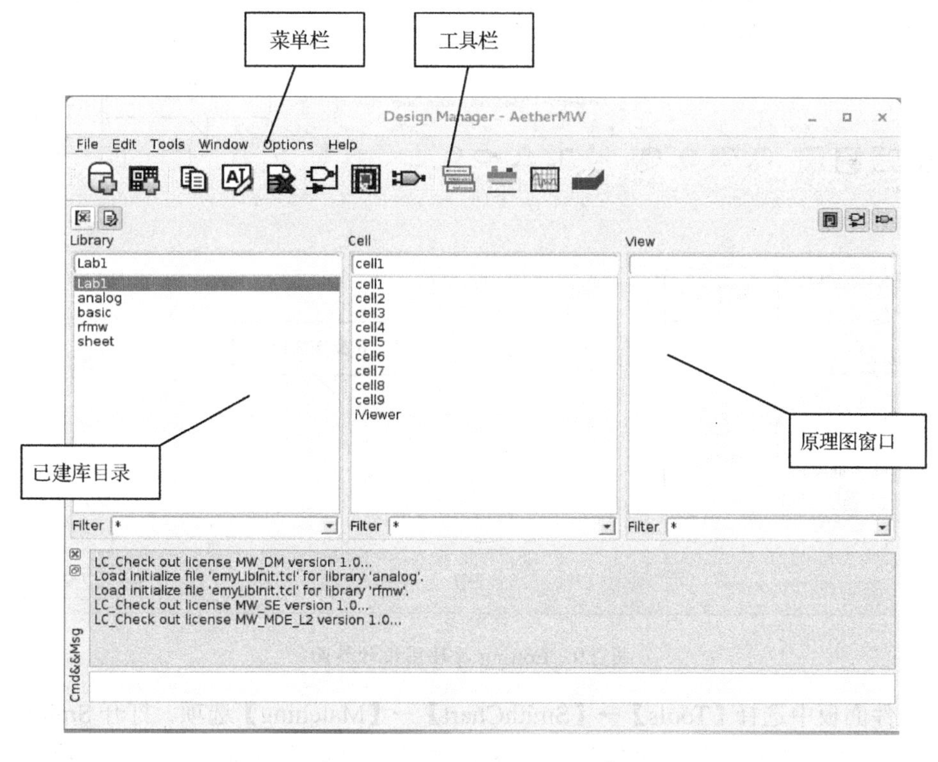

图 2.7　Designer Manager 主界面

在工具栏单击【New Library】按钮新建库 Lab1，进入图 2.8（a）所示界面，设置库的名称和存储路径，选择【Attach To Library】单选按钮并将 Lab1 添加到 rfmw 器件库，便于后续原理图设计。

单击【New Cell/View】按钮新建原理图 cell1，进入图 2.8（b）所示界面，设置原理图名称及 View 名称和类型，即在 Lab1 内建立一个新原理图。

（a）New Library界面

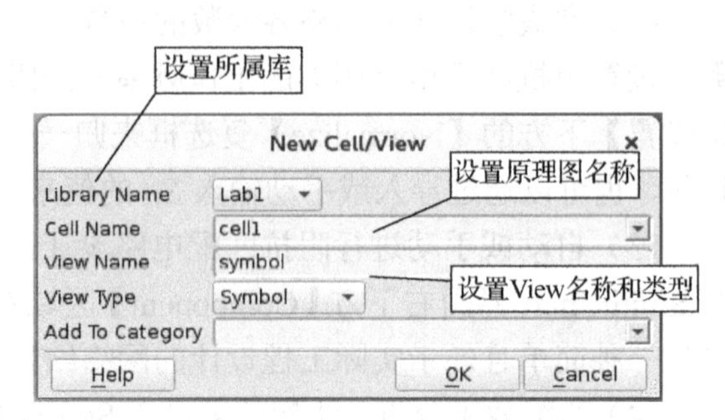

（b）New Cell/View界面

图 2.8　相关程序界面

在 New Cell/View 界面单击【OK】按钮后，进入图 2.9 所示的 Editing 原理图设计界面，单击【Library List】列表中右上角的【Setting】图标，将【Unselected Libraries】中的 rfmw 器件库添加至【Selected Libraries】列表中。rfmw 器件库为 AetherMW 自带的库，是汇集了各类微波射频器件的基础库。

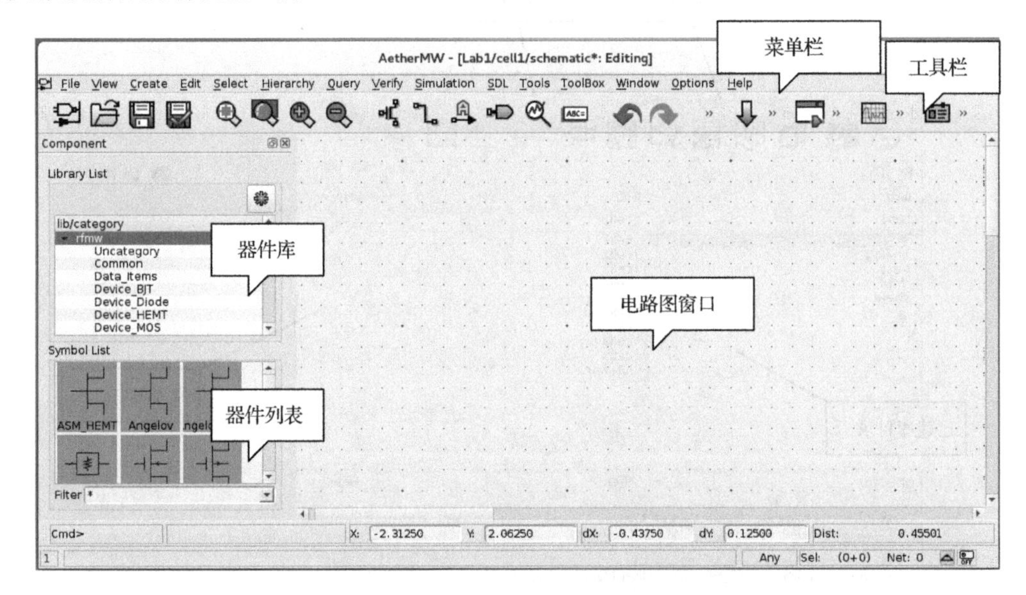

图 2.9　Editing 原理图设计界面

在元件面板中选择【Tools】→【SmithChart】→【Matching】选项，打开 SmithChart 界面，设置控件的相关参数，包括工作频率、源阻抗和负载阻抗等，将工作频率设置为 21.4MHz，将源阻抗和负载阻抗分别设置为 50Ω和 1500Ω。

相关参数设置完成后，在 SmithChart 界面单击【Auto-Match】按钮，如图 2.10 所示，会生成两种 L 形匹配电路，如图 2.11（a）所示。

从图 2.11（a）可以看到，两种 L 形匹配电路分别是先并联电容再串联电感和先并联电感再串联电容形成的，通过设置电路响应曲线的类型、频率范围，得到两种不同匹配电路的匹配效果，如图 2.11（b）所示。可以看出，两种匹配电路都可以较好地实现匹配。

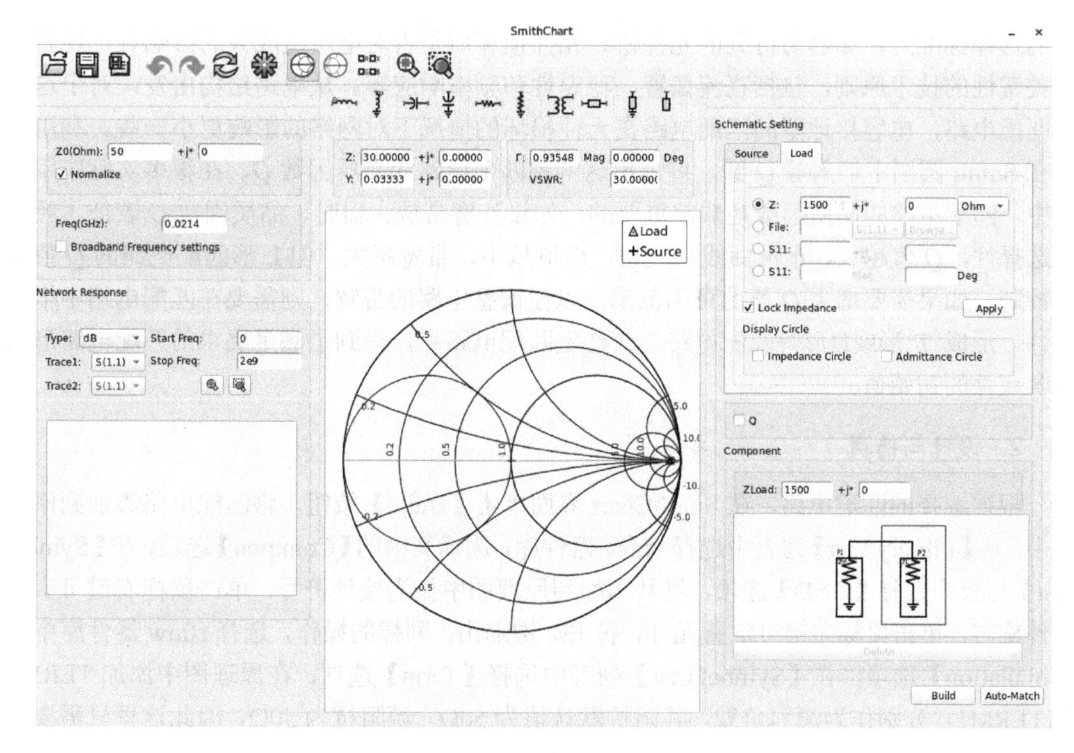

图 2.10　参数设置

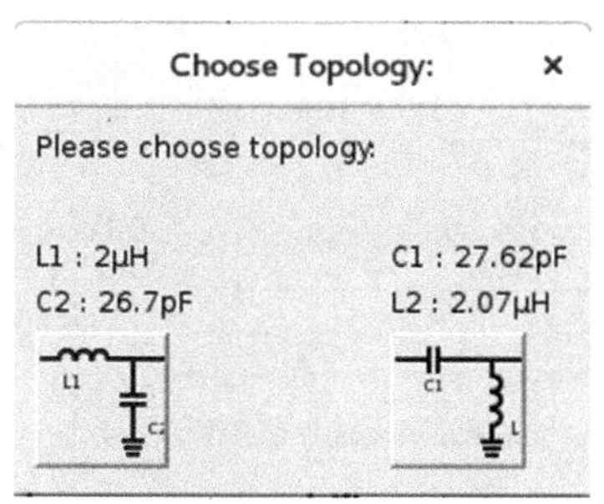

（a）两种 L 形匹配电路

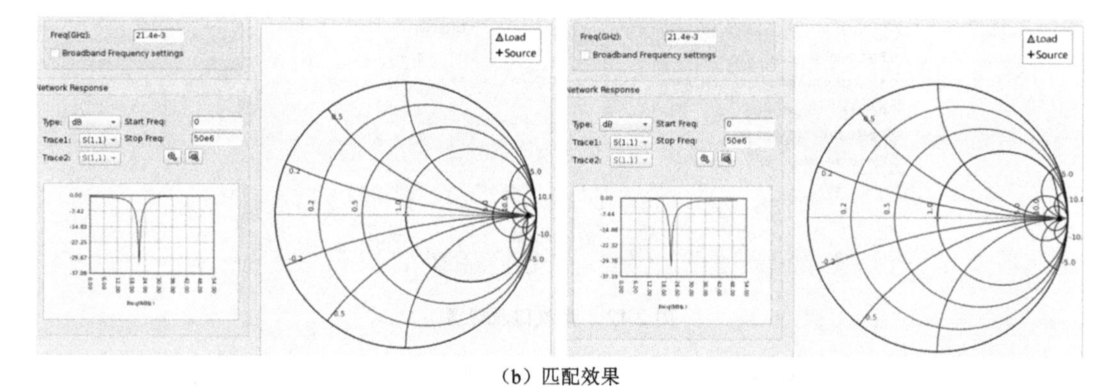

（b）匹配效果

图 2.11　自动生成的两种匹配电路及匹配效果示例

对比分析这两种匹配电路，它们的区别是什么？哪一种应当是最终的选择？除一些明显的选择标准外，如容易得到的元件值、元件损坏后是否对电路造成大的影响等，还有一些关键性的技术原则，包括直流偏置、稳定性和频率响应等。从电路结构出发，对于这两种匹配电路，电容接地型的匹配电路在元件损坏的情况下对网络的影响更小一些。利用工具在 Smith 圆图中加入等 Q 圆，可读出这两种匹配电路的品质因数 Q。在很多实际应用场合中，匹配电路的品质因数是非常重要的，如设计宽带放大器时，品质因数 Q 表征了频率的选择性，Q 值越大，谐振曲线越尖锐，Q 值越小，带宽越大。但 L 形匹配电路的 Q 值无法控制，如果需要增大 Q 值的可调范围，以便调整电路的带宽，则需要在匹配电路中增加元件，形成 T 形或Π形等匹配电路。在选定匹配电路后，得到了满足要求的匹配电路形式和各元件的初始值。

2. 设计与仿真

根据选择的匹配电路，在 SmithChart 界面单击【Build】按钮，将匹配电路添加到原理图中。从【Library List】列表中选择 rfmw 器件库，选择其中的【Common】选项，在【Symbol List】列表中选择【GND】选项，将其添加到原理图中作为接地符号，单击鼠标右键可实现元件旋转，单击鼠标左键可放置元件，按 Esc 键退出。同样的操作，选择 rfmw 器件库中的【Simulation】选项，在【Symbol List】列表中选择【Term】选项，在原理图中添加 TERM0 和 TERM1，分别作为源和负载，其阻抗默认值为 50Ω。源阻抗为 50Ω，因此这里只需要设置负载阻抗。双击 TERM1，将其阻抗改为 1500Ω，如图 2.12 所示。

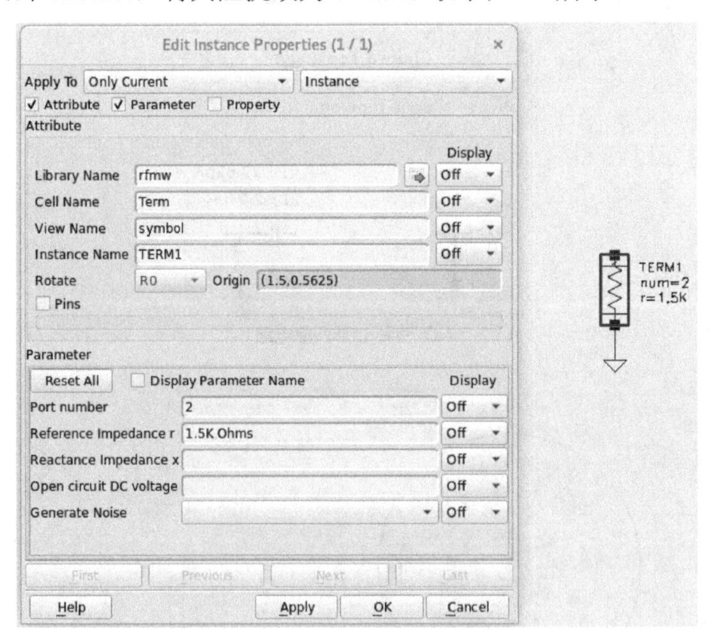

图 2.12　负载阻抗设置

将电容、电感、TERM0、TERM1 和 GND 用线连接起来，完成匹配电路的搭建。在菜单栏中选择【Create】→【Analysis】选项，添加 S 参数仿真控件 SP0，按照匹配电路的工作频率，设置仿真频率范围（Start 和 Stop）及步长（Step Size），如图 2.13 所示。

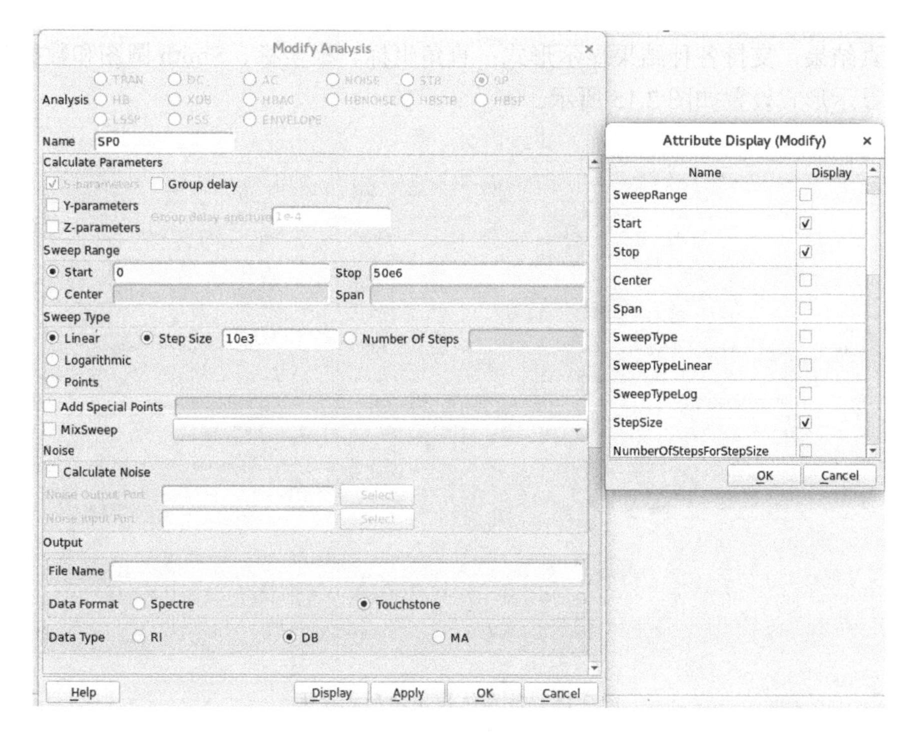

图 2.13　*S* 参数仿真控件 SP0 的设置

按照设计要求，匹配电路工作频率为 21.4MHz±10kHz，这里可将仿真频率范围设为 0～50MHz，即 Start 栏输入 0，Stop 栏输入 50e6，这里默认的单位为 Hz。扫描方式 Sweep Type 选择线性扫描 Linear，步长设置为 10kHz。步长设置时要选取合适的值，若步长太大，点数会比较少，显示结果图可能出现折线，部分关键结果未计算，精度不够；若步长太小，点数太多，仿真时间会加长，且有时会造成冗余。*S* 参数仿真控件 SP0 设置完成后，单击【Display】按钮，根据实际需要通过勾选不同的复选框来设置将哪些参数显示在原理图中。设置完成后，在原理图窗口可以看到完整的原理图，如图 2.14 所示。

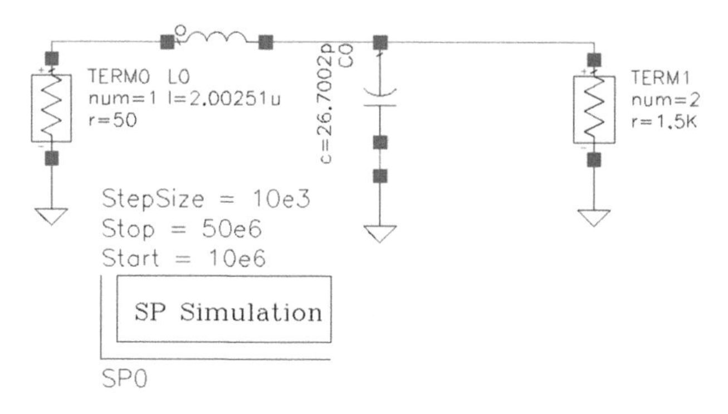

图 2.14　原理图示例

单击工具栏中的【Run Simulation】按钮开始仿真，在仿真过程中可通过弹出的 ZTerm 界面观察仿真状态，如果出现错误，则需要根据提示修改原理图，仿真结束后会弹出数据显示界面 iViewer。iViewer 工具是 AetherMW 自带的微波射频电路仿真结果分析工具，针对不同仿真结果，支持各种结果显示形式：直角坐标、极坐标、Smith 圆图和数据列表等。仿真结果显示形式设置如图 2.15 所示。

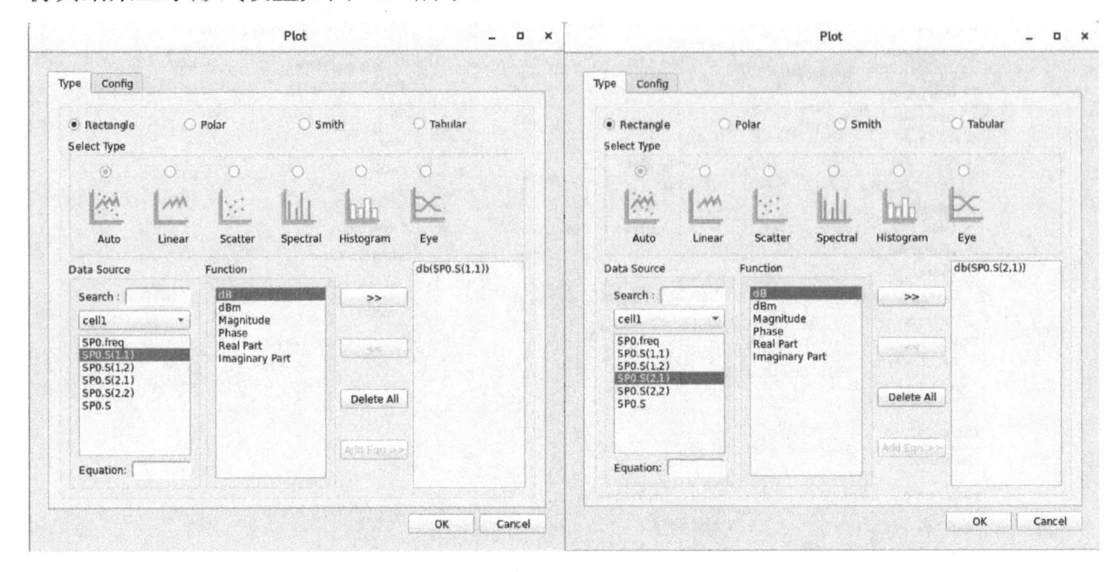

图 2.15　仿真结果显示形式设置

下面来观察 S_{11} 曲线和 S_{21} 曲线。单击 iViewer 界面左侧工具栏中的【Rectangle Plot】按钮，这时会弹出【Plot】对话框，这里的显示类型采取默认值即可，不需要修改。在对话框下方左侧【Data Source】列表中选择【SP0.S(1,1)】选项，即 S_{11} 参数，在【Function】列表中选择【dB】选项，单击【>>】按钮把 S_{11} 参数加入显示界面中，设置完成后，单击【OK】按钮，界面中显示出端口 1 反射系数 S_{11} 随频率变化的曲线，如图 2.16（a）所示。采用同样的方法添加 S_{21} 曲线，如图 2.16（b）所示。为了更好地观测阻抗在各个频率范围内的变化，单击 iViewer 界面左侧工具栏中的【Smith Chart Plot】按钮，按照前面的方法把 Smith 圆图形式的 S_{11} 曲线、S_{22} 曲线结果添加进去。

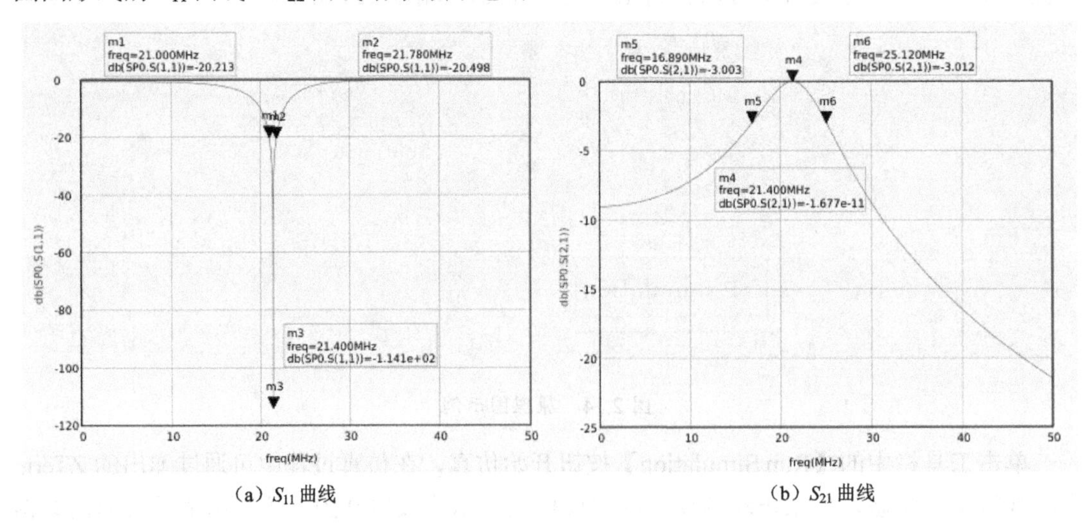

（a）S_{11} 曲线　　　　（b）S_{21} 曲线

图 2.16　匹配效果示例

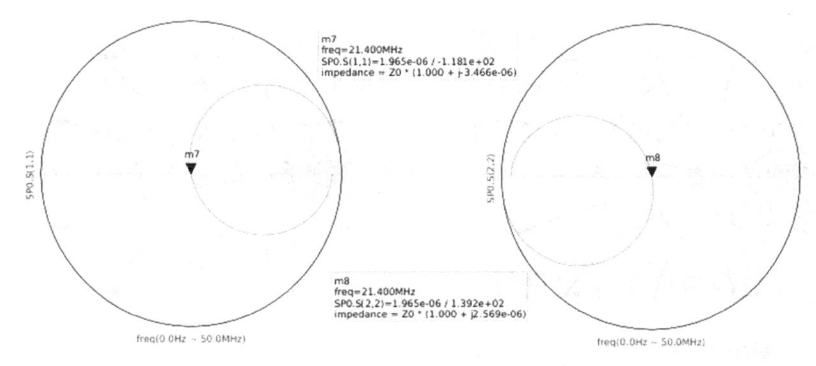

（c）阻抗变化

图 2.16　匹配效果示例（续）

为了准确读出曲线上各点的数值，可以添加标记。单击菜单栏中的【Marker】选项卡，接着单击要添加标记的曲线，曲线上出现一个倒三角，拖曳此倒三角，可以看到曲线上各点的数值，如图 2.16（c）所示。可以看出，匹配后，源输入阻抗为 50(1–j0.000003466)Ω，相当接近于 50Ω，在中心频率 21.4MHz 处输入反射系数非常小，在 21.4MHz±10kHz 范围内输入反射系数非常小，由此可见达到了相当好的匹配效果，但当工作频率偏离 21.4MHz 较多时，匹配效果会恶化。利用 S_{21} 参数观察匹配电路的幅度/频率响应特性，发现其匹配带宽能非常好地满足设计要求。

接下来，需要用实际元件的电容值、电感值代替理论计算值。考虑到所取电容值和电感值都是理想值，实际元件很难达到该精度，因此对其值进行近似后再次仿真，电容值取 27pF，电感值取 2μH，得到新的匹配效果，如图 2.17 所示。从图 2.17 可以看出，匹配效果有一定的恶化，但是在规定频率范围 21.4MHz±10kHz 内仍然能够较好地实现匹配。

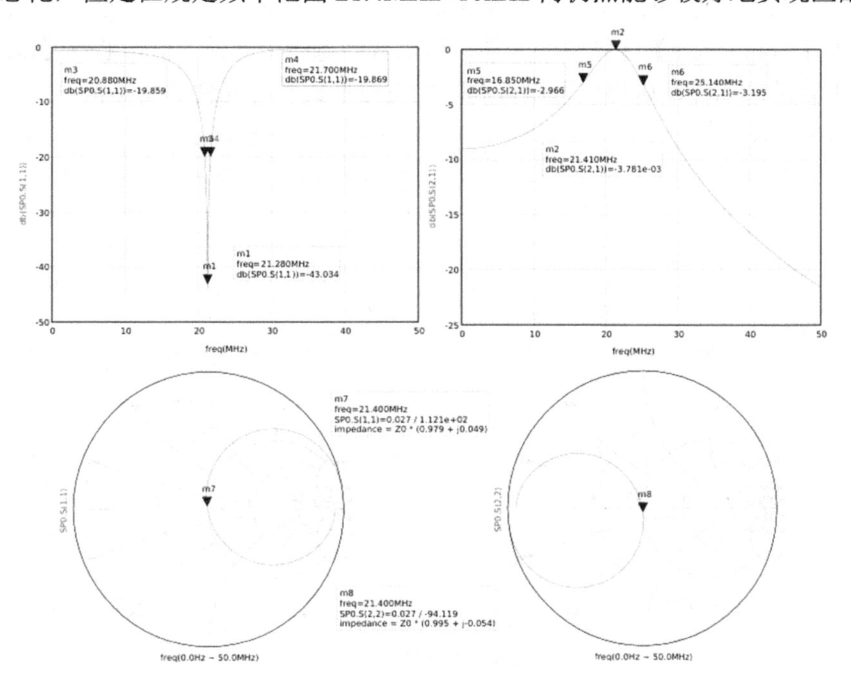

图 2.17　换成实际值后的匹配效果示例

此外，除自动匹配外，也可利用元件面板中提供的元件构造匹配电路手动进行匹配，这样匹配电路形式就不局限为 L 形匹配电路，可以为 T 形或Π形等匹配电路，更加灵活。当使用 SmithChart 工具用电容、电感匹配时，通过串联电容或电感使负载阻抗所对应的点沿等电阻圆移动，通过并联电容或电感使其沿等电导圆移动，观察改变电容值、电感值时输入阻抗的变化轨迹，最终实现匹配。

2.3.2　分布参数阻抗匹配电路设计

1．天线匹配电路设计

按照设计要求，在工作频率为 2.6GHz 时需要将阻抗为(100-j100)Ω的天线匹配到 50Ω馈电系统。考虑到工作频率较高，因此选取分布参数匹配电路进行匹配。当用传输线匹配时，通过串联传输线使其沿等反射系数圆移动，通过并联开路支节或短路支节使负载阻抗对应的点沿等电导圆移动，最终实现匹配。由于自动匹配功能不支持分布参数匹配电路，因此需要采取手动匹配方式。

1）初始值计算与分析

新建原理图 cell2，在菜单栏中选择【Tools】→【Smith Chart】→【Matching】选项，打开 SmithChart 界面，设置相关参数，包括工作频率（2.6GHz）、特性阻抗（50Ω）、源阻抗（50Ω）和负载阻抗（100–j100Ω）等。

手动匹配方式有很多种，下面按照先串联传输线再并联短路支节的匹配方式来进行手动匹配。先单击元件面板中的【串联传输线】图标，拖曳 Smith 圆图中的迹点，使其与归一化电导值为 1 的导纳圆相交，如图 2.18（a）所示。再单击元件面板中的【并联短路支节】图标，拖曳 Smith 圆图中的迹点，将其落于原点，如图 2.18（b）所示，这样就完成了匹配，单击右下方【Component】区域中的元件，可以看到每一个元件的值，通过【Delete】按钮可以删除不合适的元件，这样就可以得到匹配电路形式和各元件的初始值。

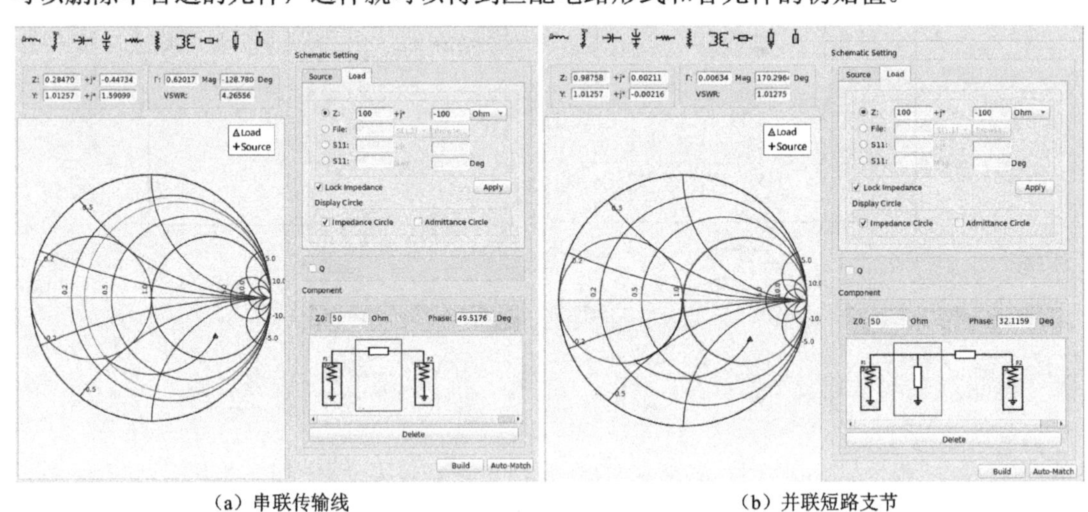

（a）串联传输线　　　　（b）并联短路支节

图 2.18　手动匹配过程示例

2）设计与仿真

单击【Build】按钮生成匹配电路。在 rbmw 器件库中找到 TERM 和 GND 器件并放置在原理图中，将 TERM1 阻抗改为(100–j100) Ω，在元件面板中选择【Create】→【Analysis】选项，添加 S 参数仿真控件 SP0，设置扫描频率范围（500MHz～4.7GHz）和步长（100MHz），并按照图 2.19 所示连接好电路。

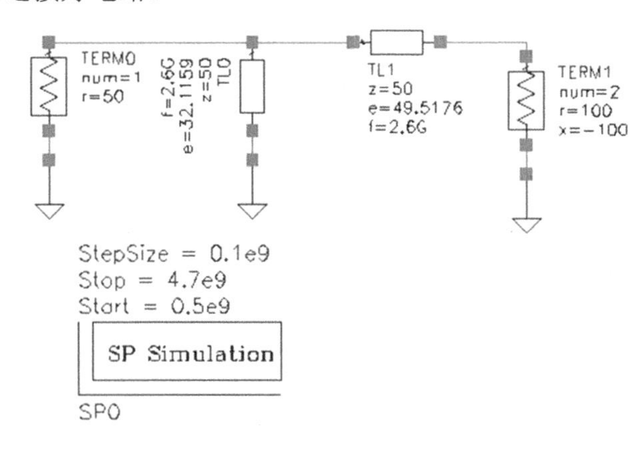

图 2.19 手动匹配后的原理图示例

利用 iViewer 工具观察 S_{11} 曲线和 S_{21} 曲线。除查看 S_{11} 曲线外，还可以通过驻波比（VSWR）的变化来分析匹配效果，驻波比越接近于 1，表明匹配效果越好。在 iViewer 界面的【Workspace】区域中选择【Equations】选项，根据驻波比与反射系数的关系列等式来间接求驻波比。添加驻波比计算公式如图 2.20 所示。

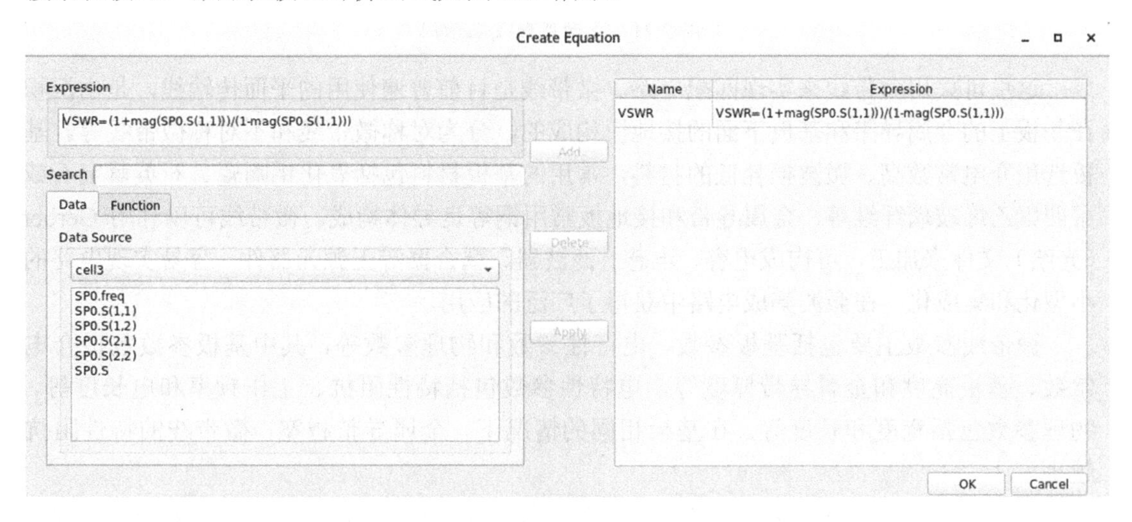

图 2.20 添加驻波比计算公式

添加驻波比的结果曲线，注意这里的数据源需要选择【Equation】区域中的【VSWR】选项，并把中心频率处的结果用标记标出来，如图 2.21 所示。

从图 2.21 可以看到，在 2.6GHz 匹配后回波损耗为–43dB，驻波比为 1.013，传输系数 S_{21} 接近于 1，输入阻抗为 49.4Ω，很好地实现了匹配。但这仅是用理想传输线匹配的，下面需要用实际的传输线来代替。

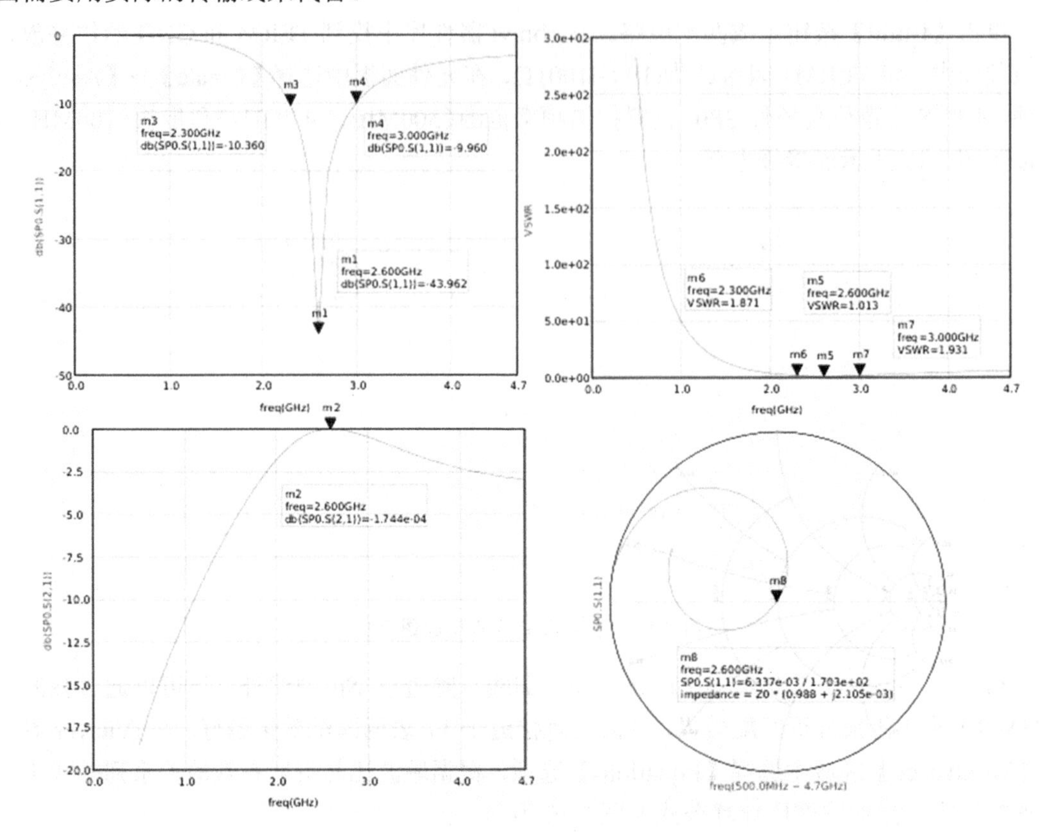

图 2.21　手动匹配效果示例

这里可采用微带线来实现匹配电路。微带线是目前普遍使用的平面传输线，是由沉积在基板上的金属导带和基板下面的接地板构成的，分为对称微带线和不对称微带线等。基板选用介电常数高、微波损耗低的材料，常用的基板材料包括氧化铝陶瓷、石英蓝宝石或聚四氟乙烯玻璃纤维等，金属导带和接地板常用铜等良导体构成。微带线可以利用 Gerber（光绘）文件来加工，可构成电容、电感、滤波器、耦合器等无源元器件，容易实现电路的小型化和集成化，在微波集成电路中获得了广泛的应用。

微带线参数主要包括基板参数、电特性参数和物理参数等，其中基板参数包括介电常数、基板高度和金属导带厚度等，电特性参数包括特性阻抗、工作频率和电长度等，物理参数包括宽度和长度等。在基板相同的情况下，金属导带越宽，微带线的特性阻抗越小。

微带线特性阻抗的计算比较复杂，对于金属导带厚度为零的情况，在实际应用中通常采用解析式近似计算，也可以通过查表获得。AetherMW 提供了一个方便快捷地计算传输线参数的工具 Transmission Line Assistant，它是进行传输线阻抗仿真和综合的工具，可以方便地计算出传输线的长度、宽度和特性阻抗等，并针对相应指标（线长、线损、反射系数和群时延等）自动优化生成相应传输线。

AetherMW 目前支持微带线（Microstrip）、共面波导（Coplanar Waveguide）、矩形波导

（Rectangle Waveguide）等多种传输线的参数计算，图 2.22 所示为 Transmission Line Assistant 工具中微带线、共面波导和矩形波导的示意图。

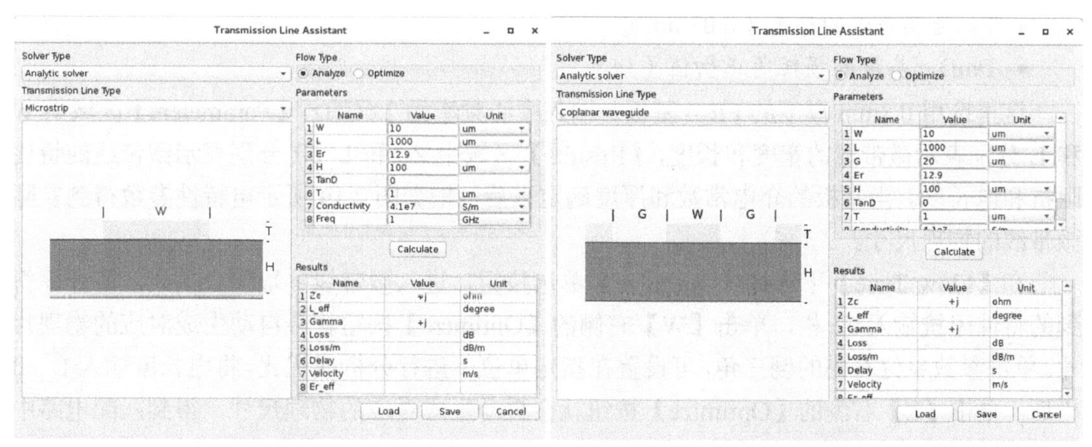

（a）微带线　　　　　　　　　　（b）共面波导

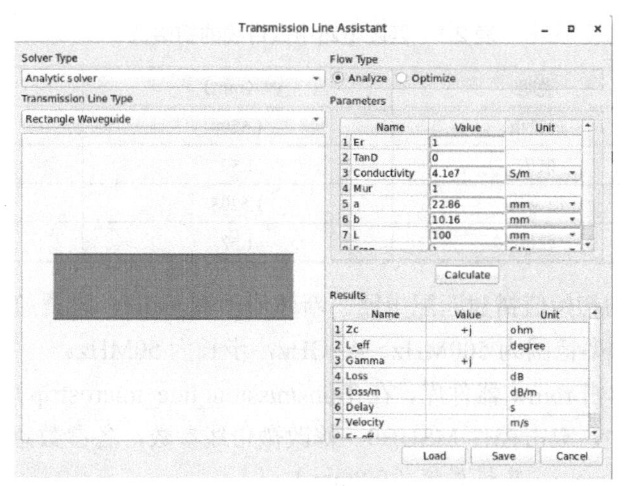

（c）矩形波导

图 2.22　不同类型传输线示意图

- 微带线：在电介质衬底顶部的带状导线，并在基板下方接地，可传输 TEM 波。
- 共面波导：为共面的双导体系统，由位于同一平面上的信号线和其两边的接地平面构成，可传输 TEM 波。
- 矩形波导：采用金属管传输电磁波的重要导波装置，其管壁通常为铜、铝或其他金属材料，其特点是结构简单、机械强度大，仅传输 TE 波或 TM 波。

在 Design Manager 界面中单击菜单栏【Tools】选项卡下的【TLine】选项，即可打开 Transmission Line Assistant 工具。

在【Transmission Line Type】中选择【Microstrip】选项，在右侧的【Parameters】区域中设置基板物理参数，其各参数意义和设置值如下。

- H：基板厚度（0.8mm）。

- Er：基板介电常数（4.3）。
- Conductivity：金属导带的电导率（5.88e7S/m）。
- T：金属导带的厚度（0.03mm）。
- TanD：基板的损耗角正切值（1e-4）。

这里选用 0.8mm 厚度的 FR-4 基板。输入中心频率为 2.6GHz，【Parameters】区域中 W 和 L 分别表示微带线的宽度和长度，【Results】区域中 Zc 和 L_eff 分别表示微带线的特性阻抗和电长度。当基板的介电常数和厚度确定以后，根据图 2.19 所示电特性参数得到实际微带线的物理尺寸。

在【Flow Type】下选择【Optimize】单选按钮，进入微带线参数综合模式，将计算得到的特性阻抗输入 Zc 栏，单击【W】右侧的【Optimize】按钮就会自动生成对应的物理尺寸。单击参数单位右侧的倒三角，可设置在指定单位下进行分析或优化。将电长度输入 L_eff 栏后，单击【L】右侧的【Optimize】按钮就会自动生成对应的物理尺寸，得到匹配电路中微带线的初始值，如表 2.1 所示。

表 2.1　匹配电路中微带线的初始值

元件	说明	W（mm）	L（mm）
TL0	理论值	1.5208	5.7282
	取值	1.52	5.73
TL1	理论值	1.5208	8.832
	取值	1.52	8.83

根据计算出来的初始值搭建匹配电路。新建原理图 cell2，设置 TERM1 阻抗为(100−j100)Ω，设置扫描频率范围为 500MHz～4.7GHz，步长为 50MHz。

对照图 2.19，单击 rbmw 器件库，在 Transmission_line_microstrip 中选择控件 MSUB0，将其放置在绘图区中，双击控件 MSUB0，修改微带线参数，各参数意义和设置值如下。

- Substrate thickness：基板厚度（0.8mm）。
- Relative dielectric constant：基板介电常数（4.3）。
- Relative permeability：基板磁导率（1）。
- Conductor conductivity：金属导带的电导率（5.88e7S/m）。
- Conductor thickness：金属导带的厚度（0.03mm）。
- Dielectric loss tangent：微带线的损耗角正切值（1e-4）。
- Conductor surface rough：微带线的表面粗糙度（0mm）。

选择 Transmission_line_microstrip 中微带线 TL2、微带终端开路线 MSS0 及控件 MSUB0，将其分别放置在绘图区中，微带线 TL2 对应图 2.19 中的 TL1，微带终端开路线 MSS0 对应图 2.19 中的 TL0，按照表 2.1 设置 MSS0 和 TL2 的参数值，宽度均为 1.52mm，长度分别为 5.73mm 和 8.83mm，将电路连接好，如图 2.23 所示。

设置完成后进行仿真，仿真结果如图 2.24 所示。对比图 2.21 和图 2.24 会发现换成实际微带线的仿真结果与理想元件的仿真结果非常接近，实现了匹配。

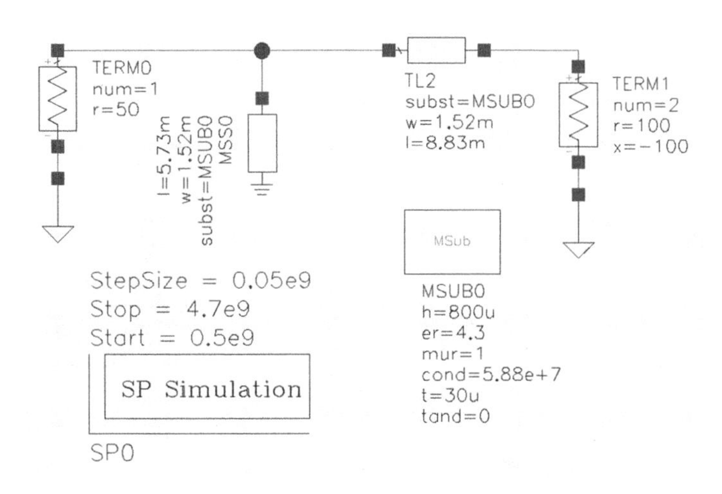

图 2.23　换成实际微带线后的匹配电路原理图示例

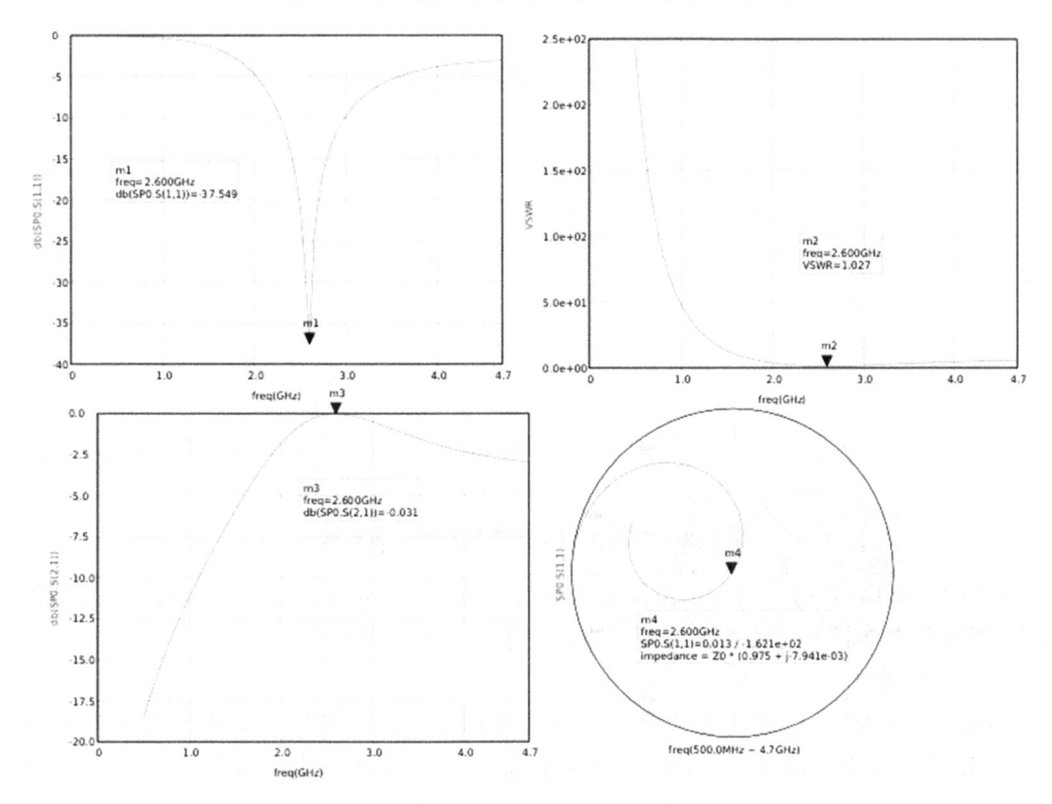

图 2.24　换成实际微带线后的仿真结果

为了使 MSS0 和 TL2 更好地连接，图 2.23 中的 TL2 对应图 2.25 中的 TL0，在电路中加入 T 形结微带线 TEE0，如图 2.25（a）所示。连接 TERM1、MSS0 和 TL0。为了方便参数设置和后续参数调整，将 TEE0、MSS0 和 TL0 的宽度均用变量 w1 表示，如图 2.25（b）所示。将 MSS0 和 TL0 的长度分别用变量 l1 和 l2 表示，选择【Create】→【Variable】选项，在弹出的对话框中进行参数设置。设置完成后开始仿真，仿真结果如图 2.26 所示。

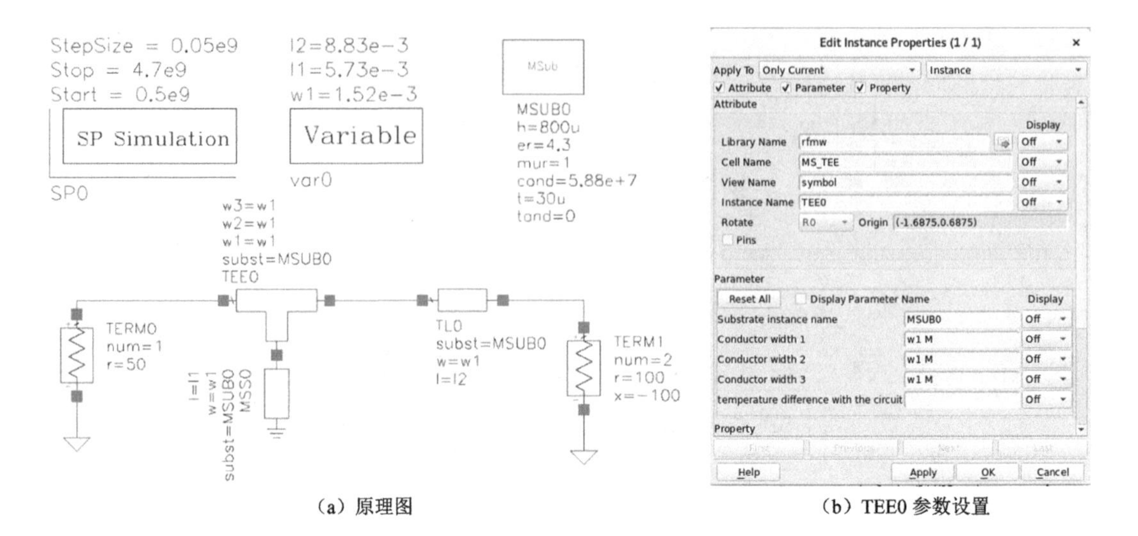

（a）原理图　　　　（b）TEE0 参数设置

图 2.25　加入 T 形结微带线后的原理图

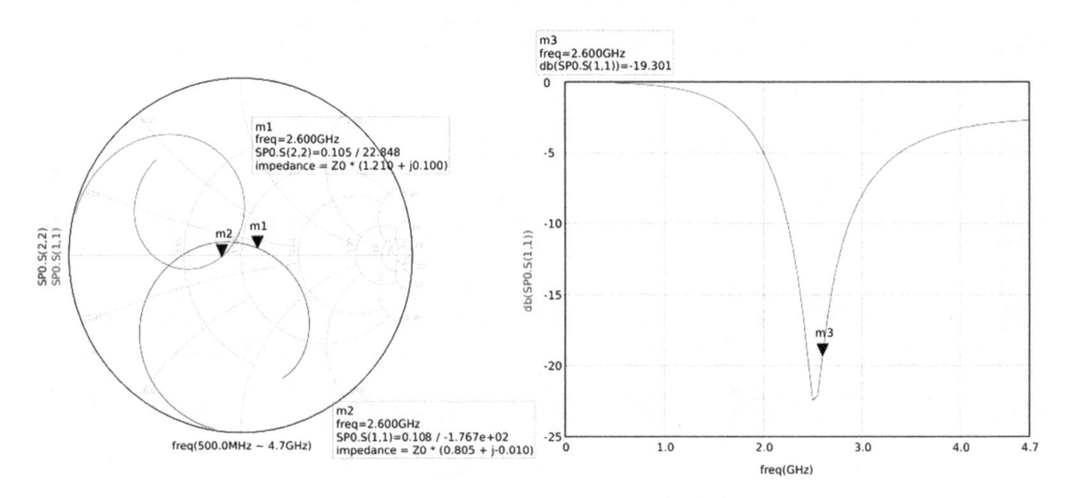

图 2.26　加入 T 形结微带线后的仿真结果

从图 2.26 可以看出，加入 T 形结微带线后，改变了微带线的长度，影响了匹配效果，这时需要对匹配电路进行调整，调整的方式有手动调谐和自动优化。

（1）手动调谐。

利用 AetherMW 自带的参数调谐工具进行调谐，在原理图设计界面上选择菜单栏【Simulation】→【Simulation Variable Setting】选项，设置调谐变量，如图 2.27（a）所示，其中的 Tune 栏表示该变量是否能被调谐，勾选变量 l1 和 l2，将其调谐状态使能，随后选择菜单栏【Simulation】→【Tuning】选项开始调谐仿真。

在参数调谐过程中，可以再次添加调谐变量，随时修改最大值、最小值和步长。单击【Store State】按钮可以保存中间调谐状况；单击【Restore State】按钮可以恢复中间的某次调谐记录；勾选【Visible】复选框，在 iViewer 界面中查看保存状态下的仿真结果曲线；单击【Reset Value】按钮可以将各个调谐参数恢复到初始值；单击【Apply To Schematic】按钮可以将调谐参数更新至原理图，如图 2.27（b）所示。在参数调谐过程中，原理图处于不可编辑状态，元件参数被临时替换为变量。

这里有两个变量 l1 和 l2，需要配合起来调谐，在调谐参数的同时观察仿真结果曲线，并根据实际需要来调整变量的调谐范围和步长，以找到一个满足要求的结果。调谐完成后要将调谐得到的最新参数更新至原理图。

这里给出一组调谐结果示例，l1 为 6.07mm，l2 为 8.24mm，其对应的仿真结果曲线如图 2.27（c）所示，从曲线来看，调谐后，在 2.6GHz 处，匹配效果有明显改善，与理想元件的仿真结果非常接近。

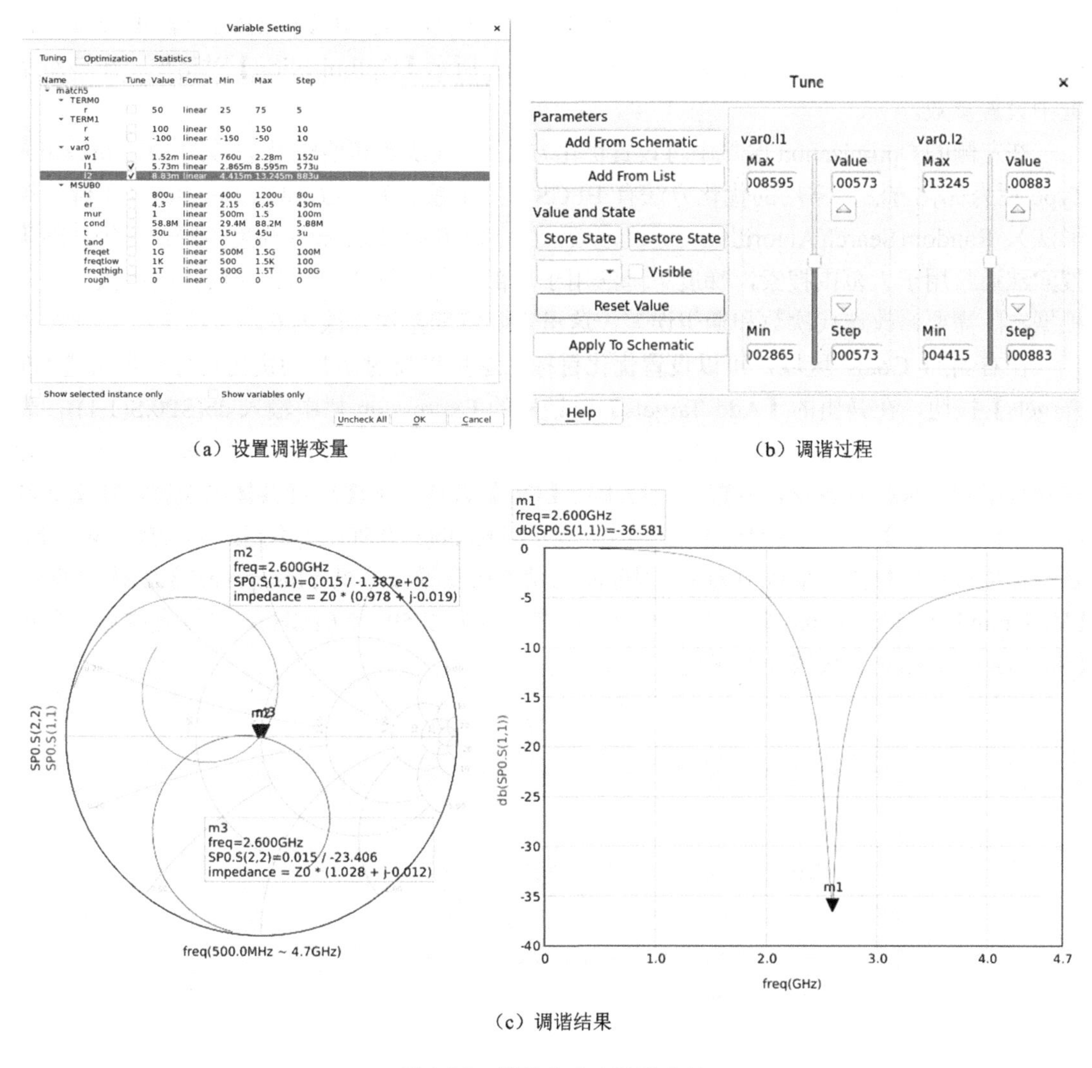

（a）设置调谐变量

（b）调谐过程

（c）调谐结果

图 2.27　调谐方法及结果示例

（2）自动优化。

首先设定匹配电路的器件为优化变量，优化目标为增益、输入驻波比、输出驻波比等，引入优化仿真器和优化目标控件；然后设定仿真变量，并将设计目标作为仿真目标，优化仿真变量设计参数；最后选择合适的优化方法，设置迭代次数后进行优化仿真，通过不断调整和优化变量，得到满足稳定性、反射系数和增益等目标要求的网络。实际还需要根据具体情况及有关理论完善一些有助于提高网络性能的细节。

在原理图设计界面中，选择菜单栏【Simulation】→【Simulation Variable Setting】选项，在弹出的【Variable Setting】对话框中单击【Optimization】选项卡，如图 2.28（a）所示，界面中包含了原理图用到的各个器件的参数变量，找到变量 l1，并勾选其对应的【Optimization】复选框；Value 栏是变量此刻的值；在 Format 栏中可以选择变量优化的参数变化模式，这里选择 continuous 模式；可以单击 Min 栏和 Max 栏中的值进行修改，表明变量 l1 可在[Min,Max]区间内连续取值，让 l1 在该范围内进行优化。用同样的方法，设置变量 l2 的优化范围。设置好优化参数后，在原理图界面上选择菜单栏【Simulation】→【Optimize】选项，启动优化功能，系统会自动弹出图 2.28（b）所示【Optimization】对话框，在该对话框中设置参数。

在左侧的 Optimization 区域中可设置优化方法、迭代次数和期望误差，其中，Optimization Type 栏为优化方法，常用的优化方法有 BFGS（拟牛顿法）、Downhill Simplex（下降单纯形法）、Random Search Algorithm（随机搜索法）、Gradient Descent（梯度下降法）等。随机搜索法通常用于大范围搜索，梯度下降法用于局部收敛，这里可以选择默认的优化方法。根据实际需要修改迭代次数和期望误差，这里需要将期望误差改为 0。

在右侧的 Goals 区域，可以设置优化目标，这里以反射系数为优化目标。单击【Add Targets】按钮，在弹出的【Add Targets】对话框的 Expression 栏中输入 db(SP0.S(1,1))，表示优化目标是 SP0 端口反射系数的 dB 值。在【Sweep Variable】中勾选【freq】复选框，即选择频率为结果扫描变量，设置完成后单击【OK】按钮。下面进行具体的设置，如图 2.28（c）所示。【Type】选择<，【Max】设为–30，表示目标 db(SP0.S(1,1))不超过–30dB。【Weight】是指优化目标的权重，默认值为 1。因前面已设置自变量，这里【Indep.Var1】默认为 freq，【Var1 min】和【Var1 max】用于设置频率范围，设为 2.59～2.61GHz。设置完成后，单击【Start Optimization】按钮开始优化。

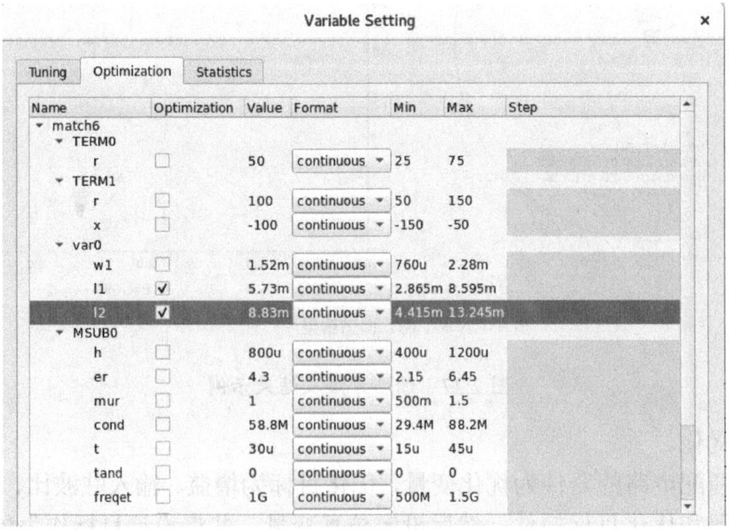

Variable Setting

Tuning　Optimization　Statistics

Name	Optimization	Value	Format	Min	Max	Step
match6						
TERM0						
r	☐	50	continuous	25	75	
TERM1						
r	☐	100	continuous	50	150	
x	☐	-100	continuous	-150	-50	
var0						
w1	☐	1.52m	continuous	760u	2.28m	
l1	☑	5.73m	continuous	2.865m	8.595m	
l2	☑	8.83m	continuous	4.415m	13.245m	
MSUB0						
h	☐	800u	continuous	400u	1200u	
er	☐	4.3	continuous	2.15	6.45	
mur	☐	1	continuous	500m	1.5	
cond	☐	58.8M	continuous	29.4M	88.2M	
t	☐	30u	continuous	15u	45u	
tand	☐	0	continuous	0	0	
freqet	☐	1G	continuous	500M	1.5G	

（a）设置优化变量

图 2.28　优化控件设置

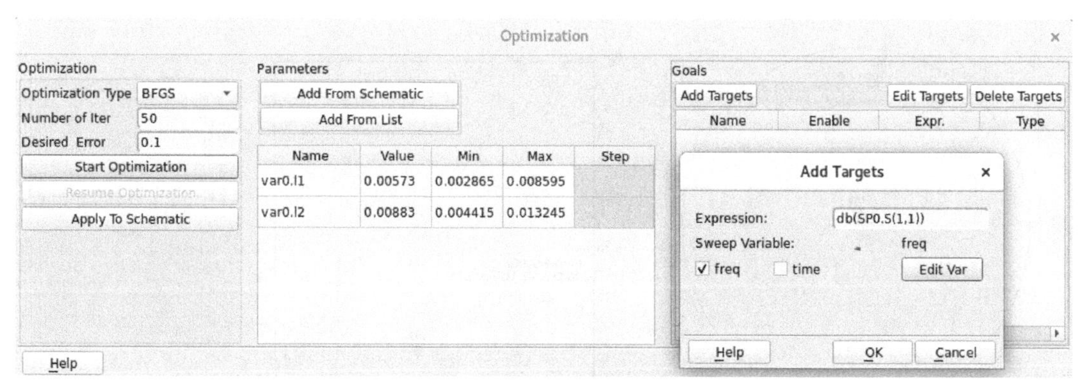

（b）添加优化目标

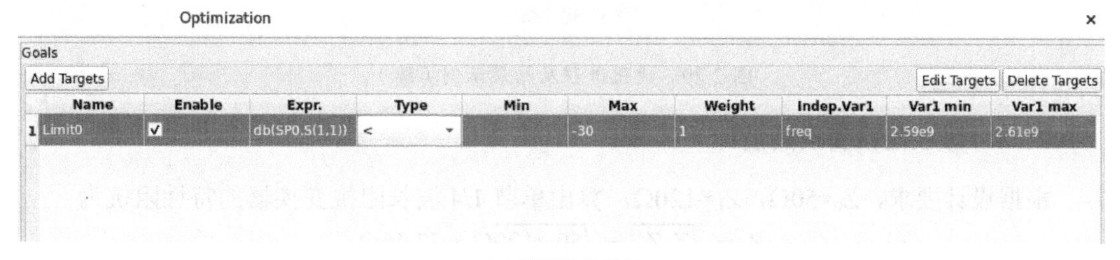

（c）设置优化目标

图 2.28　优化控件设置（续）

在优化过程中，系统会自动打开一个状态窗口显示优化进程，如图 2.29（a）所示。其中 Error=0 表明优化结果满足优化目标，优化完成后，会出现 Quit Optimization 提示。优化结束后，iViewer 界面会自动打开，优化结果如图 2.29（b）所示。

从图 2.29 可以看出，匹配后天线的输入阻抗为 50(0.988+j 0.051) Ω，相当接近于 50Ω，在中心频率 2.6GHz 处，反射系数非常小，由此可见达到了相当好的匹配效果。

在一次优化完成后，要单击【Optimization】对话框中的【Apply To Schematic】按钮，以保存优化后的变量值（在 VAR 控件上可以看到变量的当前值），否则优化后的变量值将不被保存。

```
Console
03:20:59 Optimization log:var0.l1=0.00592629874301 var0.l2=0.0049281301016 Current Error=0.679851094014 (M
03:21:00 Optimization log:var0.l1=0.00588548903992 var0.l2=0.00739708783872 Current Error=0.241917617557
03:21:00 Optimization log:var0.l1=0.00588548903992 var0.l2=0.00739708783872 Current Error=0.241917617557
03:21:01 Optimization log:var0.l1=0.00587509259304 var0.l2=0.00821948195843 Current Error=0 (Minimun Error=
03:21:01 Optimization log:var0.l1=0.00587509259304 var0.l2=0.00821948195843 Current Error=0 (Minimun Error=
03:21:02 Optimization log:var0.l1=0.00587509259304 var0.l2=0.00821948195843 Minimun Error=0
03:21:03 Quit Optimization.
03:21:11 Start Optimization.
03:21:13 Optimization log:var0.l1=0.00587509 var0.l2=0.00821948 Current Error=0 (Minimun Error=0)
03:21:13 Optimization log:var0.l1=0.00587509 var0.l2=0.00821948 Current Error=0 (Minimun Error=0)
03:21:14 Optimization log:var0.l1=0.00587509 var0.l2=0.00821948 Minimun Error=0
03:21:15 Quit Optimization.
```

（a）状态窗口显示优化进程

图 2.29　优化进程及结果示例

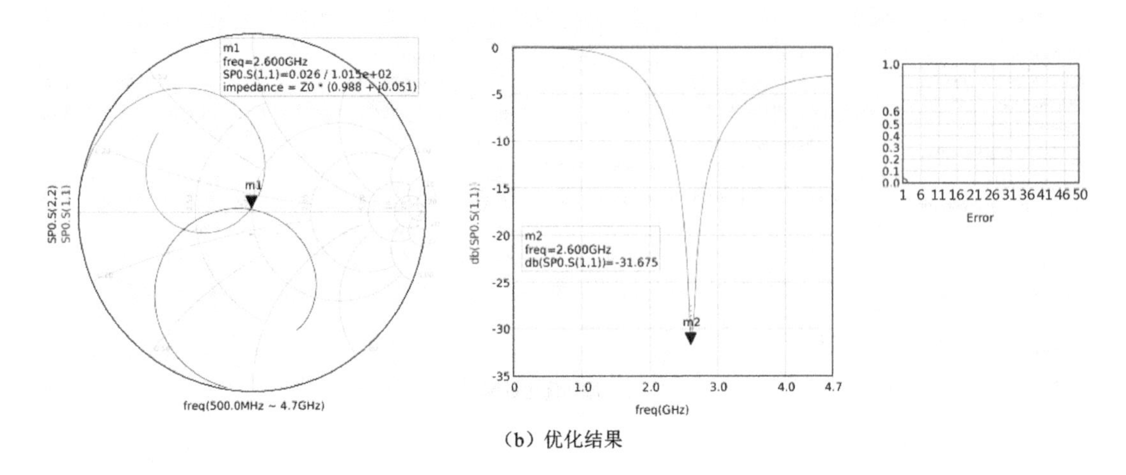

（b）优化结果

图 2.29　优化进程及结果示例（续）

2．1/4 波长阻抗变换器设计

根据设计要求，Z_0=50Ω，Z_L=120Ω，算出单节 1/4 波长阻抗变换器的特性阻抗为

$$Z_1 = \sqrt{Z_0 Z_L} = \sqrt{50 \times 120}\Omega \approx 77.46\Omega$$

采用两节 1/4 波长阻抗变换器进行匹配，这里取各节特性阻抗为

$$Z_1 = (Z_0 {Z_L}^2)^{\frac{1}{3}} \approx 66.94\Omega$$

$$Z_2 = ({Z_0}^2 Z_L)^{\frac{1}{3}} \approx 89.63\Omega$$

新建一个原理图 cell3，在原理图界面上单击【Tools】选项卡，选择【TLine】选项，即可打开 Transmission Line Assistant 工具。在【Transmission Line Type】中选择【Microstrip】选项，选用 0.8mm 厚度的 FR-4 基板，在【Parameters】区域中设置基板物理参数，即基板介电常数 Er 为 4.3、基板厚度 H 为 0.8mm，微带线的损耗角正切值 TanD 为 1e-4，金属导带的厚度 T 为 0.03mm，金属导带的电导率 Conductivity 为 5.88e7S/m，中心频率 Freq 为 2.6GHz。

在【Flow Type】下选择【Optimize】单选按钮，进入微带线参数综合模式，将计算得到的特性阻抗输入 Zc 栏，单击【W】右侧的【Optimize】按钮就会自动生成对应的物理尺寸。单击参数单位右侧的倒三角，可设置在指定单位下进行分析或优化。将电长度输入 L_eff 栏后，单击【L】右侧的【Optimize】按钮就会自动生成对应的物理尺寸，得到匹配电路中微带线的初始值，如表 2.2 所示。

表 2.2　匹配电路中微带线的初始值

元件	说明	W（mm）	L（mm）
单节 1/4 波长阻抗变换器	理论值	0.64332	16.634
	取值	0.64	16.63

续表

元件	说明	W（mm）	L（mm）
两节 1/4 波长阻抗变换器	理论值	0.88426	16.435
	取值	0.88	16.44
	理论值	0.447	16.835
	取值	0.45	16.84

根据计算出来的初始值搭建 1/4 阻抗变换器匹配电路，如图 2.30 所示，设置 TERM1 阻抗为 120Ω，设置扫描的频率范围为 500MHz～4.7GHz，步长为 0.01GHz。

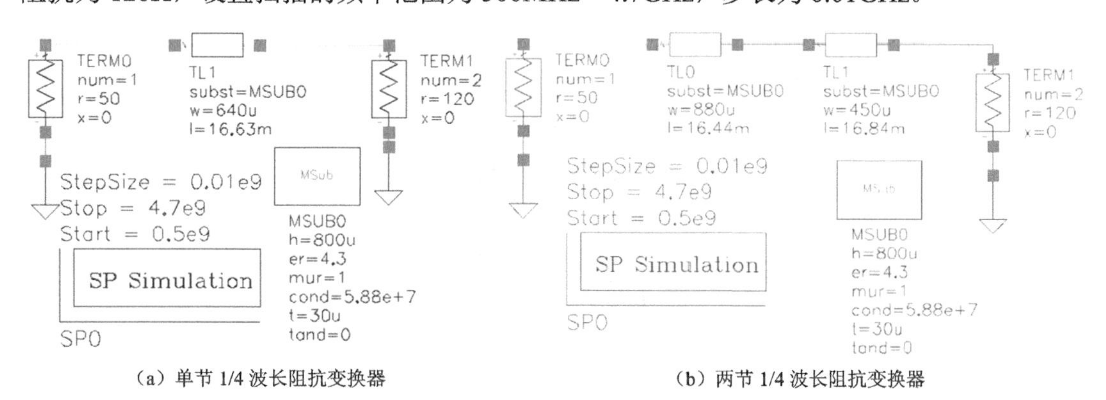

（a）单节 1/4 波长阻抗变换器　　（b）两节 1/4 波长阻抗变换器

图 2.30　1/4 波长阻抗变换器匹配电路原理图

设置完成后进行仿真，并根据前面的方法在 iViewer 工具的【Equations】区域中添加驻波比曲线，观测回波损耗 db(SP0.S(1,1))曲线和驻波比曲线仿真结果，如图 2.31 所示。对比图 2.31（a）和图 2.31（b）可见，单节 1/4 波长阻抗变换器在中心频率 2.6GHz 处的驻波比约为 1.006，非常接近于 1，而在驻波比小于 1.5 处的频带约为 1.82GHz～3.38GHz，带宽约为 1.56GHz，相对带宽约为 1.56/2.6=60%。两节 1/4 波长阻抗变换器在中心频率 2.6GHz 处的驻波比约为 1.349，而在驻波比小于 1.5 处的频带约为 1.15GHz～4.04GHz，带宽约为 2.89GHz，相对带宽约为 2.89/2.6≈111%。如果需要把两种结果叠加在同一个图中，则可先在【History】区域中选择【On】选项，这样当前的仿真结果就会被保存下来，再修改原理图，重新仿真后就会显示原理图改变前后结果的变化情况，如图 2.31（c）所示，这样方便对比分析。

由以上仿真结果可知，两节 1/4 波长阻抗变换器的相对带宽明显高于单节 1/4 波长阻抗变换器的相对带宽，增加 1/4 波长阻抗变换器的节数可改善匹配带宽性能，但这里的仿真只是原理图仿真，实际制作前还需要考虑连接处的不连续性，进行版图仿真。

阻抗匹配的概念是微波射频电路设计中最基本的概念之一。本章介绍了阻抗匹配基本原理和阻抗匹配电路的设计方法，并给出具体的设计需求，使用 AetherMW 完成了集总参数匹配电路的设计和分布参数匹配电路的设计。在本章所给出的设计过程中，只使用到 AetherMW 中阻抗匹配电路设计的一些基本方法，在实际使用 AetherMW 时还会遇到各种具体的问题，此时多看帮助文档是最好的解决方法。在优化仿真过程中，要明确物理概念。AetherMW 中设计阻抗匹配电路的方法还有很多，如果对其他方法感兴趣，那么可以看看

Example Project，这样会对 AetherMW 的应用有更全面的了解。

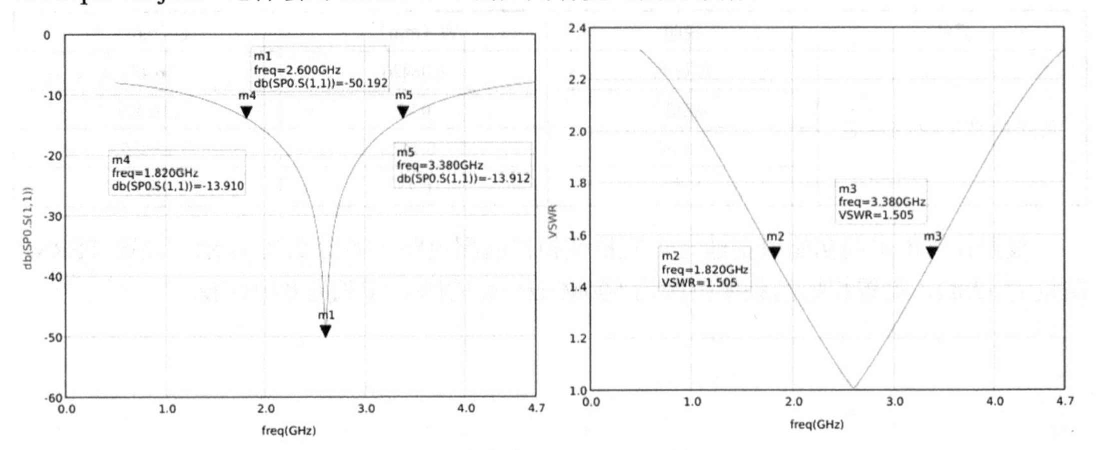

（a）单节 1/4 波长阻抗变换器仿真结果

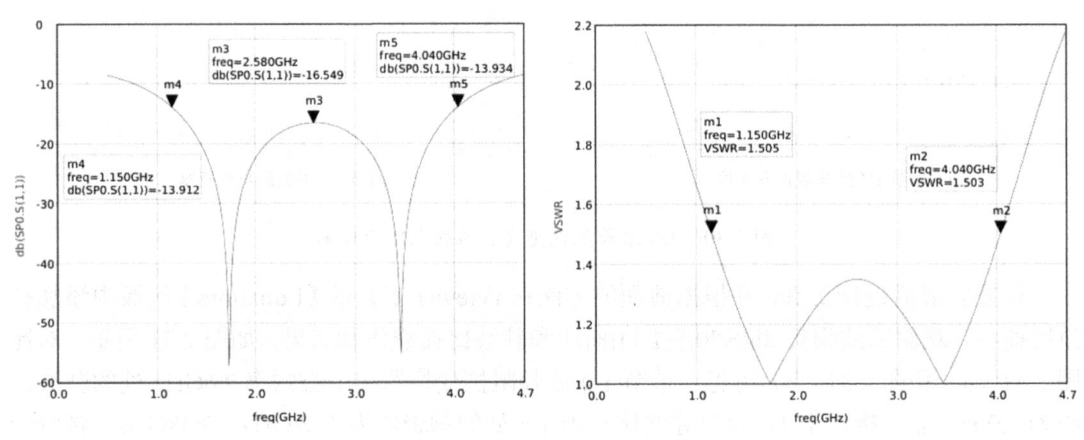

（b）两节 1/4 波长阻抗变换器仿真结果

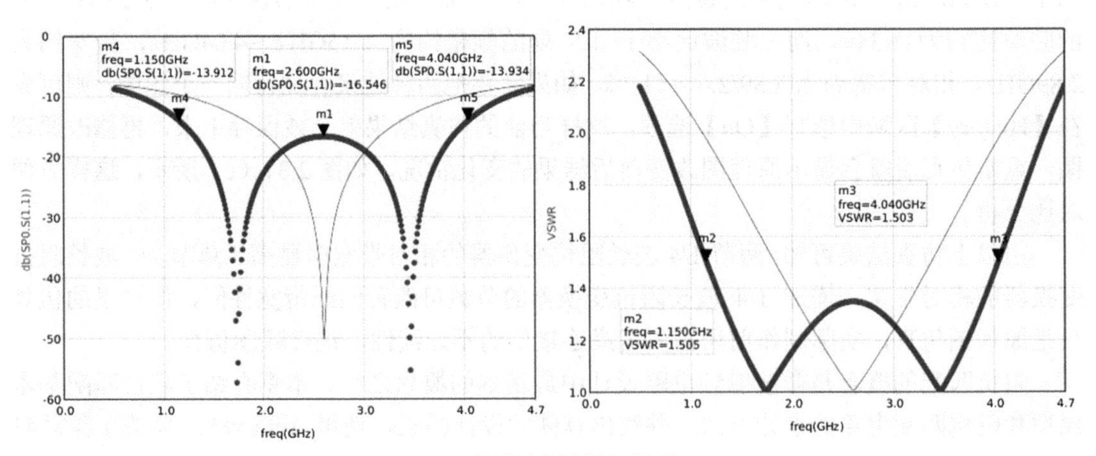

（c）两组仿真结果直接对比图

图 2.31　1/4 波长阻抗变换器仿真结果示例

思考题

（1）阻抗匹配电路 S 参数中各个参量的理论值及代表的物理意义是什么？S_{11} 代表阻抗匹配电路的什么参数，为何要优化 S_{11}？

（2）当用 Smith 圆图进行匹配时，简述 Smith 圆图旋转顺序、位置与 L、C 的对应关系。

（3）利用 AetherMW 设计阻抗匹配电路，在 2.6GHz 处使负载阻抗 Z_L=(120+j150)Ω和50Ω的源阻抗匹配。

（4）图 2.32 所示为射频前端电路器件的级联图，工作频率为 2.6GHz±75MHz，已知滤波器与放大器的输入阻抗和输出阻抗，试设计两个器件之间的阻抗匹配电路。

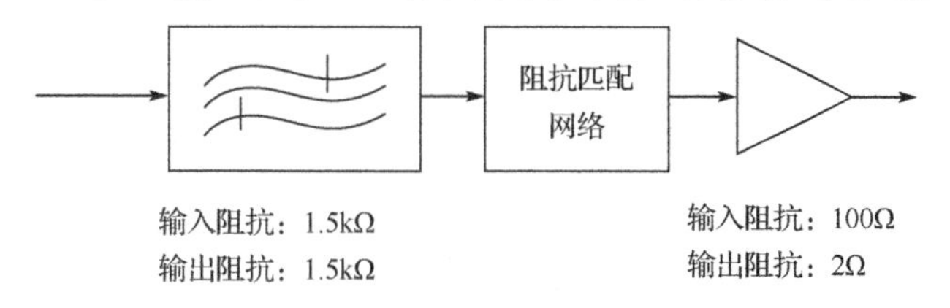

图 2.32　射频前端电路器件的级联图

参考文献

[1] POZAR D M. 微波工程[M]. 谭云华，周乐柱，吴德明，等译. 北京：电子工业出版社，2006.

[2] 卢益锋. ADS 射频电路设计与仿真学习笔记[M]. 北京：电子工业出版社，2015.

[3] LUDWIG R, BOGDANOV G. 射频电路设计：理论与应用[M]. 2 版. 王子宇，王心悦，译. 北京：电子工业出版社，2021.

[4] 陈章友. 射频电路[M]. 北京：科学出版社，2016.

[5] 雷振亚，王青，刘家州. 射频/微波电路导论[M]. 西安：西安电子科技大学出版社，2017.

[6] 徐兴福. ADS2008 射频电路设计与仿真实例[M]. 2 版. 北京：电子工业出版社，2013.

[7] 徐兴福. ADS2011 射频电路设计与仿真实例[M]. 北京：电子工业出版社，2014.

[8] 张媛媛，徐茵，徐粒栗. AWR 射频微波电路设计与仿真教程[M]. 西安：西安电子科技大学出版社，2019.

[9] 栾秀珍，王钟葆，傅世强，等. 微波技术与微波器件[M]. 北京：清华大学出版社，2017.

[10] SORRENTINO R, BIANCHI G. 微波与射频电路工程设计[M]. 鲍景富，等译. 北京：电子工业出版社，2015.

[11] MONZON C. Analytical derivation of a two-section impedance transformer for a frequency and its first harmonic [J]. IEEE Microwave and Wireless Components Letters, 2002, 12(10): 381-382.

[12] DARRAJI R, HONARI M M, MIRZAVAND R, et al. Wideband two-section impedance transformer with flat real-to-real impedance matching [J]. IEEE Microwave and Wireless Components Letters, 2016, 26(5): 313-315.

[13] CHONGCHEAWCHAMNAN M, PATISANG S, SRISATHIT S, et al. Analysis and design of a three-section transmission-line transformer [J]. IEEE Transaction on Microwave Theory and Techniques, 2005, 53(7): 2458-2462.

[14] 谢泰洋. 基于复数负载的双频带环形阻抗变换器的设计与实现[D]. 吉林：吉林大学，2020.

第3章

功率分配器设计

3.1 功率分配器基本理论

3.1.1 功率分配器的工作原理

功率分配器（简称功分器）是通信系统的重要组成部分，在收发系统、混频器、功率放大器及天线馈电网络等电路中有着广泛的应用。利用功率分配器可以在不影响信号质量的情况下，将同一信号分配给不同的天线，实现多天线系统的增益和容错功能，提高覆盖范围和可靠性；在收发系统中，利用功率分配器可将本地振荡器信号分到各个混频器，实现相干解调；在接收机中，利用功率分配器可将接收到的信号分为多路，通过与不同的信号混频实现信号分离等。因此，功率分配器的性能对于无线通信系统的功率控制和信号传输至关重要。

功率分配器的主要功能是将输入功率分成相等或不相等的几路功率进行传输，如图 3.1（a）所示。功率分配器反过来使用就是功率合成器，可将多路信号线性地合成，如图 3.1（b）所示。功率分配器和功率合成器通常成对使用，先将功率分成若干份并分别放大，再合成输出。

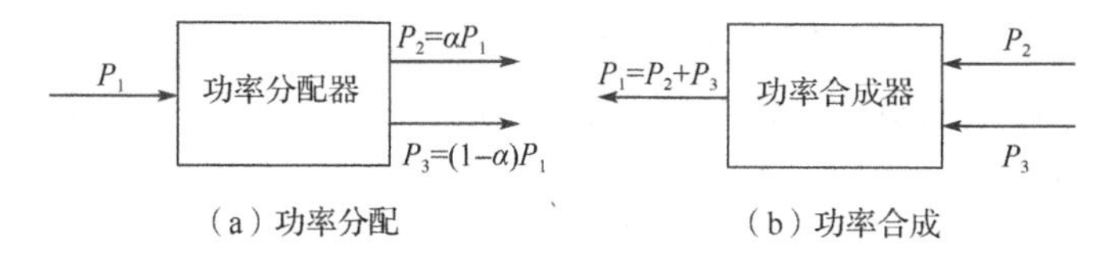

（a）功率分配　（b）功率合成

图 3.1　功率的分配与合成

功率分配器的设计主要是对传输进行匹配和对输出端口进行隔离（对输出端口的隔离实际也是对输出端口的匹配），以实现输出功率分配的最大化。

常用的功率分配器按照实现形式分为集总型功率分配器和传输线型功率分配器。集总型功率分配器包括电阻式功率分配器和电容电感式功率分配器等形式，电阻式功率分配器属于传统型功率分配器，但它会产生传输损耗。传输线型功率分配器所用的传输线有微带线、共面波导、带状线和同轴线等。其中，微带线型功率分配器因结构紧凑、性能稳定、成本低、易实现双频段或宽频段等特点，在微波射频技术领域有着极其广泛的应用。

传输线型功率分配器按照结构可分为T形结功率分配器和威尔金森（Wilkinson）功率分配器等，其中T形结功率分配器是一个三端口器件，结构简单，通常选取无损耗或低损耗的传输线来实现，但它不能实现所有端口的匹配且输出端口间隔离度很差。威尔金森功率分配器是目前广泛使用、结构简单的N端口功率分配器，它在所有端口均匹配，具有低损耗、高隔离度等特点。

两路输出的威尔金森功率分配器结构如图3.2所示。它是一种简单的三端口器件，由两段1/4波长的微带线组成，在两个输出端口之间连接一个电阻（电阻值为R）。当信号从端口1输入时，信号功率从端口2和端口3等功率或按照一定比例输出。若端口2或端口3有反射，则反射波通过分叉路口（两段1/4波长传输线路径合起来为半波长）和电阻路径，通过控制电阻，可使两条路径上的反射波幅度相等，相位相反，刚好抵消，从而保证两个输出端口有良好的隔离。

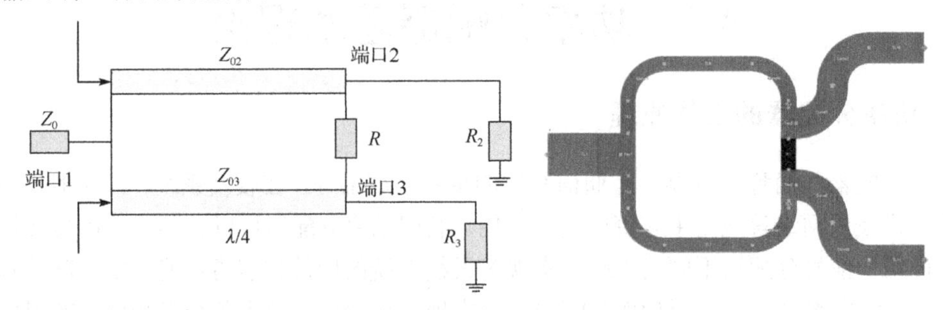

图3.2　两路输出的威尔金森功率分配器的结构

在理想状态下，威尔金森功率分配器具有以下三个特点。

- 端口1无反射。
- 端口2、端口3的输出电压、幅度和相位都相等。
- 端口2、端口3的输出功率比为任意给定值，电压同相。

威尔金森功率分配器通常是微带线或带状线等形式，其输入端口传输线特性阻抗为Z_0，两段分支线的长度为1/4波长（特性阻抗分别为Z_{02}和Z_{03}），端口2和端口3的输入阻抗分别为Z_2和Z_3，两个终端的负载阻抗分别为R_2和R_3。在一般情况下，设端口3和端口2的输出功率比为k^2，即

$$k^2 = P_3 / P_2 \tag{3.1}$$

则端口2和端口3的输入阻抗满足

$$Z_2 = kZ_0 \qquad Z_3 = Z_0 / k \tag{3.2}$$

两段分支线的特性阻抗和隔离电阻分别满足

$$\begin{cases} Z_{03} = \sqrt{\dfrac{1+k^2}{k^3}} Z_0 \\ Z_{02} = \sqrt{k(1+k^2)} Z_0 \\ R = kZ_0 + Z_0 / k = \dfrac{1+k^2}{k} Z_0 \end{cases} \tag{3.3}$$

当$k=1$时，为实现等功率分配，则为3dB威尔金森功率分配器。此时两段分支线的特性阻抗和隔离电阻分别满足

$$\begin{cases} Z_{03}=\sqrt{2}Z_0 \\ Z_{02}=\sqrt{2}Z_0 \\ R=2Z_0 \end{cases} \tag{3.4}$$

其散射矩阵可以写为

$$\boldsymbol{S}=\begin{bmatrix} S_{11} & S_{12} & S_{13} \\ S_{21} & S_{22} & S_{23} \\ S_{31} & S_{32} & S_{33} \end{bmatrix}=-\frac{1}{\sqrt{2}}\begin{bmatrix} 0 & \mathrm{j} & \mathrm{j} \\ \mathrm{j} & 0 & 0 \\ \mathrm{j} & 0 & 0 \end{bmatrix} \tag{3.5}$$

若从端口1进行激励，则当终端接匹配负载时，S_{23}、S_{32}均为零，端口2、端口3是相互隔离的，且当端口2、端口3匹配时，电阻上无电流（无功率损耗），功率分配器是无损耗的。只有当端口不匹配时，从端口2和端口3反射的功率才会损耗在隔离电阻上。

在实际应用中，图3.2中的两路输出的威尔金森功率分配器的输出端口所连接的并不是电阻，而是特性阻抗为Z_0的传输线，如图3.3所示。为了获得指定的功率分配比，可在输出端口和后面的传输线之间各增加一条1/4波长传输线进行阻抗变换，其阻抗分别满足

$$\begin{cases} Z_{04}=\sqrt{Z_2Z_0}=\sqrt{k}Z_0 \\ Z_{05}=\sqrt{Z_3Z_0}=\dfrac{Z_0}{\sqrt{k}} \end{cases} \tag{3.6}$$

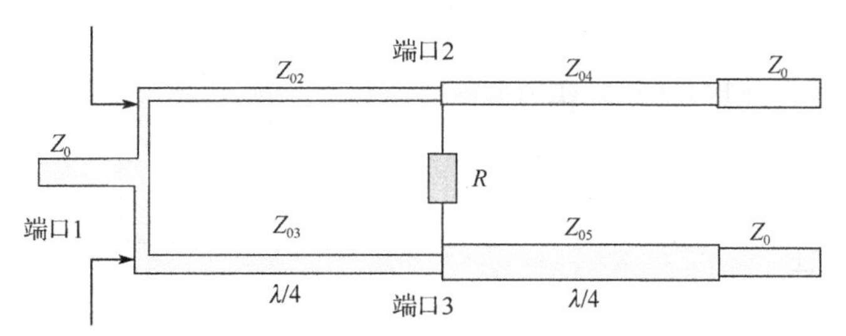

图3.3　两路输出的威尔金森功率分配器的实用结构

对于等功率分配的情况，Z_{04}、Z_{05}和Z_0相等，这时就不需要增加这段阻抗变换器。

如果需要分成多路，则可通过级联N级单节威尔金森功率分配器，即一分为二、二分为四、四分为八等，以此类推就能实现2^N路的功率分配器，如图3.4（a）所示。也可采取类似于两路输出的威尔金森功率分配器的方式，经N路传输线分成N路输出，每路传输线的电长度在中心频率处都等于π/2，如图3.4（b）所示。

由于单节传输线在设计的中心频率处有非常好的匹配和功能指标，但是在带宽上略显不足，频率一旦偏离中心频率，无论是隔离度还是输入驻波比都将变差，因此单节的威尔金森功率分配器一般都是窄带功率分配器。为了加宽工作频带，大多采用多节的威尔金森功率分配器，即在单节的威尔金森功率分配器的基础上增加1/4波长传输线和相应的隔离电阻的数目，各节的特性阻抗和隔离电阻值各不相同，各节因阻抗变换产生的反射信号在

每节之间相互抵消，从而加宽工作频带，理论分析认为功率分配器的节数越多，工作频带越宽，但功率分配器本身的尺寸和电路复杂性会随之增大，引入的插入损耗也会增大，因此应根据设计指标，合理地选择功率分配器的节数。

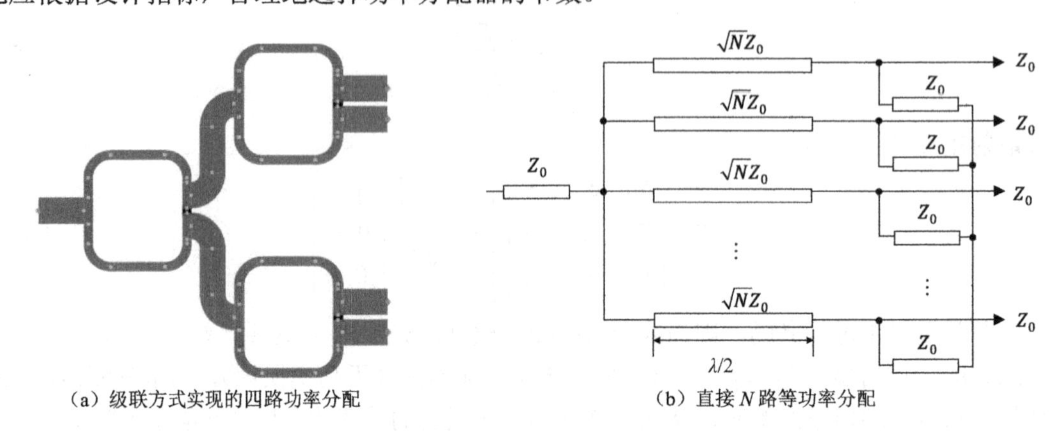

（a）级联方式实现的四路功率分配　　（b）直接 N 路等功率分配

图 3.4　多路输出的威尔金森功率分配器结构

m 节两路宽带等功率分配威尔金森功率分配器原理图如图 3.5 所示，当信源内阻和负载阻抗均为 Z_0 时，各节归一化阻抗和归一化隔离电阻值可通过查表获得，节数可由工作频带的上、下限频率及通带最大驻波比来决定。以两节两路宽带等功率分配威尔金森功率分配器为例，其三个端口的阻抗均为 Z_0，两节传输线的阻抗分别为 Z_1 和 Z_2，长度均为 1/4 波长，两个隔离电阻的电阻值分别为 R_1 和 R_2。

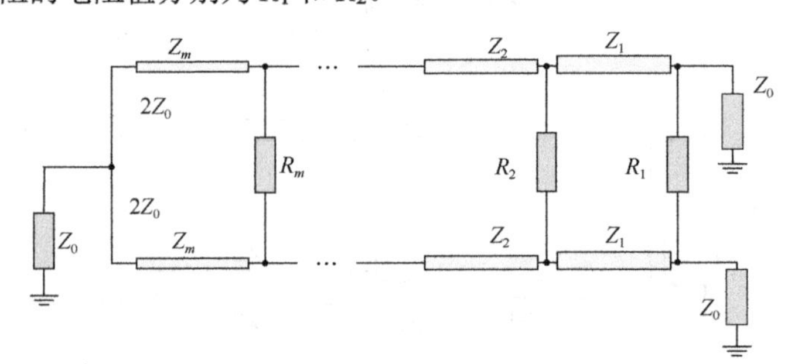

图 3.5　*m* 节两路宽带等功率分配威尔金森功率分配器原理图

两个隔离电阻的电阻值满足

$$\begin{cases} R_1 = \dfrac{2R_2(Z_1+Z_2)}{R_2(Z_1+Z_2)-2Z_2}Z_0 \\ R_2 = \dfrac{2Z_1Z_2}{\sqrt{(Z_1+Z_2)(Z_2-Z_1\cot^2\varphi)}} \\ \varphi = \dfrac{\pi}{2}\left[1-\dfrac{1}{\sqrt{2}}\dfrac{f_2/f_1-1}{f_2/f_1+1}\right] \end{cases} \tag{3.7}$$

式中，f_2 和 f_1 分别为工作频带的上、下限频率。当 f_2/f_1 为 1.5，三个端口的阻抗均为 50Ω时，Z_1 和 Z_2 分别近似为 59.99Ω和 83.35Ω，R_1 和 R_2 分别近似为 265.82Ω和 93.22Ω。当 f_2/f_1 为

2，三个端口的阻抗均为 50Ω时，Z_1 和 Z_2 分别近似为 60.985Ω和 81.99Ω，R_1 和 R_2 分别近似为 241.02Ω和 98.01Ω。

3.1.2　功率分配器的技术指标

功率分配器的技术指标主要包括频率范围、最大承受功率、插入损耗、输出分配比、回波损耗、输出端口隔离度。

（1）频率范围：功率分配器的工作频率范围，即插入损耗、输出分配比、回波损耗等各个性能指标都能满足要求的工作频带，包括中心频率、3dB 带宽等。功率分配器的结构设计与频率范围密切相关，包括单频带设计、多频带设计、宽频带设计等，设计时必须先明确频率范围，才能确定其结构形式。

（2）最大承受功率：功率容限。该指标往往用在大功率分配传输和功率合成的情况，这时需要考虑用什么类型的传输线才能保证功率分配器正常工作。相对而言，微带线型功率分配器所能承受的最大功率较小，同轴线型功率分配器、共面波导型功率分配器所能承受的最大功率较大，应根据设计任务来选择用哪种功率分配器。

（3）插入损耗：也叫分配损耗，表征了输入信号功率经功率分配器后的输出信号功率比原来的功率减小了多少，与功率分配器的功率分配比有关。对于三端口功率分配器，两个输出端口的插入损耗分别为 IL_2 和 IL_3，分别由散射参数 S_{21} 和 S_{31} 得出，可表示为

$$\begin{cases}\mathrm{IL}_2 = -20\lg|S_{21}| \\ \mathrm{IL}_3 = -20\lg|S_{31}|\end{cases} \tag{3.8}$$

理想二等分功率分配器的插入损耗为 3dB，而实际值往往大于 3dB，这是传输线的介质或导体不理想等因素造成的。功率分配器插入损耗的测量可以用频谱分析仪来完成，也可以用矢量网络分析仪来完成。

利用频谱分析仪测量插入损耗的方法：采用自带扫频功能的频谱分析仪进行测量。对于三端口功率分配器，将频谱分析仪的跟踪发生器的输出端口和频谱分析仪的信号输入端口用射频电缆短接，校准后测得一条 P–f 曲线，作为基准信号，记为曲线 A_1，一般校准后这条曲线为位于 0dB 处的一条直线。按图 3.6（a）连接电路，端口 3 接匹配负载，测量端口 2 输出 P–f 曲线，记为曲线 A_2。根据曲线 A_1 和曲线 A_2 的差值来计算端口 2 的插入损耗。将端口 2 与端口 3 交换，测量端口 3 输出 P–f 曲线，记为曲线 A_3。根据曲线 A_1 和曲线 A_3 的差值来计算端口 3 在整个频率范围内的插入损耗。

利用矢量网络分析仪测量插入损耗的方法：测量前需要设置带宽并完成校准。对于三端口功率分配器，电路连接方式同频谱分析仪相似，如图 3.6（b）所示。将功率分配器端口 3 接匹配负载，功率分配器端口 1 接矢量网络分析仪的端口 1，功率分配器端口 2 接矢量网络分析仪的端口 2，直接测出整个频率范围内的 S_{21}。将功率分配器端口 2 接匹配负载，保持端口 1 不变，功率分配器端口 3 接矢量网络分析仪的端口 2，直接测出 S_{31}。根据式（3.8）得到功率分配器的插入损耗。

（4）输出分配比：根据 S_{21} 和 S_{31} 得到功率分配器在整个频率范围内的输出分配比。

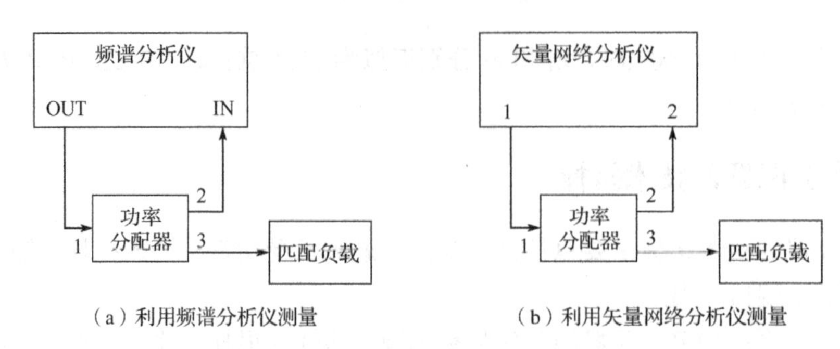

（a）利用频谱分析仪测量　（b）利用矢量网络分析仪测量

图 3.6　功率分配器插入损耗的测量

（5）回波损耗：表征了功率分配器端口的匹配程度，由端口的反射功率与输入功率之比来计算。对于三端口功率分配器，输入端口回波损耗 RL_1 通常由 S_{11} 得出，两个输出端口回波损耗 RL_2 和 RL_3 通常由 S_{22}、S_{33} 来得出，可表示为

$$\begin{cases} \text{RL}_1 = -20\lg|S_{11}| \\ \text{RL}_2 = -20\lg|S_{22}| \\ \text{RL}_3 = -20\lg|S_{33}| \end{cases} \tag{3.9}$$

回波损耗越大，表明端口反射越小，匹配程度越好。此外，功率分配器端口的匹配程度通常可由输入/输出端口驻波比来表示。每个端口的驻波比越接近于 1，表明匹配程度越好，各端口驻波比由 S_{11}、S_{22} 和 S_{33} 计算，即

$$\begin{cases} \text{VSWR}_1 = \dfrac{1+|S_{11}|}{1-|S_{11}|} \\ \text{VSWR}_2 = \dfrac{1+|S_{22}|}{1-|S_{22}|} \\ \text{VSWR}_3 = \dfrac{1+|S_{33}|}{1-|S_{33}|} \end{cases} \tag{3.10}$$

频谱分析仪无法直接完成回波损耗的测量，需要和反射电桥配合使用才能完成，如图 3.7（a）所示。功率分配器回波损耗的测量可用矢量网络分析仪来实现。测量前需要设置带宽并完成校准。对于三端口功率分配器，矢量网络分析仪校准后将功率分配器端口 2 和端口 3 接匹配负载，功率分配器的端口 1 接矢量网络分析仪的端口 1，如图 3.7（b）所示，测出 S_{11}；功率分配器的端口 1 和端口 3 接匹配负载，端口 2 接矢量网络分析仪的端口 1，测出 S_{22}；功率分配器的端口 1 和端口 2 接匹配负载，端口 3 接矢量网络分析仪的端口 1，测出 S_{33}。根据式（3.9）得到功率分配器在整个频率范围内的回波损耗。

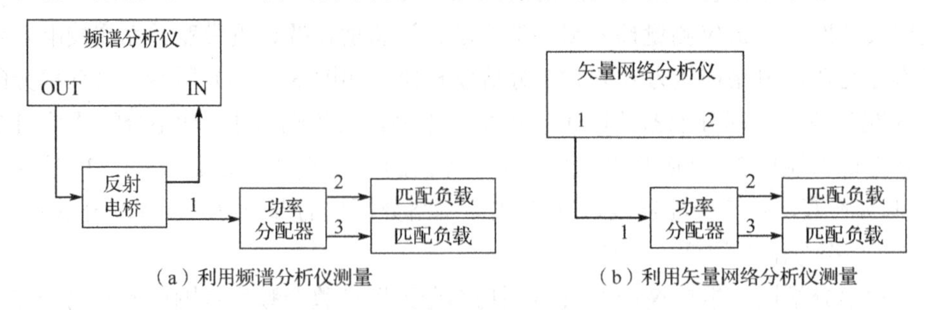

（a）利用频谱分析仪测量　（b）利用矢量网络分析仪测量

图 3.7　功率分配器回波损耗的测量

（6）输出端口隔离度：表征了功率分配器输出端口间的相互影响，理想情况下希望输入信号只能按照规定的路径传输到对应的端口而不受其他端口的影响，也就是希望支路之间的隔离度大一些。威尔金森功率分配器的隔离度主要依靠隔离电阻来完成，对于三端口功率分配器，其隔离度用 S_{23} 或 S_{32} 来得出，可表示为

$$\text{ISO} = -20\lg|S_{32}| \tag{3.11}$$

即从端口 2 输入时，端口 3 输出功率与端口 2 输入功率之比。理想状态下隔离度等于 0。

功率分配器的输出端口隔离度的测量可以用频谱分析仪来完成，也可以用矢量网络分析仪来完成。

利用频谱分析仪测量输出端口隔离度的方法：可采用自带扫频功能的频谱分析仪进行测量。对于三端口功率分配器，将频谱分析仪的跟踪发生器的输出端口和频谱分析仪的信号输入端口用射频电缆短接，校准后测得一条 P–f 曲线，作为基准信号，记为曲线 A_1。将频谱分析仪的扫频输出端口与功率分配器的端口 2 相连，功率分配器端口 1 接匹配负载，用频谱分析仪测量功率分配器端口 3 的输出，如图 3.8（a）所示，测量端口 2 输出 P–f 曲线，记为曲线 A_2。根据曲线 A_1 和曲线 A_2 的差值来计算输出端口隔离度。

利用矢量网络分析仪测量输出端口隔离度的方法：测量前需要设置带宽并完成校准。对于三端口功率分配器，电路连接方式同频谱分析仪相似，如图 3.8（b）所示，当测量输出端口隔离度时，将功率分配器端口 1 接匹配负载，功率分配器端口 2 接矢量网络分析仪的输出端口，功率分配器端口 3 接矢量网络分析仪的输入端口，测得 S_{32}。根据式（3.11）得到功率分配器在整个频率范围内的输出端口隔离度。

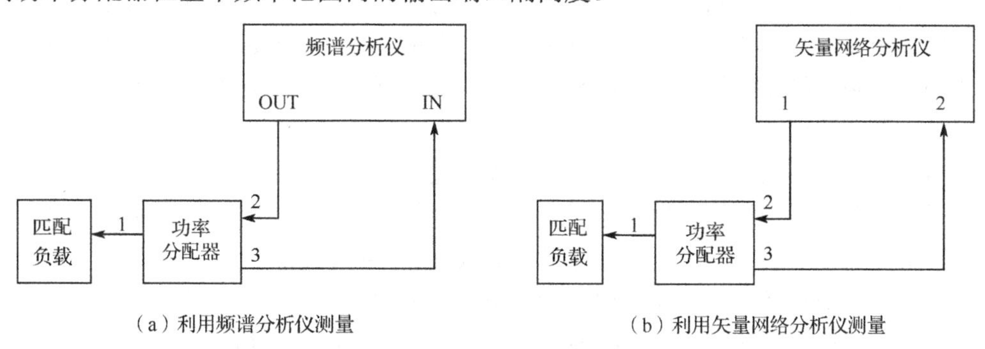

（a）利用频谱分析仪测量　（b）利用矢量网络分析仪测量

图 3.8　输出端口隔离度的测量

表 3.1 所示为典型的 3dB 功率分配器的电气特性参数，其特性阻抗为 50Ω。在频率范围 2400～2500MHz 内，插入损耗为 2.8～4dB，回波损耗最小值为 14dB，输出端口隔离度最小值为 15dB，最大承受功率为 3W。在通带外，其衰减随频率变化，4800～5000MHz 衰减最小值为 10dB，7200～7500MHz 衰减最小值为 15dB。从芯片资料可以看出，该功率分配器适用于 2400～2500MHz 的二等分应用场合。

表 3.1　典型的 3dB 功率分配器的电气特性参数

（频率范围：2400～2000MHz）

指标	最小值	最大值
插入损耗（dB）	2.8	4.0
回波损耗（dB）	14	-
相位平衡（deg.）	-3	3
输出端口隔离度（dB）	15	-
最大承受功率（W）	-	3

3.1.3　功率分配器的设计方法

微带线型威尔金森功率分配器的设计过程包括理论计算和模块实现等，模块实现部分可利用 AetherMW 来完成。基于 AetherMW 完成微带线型威尔金森功率分配器的设计，包括参数理论计算、原理图仿真及参数优化、版图设计与仿真、实物制作与测试等过程，本书重点关注版图仿真之前的设计。以单节二等分威尔金森功率分配器为例，其详细设计过程如下。

（1）参数理论计算。根据设计要求，确定功率分配器的结构，进行电路初始值计算。根据微带线参数和输入/输出端口负载阻抗 $R_L=Z_0$，计算工作在设置的中心频率下的输入/输出端微带线宽度，其长度可根据实际连接需要进行设置和调整。根据微带线参数和 1/4 波长分支线的特性阻抗 $Z_{02}=Z_{03}=\sqrt{2}\,Z_0$，计算工作在设置的中心频率下的分支线长度和宽度，可以借助 AetherMW 的微带线计算工具 Transmission Line Assistant 来完成计算。这里所计算出来的长度是整段线的长度，设计时应根据实际采用的结构来确定每一段线的长度分配，保证总长度不变即可。

多节功率分配器的设计要复杂一些，首先通过设计指标确定功率分配器的阻抗变换节数，然后确定各节微带线的特性阻抗，结合所选择的基板材料，计算出微带线各节的宽度及长度，最后根据奇偶模理论分析法计算各节微带线隔离电阻值。

（2）原理图仿真及参数优化。根据计算出来的参数建立工程，搭建原理图，添加并设置仿真控件，完成原理图仿真。根据原理图仿真结果，对比设计指标，对参数进行优化和调整，使其完全满足设计要求。

（3）版图设计与仿真。根据原理图生成版图，进行版图仿真。

（4）实物制作与测试。根据设计出的版图选择合适的板材进行实物加工，完成射频连接器等安装后就可以进行性能测试了。功率分配器性能指标的测量可以用频谱分析仪来完成，也可以用矢量网络分析仪来完成，按照前面所给出的测量方法对功率分配器关键指标（如输出分配比、插入损耗、回波损耗、输出端口隔离度等）进行测量，根据测量结果再次优化电路直至达到设计指标。

3.2　设计背景及指标

设计一个中心频率为 2.6GHz 的 3dB 功率分配器，功率分配比为 1:1，每个端口带内回波损耗不大于 20dB，两个输出端口的隔离度大于 25dB，传输损耗小于 3.2dB，输入、输出端口各接 50Ω微带线。用 S 参数来表示这些指标，其中 S_{21}、S_{31} 是传输参数，反映传输损耗；S_{11}、S_{22}、S_{33} 分别是端口的反射系数，S_{23} 是两个输出端口的隔离度，设计指标如表 3.2 所示。

表 3.2　设计指标

序号	参数	指标值
1	$\|S_{21}\|$	大于−3.2dB
2	$\|S_{31}\|$	大于−3.2dB
3	$\|S_{11}\|$	小于−20dB
4	$\|S_{22}\|$	小于−20dB
5	$\|S_{33}\|$	小于−20dB
6	$\|S_{23}\|$	小于−25dB

基本要求：设计一个中心频率为 2.6GHz 的单节微带线型功率分配器，工作频带为 2.515～2.675GHz，调节微带线的尺寸，使功率分配器的性能达到最佳。

进阶要求：在单节微带线型功率分配器的基础上，设计多节微带线型功率分配器，使其工作频带达到 2.1～3.1GHz，带宽为 1GHz，调节微带线的尺寸，使功率分配器的性能达到最佳。

采用双面敷铜的 FR-4 基板，其参数如下：基板厚度为 0.8mm，介电常数为 4.3，磁导率为 1，金属导带电导率为 5.88e7S/m，金属导带厚度为 0.03mm，损耗角正切值为 1e-4，表面粗糙度为 0mm。要求使用 AetherMW 完成功率分配器设计，并对参数进行优化、仿真。

3.3　设计方法及过程

以微带线型等功率分配威尔金森功率分配器为例来完成设计与测试，下面分别介绍单节和两节威尔金森功率分配器的设计与仿真。

3.3.1　单节威尔金森功率分配器的设计

在命令行启动 AetherMW，进入 Design Manager 主界面。在工具栏中单击【New Library】按钮，新建库 divider_lab，设置库名称及存储路径，单击【Attach To Library】按钮并将其添加到 rfmw 器件库中。

1. 初始参数计算

根据式（3.4），功率分配器两边的引出线是特性阻抗为 50Ω的微带线，两端分支线是特性阻抗为 70.7Ω、电长度为 1/4 波长的微带线。

在 Design Manage 主界面中单击【Tools】选项卡找到【TLine】选项，利用 AetherMW 的微带线计算工具 Transmission Line Assistant 完成参数计算，如图 3.9 所示。根据 FR-4 介质基板的参数，计算 50Ω微带线的宽度及 70.7Ω、1/4 波长微带线的宽度和长度，利用微带线的特性阻抗 Zc 和电长度 L_eff 生成微带线长宽数据。

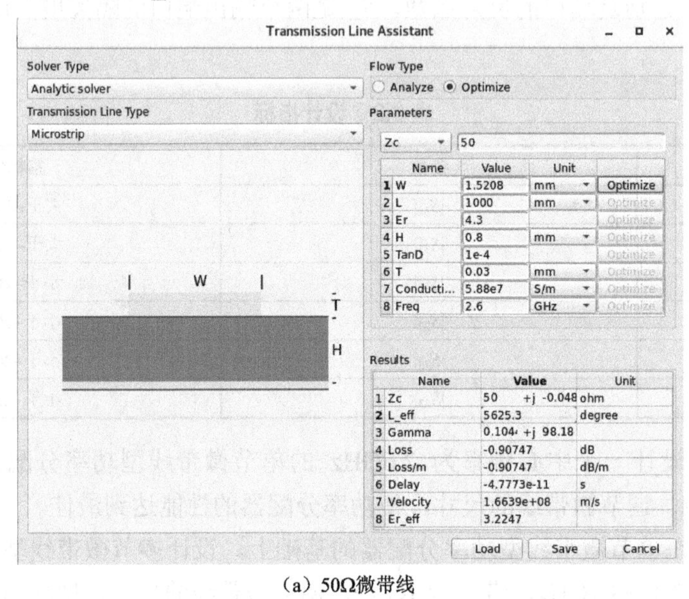

（a）50Ω微带线

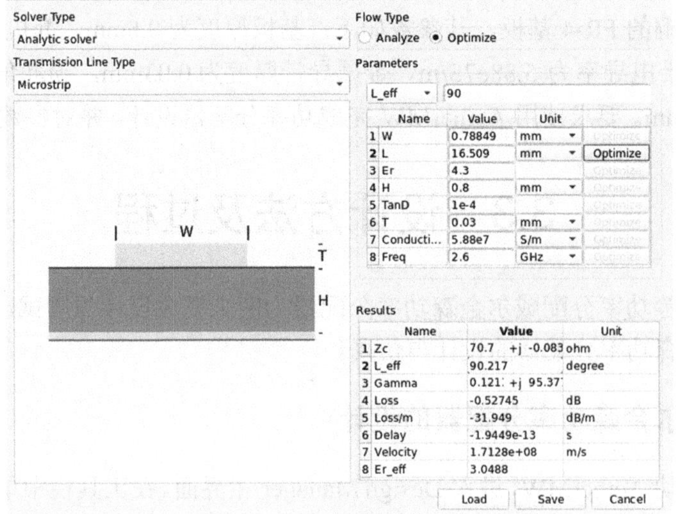

（b）70.7Ω微带线

图 3.9　功率分配器微带线的物理参数计算界面

在【Transmission Line Type】下选择【Microstrip】选项，在右侧的【Parameters】区域中输入基板参数和中心频率：基板厚度 H 设置为 0.8mm，基板介电常数 Er 设置为 4.3，金属导带的电导率 Conductivity 设置为 5.88e7S/m，金属导带的厚度 T 设置为 0.03mm，微带线的损耗角正切值 TanD 设置为 1e-4，中心频率 Freq 设置为 2.6GHz。W 和 L 分别表示微带线的宽度和长度，Zc 和 L_eff 分别表示微带线的特性阻抗和电长度。

在【Flow Type】下选择【Optimize】单选按钮，进入微带线参数综合模式，将计算得到的特性阻抗输入 Zc 栏，单击【W】右侧的【Optimize】按钮就会自动生成对应的物理尺寸。单击参数单位右侧的倒三角，可设置在指定单位下进行分析或优化。将电长度输入 L_eff 栏后，单击【L】右侧的【Optimize】按钮就会自动生成对应的物理尺寸，得到微带线物理参数计算结果，如表 3.3 所示。

表 3.3　微带线物理参数计算结果

	50Ω微带线	70.7Ω微带线
物理参数（理论值）	w1 = 1.5208mm	w2 = 0.78849mm；l = 16.509mm
物理参数（实际取值）	w1 = 1.52mm	w2 = 0.79mm；l = 16.51mm

2．原理图仿真分析及参数优化

新建原理图 cell1，加入微带线控件：选择【Component】选项，调出器件界面，单击 rbmw 器件库，在 Transmission_line_microstrip 中选择控件 MSUB0，将其放置在原理图中，双击控件 MSUB0，按照给定的基板参数来对微带线参数进行设置，包含介电常数、基板厚度等，如图 3.10 所示。

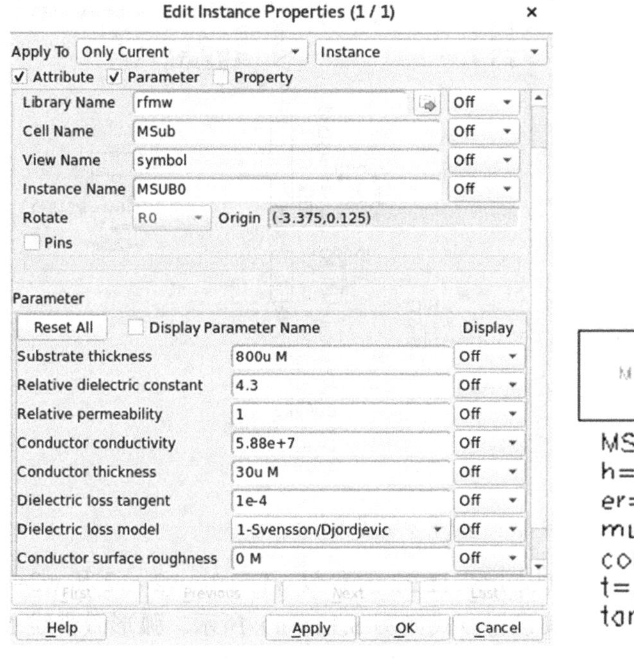

图 3.10　MSUB0 的参数设置

在原理图中加入各个元件：在原理图设计界面【Component】中选择微带线列表 Transmission_line_microstrip，在其中选择微带线 MLINE、弧形微带线 MS_CURVE、微带线 T 形结 MS_TEE 和薄膜电阻 TFR 等，将其插入原理图中。

功率分配器的输入端设置：输入端由一段微带线 TL0 组成，宽度为 w1（见表 3.3），为 1.52mm。

功率分配器的分支线设置：分支线长度为中心频率对应的 1/4 波长，即表 3.2 中计算出的理论值 l。为了参数调整的方便，这里除两端连接线长度外，其余所有参数均用变量表示。上下的分支线均由 5 段线组成，端口 2 的分支线由微带线 TL1、TL3、TL4 及两段弧形微带线 CURVE0 和 CURVE1 组成，5 段线宽度均设为 w2（见表 3.3），为 0.79mm，这 5 段线长度加起来为 1/4 波长，即等于 l；端口 3 的分支线由微带线 TL2、TL5、TL6 及两段弧形微带线 CURVE2 和 CURVE3 组成，5 段线宽度均设为 w2，如图 3.11 所示。由于功率分配器的对称结构，两路分支线中各段微带线的尺寸参数相同。

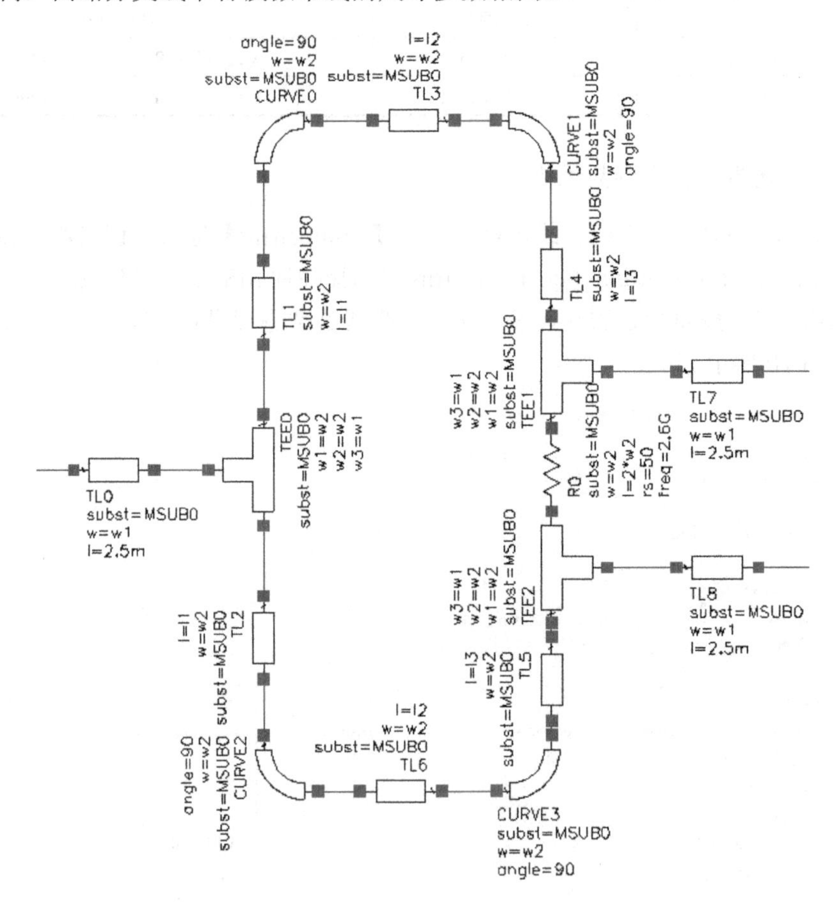

图 3.11　功率分配器主体电路

其中，T 形结微带线 TEE0、TEE1 和 TEE2 的参数 w1=w2、w2=w2 和 w3=w1，其值由其所连接的三段线的宽度决定，其设置方式如图 3.12（a）所示。弧形微带线 MS_CURVE 的使用是为了避免直角拐角而带来不连续性问题，其长度可以根据圆弧计算公式得到，其设置方式如图 3.12（b）所示。

隔离电阻设置：把输入端与两路分支线连接起来，并在两路分支线之间插入隔离电阻 TFR（薄膜电阻），增加两个输出端口之间的隔离度，TFR 的参数为 W=w2、L=2×w2、Rs=50Ω，其电阻值 R=L/W×Rs=100Ω，如图 3.12（c）所示。

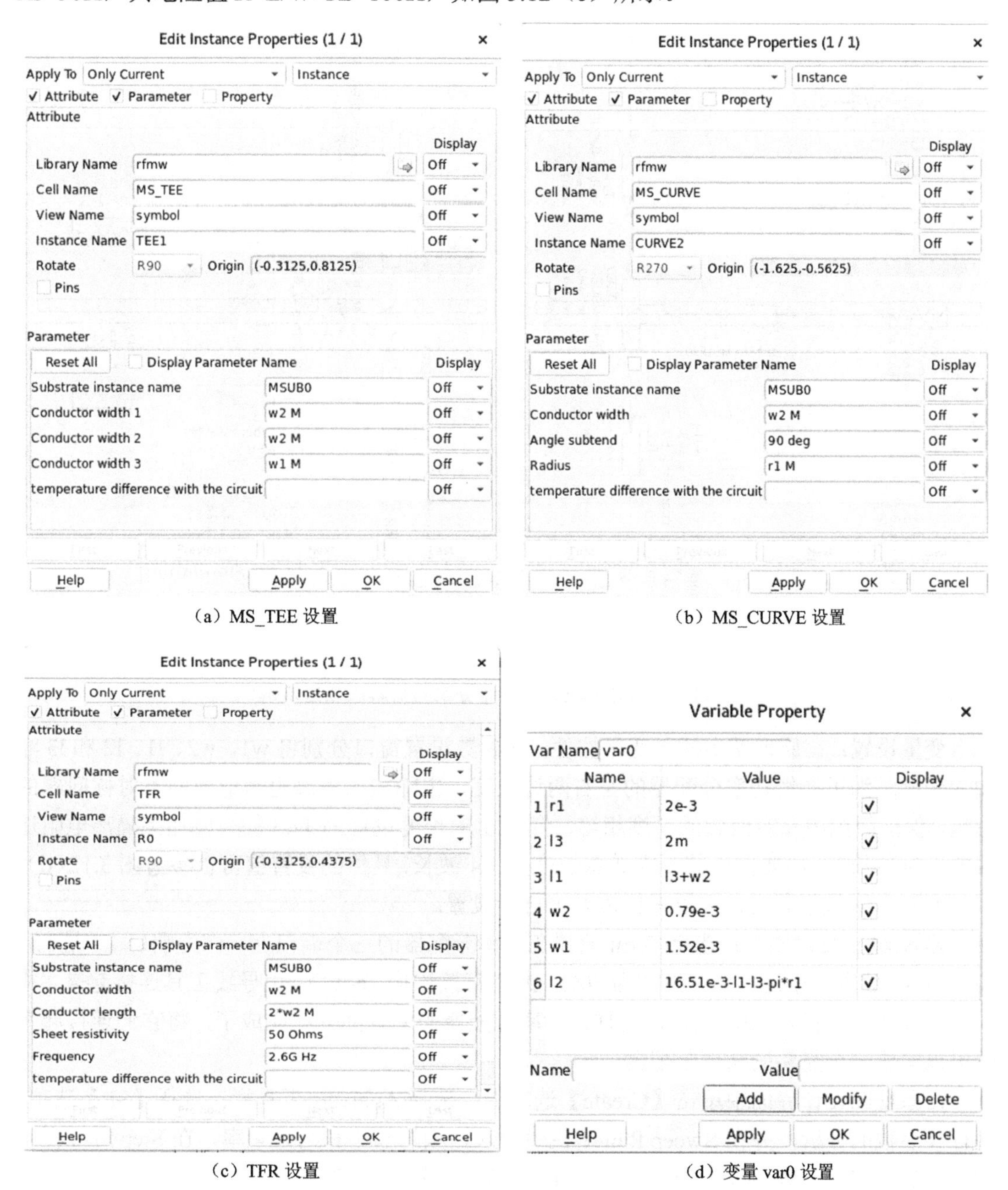

（a）MS_TEE 设置　　　　（b）MS_CURVE 设置

（c）TFR 设置　　　　（d）变量 var0 设置

图 3.12　部分元件和变量的设置

输出端设置：对于输出端微带线结构及长度，应根据实际的电路板长度和所需连接的两路端口距离等因素来确定，将其设置成不同的形式，既可设置为弧形微带线，也可设置为一段微带线。为了简化电路，这里以一段微带线为例接到端口 2 和端口 3，如图 3.13 所示，其宽度为 w1，长度可根据实际需要设置。

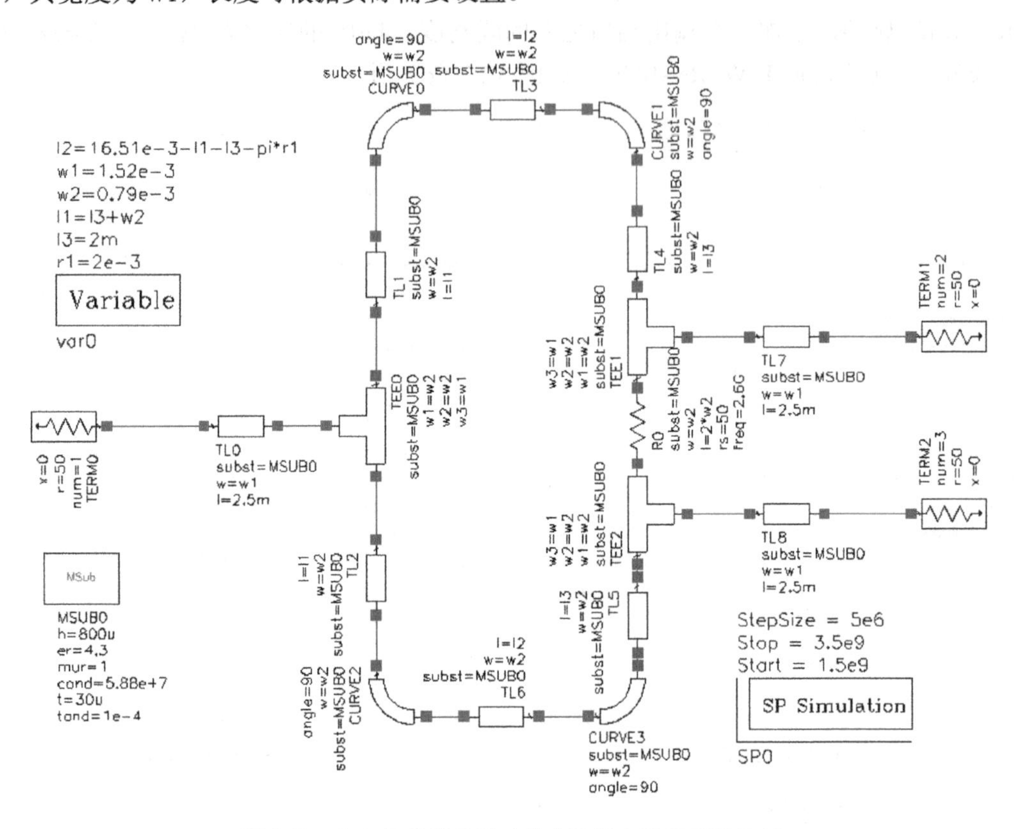

图 3.13　加入仿真控件的功率分配器电路原理图示例

变量设置：在原理图中插入变量控件，在参数设置窗口分别将 w1、w2、l1、l2 和 l3 添加为变量。为了补偿功率分配器的左右两边长度，去除加入隔离电阻造成的不对称问题的影响，保证版图中左右两边的长度相等，将 TL1 的长度设置为 TL3 的长度加上隔离电阻造成的不对称长度，但要保证其分支线总长度为 1/4 波长，具体的设置值可以参考图 3.12（d），l1、l2 和 l3 取值不固定，可以根据需要来自行设置。

输入/输出端口添加：选择 Term 放置在功率分配器的三个端口上，作为端口 1、端口 2 和端口 3，放置三个地，端口阻抗为 50Ω，或者直接添加 TermG，用导线工具连接起来，构成功率分配器的输入/输出端口。这样，功率分配器的所有部分就完成了，将它们连接起来就可以构成一个完整的功率分配器。

在原理图设计界面中单击【Create】选项卡，选择 Analysis 工具栏，选择【SP】选项，进行 *S* 参数的分析，并在 Sweep Range 栏中输入扫频的起始和结束频率，在 Step Size 栏中输入步长。将仿真频率设置为 1.5～3.5GHz，步长设置为 5MHz。

到这里，功率分配器原理图搭建完成，接下来单击【Run Simulation】按钮开始仿真。仿真结束后，系统弹出 iViewer 界面，单击【矩形图】图标，在 iViewer 界面中添加 db(SP0.S(1,1))、db(SP0.S(2,2))、db(SP0.S(3,3))、db(SP0.S(2,1))、db(SP0.S(3,1))和 db(SP0.S(3,2))

的矩形图，图 3.14 给出了一种仿真结果。

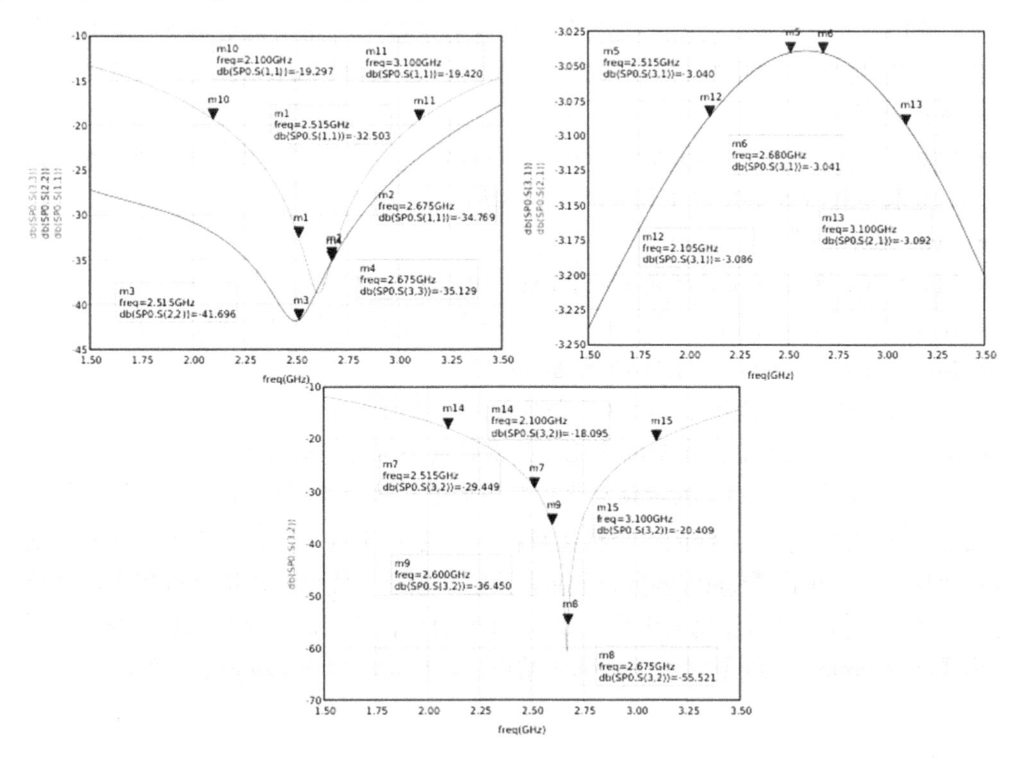

图 3.14　仿真结果

对比设计指标及参数设置为理论值时的原理图仿真结果，判断是否所有的指标均满足设计要求。图 3.14 所示仿真结果完全满足设计要求。如果存在部分指标不满足设计要求的情况，则需要对相关参数进行优化和调整。

如果需要进行参数优化和调整，则首先需要确定变量和优化目标。由于功率分配器会连接在输出阻抗为 50Ω的外设上，为了实现输入匹配，必须保证输入/输出端传输线的特性阻抗为 50Ω，因此两端的微带线宽度 w1 不能改变，主要改变 w2 和 l3 这两个变量。优化系统指标可以通过优化和调谐两种方式来实现。这里涉及的指标比较多，建议采用优化的方式。

首先，设定上述两个变量的范围。选择【Simulation】中的【Simulation Variable Setting】选项，在弹出的【Variable Setting】对话框中选择【Optimization】选项，界面中包含原理图用到的各个器件的参数变量，找到变量 l3，并勾选其对应的【Optimization】复选框；Value 栏是变量此刻的值；在 Format 栏中可以选择变量优化的参数变化模式，这里选择 continuous 模式；分别将 Min 栏和 Max 栏中的值改成 1m 和 4m，让变量 l3 在该范围内进行优化。用同样的方法，设置 w2 的优化范围。

然后，选择优化方法和优化目标。选择【Simulation】中的【Optimize】单选按钮，调出优化设置界面。在 Optimization Type 栏中修改优化方法，Number of Iter 栏是优化过程中参数变化次数。单击【Parameters】区域中的【Add From List】按钮，添加变量信息，选择 w2 和 l3，如图 3.15（a）所示。

此外，需要设置4个优化目标S_{11}、S_{22}、S_{21}和S_{13}，由于电路的对称性，S_{31}和S_{33}不用设置。S_{11}和S_{22}分别用来设定输入/输出端口的反射系数，S_{21}用来设定功率分配器通带内的插入损耗，S_{23}用来设定两个输出端口的隔离度。单击【Add Targets】按钮，按照下面内容对参数进行设置。

- Expr.中输入表达式db(SP0.S(1,1))，表示优化目标是端口1反射系数的dB值，其中SP0表示针对S参数仿真SP0进行的优化。
- Type选择“<”。
- Max=-20，表示优化目标是db(SP0.S(1,1))不超过-20dB。
- Indep.Var1设置为freq，表示优化是在一定的频率范围内进行的。
- Min值不填，db(SP0.S(1,1))的值越小越好。
- Weight值不变，因为优化的这几个参数没有主次之分。
- Var1. min为2.515G，表示频率优化范围的最小值为2.515GHz。
- Var1. max为2.675G，表示频率优化范围的最大值为2.675GHz。

按照上述方式，设置其他的三个优化目标，如图3.15（b）所示。设置完毕后，就可以进行参数优化了。单击【Start Optimization】按钮开始进行优化。在优化过程中，系统会自动打开一个状态窗口显示优化的进程，Error=0表明优化结果满足优化目标，优化完成后，会弹出【Quit Optimization】对话框。优化结束后，会自动打开iViewer界面。

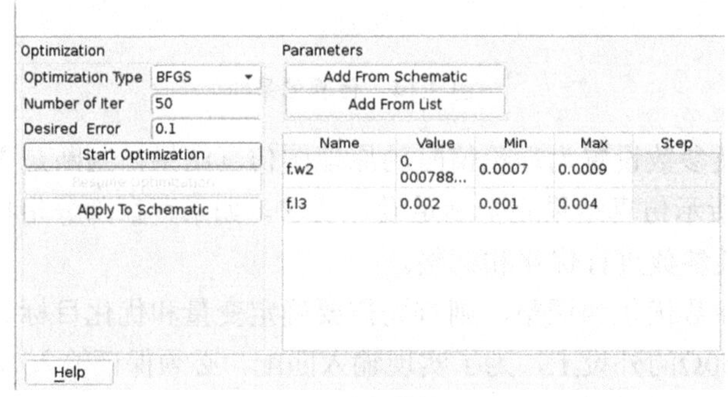

（a）变量设置

Optimization

Goals

Add Targets　　Edit Targets　Delete Targets

	Name	Enable	Expr.	Type	Min	Max	Weight	Indep.Var1	Var1 min	Var1 max
1	Limit0	√	db(SP0.S(2,3))	<		-25	1	freq	2.515G	2.675G
2	Limit1	√	db(SP0.S(1,1))	<		-20	1	freq	2.515G	2.675G
3	Limit2	√	db(SP0.S(2,2))	<		-20	1	freq	2.515G	2.675G
4	Limit3	√	db(SP0.S(2,1))	>	-3.2		1	freq	2.515G	2.675G

（b）优化目标设置

图3.15　【Optimization】对话框

如果一次优化不能满足要求，则弹出【Quit Optimization】对话框时不保存优化变量参数，需要改变变量的取值范围，重新进行优化，直到满足要求为止。优化结束后，单击【Apply To Simulation】按钮，保存变量的优化结果，关闭优化界面，观察优化后的仿真曲线。这样就完成了原理图的设计、仿真和优化，并达到了设计的指标要求。

3.3.2　两节威尔金森功率分配器的设计

1．初始参数计算

根据设计要求中功率分配器的上、下限频率之比约为 1.48，参考其输出端口隔离度和回波损耗等参数，采用两节二等分功率分配器即可实现。两节威尔金森功率分配器在单节威尔金森功率分配器的基础上增加一节，从而扩展带宽。

两节威尔金森功率分配器如图 3.16 所示。结合前面的理论，功率分配器两端的引出线均是特性阻抗为 50Ω的微带线，当 f_2/f_1 为 1.5 时，两端分支线电长度均为 1/4 波长，Z_1 和 Z_2 特性阻抗分别为 59.99Ω和 83.35Ω，隔离电阻 R_1 和 R_2 分别近似为 266Ω和 93Ω。利用 AetherMW 的微带线计算工具 Transmission Line Assistant 来计算微带线的宽度和长度，填入表 3.4。

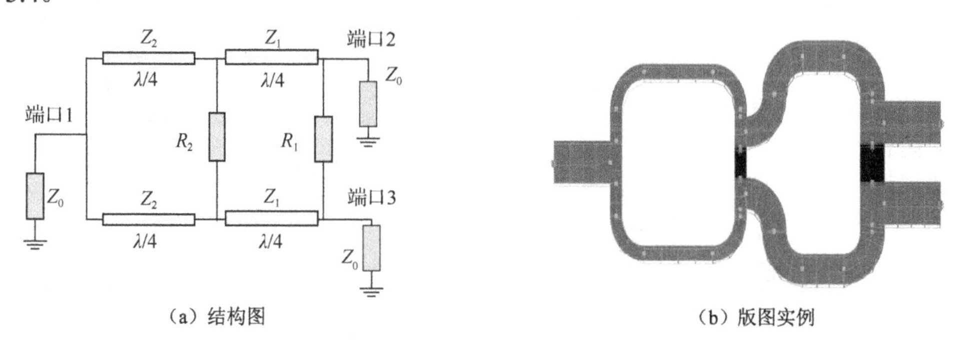

（a）结构图　　（b）版图实例

图 3.16　两节 Wilkinson 功率分配器

表 3.4　微带线物理参数计算结果

	50Ω微带线	83.35Ω微带线	59.99Ω微带线
物理参数	w1= 1.52mm	w2=0.54mm；l1=16.74mm	w3=1.10mm；l2=16.29mm

2．原理图仿真分析及参数优化

在单节威尔金森功率分配器的基础上，需要增加一节同样的功率分配器结构，增加的这一部分是两个端口输入部分，可以利用弧形微带线来实现连接。

功率分配器的输入端设置：输入端由一段微带线 TL0 组成，宽度 W=w1，w1 的值即表 3.4 中的 w1。

功率分配器的分支线设置：由单节调整成两节后，两节功率分配器的分支线结构均需要设置分支线长度，其组成分别如图 3.17（a）和图 3.17（b）所示。

第一节功率分配器对应的分支线长度为中心频率 2.6GHz 对应的特性阻抗为 83.35Ω微带线的 1/4 波长，即表 3.4 中计算出的理论值 l1。其中上、下部分的分支线均由 5 段线组成：上半部分的分支线包括微带线 TL1、TL3、TL4 及两段弧形微带线 CURVE0 和

CURVE1，5 段线宽度均设为 w2，即表 3.4 中的 w2，这 5 段线长度合起来为 1/4 波长，即等于 l1；下半部分的分支线包括微带线 TL2、TL5、TL6 及两段弧形微带线 CURVE2 和 CURVE3，5 段线宽度也设为 w2，即表 3.4 中的 w2，5 段线长度合起来也为 1/4 波长，即等于 l1。

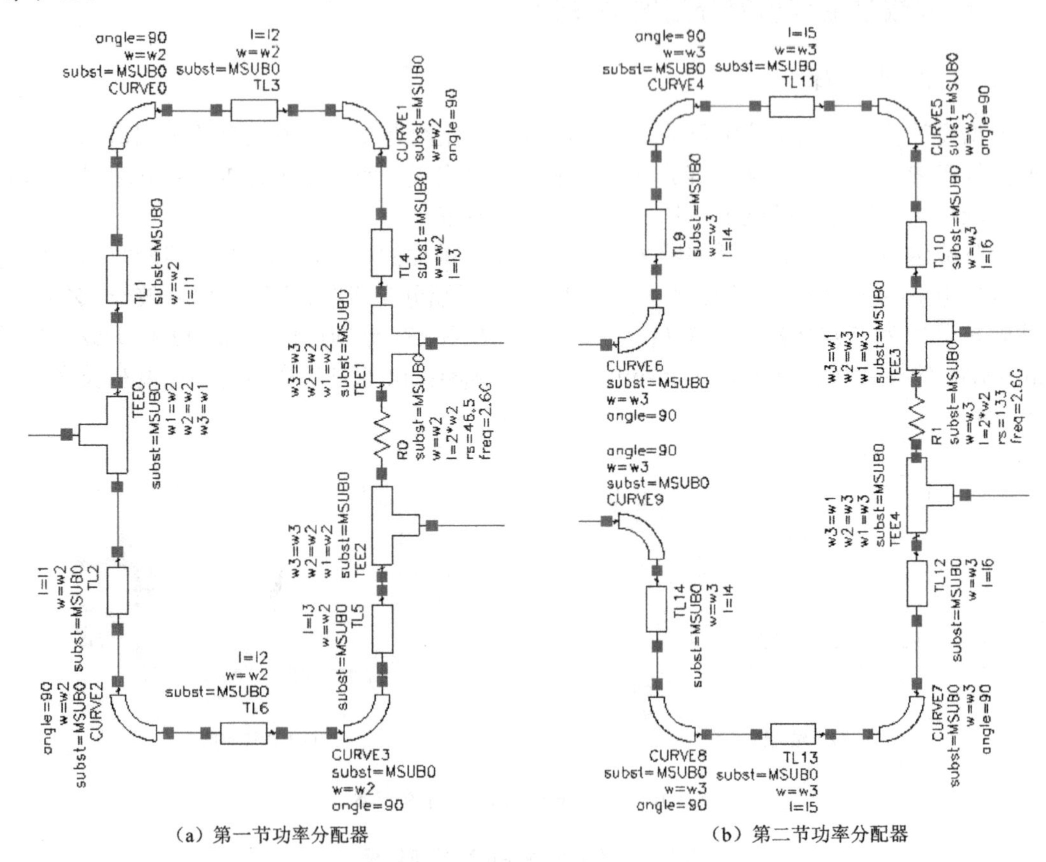

（a）第一节功率分配器　　（b）第二节功率分配器

图 3.17　各节功率分配器的电路

第二节功率分配器对应的分支线长度为中心频率 2.6GHz 对应的特性阻抗为 59.99Ω微带线的 1/4 波长，即表 3.4 中计算出的理论值 l2。其中上、下部分的分支线均由 6 段线组成：上半部分的分支线包括微带线 TL9、TL10、TL11 及三段弧形微带线 CURVE4、CURVE5 和 CURVE6，6 段线宽度均设为 w3，即表 3.4 中的 w3，这 6 段线长度合起来为 1/4 波长，即等于 l2；下半部分的分支线包括微带线 TL12、TL13、TL14 及三段弧形微带线 CURVE7、CURVE8 和 CURVE9，宽度均设为 w3，w3 的值即表 3.4 中的 w3，长度合起来为 1/4 波长，即等于 l2。

其中，T 形结微带线 TEE0 的参数 w1=w2、w2= w2 和 w3= w1；TEE1 和 TEE2 的参数 w1=w2、w2=w2 和 w3=w3；TEE3 和 TEE4 的参数 w1=w3、w2=w3 和 w3=w1，其值由其所连接的三段线的宽度决定。

输出端设置：各以一段微带线为例接到端口 2 和端口 3，其宽度为 w1，长度可根据实际需要设置。

隔离电阻设置：每一节需要一个隔离电阻 TFR（薄膜电阻），增加两个输出端口之间的隔离度。为了简化，第一节薄膜电阻 R0 的参数为 W=w2、L=2×w2、Rs=46.5Ω，其电阻值 R=L/W×Rs=93Ω，第二节薄膜电阻 R1 的参数为 W= w2、L=2×w2、Rs=133Ω，其电阻值 R=L/W×Rs=266Ω。这样，功率分配器的所有部分就完成了，将它们连接起来就可以构成一个完整的功率分配器。

变量设置：为了简化，分别用两个变量控件来设置两节功率分配器的变量。在原理图中插入两个变量控件 var0 和 var1，在 var0 参数设置窗口中分别将 w1、w2、l1、l2、l3 和 r1 添加为变量，在 var1 参数设置窗口中分别将 w3、l4、l5 和 l6 添加为变量。为了补偿功率分配器右边加入隔离电阻等造成的不对称问题，保证版图中左右两边的长度相等，将 TL1 的长度设置为 TL4 的长度加上隔离电阻造成的不对称长度，TL10 的长度设置为 TL9 的长度加上弧形微带线减去两个隔离电阻造成的不对称长度。TL3 和 TL11 的长度分别用 1/4 波长对应的物理长度减去两边微带线的长度，从而保证分支线总长度不变，具体的设置值可以参考图 3.18，其中 l1～l6 的取值不固定，可根据实际需要来调整。

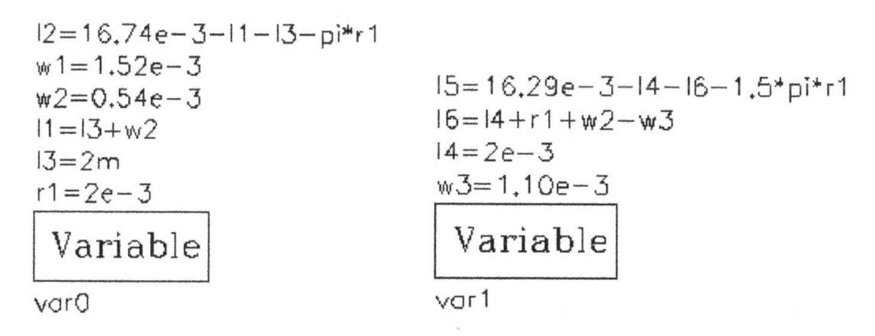

图 3.18　两节功率分配器的参数设置示例

输入/输出端口添加：选择 Term 放置在功率分配器三个端口上，作为端口 1、端口 2 和端口 3，放置三个地，端口阻抗为 50Ω，或者直接添加 TermG，用导线工具连接起来，构成功率分配器的输入/输出端口。

在原理图设计界面中单击【Create】选项卡，选择 Analysis 工具栏，选择【SP】选项，进行 S 参数的分析，并在 Sweep Range 栏中输入扫频的起始和结束频率，在 Step Size 栏中输入步长。将仿真频率设置为 1～4GHz，步长设置为 5MHz。

到这里，两节威尔金森功率分配器的原理图已经完成，如图 3.19 所示。接下来单击【Run Simulation】按钮开始仿真，根据仿真结果分析 db(SP0.S(1,1))、db(SP0.S(2,2))、db(SP0.S(3,3))、db(SP0.S(2,1))、db(SP0.S(3,1))和 db(SP0.S(2,3))是否达到要求，如果未达到要求，则对相关参数进行优化和调整。

图 3.20 给出了按照图 3.18 中的设置所得到的仿真结果，从仿真结果可以看出其功率分配比、插入损耗、回波损耗都达到了设计要求，但是输出端口隔离度未达到设计要求，需要进行调整。

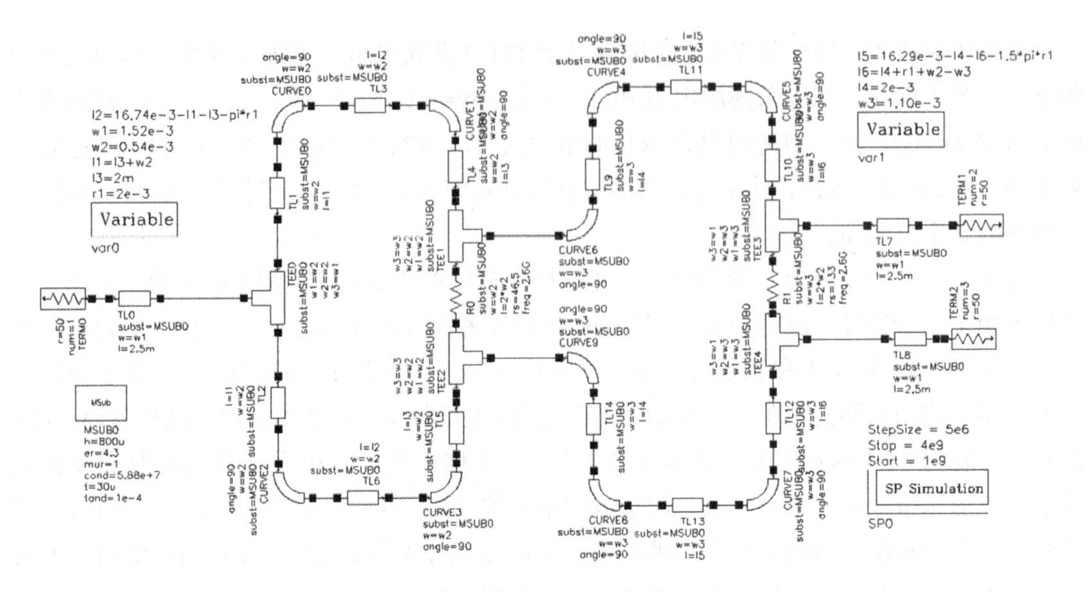

图 3.19　两节威尔金森功率分配器完整原理图示例

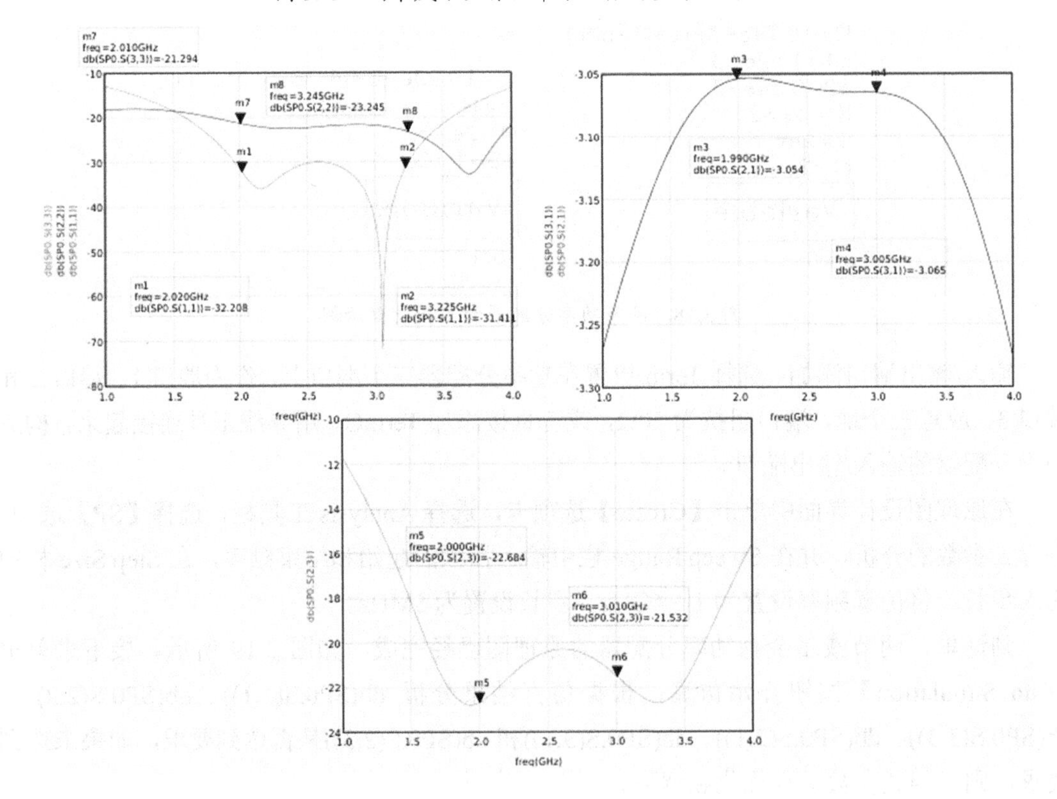

图 3.20　两节威尔金森功率分配器原理图仿真结果示例

按照前面的方法可以对两节分支线的宽度和长度（w2、w3、l3 和 l4），以及隔离电阻值进行参数调整，将它们设置为优化变量，并设置 4 个优化目标 db(SP0.S(1,1))、db(SP0.S(2,2))、db(SP0.S(2,1))和 db(SP0.S(2,3))，按照设计要求对其进行设置。优化完成后，在 iViewer 界面观测该两节威尔金森功率分配器的 db(SP0.S(1,1))、db(SP0.S(2,2))、db(SP0.S(3,3))、db(SP0.S(2,1))、 db(SP0.S(3,1))和 db(SP0.S(2,3))，图 3.21 给出了一组调整后的仿真结果。从图 3.21 可以看出，在 2.1～3.1GHz 范围内，端口回波损耗均大于 20dB，隔离度不小于 25dB，插入损耗小于 3.1dB，总体上满足了设计要求。对比单节和两节威尔金森功率分配器的仿真结果可以看出，增加一节分支线后，在较大程度上扩展了功率分配器的带宽。

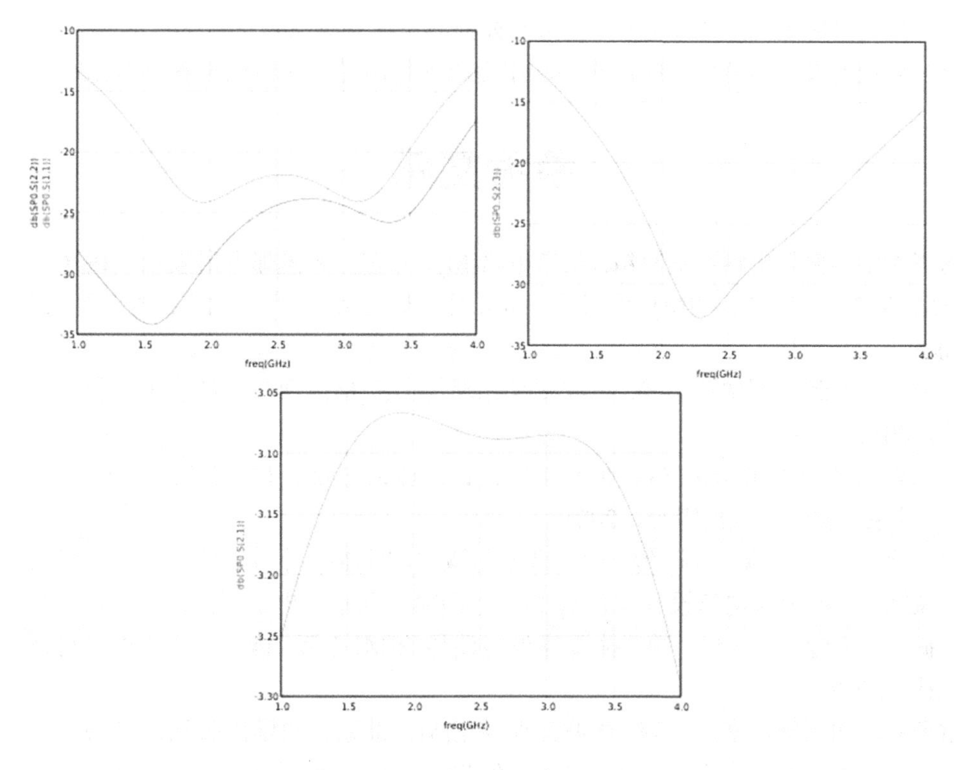

图 3.21　调整后的仿真结果示例

功率分配器是微波射频系统中的一个重要功能部件，无源功率分配器内部采用分支线构建分支网络，利用 1/4 波长传输线进行阻抗匹配，使各个端口的阻抗等于 50Ω，在信号分路的同时降低信号反射，提高传输效率。本章首先介绍了功率分配器的工作原理、分类、关键技术指标和基本设计方法，然后基于 AetherMW 完成了单节和两节威尔金森功率分配器的设计，最后在理论计算和初始值仿真的基础上，利用 AetherMW 调整微带线的尺寸，使功率分配器的性能达到最佳。

思考题

（1）采用罗杰斯 5880 板材（介电常数为 2.2，基板厚度为 0.5mm），设计一个中心频率为 2.6GHz 的 1:2 的两路功率分配器，要求其输入/输出端口均接特性阻抗为 50Ω的微带线。给出理论计算结果、设计过程、原理图结果，整理并分析实验结果。

（2）采用罗杰斯 5880 板材（介电常数为 2.2，基板厚度为 0.5mm），设计一个中心频率为 2.6GHz 的 1:2 的两路宽带功率分配器，要求其输入/输出端口均接特性阻抗为 50Ω的微带线。给出理论计算结果、设计过程、原理图结果，整理并分析实验结果。

（3）采用罗杰斯 5880 板材（介电常数为 2.2，基板厚度为 0.5mm），设计一个中心频率为 2.6GHz 的 1:1:1 的三路功率分配器，要求其输入/输出端口均接特性阻抗为 50Ω的微带线。给出理论计算结果、设计过程、原理图结果，整理并分析实验结果。

（4）如何理解表 3.1 中的 6 个 S 参数？如何测量这些参数？

（5）当把所设计的功率分配器作为功率合成器使用时，如何测量各个指标？

参考文献

[1] 清华大学《微带电路》编写组. 微带电路[M]. 北京：人民邮电出版社，1976.

[2] POZAR D M. 微波工程[M]. 谭云华，周乐柱，吴德明，等译. 北京：电子工业出版社，2006.

[3] 郭宏福，马超，邓敬亚，等. 电波测量原理与实验[M]. 西安：西安电子科技大学出版社，2015.

[4] LUDWIG R, BOGDANOV G. 射频电路设计：理论与应用[M]. 2 版. 王子宇，王心悦，译. 北京：电子工业出版社，2021.

[5] 栾秀珍，王钟葆，傅世强，等. 微波技术与微波器件[M]. 北京：清华大学出版社，2017.

[6] 卢益锋. ADS 射频电路设计与仿真学习笔记[M]. 北京：电子工业出版社，2015.

[7] 雷振亚，王青，刘家州，等. 射频/微波电路导论[M]. 2 版. 西安：西安电子科技大学出版社，2017.

[8] 雷振亚，明正峰，李磊，等. 微波工程导论[M]. 北京：科学出版社，2010.

[9] 吴永乐，刘元安，张伟伟. 微波射频器件和天线的精细化设计与实现[M]. 2 版. 北京：电子工业出版社，2019.

[10] 顾其诤. 微波集成电路设计[M]. 北京：人民邮电出版社，1978.

[11] 张丰，王敏，吴峻岩. 4～18GHz 超宽带功率分配器的设计与优化分析[J]. 空军预警学院学报，2018，32（03）：220-223.

[12] COHN S B. A class of broadband 3-port TEM-mode hybrids[J]. IEEE Transactions on Microwave Theory and Techniques, 1968, 16(2): 110-116.

[13] 何猛. 超宽带微波功率分配器的研制[D]. 成都：电子科技大学，2009.

[14] 邵鑫昌. 基于 LTCC 技术的宽带功率分配器的小型化研究[D]. 西安：西安电子科技大学，2014.

[15] 王杨洋，吴韵秋，赵晨曦，等. 一种改进的威尔金森功率分配器设计方法[J]. 南京信息工程大学学报，2021，13（4）：420-424.

[16] 徐兴福. ADS2011 射频电路设计与仿真实例[M]. 北京：电子工业出版社，2014.

第4章

定向耦合器设计

4.1 定向耦合器基本理论

耦合器的作用是将微波信号功率按照一定的比例进行分配，同时对输出信号之间的相位差进行调整。定向耦合器是一种常见的耦合器，它是一种具有方向性的四端口器件，由通过耦合装置联系在一起的两对传输线组成，如图4.1所示。其中1-2为主传输线，信号功率从端口1输入；3-4为副传输线，没有信号功率输入。当信号功率从端口1输入时，一部分功率直接从端口2输出，端口2为直通端口；另一部分功率耦合到副传输线中，从端口3输出，端口4无输出（此时端口4与端口1相互隔离，端口4为隔离端口，端口3为耦合端口），或者从端口4输出，端口3无输出（此时端口3与端口1相互隔离，端口3为隔离端口，端口4为耦合端口）。定向耦合器的耦合机构决定了哪个端口是隔离端口、哪个端口是耦合端口。当副传输线耦合出的电流方向和主传输线相同时，定向耦合器称为正向定向耦合器，反之，称为反向定向耦合器。

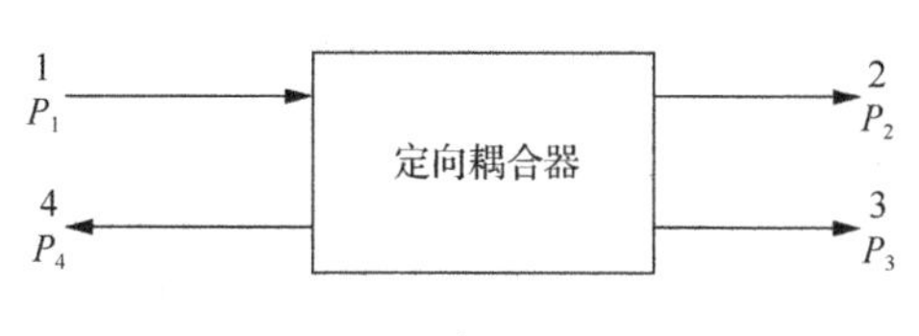

图4.1 定向耦合器示意图

定向耦合器是微波射频电路中最重要的器件之一，被广泛应用于幅度控制、平衡放大、混频、功率合成等多种网络和系统中。定向耦合器的各端口理想匹配、无损耗、端口间相互隔离，能分离入射波和反射波，使入射波和反射波沿相反方向传输，因此可用来测量传输系统的反射系数。此外，它可用来对微波信源输出功率进行监测，在不影响系统工作的情况下，将一小部分信号耦合至功率检测器进行功率检测。定向耦合器通常用在通过式功率计中，作为核心器件用于正向和反向功率的取样。

4.1.1 定向耦合器的工作原理

定向耦合器有很多不同的类型，从结构上，有波导型耦合器、微带线型耦合器、带状线型耦合器和同轴线型耦合器等形式；从耦合方式上，有分支线耦合器、耦合线耦合器、小孔耦合器、十字耦合器、环形耦合器等。波导型耦合器和同轴线型耦合器具有工作频带窄、插入损耗小的特点；微带线型耦合器和带状线型耦合器相对于波导型耦合器和同轴线型耦合器具有可工作在超宽的工作频带上、设计可调性大、便于小型化等优势。这里将重点介绍分支线耦合器和耦合线耦合器。

1. 分支线耦合器

分支线耦合器是一种 3dB 定向耦合器，属于定向耦合器中常见的一种类型。分支线除包括主耦合线和副耦合线外，还包括垂直于耦合线处的两段或多段分支传输线。分支传输线和主/副耦合线互相垂直，组成正交混合网络。

分支线和连接线在中心频率处电长度均为 1/4 波长，可以通过微带线来实现。单节分支线耦合器结构如图 4.2 所示，信号从端口 1 输入，端口 2、端口 3 为输出端口，端口 4 为隔离端口。若微带线特性阻抗为 Z_0，则耦合线的阻抗为 $Z_0/2$，分支线的阻抗为 Z_0，其直通臂和耦合臂间有 90°相位差，即两个输出信号的相位总是相差 90°。

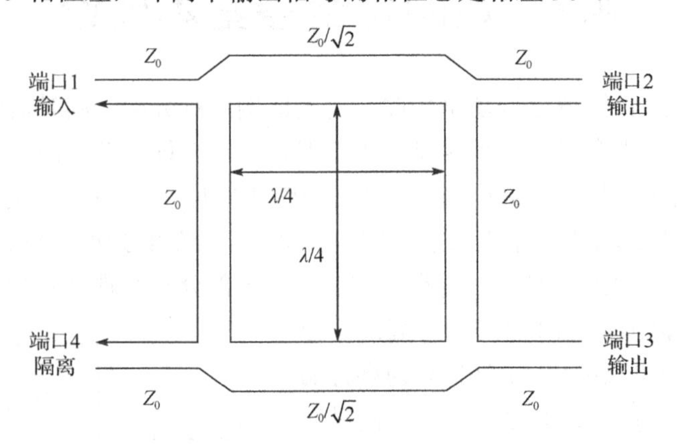

图 4.2　单节分支线耦合器结构

定向耦合器的耦合特性是通过两个或更多的波（或波分量）在耦合端口处相加，并在隔离端口处相抵消而产生的。在图 4.2 所示分支线耦合器中，当信号从端口 1 输入时，沿两条不同路径传输到端口 4，两路波的波程差为 1/2 波长，两路波的电压幅度相等，则两者相互抵消，因此端口 4 成为隔离端口。当信号从端口 1 输入时，沿两条不同路径传输到端口 2，两路波的波程差为 1/2 波长，但它们的电压幅度相差很大，不能相互抵消，因此端口 2 成为直通端口，且端口 2 的输出波比端口 1 的输入波相位滞后 $\pi/2$。当信号从端口 1 输入时，沿两条不同路径传输到端口 2，长度相等，因而两路波的电压等幅、同相，相互叠加，故端口 3 有信号输出，且相位比端口 1 的输入波相位滞后 π。

对于电路复杂但对称的四端口器件，可采用奇偶模分析的方法将四端口网络简化为二端口网络来分析，得到理想状态下其散射参数矩阵为

$$\boldsymbol{S}=\frac{1}{\sqrt{2}}\begin{bmatrix}0 & 1 & \mathrm{j} & 0\\ 1 & 0 & 0 & \mathrm{j}\\ \mathrm{j} & 0 & 0 & 1\\ 0 & \mathrm{j} & 1 & 0\end{bmatrix} \tag{4.1}$$

可以看出，在理想状态下，在中心频率处，分支线耦合器具有以下三个特点。

- 四个端口无反射。
- 端口 2、端口 3 的输出电压和幅度相等，相位相差 90°，其中端口 2 是直通端口，输出与原信号等相位信号，端口 3 是耦合端口，输出与原信号成耦合度关系的信号。在理想状态下，这两个端口信号的幅度与原信号均相差 3dB。
- 端口 4 是隔离端口，在理想状态下，该端口无信号传输。

近年来，小型化、双波段、宽频带的分支线耦合器成为研究热点。由于单节分支线耦合器设计是以中心频率对应的波长为依据展开的，因此当偏离中心频率时，各端口会出现反射，驻波比变差，隔离度和耦合度相应改变。利用多节级联，分支线耦合器的带宽可以提高很多。

以两节 3dB 分支线耦合器（三分支定向耦合器）为例，可以采取图 4.3 中的两种结构。各分支线特性阻抗和分支线间各段连接线的特性阻抗不同，以达到不同的网络特性。

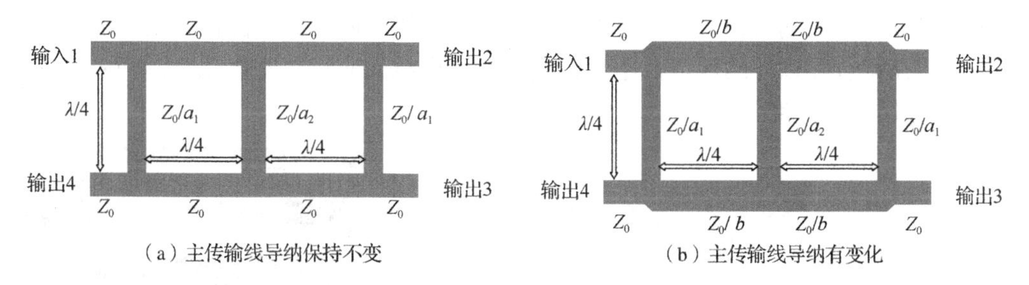

图 4.3　两节 3dB 分支线耦合器结构图

在图 4.3（a）中，主传输线导纳保持不变，其耦合度满足

$$
\begin{aligned}
C &= -20\lg a_2 \\
a_1 &= \frac{1-\sqrt{1-a_2^{\,2}}}{a_2}
\end{aligned}
\tag{4.2}
$$

在图 4.3（b）中，主传输线导纳有变化，其耦合度满足

$$
\begin{aligned}
C &= -20\lg\frac{2a_1}{1+a_1^{\,2}} \\
a_2 &= \frac{2a_1 b^2}{1+a_2^{\,2}}
\end{aligned}
\tag{4.3}
$$

对于图 4.3（b）所示结构，当 a_1 为 1，b 为 $\sqrt{2}$，a_2 为 2 时，相当于两个 3dB 分支线耦合器的级联，即第一个耦合器的第二条分支线与第二个耦合器的第一条分支线在公共参考面处并联，并联后归一化导纳正好为 2。设计时可采用耦合度与二项式（最大平坦度）或切比雪夫多项式（等纹波）成比例的方法，得到耦合器耦合度的二项式响应或切比雪夫多项式响应。通过查找相关参数表，根据耦合度确定分支线的归一化导纳 a_1 和 a_2 及连接线的归一化导纳 b。

2. 耦合线耦合器

当两条传输线紧靠在一起时，由于各条传输线的电磁场互相作用，在传输线之间出现功率耦合，这种传输线为耦合线。耦合线的优点是采用平面传输线形式便于集成，可以将小型化、宽频带、高定向性集于一身，因此耦合线相对于波导形式更有利于工程制造和实际应用。耦合线耦合器是用耦合线制成的定向耦合器，属于定向耦合器中使用范围比较广泛的类型，实际工程应用中有微带线型耦合器和带状线型耦合器两种结构。无论是微带线型耦合器还是带状线型耦合器，其耦合线的性能好坏与耦合线间的等效电容之间均有一定关系。

图 4.4 所示为微带线型单节平行耦合线耦合器，由两条长度为 1/4 波长的平行微带线组成，其中上方微带线主要起传输信号的作用，为主线；下方微带线主要起耦合信号的作用，为副线。信号由端口 1 输入，流向端口 2，上方微带线中有交变电流 i_1 流过，由于上、下方微带线相互靠近，因此下方微带线中耦合了能量，能量既通过电场（以耦合电容表示）耦合，又通过磁场（以耦合电感表示）耦合。通过耦合电容的耦合，在下方微带线中产生分别流向端口 3 和端口 4 的电流。同时，由于电流交变磁场的作用，在下方微带线上有与上方微带线电流方向相反的感应电流。这样，电耦合电流与磁耦合电流方向相反而能量互相抵消，端口 4 成为隔离端口；电耦合电流与磁耦合电流方向相同有能量输出，端口 3 成为耦合端口。在耦合段以外的区域，主线、副线的引出线间应避免寄生耦合，两者间距应大于 3～4 倍介质基板厚度。

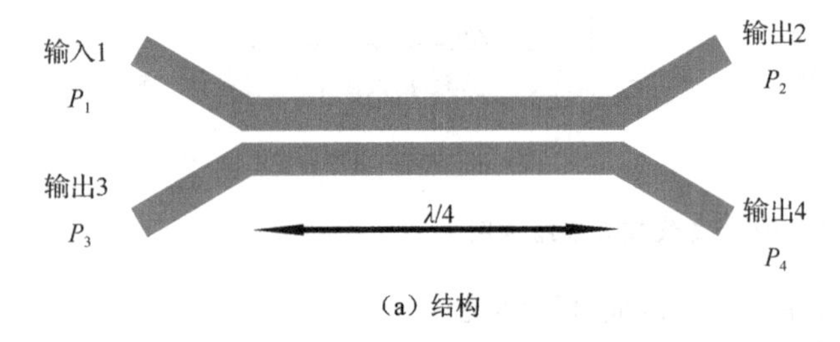

（a）结构

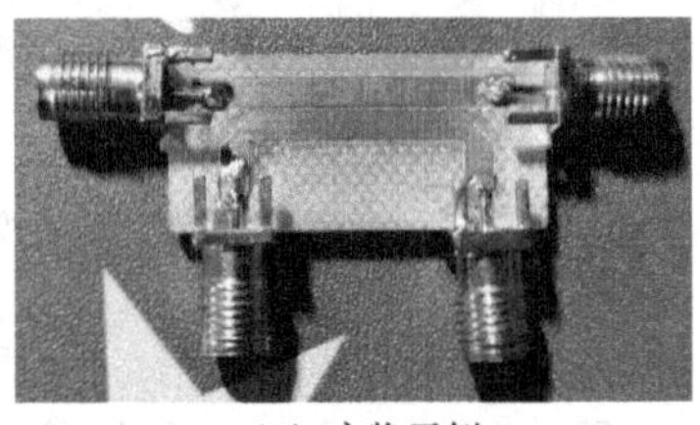

（b）实物示例

图 4.4　微带线型单节平行耦合线耦合器

为了简化耦合电容模型，利用奇偶模分析法对耦合线进行分析：当端口 1、端口 3 加载偶模激励时，端口处的电压幅度相等、相位相同，两条耦合线上的电流相等，方向相同，电场线对称，两条耦合线之间没有电流流过；当端口 1、端口 3 加载奇模激励时，端口处的电压幅度相等、相位相反，两条耦合线上传输大小相等、方向相反的电流，两条耦合线之间存在电流且存在零电压。

耦合线的特性阻抗 Z_0、偶模阻抗 Z_{0e} 和奇模阻抗 Z_{0o} 满足

$$\begin{aligned} Z_0 &= \sqrt{Z_{0e} Z_{0o}} \\ C &= -20\lg\frac{Z_{0e}-Z_{0o}}{Z_{0e}+Z_{0o}} \end{aligned} \tag{4.4}$$

式中，C 为耦合器的耦合度，单位为 dB。可以得出

$$\begin{aligned} Z_{0e} &= Z_0\sqrt{\frac{1+10^{-C/20}}{|1-10^{-C/20}|}} \\ Z_{0o} &= Z_0\sqrt{\frac{|1-10^{-C/20}|}{1+10^{-C/20}}} \end{aligned} \tag{4.5}$$

当给定耦合器的耦合度和特性阻抗 Z_0 后，可求出设计耦合器的耦合线所需要的奇/偶模阻抗。

微带线型耦合线耦合器易于加工实现，但仅适用于弱耦合，因为大耦合度需要线靠得非常近。由于耦合线间实现过近距离的难度较大，普通的微带线型耦合线耦合器的耦合度太小，不能实现 3dB 定向耦合器，一般只能设计出 10dB 定向耦合器，这就限制了微带线型耦合线耦合器在有高方向性要求的微波电路中的应用。

为了解决这个问题，常采用共面波导耦合线、缺陷地结构、多层垂直耦合结构、交指结构（Lange 耦合器）等方式来增加耦合度。其中，Lange 耦合器采用了相互连接的 4 条耦合线，这使它较容易达到 3dB 的耦合比，并且会有一个倍频程或更大的带宽，结构紧凑，其耦合线宽度窄，且多条耦合线之间的距离很小，在微带线结构中可以实现宽带强耦合。此外，考虑到微带线奇偶模相速通常不相等，不利于对方向性有较高要求的设计，而带状线奇偶模相速相等，定向性能较好，因此可利用带状线通过窄边耦合、宽边耦合、交错耦合等方式实现不同耦合度的耦合器设计。

在工作频带范围方面，单节耦合线耦合器能够实现的带宽有限，而且耦合度的稳定性不佳。多节耦合线耦合器是在单节耦合线耦合器的基础上发展而来的，利用多条单节的耦合线级联而成。使用多节耦合线耦合器可以提高设计的自由度，使带宽增加。多节耦合线耦合器可分为对称型多节耦合线耦合器和非对称型多节耦合线耦合器。对称型多节耦合线耦合器呈现对称结构，一般做成奇数节，每节耦合线的长度都是 1/4 波长，通过每节耦合线之间的级联与阻抗匹配实现宽带工作。对称型多节耦合线耦合器结构示意图如图 4.5 所示。

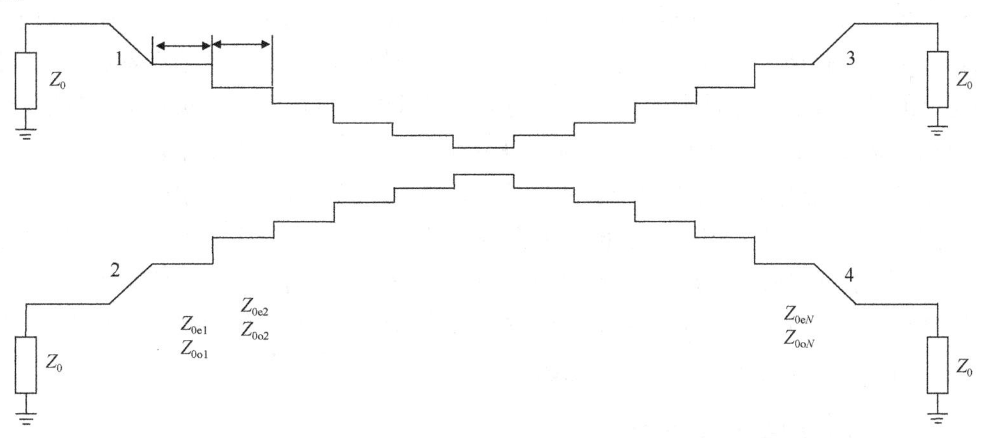

图 4.5　对称型多节耦合线耦合器结构示意图

对于单节耦合线弱耦合器而言，其耦合端口输出电压与输入端口电压的关系为

$$\frac{V_3}{V_1}=\frac{\mathrm{j}10^{-\frac{C}{20}}\tan\theta}{\sqrt{1-10^{-\frac{C}{10}}}+\mathrm{j}\tan\theta}\approx\frac{\mathrm{j}10^{-\frac{C}{10}}\tan\theta}{1+\mathrm{j}\tan\theta}=\mathrm{j}10^{-\frac{C}{10}}(\sin\theta)\mathrm{e}^{-\mathrm{j}\theta} \tag{4.6}$$

可求出级联后的 N 节对称型多节耦合线耦合器的耦合端口输出电压为

$$V_3=\mathrm{j}V_1(\sin\theta)\mathrm{e}^{-\mathrm{j}\theta}[C_1\left(1+\mathrm{e}^{-2\mathrm{j}(N-1)\theta}\right)+C_2\left(\mathrm{e}^{-2\mathrm{j}\theta}+\mathrm{e}^{-2\mathrm{j}(N-2)\theta}\right)+\cdots+C_{(N+1)/2}\mathrm{e}^{-\mathrm{j}(N-1)\theta}] \tag{4.7}$$

式中，$C_1, C_2, \cdots, C_N$ 为各节的耦合度。为了计算方便，这里未取 dB 值，在对称结构下，C_1 与 C_N、C_2 与 C_{N-1} 相等。

根据耦合度 C 的定义，便可以得到对称型多节耦合线耦合器的耦合度的表达式。将其与二项式（最大平坦度）或切比雪夫多项式（等纹波）等形式对应起来，即可求得各节的耦合度。一般来说，多节对称结构的中间那节耦合最强，两边耦合逐步减弱，而且中间那节的耦合度大于整个对称结构的耦合度，实际设计中需要根据耦合最强的那节来决定选用什么结构的耦合线进行物理实现。

在理想状态下，第 i 节耦合线的耦合度 C_i、归一化偶模阻抗 $\overline{Z_{0ei}}$、归一化奇模阻抗 $\overline{Z_{0oi}}$ 和第 $(N-i+1)$ 节耦合线的归一化偶模阻抗 $\overline{Z_{0e(N-i+1)}}$ 满足

$$\begin{cases} \overline{Z_{0ei}Z_{0oi}} = 1 \\ C_i = -20\lg\dfrac{\overline{Z_{0ei}}^2 - 1}{\overline{Z_{0ei}}^2 + 1} \\ \overline{Z_{0ei}} = \overline{Z_{0e(N-i+1)}} \end{cases} \tag{4.8}$$

结合式 (4.8)，在已知各节的耦合度的基础上，即可求出各节的具体奇模阻抗和偶模阻抗。根据不同类型的耦合线的综合公式，得到耦合线的具体尺寸参数。

考虑到多节耦合线耦合器的理论计算和综合实现过程中的复杂性，一些学者已经将一些常用指标对应的奇/偶模阻抗制成表格列出来，只需要通过查表就能够获得需要的阻抗，这对工程人员来说大大简化了过程，提高了设计效率。本章参考文献[6]等已通过计算和总结给出了多节 TEM 模传输线对称型定向耦合器参数表。在设计时，可先根据带宽和平坦度等指标来确定具体所需节数，再根据耦合度、带宽和耦合波动值，通过查表找到与设计标准相符合的耦合度、工作带宽比和耦合波动值，就可以直接得到理想状态下每节耦合线的偶模阻抗初始值，利用式（4.8）即可得到每节耦合线的奇模阻抗初始值。

在宽带/超宽带对称型定向耦合器的设计中，加工由直接级联多节耦合线构成的强耦合耦合器的难度很大，常采用两个弱耦合耦合器交叉级联，从而形成一个强耦合耦合器，即 Tandem 耦合器。此外，采用多节定向耦合器可以有效增加耦合器带宽，但采用多节器件会使定向耦合器的尺寸随之增大。采用其他方式增加耦合器带宽，使宽带定向耦合器实现小型化是定向耦合器研究中的一个重要课题。

4.1.2　定向耦合器的技术指标

定向耦合器的技术指标主要包括频率范围（中心频率、3dB 带宽）、最大承受功率（功率容限）、耦合度、隔离度、方向性、插入损耗、回波损耗（驻波比）等。

（1）频率范围：定向耦合器的隔离度、方向性、耦合度等各个性能指标都能满足要求的工作频带。

（2）最大承受功率：该指标往往用在大功率分配传输的情况，这时需要考虑用什么样的传输线类型才能保证定向耦合器正常工作。

（3）耦合度：表征了输入信号的功率经定向耦合器后，从耦合端口输出的信号的功率比原来功率的减小值，通常用 C 表示，并以 dB 为单位。对于图 4.2 所示单节分支线耦合

器，输入端口 1 输入信号的功率为 P_1，耦合端口 3 输出信号的功率为 P_3，其耦合度可由 S_{31} 来计算。

$$C = 10\lg\frac{P_1}{P_3} = -20\lg|S_{31}| \tag{4.9}$$

常见的耦合度为 3dB、10dB 和 20dB 等。耦合度越小，耦合端口输出功率越大，耦合越强。耦合度不同，定向耦合器的结构形式不一样。常见的 3dB 定向耦合器耦合端口输出功率是输入端口输入功率的一半，另一半功率传输到了直通端口；10dB 定向耦合器耦合端口输出功率是输入端口输入功率的 1/10。

（4）隔离度：表征了输入端口的输入功率与隔离端口的输出功率之比，通常用 I 表示，并以 dB 为单位。对于图 4.2 所示单节分支线耦合器，输入端口 1 输入信号的功率为 P_1，隔离端口 4 输出信号的功率为 P_4，其隔离度可由 S_{41} 来计算。

$$I = 10\lg\frac{P_1}{P_4} = -20\lg|S_{41}| \tag{4.10}$$

隔离度表征了输出端口间的相互影响，理想情况下希望输入信号只能按照规定的路径传输到对应的端口而不受其他端口的影响，即隔离度无限大，实际设计时希望隔离度尽量大一些。

（5）方向性：又称为定向性，表征了耦合端口的输出功率与隔离端口的输出功率之比，通常用 D 表示，并以 dB 为单位。对于图 4.2 所示单节分支线耦合器，耦合端口 3 输出信号的功率为 P_3，隔离端口 4 输出信号的功率为 P_4，其方向性可由下式计算。

$$D = 10\lg\frac{P_3}{P_4} = 20\lg\frac{|S_{31}|}{|S_{41}|} = I - C \tag{4.11}$$

方向性越大，定向耦合特性越好，方向性与隔离度和耦合度有关。定向耦合器若想实现能量定向传输的功能，则其每个端口都要达到各自端口性能指标要求，即隔离端口实现隔离功能，无信号输出；直通端口将一部分信号输出；耦合端口将另一部分信号输出。要想实现理想情况下对电磁波能量的完美隔离，则感应电流和耦合电流需要大小相等、方向相反，刚好抵消。在理想情况下，各个端口完全匹配，隔离端口的输出功率为零，方向性无穷大。定向耦合器方向性的好坏会大大影响实际工程应用系统的准确度，甚至起到决定性的作用。实际上，由于工程设计精度误差、生产工艺制造误差、接地效应导致的奇偶模相速误差等方面的原因，隔离端口总会有一定的功率输出，典型值为 −30～−10dB。

（6）插入损耗：表征了输入端口的输入功率与输出端口的输出功率之比，对于图 4.2 所示单节分支线耦合器，输入端口 1 输入信号的功率为 P_1，端口 2 为直通端口，耦合端口 3 输出信号的功率为 P_3，隔离端口 4 输出信号的功率为 P_4，其插入损耗可由下式计算。

$$\mathrm{IL} = 10\lg\frac{P_1}{P_2} = -20\lg|S_{21}| \tag{4.12}$$

插入损耗包括耦合损耗和导体介质的热损耗。

（7）回波损耗（驻波比）：回波损耗和驻波比均表征了输入端口和输出端口的匹配程度。

回波损耗由端口的反射功率与输入功率之比来计算。对于四端口定向耦合器，输入端口回波损耗通常用散射参数 S_{11} 表征，输出端口回波损耗通常用 S_{22}、S_{33} 和 S_{44} 来表征。输入、输出端口驻波比由散射参数 S_{11}、S_{22}、S_{33} 和 S_{44} 计算。

定向耦合器插入损耗、隔离度、方向性、耦合度等指标可通过带扫频源的频谱分析仪测量，也可通过矢量网络分析仪直接测量得到，具体测量方法如下。

利用频谱分析仪测量定向耦合器插入损耗、隔离度、方向性和耦合度等指标的方法：根据定向耦合器的工作频带设置频谱分析仪的中心频率和带宽为合适值，将频谱分析仪的跟踪发生器的输出端口和频谱分析仪的输入端口用射频电缆短接，校准后测得一条 P-f 曲线，作为基准曲线，记为曲线 A_1，一般校准后这条曲线为位于 0dB 的一条直线。

按照图 4.6（a）连接频谱分析仪和定向耦合器，测量定向耦合器的主线幅度并记为曲线 A_2，根据曲线 A_1 和曲线 A_2 的差值得到定向耦合器的插入损耗 IL。将端口 2 和端口 4 接匹配负载，测量耦合端口 3 输出的 P-f 曲线，记为曲线 A_3，定向耦合器的耦合度 C 为曲线 A_1 和曲线 A_3 的差值。将端口 2 和端口 3 接匹配负载，测量隔离端口 4 输出的 P-f 曲线，记为曲线 A_4，定向耦合器的隔离度 I 为曲线 A_1 和曲线 A_4 的差值，进而得到其方向性 D。

利用矢量网络分析仪测量定向耦合器插入损耗、隔离度、方向性和耦合度等指标的方法：测量前需要设置带宽并完成校准。校准后电路的连接方式同频谱分析仪相似，如图 4.6（b）所示。将定向耦合器的端口 3 和端口 4 接匹配负载，端口 1 接矢量网络分析仪的端口 1，端口 2 接矢量网络分析仪的端口 2，直接测出整个频带范围内的 S_{21}，根据式（4.12）得到插入损耗。将端口 2 和端口 4 接匹配负载，保持端口 1 不变，定向耦合器的端口 3 接矢量网络分析仪的端口 2，直接测出 S_{31}，根据式（4.9）得到耦合度。将端口 2 和端口 3 接匹配负载，保持端口 1 不变，定向耦合器的端口 4 接矢量网络分析仪的端口 2，直接测出 S_{41}，根据式（4.10）和式（4.11）得到隔离度及方向性。此外，利用矢量网络分析仪还可以直接测量各个端口的回波损耗。

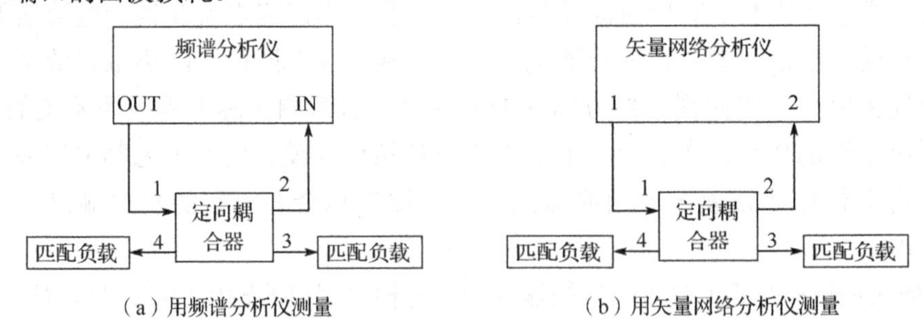

（a）用频谱分析仪测量　　（b）用矢量网络分析仪测量

图 4.6　测量定向耦合器的主线幅度

4.1.3　定向耦合器的设计方法

当设计定向耦合器时，应合理选择耦合结构、尺寸使其性能指标达到要求。

单节分支线耦合器设计过程如图 4.7 所示，详细步骤如下。

（1）根据设计要求确定耦合器的指标，包括耦合器的耦合度 C（单位为 dB）、各端口的特性阻抗 Z_0（单位为Ω）、中心频率 f_c 等指标，并计算主线、分支线的特性阻抗。对于多节分支线耦合器，可以通过查找相关参数表格，根据耦合度和带宽来确定分支线的归一化导纳 a_1 和 a_2 及连接线的归一化导纳 b，进而计算主线、分支线的特性阻抗。

（2）根据介质基板参数（ε_r、h 等）和各段线的特性阻抗，计算工作在中心频率下的输入、输出端微带线宽度，以及分支线长度和宽度。分支线长度可根据实际连接需要进行设置和调整，可借助 AetherMW 的微带线计算工具 Transmission Line Assistant 来完成计算。

（3）结合图 4.2，完成原理图建立、仿真及参数优化。根据计算出来的参数建立工程，搭建原理图，完成原理图仿真。根据原理图仿真结果，对比设计指标，对各参数进行优化和调整，使其完全满足设计要求。

（4）根据原理图生成版图，完成版图仿真。根据仿真结果，对比设计指标，对各参数进行优化和调整，使其完全满足设计要求。

（5）实物制作、测试与优化。

图 4.7　单节分支线耦合器设计过程

微带线型单节平行耦合线耦合器的详细设计步骤如下。

（1）根据设计要求确定耦合度 C（单位为 dB）、各端口的特性阻抗 Z_0（单位为Ω）、中心频率 f_c，根据式（4.5）计算各耦合线的偶模阻抗 Z_{0e} 和奇模阻抗 Z_{0o}。

（2）根据介质基板参数（ε_r、h 等），利用 AetherMW 的微带线计算工具 Transmission Line Assistant 来计算耦合线的宽度、间距和 1/4 波长的长度，以及特性阻抗为 Z_0 的耦合线宽度。

（3）结合图 4.4，完成原理图建立、仿真及参数优化。根据计算出来的参数建立工程，搭建原理图，完成原理图仿真。根据原理图仿真结果，对比设计指标，对各参数进行优化和调整，使其完全满足设计要求。

（4）根据原理图生成版图，完成版图仿真。根据仿真结果，对比设计指标，对各参数进行优化和调整，使其完全满足设计要求。

（5）实物制作、测试与优化。

4.2　设计背景及指标

（1）设计一个工作在 2.6GHz 的 3dB 单节分支线耦合器，负载为 50Ω。

基本要求：完成单节分支线耦合器的设计与仿真，并给出其耦合度、隔离度、方向性、插入损耗、各端口的回波损耗等参数的仿真结果。

（2）设计一个工作在 2.6GHz 的 10dB 微带线型单节平行耦合线耦合器，负载为 50Ω。

基本要求：完成微带线型单节平行耦合线耦合器的设计与仿真，并给出其耦合度、隔离度、方向性、插入损耗、各端口的回波损耗等参数的仿真结果。

进阶要求：完成微带线型三节平行耦合线耦合器的设计与仿真，给出其耦合度、隔离度、方向性、插入损耗、各端口的回波损耗等参数的仿真结果，并将仿真结果与微带线型单节平行耦合线耦合器的仿真结果进行对比分析。

采用双面敷铜的 FR-4 基板，其参数如下：基板厚度为 0.8mm，介电常数为 4.3，磁导率为 1，金属导带电导率为 5.88e7S/m，金属导带厚度为 0.03mm，损耗角正切值为 1e-4，表面粗糙度为 0mm。

4.3　设计方法及过程

4.3.1　单节分支线耦合器的设计

在命令行启动 AetherMW，进入 Design Manager 主界面。在工具栏单击【New Library】按钮，新建库 couple_lab，设置库名称及存储路径，单击【Attach To Library】按钮并将其添加到 rfmw 器件库中。

1．初始参数的理论计算

根据设计要求确定耦合器的指标，耦合器的耦合度 C 为 3dB、各端口的特性阻抗 Z_0 为 50Ω、中心频率 f_c 为 2.6GHz。

单节分支线耦合器的横向分支线是特性阻抗为 $50/\sqrt{2}$ Ω的 $\lambda/4$ 分支线，纵向分支线是特性阻抗为 50Ω的 $\lambda/4$ 分支线。

根据 FR-4 介质基板参数，利用 AetherMW 的微带线计算工具 Transmission Line Assistant 得到对应分支线电气参数的微带线物理参数，填入表 4.1。

表 4.1　微带线物理参数计算结果

	50Ω的 $\lambda/4$ 分支线	$50/\sqrt{2}$ Ω的 $\lambda/4$ 分支线
物理参数	w1= 1.52mm；l1= 16.05mm	w2=2.61mm；l2=15.64mm

2．原理图建立、仿真及参数优化

单节分支线耦合器是四端口器件，参考图 4.2 所示结构。在原理图中利用四段微带线连接成耦合器的分支线结构，包括横向分支线 TL0 和 TL1、纵向分支线 TL2 和 TL3、四个端口的连接线 TL4、TL5、TL6 和 TL7。分支线和端口连接线间由 T 形结微带线 TEE 连接，并在端口连接线另一侧添加端口和接地元件 TERM0、TERM1、TERM2 和 TERM3。添加微带线控件 MSUB0，将基板厚度、介电常数、金属导带电导率、金属导带厚度、损耗角正切值等参数按照给定的板材进行设置，如图 4.8 所示。

为了后续参数调整的方便，采用变量方式根据前面的理论值来设置各节分支线的长度和宽度，如图 4.8 所示。其中横向分支线 TL0 和 TL1 的宽度等于表 4.1 中的 w2、长度等于表 4.1 中的 l2，纵向分支线 TL2 和 TL3 的宽度等于表 4.1 中的 w1、长度等于表 4.1 中的 l1，四个端口的连接线 TL4、TL5、TL6 和 TL7 的宽度均为 w1，长度可以自行设置。T 形结微带线 TEE 三个端口的宽度分别设置为与之相连的微带线的宽度。

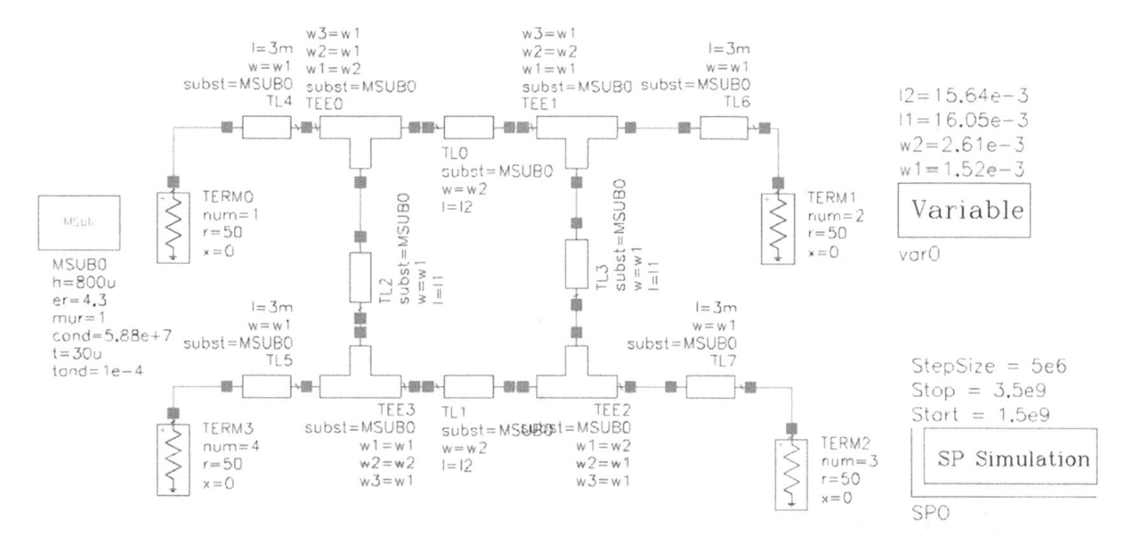

图 4.8　单节分支线定向耦合器原理图（图中重合部分为 subst= MSUB0）

在原理图设计界面中单击【Create】选项卡，选择 Analysis 工具栏，选择【SP】选项进行 S 参数的分析，并在 Sweep Range 栏中输入扫频的起始和结束频率，在 Step Size 栏中输入步长。将仿真频率设置为 1.5～3.5GHz，步长设置为 5MHz。设置完成后开始仿真，在仿真结果图中添加 S_{11}、S_{22}、S_{21}、S_{31} 等进行分析。如果需要驻波比（VSWR）的结果，那么在 iViewer 界面的【Workspace】区域中选择【Equations】选项，根据驻波比与反射系数的关系列等式来求驻波比，如图 4.9（a）所示。

根据图 4.9（b），可以看出在频率 2.6GHz 处，耦合度约为 3.13dB、隔离度约为 18.38dB、方向性约为 15.3dB（18.39–3.13=15.26）、插入损耗约为 3.13dB、各端口的回波损耗为 18.24dB、各端口驻波比为 1.279，基本满足设计要求，但也可看出其工作频带较窄，而且中心频率有偏移（不在 2.6GHz 处），需要采用调谐或优化的方式来调整电路。

Name	Expression
VSWR2	VSWR2=(1+mag(SP0.S(2,2)))/(1-mag(SP0.S(2,2)))
VSWR3	VSWR3=(1+mag(SP0.S(3,3)))/(1-mag(SP0.S(3,3)))
VSWR4	VSWR4=(1+mag(SP0.S(4,4)))/(1-mag(SP0.S(4,4)))
VSWR1	VSWR1=(1+mag(SP0.S(1,1)))/(1-mag(SP0.S(1,1)))

（a）驻波比设置

图 4.9　单节分支线耦合器原理图仿真示意图

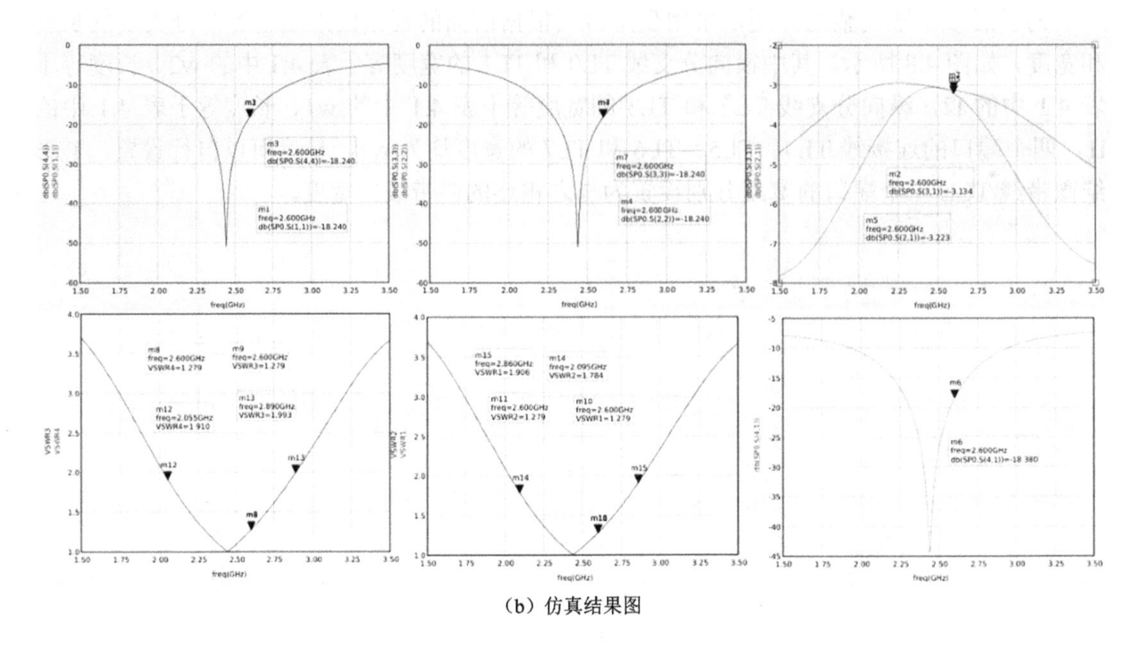

（b）仿真结果图

图 4.9　单节分支线耦合器原理图仿真示意图（续）

4.3.2　平行耦合线耦合器的设计

1．微带线型单节平行耦合线耦合器的设计

1）初始参数的理论计算

采用图 4.4 所示耦合器结构，待设计耦合器的耦合度为 10dB，根据式（4.5）计算奇模阻抗和偶模阻抗初始值。

$$Z_{0\mathrm{e}} = Z_0\sqrt{\frac{1+10^{-C/20}}{1-10^{-C/20}}} \approx 69.3713\Omega$$

$$Z_{0\mathrm{o}} = Z_0\sqrt{\frac{1-10^{-C/20}}{1+10^{-C/20}}} \approx 36.0380\Omega$$

根据 FR-4 介质基板参数，利用 AetherMW 的微带线计算工具 Transmission Line Assistant，将传输线类型设置为 Edge-coupled Microstrip，如图 4.10 所示，通过传输线阻抗和电长度来得到对应耦合线的长度、宽度，如表 4.2 所示。

其中，耦合线差分阻抗 Zdiff 的值设置为奇模阻抗的 2 倍、耦合线共模阻抗 ZCommon 的值设置为偶模阻抗的 1/2。

2）原理图建立、仿真及参数优化

微带线型单节平行耦合线耦合器是四端口器件，参考图 4.4 所示结构，在原理图中利用 Transmission_ Line_microstrip 库中的 1 段耦合线 MS_CLINE、2 段微带直角拐弯线 MS_BEND90 和 4 段微带线组成微带线型单节平行耦合线耦合器，如图 4.11 所示。

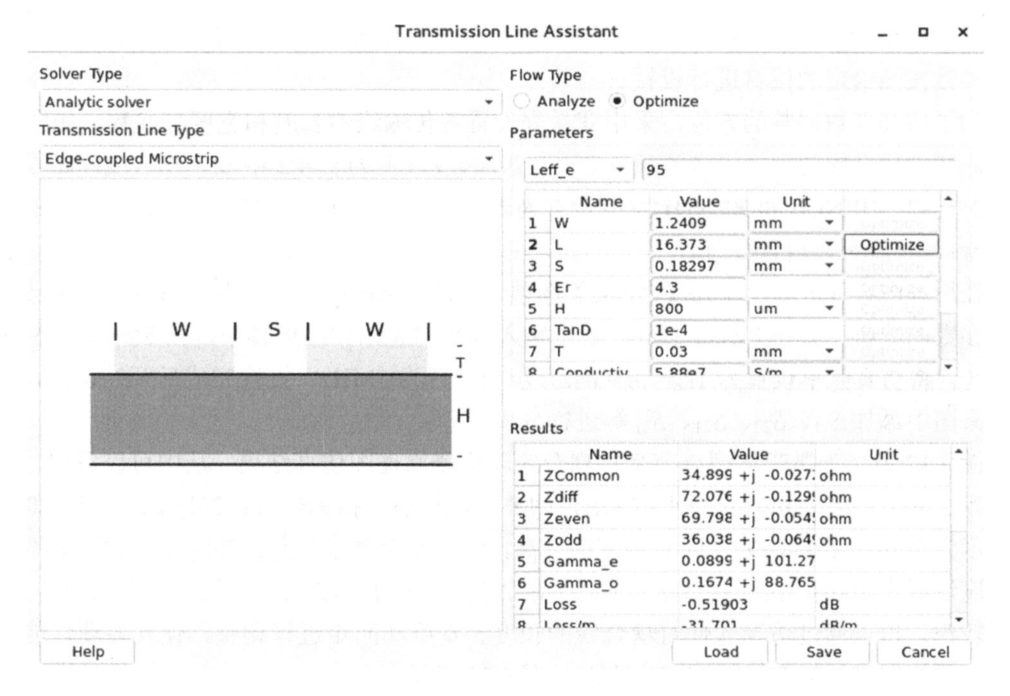

图 4.10　耦合线物理参数计算

表 4.2　微带线物理参数计算结果

	50Ω传输线	耦合线
物理参数	w1=1.52mm	w2=1.24mm；l2=16.37mm；s2=0.18mm

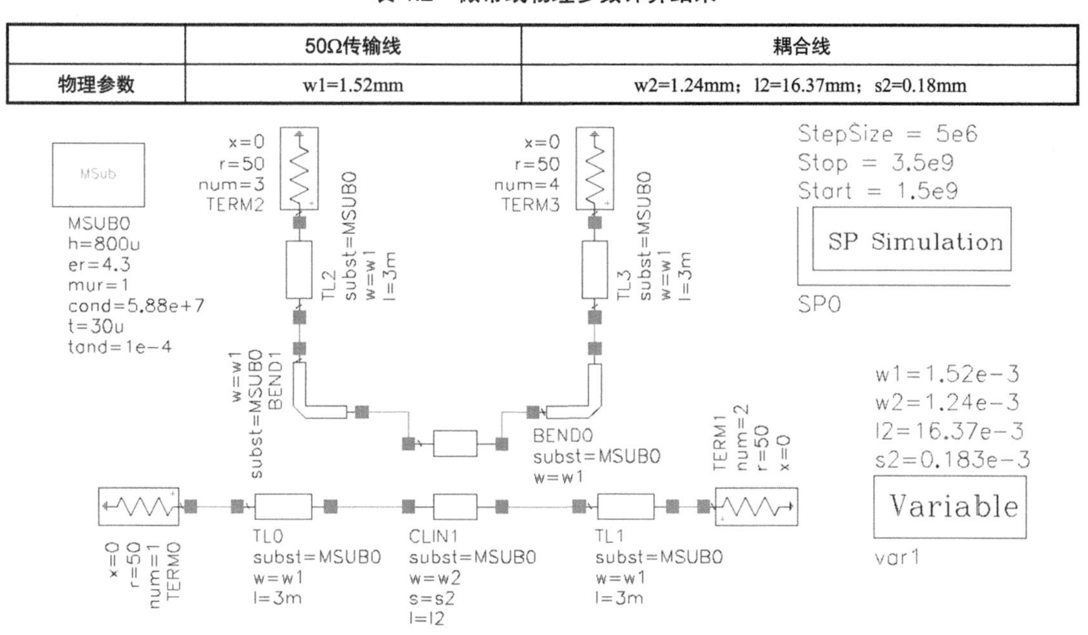

图 4.11　微带线型单节平行耦合线耦合器的原理图

其中，2 段微带直角拐弯线 BEND0 和 BEND1 是为了降低耦合段以外主线、副线间的耦合度，4 段微带线 TL0、TL1、TL2 和 TL3 作为耦合线的引出线，其宽度和耦合线宽度不同，在引出线另一侧添加端口和接地元件 TERM0、TERM1、TERM2 和 TERM3。添加微带线控件 MSUB0，将基板厚度、介电常数、金属导带电导率、金属导带厚度、损耗角正切值等参数按照给定的板材进行设置。

为了后续参数调整的方便，采用变量来设置各传输线的长度和宽度等参数，如图 4.11 所示。其中耦合线的宽度设置为表 4.2 中 w2、长度设置为表 4.2 中 l2、耦合线间距设置为表 4.2 中 s2；BEND0 和 BEND1 宽度设置为表 4.2 中 w1；TL0、TL1、TL2 和 TL3 的宽度均为 w1，长度可以自行设置。

在原理图设计界面中单击【Create】选项卡，选择 Analysis 工具栏，选择【SP】选项进行 S 参数的分析，并在 Sweep Range 栏中输入扫频的起始和结束频率，在 Step Size 栏中输入步长。将仿真频率设置为 1.5～3.5GHz，步长设置为 5MHz。设置完成后开始仿真，在仿真结果图中添加 S_{11}、S_{22}、S_{21}、S_{31} 等进行分析。

图 4.12 所示为微带线型单节平行耦合线耦合器原理图仿真结果。从中可以看出，在中心频率 2.6GHz 处，20lg$|S_{11}|$小于−29dB，回波损耗较小，指标较好；20lg $|S_{41}|$小于−20dB，隔离度为 20dB，指标略差，随着频率的升高，隔离度会越来越差；20lg $|S_{21}|$约为−9.996dB，耦合度近似于 10dB，比较接近于设计指标；20lg $|S_{21}|$小于−0.5dB，插入损耗为 0.5dB，插入损耗较小。可以通过仿真软件对耦合线的长度、宽度和间距进行调整，使其各项性能指标优化，最终完成的耦合器版图和实物图如图 4.13 所示。

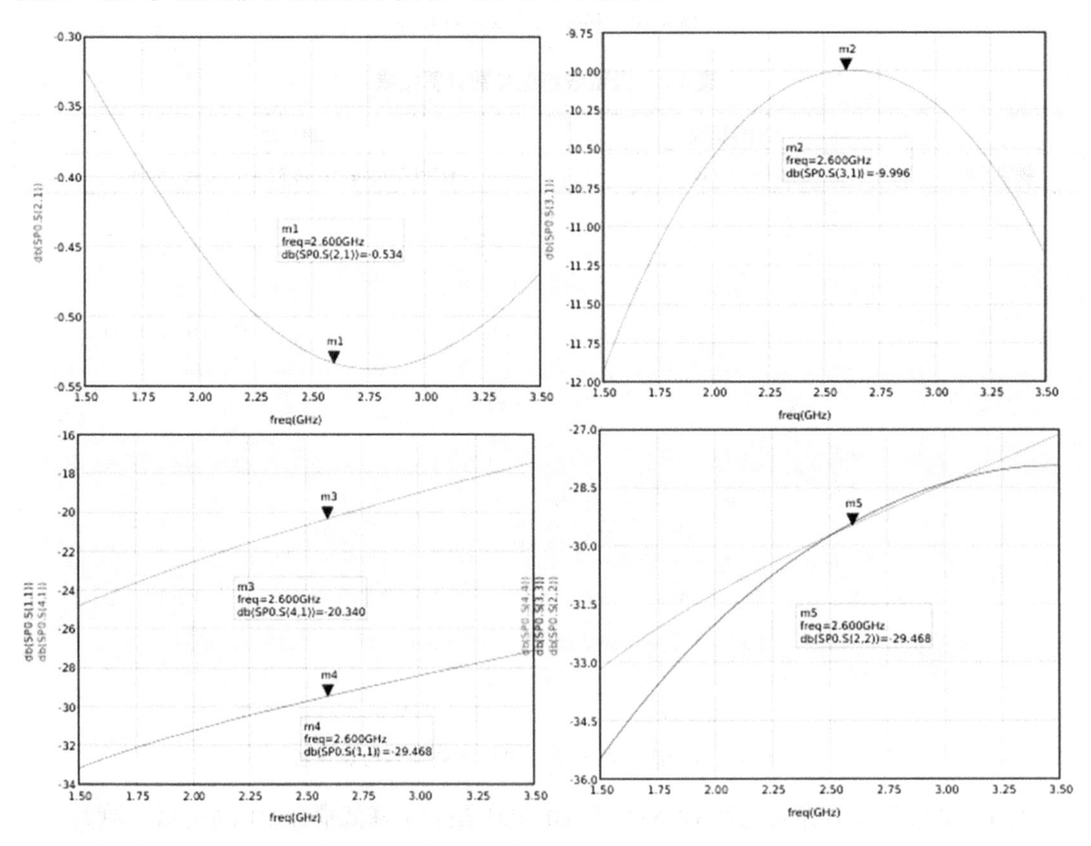

图 4.12　微带线型单节平行耦合线耦合器原理图仿真结果

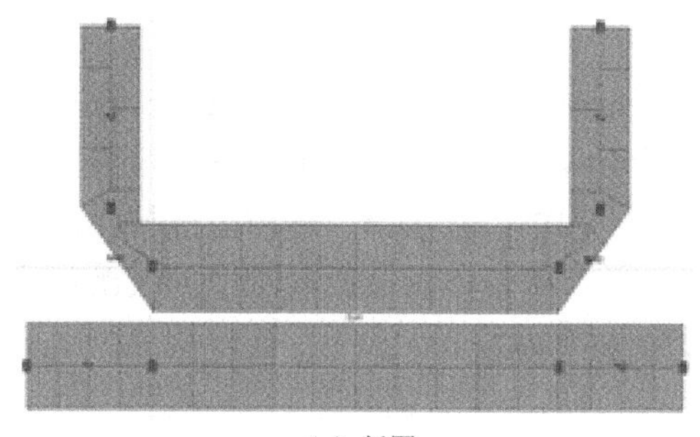
(a) 版图

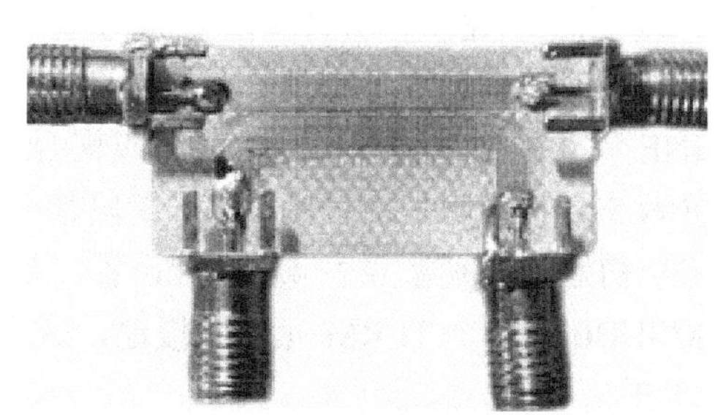
(b) 实物图

图 4.13　微带线型单节平行耦合线耦合器版图和实物图

2. 微带线型三节平行耦合线耦合器的设计

1）初始参数的理论计算

可采用对称型最大平坦度定向耦合器或对称型等纹波定向耦合器来完成设计，设计时可以通过查找耦合度为 10dB 的三节最大平坦度定向耦合器或等纹波定向耦合器的偶模阻抗表格来获得初始值，部分数据如表 4.3 所示。其中，W 为相对带宽，其值为频率上下限之差除以中心频率；B 为带宽比，其值为频率上限与频率下限的比值。选取类型不同，所得到的偶模阻抗初始值不同。

以三节最大平坦度定向耦合器的设计为例，通过查表并结合式（4.8），得到待设计定向耦合器的各节归一化奇模和偶模阻抗初始值、各节奇模和偶模阻抗初始值及各节耦合度，如表 4.4 所示。中间节（第二节）耦合度最高，为 8.25dB；第一节和第三节耦合度低一些，为 27.90dB。

根据 FR-4 介质基板参数，利用 AetherMW 的微带线计算工具，将传输线类型设置为 Edge-coupled Microstrip，通过设置各节归一化奇模和偶模阻抗初始值及电长度来得到各节耦合线的长度、宽度、间距等参数，如表 4.4 所示。

表 4.3　微带线型三节平行耦合线耦合器偶模阻抗初始值

类型	$\overline{Z_{0e1}}$（Ω）	$\overline{Z_{0e2}}$（Ω）	W（Ω）	B（Ω）
最大平坦度	1.04110	1.50382	1.33123	4.98113
等纹波（最大纹波为 0.1dB）	1.17135	3.25984	1.00760	3.03063
等纹波（最大纹波为 0.2dB）	1.20776	3.47932	1.17199	3.83085
等纹波（最大纹波为 0.3dB）	1.23992	3.54311	1.27572	4.52271
等纹波（最大纹波为 0.4dB）	1.27036	3.66560	1.35225	5.17521
等纹波（最大纹波为 0.5dB）	1.30008	3.78546	1.41305	5.81480

表 4.4　三节最大平坦度定向耦合器各节阻抗初始值和物理尺寸

节数	$\overline{Z_{0e}}$（Ω）	$\overline{Z_{0o}}$（Ω）	Z_{0e}（Ω）	Z_{0o}（Ω）	耦合度（dB）	w（mm）	l（mm）	s（mm）
第一节	1.04110	0.96052	52.055	48.026	27.90	1.50	16.02	2.34
第二节	1.50382	0.66497	75.191	33.2485	8.25	1.14	16.73	0.11
第三节	1.04110	0.96052	52.055	48.026	27.90	1.50	16.02	2.34

2）原理图建立、仿真及参数优化

先用理想模型进行仿真。在原理图中利用 Transmission Line Ideal 库中的 3 段耦合线 CLINE 和 4 段微带线作为连接线组成耦合器，如图 4.14（a）所示。其中 4 段微带线的宽度设置为 50Ω特性阻抗对应的宽度，3 段耦合线的电长度均设置为$\lambda/4$，奇模阻抗初始值和偶模阻抗初始值分别按照表 4.4 进行设置，如图 4.14（b）所示。再在原理图中加入微带线控件 MSUB0 和 4 个 TERM 元件并接地，或者直接用 TERMG 元件。

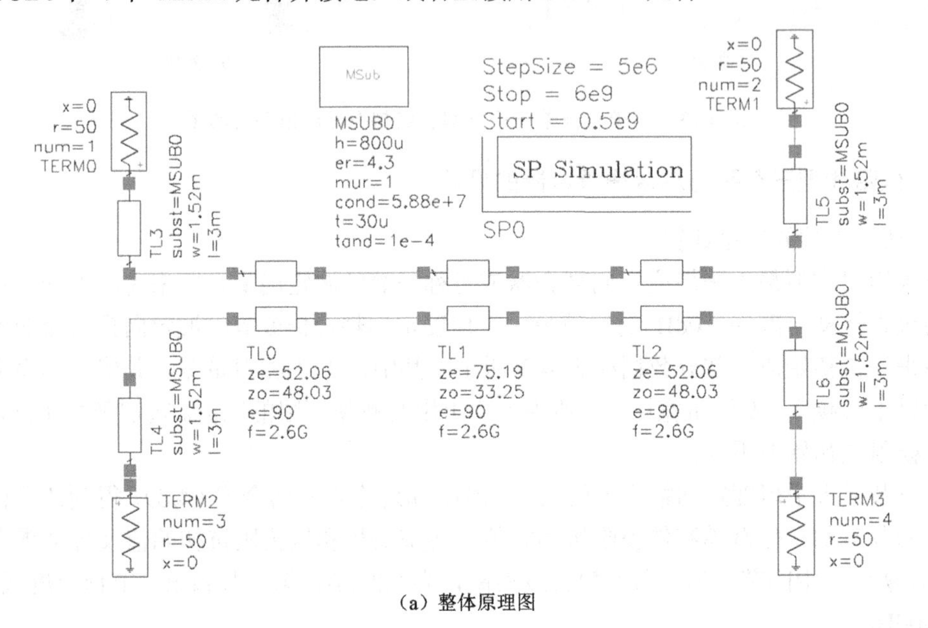

（a）整体原理图

Edit Instance Properties (1 / 1)　×

Apply To　Only Current　Instance

✓ Attribute　✓ Parameter　Property

Attribute

		Display
Library Name	rfmw	Off
Cell Name	CLINE	Off
View Name	symbol	Off
Instance Name	TL1	Off
Rotate	R0　Origin X 0.25　Y -0.5	

Pins

Parameter

Reset All　Display Parameter Name

		Display
Even Mode impedance	75.19 Ohms	Off
Oven impedance	33.25 Ohms	Off
Electrical length	90 deg	Off
Frequnency	2.6G Hz	Off

Help　Apply　OK　Cancel

Edit Instance Properties (1 / 1)　×

Apply To　Only Current　Instance

✓ Attribute　✓ Parameter　Property

Attribute

		Display
Library Name	rfmw	Off
Cell Name	CLINE	Off
View Name	symbol	Off
Instance Name	TL0	Off
Rotate	R0　Origin X -0.5625　Y -0.5	

Pins

Parameter

Reset All　Display Parameter Name

		Display
Even Mode impedance	52.06 Ohms	Off
Oven impedance	48.03 Ohms	Off
Electrical length	90 deg	Off
Frequnency	2.6G Hz	Off

Help　Apply　OK　Cancel

（b）理想模型的设置

图 4.14　理想模型原理图及参数设置

在原理图设计界面中单击【Create】选项卡，选择 Analysis 工具栏，选择【SP】选项进行 S 参数的分析，并在 Sweep Range 栏中输入扫频的起始和结束频率，在 Step Size 栏中输入步长。将仿真频率设置为 0.5～6GHz，步长设置为 5MHz。设置完成后开始仿真，在仿真结果图中添加 S_{11}、S_{22}、S_{21}、S_{31} 等进行分析，如图 4.15 所示。

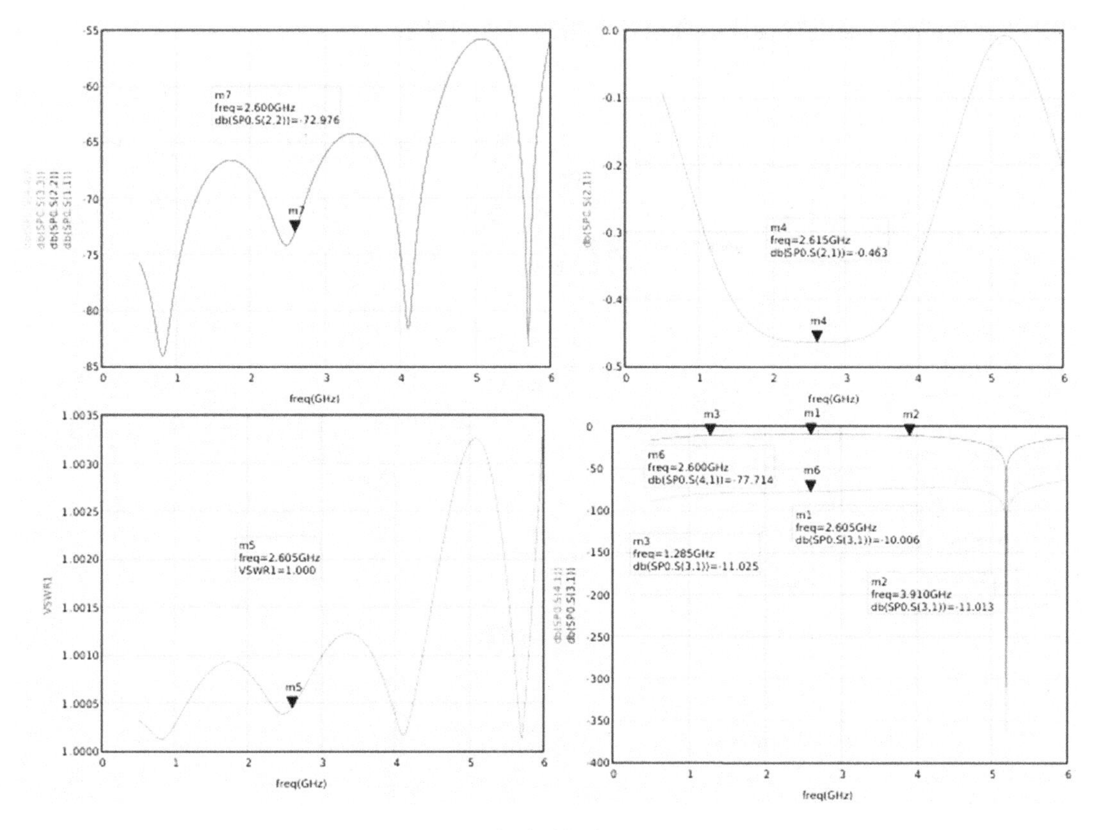

图 4.15　理想模型仿真结果图示例

从图 4.15 来看，当采用理想模型时，三节最大平坦度定向耦合器的工作带宽有明显扩展，各端口的匹配程度及隔离度指标都比较好，接下来需要将理想模型换成实际耦合器来进行设计与仿真。

在原理图中利用 Transmission_Line_microstrip 库中的 3 段耦合线 MS_CLINE 替代原来的耦合线 CLINE，耦合线的长度、宽度和间距分别按照表 4.4 进行设置，如图 4.16（a）所示，其参数中的 Width connects 1、Width connects 2、Width connects 3 和 Width connects 4 分别表示与耦合线各个端口相连接的线的宽度，设计时应按照实际连接线的宽度来进行设置，如图 4.16（b）所示。由于所使用的耦合线的宽度和间距不一致，因此为了实现各段耦合线间的连接，需要加入弧形线进行中间耦合线和两边耦合线的连接，弧形线半径和弧长可根据实际情况进行调整。

设置完成后，单击【Run Simulation】按钮开始仿真，在仿真结果图中添加 S_{11}、S_{22}、S_{21}、S_{31} 等进行分析。从仿真结果来看，相比于理想模型，换成实际耦合器后，隔离度明显下降，端口的匹配程度变差，因此需要对参数进行优化，将耦合器各节的长度、宽度和间距作为变量，对结果进行优化，图 4.17 给出了一组仿真结果图示例，从中可以看到耦合器的带宽明显改善，但是隔离度和方向性指标仍然不佳，主要体现在高频段。相邻两段耦合线之间的过渡部分不连续，这会恶化耦合器的端口匹配程度和方向性，导致耦合器在高频段工作性能变差，可尝试采用不同的连接线来优化结果，也可尝试在微带线外侧增加支节或采用渐变线耦合器进行设计，直至各个指标均达到要求。

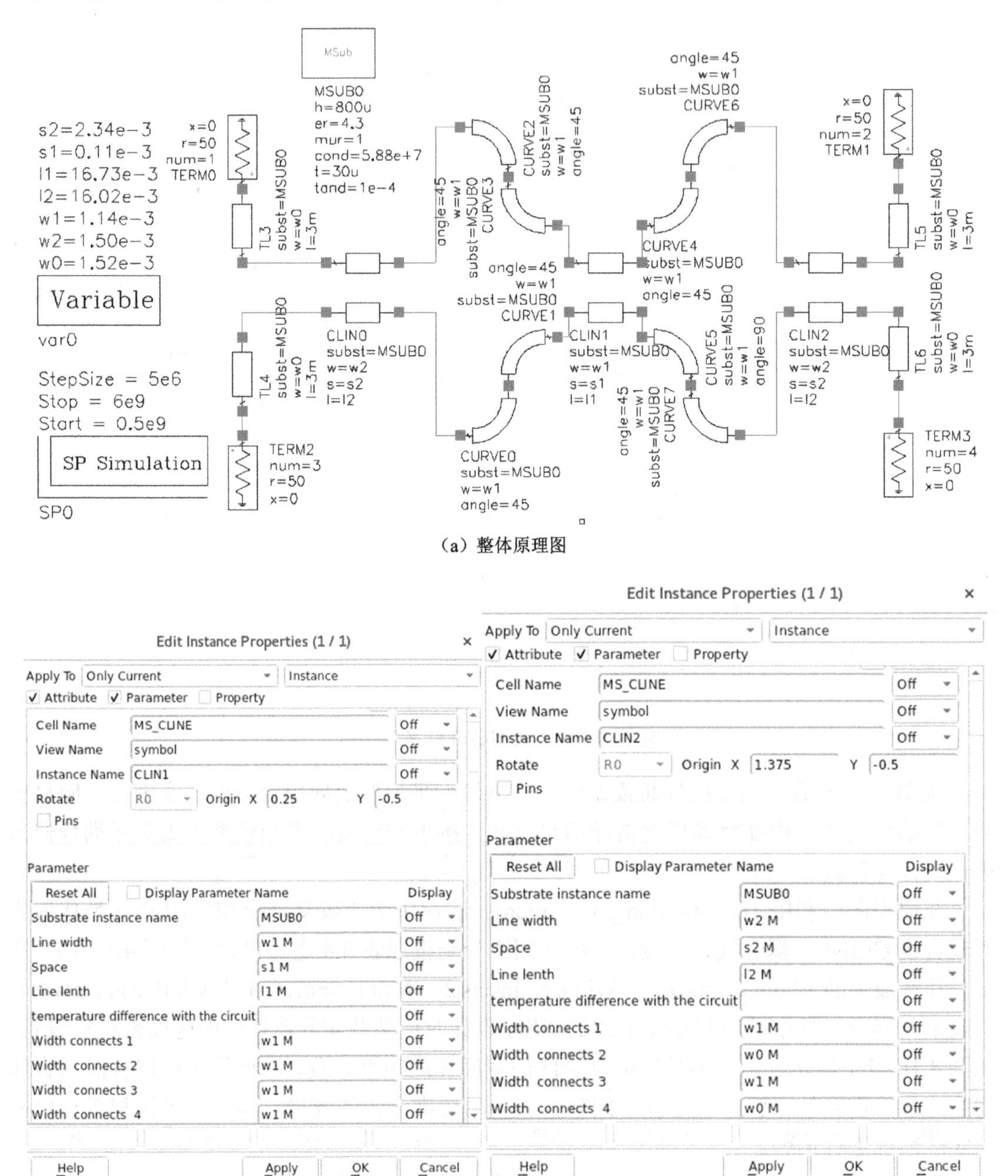

图 4.16　实际耦合器原理图及参数设置

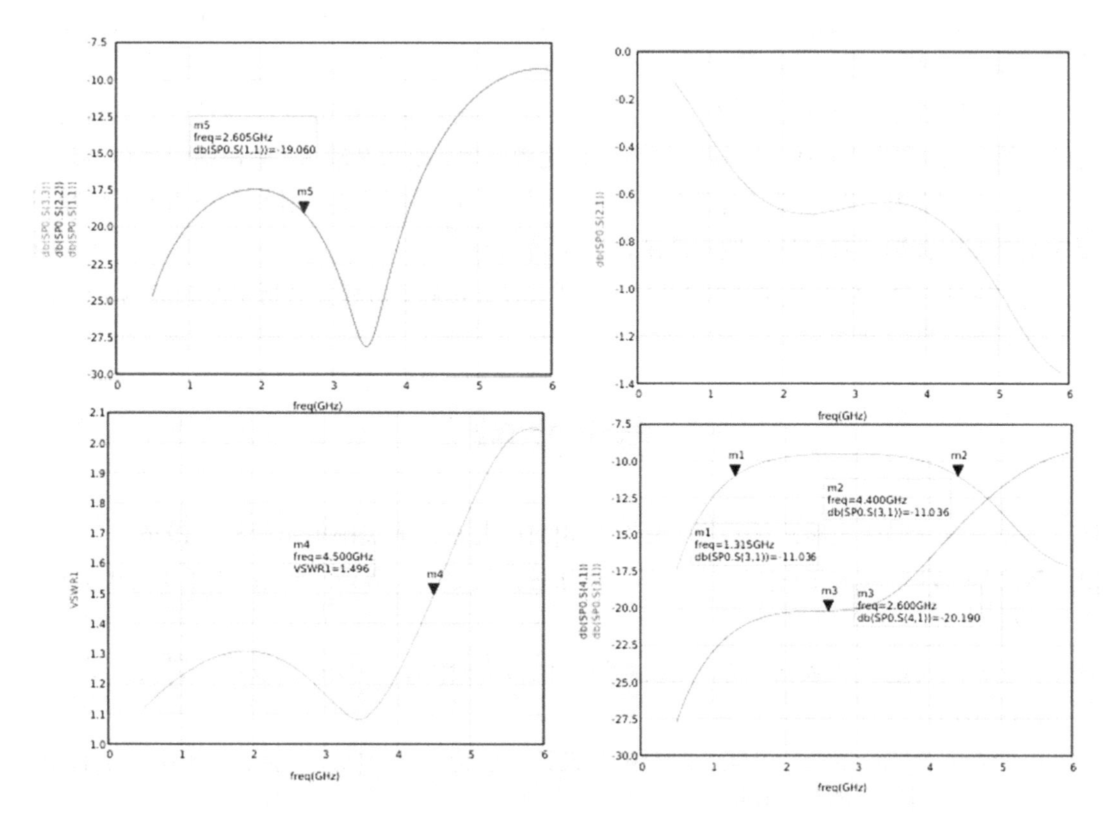

图 4.17　实际耦合器仿真结果图示例

此外，电路中的耦合线模型依然是理想模型，没有考虑到每段耦合线之间的串扰，实现时还需要在 Ansys HFSS 等软件中建立 3D 模型加以验证。多节耦合器有较长的电长度，所以要求奇模和偶模的相速相等，这比单节耦合器的要求更为严格。

思考题

（1）采用罗杰斯 5880 板材（介电常数为 2.2，基板厚度为 0.5mm），设计一个中心频率为 5GHz 的 3dB 单节分支线耦合器，要求其输入、输出端口均接特性阻抗为 50Ω的微带线。给出理论计算结果、设计过程、原理图结果。整理并分析实验结果，要求结果图中关键点有标记，图片清晰，有实验结论。

（2）采用罗杰斯 5880 板材（介电常数为 2.2，基板厚度为 0.5mm），设计一个中心频率为 5GHz 的 3dB 两节分支线耦合器，要求其输入、输出端口均接特性阻抗为 50Ω的微带线。给出理论计算结果、设计过程、原理图结果。整理并分析实验结果，要求结果图中关键点有标记，图片清晰，有实验结论。

（3）采用罗杰斯 5880 板材（介电常数为 2.2，基板厚度为 0.5mm），设计一个中心频率为 5GHz 的 20dB 单节耦合线耦合器，要求其输入、输出端口均接特性阻抗为 50Ω的微带线。给出理论计算结果、设计过程、原理图结果。整理并分析实验结果，要求结果图中关键点有标记，图片清晰，有实验结论。

（4）采用罗杰斯 5880 板材（介电常数为 2.2，基板厚度为 0.5mm），设计一个具有等纹波响应的中心频率为 5GHz 的 20dB 三节耦合线耦合器，要求其输入、输出端口均接特性阻抗为 50Ω的微带线。给出理论计算结果、设计过程、原理图结果。整理并分析实验结果，要求结果图中关键点有标记，图片清晰，有实验结论。

（5）利用 AetherMW 中的 MS_LANG 模型来设计电路，仿真并分析中心频率为 2.6GHz 的 Lange 耦合器的性能。

参考文献

[1] 清华大学《微带电路》编写组. 微带电路[M]. 北京：人民邮电出版社，1976.

[2] POZAR D M. 微波工程[M]. 谭云华，周乐柱，吴德明，等译. 北京：电子工业出版社，2006.

[3] 郭宏福，马超，邓敬亚，等. 电波测量原理与实验[M]. 西安：西安电子科技大学出版社，2015.

[4] LUDWIG R, BOGDANOV G. 射频电路设计：理论与应用[M]. 2 版. 王子宇，王心悦，译. 北京：电子工业出版社，2021.

[5] 卢益锋. ADS 射频电路设计与仿真学习笔记[M]. 北京：电子工业出版社，2015.

[6] 雷振亚，王青，刘家州，等. 射频/微波电路导论[M]. 2 版. 西安：西安电子科技大学出版社，2017.

[7] LEVY R. General Synthesis of Asymmetric Multi-Element Coupled-Transmission-Line Directional Couplers[J]. IEEE Transactions on Microwave Theory and Techniques, 1963, MTT-11(4): 226-237.

[8] CRISTAL E G, YOUNG L. Theory and tables of optimum symmetrical TEM-Mode coupled-transmission-line directional couplers[J]. IEEE Transactions on Microwave Theory and Techniques, 1965, 13(5): 544-558.

[9] SHELTON J P, WOLFE J, WAGONER R V. Tandem couplers and phase shifters for multi-octave bandwidth[J]. Microwaves, 1965, 4: 14-19.

[10] JONES E M T, SHIMIZU J K. Coupled-Transmission-Line Directional Couplers[J]. IRE Transactions on Microwave Theory and Techniques, 2003, 6(4): 403-410.

[11] LEVY R. Tables for Asymmetric Multi-Element Coupled-Transmission-Line Directional Couplers[J]. IEEE Transactions on Microwave Theory & Techniques, 1964, 12(3): 275-279.

[12] 栾秀珍，王钟葆，傅世强，等. 微波技术与微波器件[M]. 北京：清华大学出版社，2017.

[13] 颜光友. 6-18GHz 超宽带耦合器设计技术研究[D]. 成都：电子科技大学，2016.

[14] 董文庆. 宽带耦合线定向耦合器的综合与设计[D]. 成都：电子科技大学，2014.
[15] 孔德武. 利用 ADS 的调谐和优化功能设计四分支耦合器[J]. 空载雷达，2008（03）：904-909.
[16] 李雪峰. 新型等纹波定向耦合器的设计与研究[D]. 南京：南京邮电大学，2022.
[17] 徐兴福. ADS2011 射频电路设计与仿真实例[M]. 北京：电子工业出版社，2014.

第5章

射频滤波器设计

滤波是对信号在特定频带的频率分量进行通过或衰减处理，保留有用频带，抑制无用频带，对滤波的要求是不改变有用频带的幅度特性和相位特性，不产生新的频率。射频滤波器是指能实现滤波功能的射频模块，它是一个双端口器件，一个端口输入具有均匀功率谱的信号，另一个端口输出的信号功率谱将不再是均匀的，即在通带范围内提供信号传输功能并在阻带范围内提供信号衰减功能。

射频滤波器在无线通信和雷达等系统中至关重要，它通常与振荡器、混频器、放大器、倍频器等射频模块配合使用。接收机端的射频滤波器不仅能决定接收机的频带选择性，通过所需频率的信号，抑制其他频率的信号，还具有去除镜频干扰、减少天线本地振荡器的功率泄漏等作用。发射机端的射频滤波器的主要作用是减少杂散辐射功率，以避免对其他无线通信系统的干扰。因此射频滤波器的性能对电路的性能有很大的影响，设计出一个满足系统要求的射频滤波器，对设计出一个好的射频系统具有很重要的意义。

5.1 滤波器基本理论

5.1.1 滤波器的类型

滤波器有很多种分类方法，可以按照不同的标准来分类。

滤波器特性一般有低通、高通、带通和带阻，可将滤波器分为低通滤波器、高通滤波器、带通滤波器和带阻滤波器，其理想衰减特性曲线如图 5.1 所示，其中纵轴为功率衰减量（插入损耗），横轴为归一化频率，在通带内功率衰减量为零，在阻带内功率衰减量为无穷大。

理想低通滤波器的主要功能是让低于截止频率的信号通过，抑制其他高于截止频率的信号，这也是滤波器设计的基础。理想高通滤波器则与前者相反，其传输特性是对低于截止频率的信号进行抑制，对高频部分不产生影响。理想带通滤波器可看作理想低通滤波器和理想高通滤波器的结合，允许信号在某一特定通带内通过，通带外的信号都会受到抑制。理想带阻滤波器的传输特性与理想带通滤波器相反，信号在某一特定阻带内被抑制。理想滤波器的传输特性为在通带内功率不衰减，在阻带内功率衰减量为无穷大，而实际滤波器的衰减特性曲线具有连续性，无法实现在某个频率处实现从零到无穷大的跳跃式变化，只能用一些特定的数学函数去无限逼近理想滤波器的衰减特性曲线。

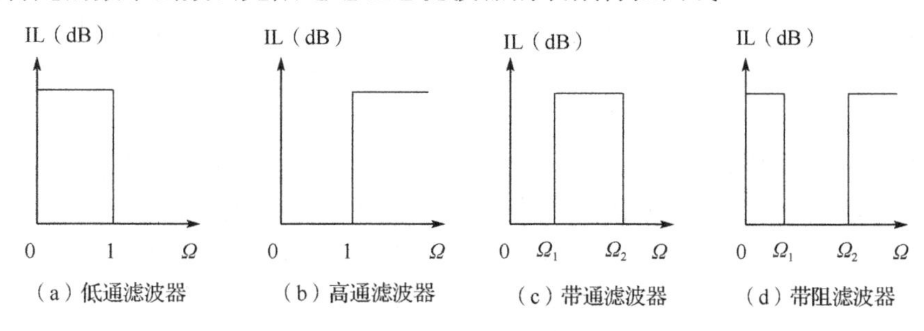

图 5.1　四种滤波器的理想衰减特性曲线

根据滤波器频率响应特性的不同，滤波器可分为最平坦（巴特沃斯）滤波器、等纹波（切比雪夫）滤波器和椭圆函数滤波器，分别对应不同的函数去逼近理想的频率响应特性，即巴特沃斯函数、切比雪夫函数和椭圆函数等。

根据滤波器工作频带的不同，滤波器可分为射频滤波器、中频滤波器及基带滤波器。接收机端的射频滤波器比较靠近天线，通常是带通滤波器，它的主要作用是抑制带外信号，抑制发射泄漏、镜像及其他干扰，避免带外过强的信号使接收机端饱和。中频滤波器位于混频器之后，通常也是带通滤波器，它的主要作用是限制带宽，减小后续基带处理压力，并抑制和频信号，防止其反射回混频器。基带滤波器通常是低通滤波器，它的主要作用是提取基带信号。

根据实现形式的不同，滤波器分为无源滤波器和有源滤波器，其中无源滤波器仅由无源器件（电阻、电容和电感等）组成，可分为集总 LC 滤波器、晶体滤波器、声学滤波器、同轴滤波器、波导滤波器和微带线滤波器等；有源滤波器由级联的放大器或其他有源器件组成。

（1）集总 LC 滤波器原理简单、易实现、成本低，缺点是体积大、受器件值限制，无法工作在较高频段。

（2）晶体滤波器由晶体谐振器组成，与集总 LC 滤波器相比，其在频带选择性、频率稳定性、过渡带陡峭度和插入损耗（IL）等方面都优越得多。

（3）声学滤波器根据结构不同，可以分为表面声波（Surface Acoustic Wave，SAW）滤波器和体声波（Bulk Acoustic Wave，BAW）滤波器。SAW 滤波器是采用石英晶体、压电陶瓷等材料，利用压电效应和表面声波传播的物理特性而制成的一种滤波专用器件，在输入端通过压电效应将无线信号转换为声信号在介质表面传播，在输出端通过逆压电效应将声信号转换为无线信号。BAW 滤波器的基本原理同 SAW 滤波器，但其滤波器内的声波垂直传播。对使用石英晶体作为基板的 BAW 谐振器来说，贴嵌于石英基板顶、底两侧的金属对声波进行激励，使声波从顶部表面反弹至底部，以形成驻声波。目前声学滤波器在通信领域和各类电子设备中有广泛的应用，智能手机多使用小体积、高性能的声学滤波器。

（4）同轴滤波器采用同轴结构，通过将信号引导到中心导体和外层导体之间的空隙中进行滤波。按腔体结构不同，同轴滤波器一般分为标准同轴滤波器、方腔同轴滤波器等。同轴滤波器具有品质因数高、易于实现的特点，特别适用于通带窄、带内插入损耗小、带外抑制高的场合。

（5）波导滤波器是传输线滤波器的一种。波导滤波器包括直接耦合波导滤波器、交叉耦合波导滤波器等，其品质因数较高、插入损耗小、温度稳定性好、功率容量大，特别适合于窄带应用。

（6）微带线滤波器是基于微带线技术制作的射频滤波器，其利用微带线的特性来设计滤波器的频率响应。微带线滤波器由微带线、介质基板、补偿电容和连接结构等部分组成，包括梳状线滤波器、并联短截线滤波器、交指型带通滤波器等，其特点是体积小、结构简单、质量小、成本低、频带宽等，在微波射频领域得到了广泛应用。

有源滤波器必须在合适的直流电源供电的情况下才能起到滤波作用，同时可以进行信号放大。

根据带宽大小，滤波器可分为窄带滤波器、宽带滤波器和超宽带滤波器等。

根据处理信号形式的不同，滤波器可分为数字滤波器和模拟滤波器。数字滤波器由软件或 FPGA 等实现，多用于离散系统；模拟滤波器由电阻、电容、电感和运算放大器等组成，多用于连续系统。

5.1.2 滤波器的技术指标

滤波器的设计需要综合考虑其技术指标，主要技术指标包括工作频率、带宽、插入损耗、通带纹波、阻带抑制、矩形系数、回波损耗、带内驻波比、群时延、寄生通带等。

1. 工作频率和带宽

工作频率和带宽的表征量有中心频率、截止频率、通带带宽、相对带宽等。

中心频率：滤波器通带中间的频率，通常取上下边频之和的平均值。

截止频率：低通滤波器的上通带边频或高通滤波器的下通带边频，或者最靠近阻带的通带边频，有时称作 3dB 点。

通带带宽：对于带通滤波器，其通带带宽是指通带内上下边频的频率差，通常取 3dB 宽度。以图 5.2 所示带通滤波器为例，其通带带宽为

$$\mathrm{BW}_{3\mathrm{dB}} = f_{P_2} - f_{P_1} \tag{5.1}$$

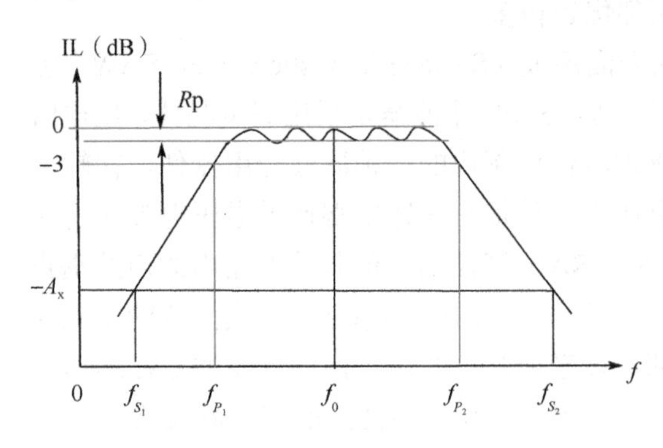

图 5.2 带通滤波器典型衰减特性曲线

式中，f_{P_1} 和 f_{P_2} 是以中心频率 f_0 处插入损耗为基准，插入损耗下降 3dB 处对应的上下边频。

相对带宽：描述了通带的分数带宽，通常用绝对带宽除以中心频率来表示。

2. 插入损耗

插入损耗是在电路中插入滤波器所导致的信号功率损耗，通常是由电阻性损耗和

滤波器端口处的阻抗失配等引起的。插入损耗通常以 dB 为单位，定量描述功率响应幅度与 0dB 基准的差值，其表达式为

$$\mathrm{IL}=10\lg\frac{P_{\mathrm{in}}}{P_{\mathrm{L}}}=-20\lg|S_{21}| \tag{5.2}$$

式中，P_{in} 为输入功率；P_{L} 为滤波器输出端口接匹配负载时负载所吸收的功率。在理想情况下，滤波器在其通带内插入损耗很小，甚至为零。当滤波器与设计要求的负载连接时，通带中心频率处的损耗即插入损耗。

滤波器插入损耗的测量可用带跟踪发生器的频谱分析仪或矢量网络分析仪来实现。利用频谱分析仪测量滤波器插入损耗的方法如下：将频谱分析仪的跟踪发生器的输出端口和频谱分析仪的输入端口用射频电缆短接，设置合适的频率范围，校准后记录频谱分析仪显示的曲线，记为曲线 A_1。按照图 5.3（a）所示连接滤波器和频谱分析仪，把跟踪发生器的输出端口连接到被测量的滤波器输入端口，把滤波器输出端口连接到频谱分析仪的输入端口。测量滤波器的频率响应，记录频谱分析仪显示的曲线，记为曲线 A_2。根据曲线 A_1 和曲线 A_2 的差值来计算滤波器的插入损耗。

利用矢量网络分析仪测量滤波器插入损耗的方法如下：测量前需要设置频率范围并完成校准。校准后电路的连接方式与频谱分析仪相似，如图 5.3（b）所示。将滤波器输入端口接矢量网络分析仪的端口 1，滤波器输出端口接矢量网络分析仪的端口 2，直接测出整个频带内的 S_{21}。根据式（5.2）得到滤波器在各个频率处的插入损耗。

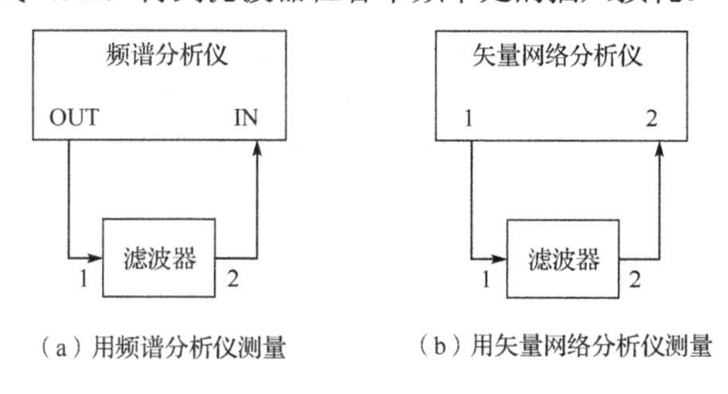

（a）用频谱分析仪测量　（b）用矢量网络分析仪测量

图 5.3　滤波器插入损耗测量连接方式

3. 通带纹波

通带纹波是指滤波器通带内幅度衰减的变化，或者说是插入损耗的变化，即最大值与最小值的差值，反映了通带内信号响应的平坦度，通常用纹波系数来表征，即图 5.2 中的 $R\mathrm{p}$，其测量方式与插入损耗的测量方式相似，由通带内的插入损耗的最大差值计算得到。

4. 阻带抑制

阻带抑制表征滤波器对带外信号的选择性，一般滤波器的阻带抑制越高越好。在理想状态下，滤波器在阻带内具有无穷大的功率衰减量，但实际上只能得到一个有限的功率衰减量，它与滤波器器件数目相关，图 5.2 中的滤波器在频率 f_{S_1} 和 f_{S_2} 处功率衰减量均为 A_{x}dB。

阻带抑制的测量方式与插入损耗的测量方式相似，由阻带内的插入损耗得到，可用带跟踪发生器的频谱分析仪或矢量网络分析仪来测量。

提高滤波器阻带抑制的常用方法包括：①选择合适的滤波器形式，如同样阶数的椭圆滤波器要比等纹波滤波器的阻带抑制高很多；②通过级联更多的谐振器增加滤波器的阶数，从而增加滤波器的带宽和阻带抑制，但这样会导致电路或芯片的整体尺寸变大；③通过引入多个有限传输零点来增加滤波器的信号选择性，该方法在保证滤波器性能的同时，降低了滤波器阶数和缩小了电路尺寸。

5. 矩形系数

矩形系数用来表征滤波器频率响应曲线变化的陡峭程度，可由滤波器 60dB 带宽或 40dB 带宽与 3dB 带宽的比值来表示。滤波器阶数越高，矩形系数越接近 1，过渡带越窄，带外衰减越大，对带外干扰信号抑制得越好，信号选择性越好，但加工成本越高。

矩形系数的测量方式与插入损耗的测量方式相似，在得到滤波器整个频带内的插入损耗后，先根据插入损耗确定 60dB 带宽或 40dB 带宽及 3dB 带宽，再通过两个带宽的比值计算得到滤波器的矩形系数。

6. 回波损耗和带内驻波比

回波损耗（RL）和带内驻波比（VSWR）都可用来表征滤波器在通带内输入、输出端口信号的匹配情况，滤波器两个端口的回波损耗 RL_1、RL_2 和带内驻波比 $VSWR_1$、$VSWR_2$ 的计算式分别为

$$
\begin{aligned}
\mathrm{RL}_1 &= 10\lg\frac{P_{\mathrm{in}}}{P_{\mathrm{r}}} = -20\lg|S_{11}| \\
\mathrm{RL}_2 &= 10\lg\frac{P_{\mathrm{in}}}{P_{\mathrm{r}}} = -20\lg|S_{22}| \\
\mathrm{VSWR}_1 &= \frac{1+|S_{11}|}{1-|S_{11}|} \\
\mathrm{VSWR}_2 &= \frac{1+|S_{22}|}{1-|S_{22}|}
\end{aligned}
\tag{5.3}
$$

理想情况是带内驻波比为 1，回波损耗为无穷大，实际工程中一般要求带内驻波比不高于 1.5。

滤波器的回波损耗和带内驻波比的测量可用矢量网络分析仪来实现。测量前需要设置带宽并完成校准。校准后将滤波器输出端口接匹配负载，将滤波器输入端口接矢量网络分析仪的端口 1，测出 S_{11}；将滤波器输入端口接匹配负载，滤波器输出端口接矢量网络分析仪的端口 2，测出 S_{22}。根据式（5.3）得到滤波器在整个频带内的回波损耗和带内驻波比。频谱分析仪无法直接完成回波损耗的测量，需要和反射电桥配合使用才能完成。

7. 群时延

群时延是指滤波器通带内的相位随频率的变化率。当信号通过滤波器时，相位可能产生一些变化，若相位特性曲线呈现线性（线性相位），即群时延为常数，则信号通过滤波器不会产生相位失真，不会发生色散。

群时延的测量可以由矢量网络分析仪直接完成，电路连接方式类似插入损耗的测量，直接将测量参数设置为群时延即可。

8. 寄生通带

由分布参数传输线的周期频率特性引起的、在离设计通带一定频率处出现的通带，这种设计时所不期望出现的通带就是寄生通带。一般在设计时，寄生通带要尽量远离需要抑制的频段。

寄生通带的测量方式与插入损耗的测量方式相似，可用带跟踪发生器的频谱分析仪或矢量网络分析仪来实现，通过观测滤波器的期望通带外的插入损耗得到。

表 5.1 所示为一个典型的 SAW 带通滤波器的芯片资料数据，从中可以看出该滤波器的中心频率为 2595MHz，通带带宽为 50MHz，通带最大插入损耗典型值为 2.6dB，通带纹波典型值为 0.6dB，通带驻波比典型值为 1.8，当阻带频率为 10～2400MHz 和 2875～2930MHz 时，衰减分别大于 20dB 和 25dB，当阻带频率为 2930～6000MHz 时，衰减大于 10dB，通带绝对群时延典型值为 20ns。

表 5.1　一个典型的 SAW 带通滤波器的芯片资料数据

指标	最小值	典型值	最大值
中心频率（MHz）	-	2595.0	-
最大插入损耗（dB）（2570～2620MHz）	-	2.6	3.0
纹波（dB）（2570～2620MHz）	-	0.6	1.0
群时延纹波（ns）（2570～2620MHz）	-	8	15
绝对群时延（ns）（2570～2620MHz）	-	20	40
驻波比（2570～2620MHz）	-	1.8	2
衰减（dB）（10～2400MHz）	20	30	-
衰减（dB）（2875～2930MHz）	25	29	-
衰减（dB）（2930～6000MHz）	10	20	-

5.1.3　滤波器的设计方法

滤波器的设计方法有多种，常采用插入损耗法，也叫低通原型综合法，它属于经典方法，使用插入损耗或功率损耗比来定义滤波器频率响应，利用微波网络综合技术完成滤波器设计，这样设计出来的滤波器具有特定的通带和阻带频率响应。

在设计过程中，通常需要先根据系统要求确定滤波器的关键技术指标，再从滤波器的关键技术指标出发，由衰减特性总结出低通原型滤波器，选择低通原型滤波器的频率响应函数，计算出相应阶数和各元器件的参数，接着通过阻抗变换和频率变换将低通原型滤波器转换为要求设计的低通/高通/带通/带阻滤波器，也就是反归一化过程，最后用集总参数或分布参数元器件搭建滤波器的整体模型，仿真、优化并进行电路实现，如图 5.4 所示。

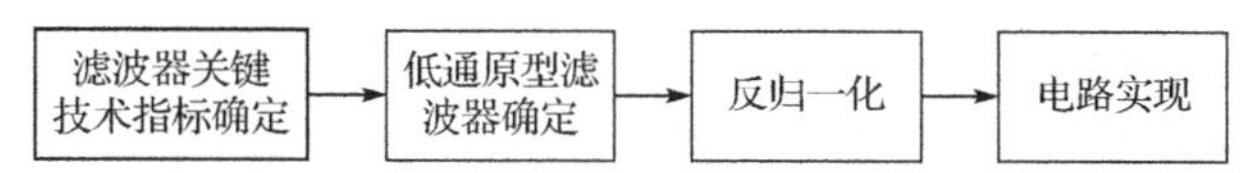

图 5.4 滤波器设计流程

低通原型滤波器的电路是由电感、电容等组成的简单网络，其元器件数目和数值只与通带截止频率、衰减和阻带起始频率、衰减有关，在设计过程中可查询表格而避免繁杂的计算。

1. 滤波器关键技术指标的确定

射频滤波器工作频段的确定：根据具体的应用需求来确定射频滤波器（一般为带通滤波器）的中心频率及阻带衰减。由于射频频率较高，滤波器品质因数不高，因此射频滤波器带宽一般会略大于信号带宽。射频滤波器的阻带衰减一般通过多级级联滤波器来得到。

中频滤波器工作频段的确定：中心频率可由用户自定义，但一般选择市面上较通用的中心频率，中频滤波器指标成熟、成本低。中频滤波器带宽一般严格要求与信号带宽相等。中频滤波器的阻带衰减没有严格的要求，遵循厂家指标即可，尽可能选衰减大的。

滤波器其他指标的确定：滤波器阶数、插入损耗、回波损耗、驻波比、线性相位、输入/输出阻抗等指标没有严格要求，尽可能选最优指标。

2. 低通原型滤波器的确定

低通原型滤波器是各类滤波器设计的基础，它根据滤波器的传输特性函数进行综合所得。低通原型滤波器可以看作实际低通滤波器的频率对通带截止频率归一化、各元器件阻抗对信源内阻抗归一化后的滤波器。图 5.5 所示为低通原型滤波器的两种结构，其中串联电感和并联电容存在对换关系。两种结构没有本质区别，是互易的，可以实现同样的滤波器幅频响应，具体设计时可选其中一种。很多实际应用的滤波器都是在这两种结构的基础上，经过一定的频率变换和参数变换设计出来的。

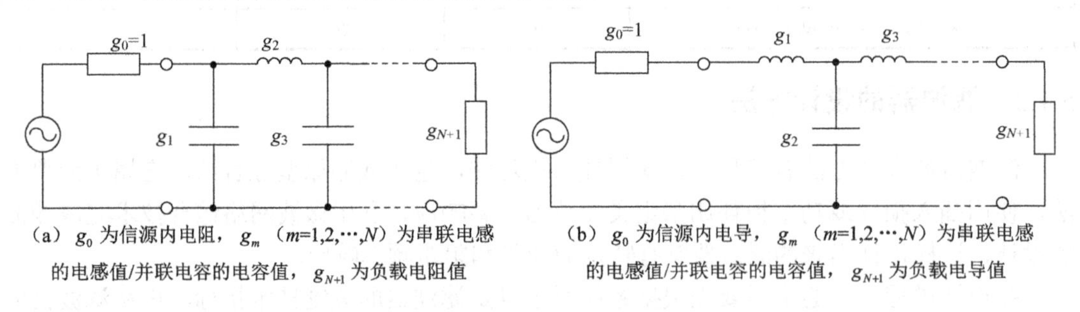

（a）g_0 为信源内电阻，g_m（m=1,2,…,N）为串联电感值/并联电容的电容值，g_{N+1} 为负载电阻值

（b）g_0 为信源内电导，g_m（m=1,2,…,N）为串联电感的电感值/并联电容的电容值，g_{N+1} 为负载电导值

图 5.5 低通原型滤波器的两种结构

低通原型滤波器的确定需要根据滤波器参数指标来进行，先确定一个逼近衰减特性的函数，再选择滤波器的类型、阶数，在此基础上查找相应类型和阶数的滤波器元器件参数，综合出具体的电路结构。

1）滤波器类型的选择

理想的低通滤波器应该能使所有低于截止频率的信号无损通过，所有高于截止频率的信号被无限衰减，从而其幅频特性曲线呈现矩形。但实际上这种理想的特性是无法实现的，所有的设计只不过是力图逼近这种特性。

这里给出常见的三种逼近函数：巴特沃斯函数、切比雪夫函数和椭圆函数，分别对应最平坦低通滤波器、等纹波低通滤波器和椭圆函数低通滤波器，如表 5.2 所示。根据所选的逼近函数的不同，可以得到不同的频率响应。最平坦低通滤波器结构简单，插入损耗小，通带内的频率响应曲线最大限度平坦，没有起伏，阻带内则逐渐衰减为零，适合窄带场合；等纹波低通滤波器结构简单，频带宽，边沿陡峭，通带或阻带内频率响应等纹波波动，应用范围广；椭圆函数低通滤波器结构复杂，边沿陡峭，通带和阻带内频率响应等纹波波动。相较其他类型的滤波器，椭圆函数滤波器在阶数相同的条件下有最小的通带和阻带波动，适用于特殊场合。具体选用何种滤波器，需要根据电路或系统的要求而定。

表 5.2　三种低通滤波器

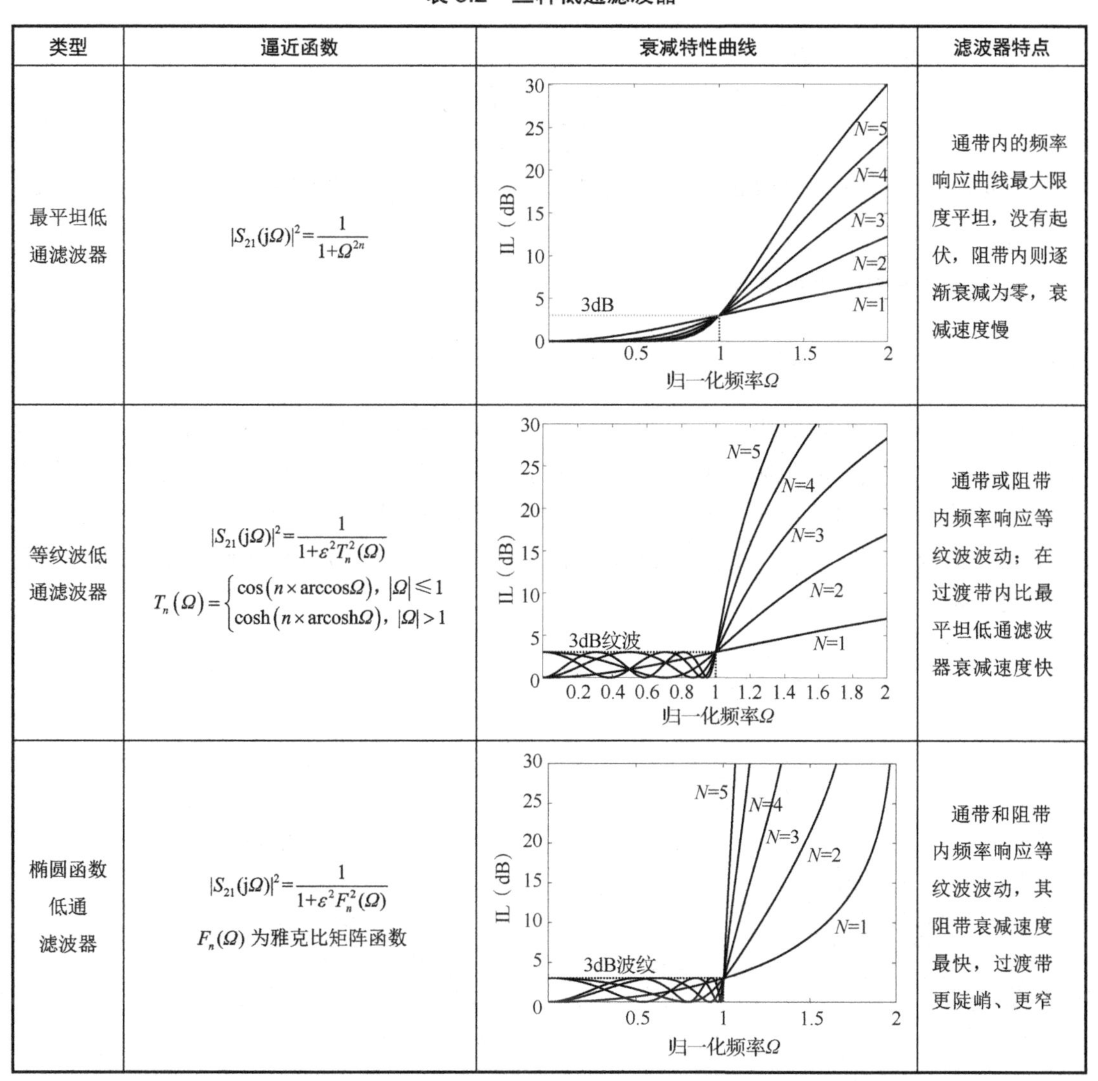

类型	逼近函数	衰减特性曲线	滤波器特点
最平坦低通滤波器	$\lvert S_{21}(\mathrm{j}\Omega)\rvert^2=\dfrac{1}{1+\Omega^{2n}}$		通带内的频率响应曲线最大限度平坦，没有起伏，阻带内则逐渐衰减为零，衰减速度慢
等纹波低通滤波器	$\lvert S_{21}(\mathrm{j}\Omega)\rvert^2=\dfrac{1}{1+\varepsilon^2 T_n^2(\Omega)}$ $T_n(\Omega)=\begin{cases}\cos(n\times\arccos\Omega), & \lvert\Omega\rvert\leqslant 1\\ \cosh(n\times\mathrm{arcosh}\Omega), & \lvert\Omega\rvert>1\end{cases}$		通带或阻带内频率响应等纹波波动；在过渡带内比最平坦低通滤波器衰减速度快
椭圆函数低通滤波器	$\lvert S_{21}(\mathrm{j}\Omega)\rvert^2=\dfrac{1}{1+\varepsilon^2 F_n^2(\Omega)}$ $F_n(\Omega)$ 为雅克比矩阵函数		通带和阻带内频率响应等纹波波动，其阻带衰减速度最快，过渡带更陡峭、更窄

2）滤波器阶数的选择

滤波器阶数等于低通原型电抗器件（电感或电容）的个数。滤波器阶数 N 不同，衰减特性曲线也不同，阶数越大，衰减速度越快。因此，一般根据滤波器参数尤其是阻带抑制来确定滤波器阶数，可直接利用公式计算得到最小阶数，也可先求出归一化频率，再通过衰减特性曲线来确定滤波器阶数。

归一化频率的计算方法如下。

低通滤波器归一化频率为

$$\Omega = \frac{\omega}{\omega_c} \tag{5.4}$$

式中，ω_c表示通带截止频率；ω表示阻带频率。

高通滤波器归一化频率为

$$\Omega = \frac{-\omega_c}{\omega} \tag{5.5}$$

带通滤波器归一化频率为

$$\Omega = \frac{\omega_0}{\omega_U - \omega_L}\left(\frac{\omega}{\omega_0} - \frac{\omega_0}{\omega}\right) \tag{5.6}$$

式中，ω_U、ω_L分别表示带通滤波器的上边频与下边频；带通滤波器通带宽度$BW = \omega_U - \omega_L$；$\omega_0 = \sqrt{\omega_U \omega_L}$表示中心频率。

带阻滤波器归一化频率为

$$\Omega = -\left[\frac{\omega_0}{\omega_U - \omega_L}\left(\frac{\omega}{\omega_0} - \frac{\omega_0}{\omega}\right)\right]^{-1} \tag{5.7}$$

图 5.6 所示为低通滤波器的衰减特性曲线。当滤波器阶数确定时，可查看其相应的衰减特性曲线，找出满足阻带衰减要求的最小阶数。例如，若要设计一个在归一化频率为 1.7 时功率衰减量不小于 30dB 的低通滤波器，则根据图 5.6 可以看出最平坦低通滤波器至少需要 7 阶，3dB 等纹波低通滤波器至少需要 4 阶，0.5dB 等纹波低通滤波器至少需要 5 阶。

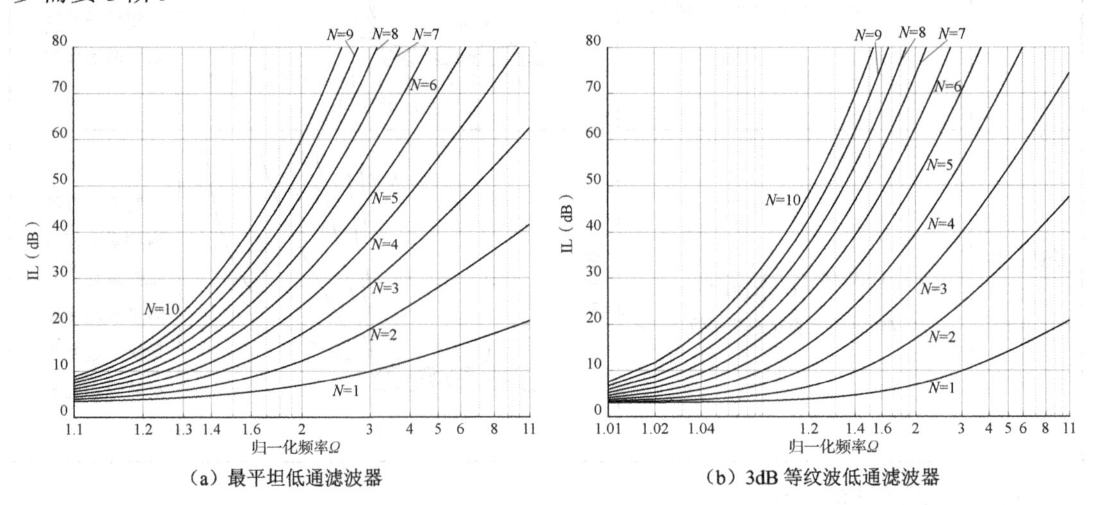

（a）最平坦低通滤波器　　（b）3dB 等纹波低通滤波器

图 5.6　低通滤波器的衰减特性曲线

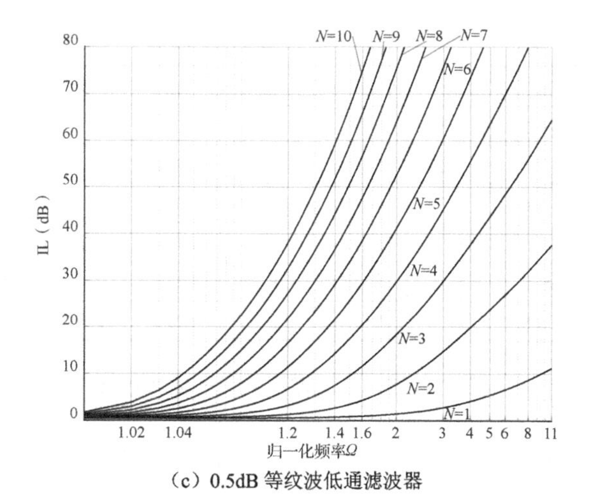

（c）0.5dB 等纹波低通滤波器

图 5.6　低通滤波器的衰减特性曲线（续）

3）滤波器元器件参数的确定

对于上述三种滤波器，利用低通原型综合法，结合图 5.5 所示电路结构和逼近函数表达式，可以求出任意 N 阶低通原型滤波器的参数值，但其数学计算比较繁琐，现已有表格供设计此类滤波器时直接查用。表 5.3～表 5.5 给出了三种低通滤波器的归一化参数。例如，若要设计一个在归一化频率为 1.7 时功率衰减量不小于 30dB 的低通滤波器，那么在确定采用 4 阶的 3dB 等纹波低通滤波器后，通过查表可得其归一化参数 $g_1=3.4389$、$g_2=0.7483$、$g_3=4.3471$、$g_4=0.5920$、$g_5=5.8095$。

表 5.3　最平坦低通滤波器的归一化参数（N=1～10）

N	g_1	g_2	g_3	g_4	g_5	g_6	g_7	g_8	g_9	g_{10}	g_{11}
1	2.0000	1.0000	–	–	–	–	–	–	–	–	–
2	1.4142	1.4142	1.0000	–	–	–	–	–	–	–	–
3	1.0000	2.0000	1.0000	1.0000	–	–	–	–	–	–	–
4	0.7654	1.8478	1.8478	0.7654	1.0000	–	–	–	–	–	–
5	0.6180	1.6180	2.0000	1.6180	0.6180	1.0000	–	–	–	–	–
6	0.5176	1.4142	1.9318	1.9318	1.4142	0.5176	1.0000	–	–	–	–
7	0.4450	1.2470	1.8019	2.0000	1.8019	1.2470	0.4450	1.0000	–	–	–
8	0.3902	1.1111	1.6629	1.9615	1.9615	1.6629	1.1111	0.3902	1.0000	–	–
9	0.3473	1.0000	1.5321	1.8794	2.0000	1.8794	1.5321	1.0000	0.3473	1.0000	–
10	0.3129	0.9080	1.4142	1.7820	1.9754	1.9754	1.7820	1.4142	0.9080	0.3129	1.0000

表 5.4　3dB 等纹波低通滤波器的归一化参数（N=1～10）

N	g_1	g_2	g_3	g_4	g_5	g_6	g_7	g_8	g_9	g_{10}	g_{11}
1	1.9953	1.0000	–	–	–	–	–	–	–	–	–
2	3.1013	0.5339	5.8095	–	–	–	–	–	–	–	–
3	3.3487	0.7117	3.3487	1.0000	–	–	–	–	–	–	–
4	3.4389	0.7483	4.3471	0.5920	5.8095	–	–	–	–	–	–

续表

N	g_1	g_2	g_3	g_4	g_5	g_6	g_7	g_8	g_9	g_{10}	g_{11}
5	3.4817	0.7618	4.5381	0.7618	3.4817	1.0000	–	–	–	–	–
6	3.5045	0.7685	4.6061	0.7929	4.4641	0.6033	5.8095	–	–	–	–
7	3.5182	0.7723	4.6386	0.8039	4.6386	0.7723	3.5182	1.0000	–	–	–
8	3.5277	0.7745	4.6575	0.8089	4.6990	0.8018	4.4990	0.6073	5.8095	–	–
9	3.5340	0.7760	4.6692	0.8118	4.7272	0.8118	4.6692	0.7760	3.5340	1.0000	–
10	3.5384	0.7771	4.6768	0.8136	4.7425	0.8164	4.7260	0.8051	4.5142	0.6091	5.8095

表 5.5　0.5dB 等纹波低通滤波器的归一化参数（N=1～10）

N	g_1	g_2	g_3	g_4	g_5	g_6	g_7	g_8	g_9	g_{10}	g_{11}
1	0.6986	1.0000	–	–	–	–	–	–	–	–	–
2	1.4029	0.7071	1.9841	–	–	–	–	–	–	–	–
3	1.5963	1.0967	1.5963	1.0000	–	–	–	–	–	–	–
4	1.6703	1.1926	2.3661	0.8419	1.9841	–	–	–	–	–	–
5	1.7058	1.2296	2.5408	1.2296	1.7058	1.0000	–	–	–	–	–
6	1.7254	1.2479	2.6064	1.3137	2.4758	0.8696	1.9841	–	–	–	–
7	1.7372	1.2583	2.6381	1.3444	2.6381	1.2583	1.7372	1.0000	–	–	–
8	1.7451	1.2647	2.6564	1.3590	2.6964	1.3389	2.5093	0.8796	1.9841	–	–
9	1.7504	1.2690	2.6678	1.3673	2.7939	1.3673	2.6678	1.2690	1.7504	1.0000	–
10	1.7543	1.2721	2.6754	1.3725	2.7392	1.3806	2.7231	1.3485	2.5239	0.8842	1.9841

可以看出，在低通原型滤波器参数的确定过程中，设计者可直接控制的指标包括通带截止频率 ω_C（对应 3dB 带宽）、阻带频率 ω 和阻带衰减 α（单位为 dB，在归一化阻带频率处，满足最小衰减 α）、滤波器阶数（选择滤波器类型后，满足要求的最小阶数即可确定），但滤波器相位和过渡带的衰减不是直接设定或调节的，确定滤波器类型及阶数等参数后，这些量就确定下来了。

3. 反归一化

低通原型滤波器的阻抗都是经过归一化的，为了得到实用的滤波器，必须对其进行包含频率变换和阻抗变换的反归一化过程，这样才能满足实际工作频率和阻抗的需求。

频率变换是指将归一化频率Ω变换为实际频率 ω，也就是按比例调整标准电感和电容。频率变换仅对频率标度的横坐标进行了变换，对表示衰减的纵坐标并没有变换，即未改变滤波器的衰减特性。采用适当的比例变换和平移，可以由低通原型滤波器得到低通滤波器、高通滤波器、带通滤波器和带阻滤波器。低通滤波器只需对截止频率进行变换，高通滤波器要把截止频率变换成通带起始频率，带通滤波器和带阻滤波器需要对中心频率进行归一化，截止频率需要变换 2 次，元器件个数加倍。

表 5.6 所示为低通原型滤波器到实际滤波器的变换方法，其中 ω_C 为截止频率，ω_U、ω_L 分别表示滤波器的上边频与下边频，滤波器通带宽度 $\mathrm{BW}=\omega_U-\omega_L$，中心频率 $\omega_0=\sqrt{\omega_U\omega_L}$。

表 5.6　低通原型滤波器到实际滤波器的变换方法

	低通原型	变换为低通滤波器	变换为高通滤波器	变换为带通滤波器	变换为带阻滤波器
变换方法（低通原型为电感形式元件）	 $L=g_k$	$\frac{L}{\omega_c}$	 $\frac{1}{\omega_c L}$	 $\frac{L}{\mathrm{BW}}$ $\frac{\mathrm{BW}}{\omega_0^2 L}$	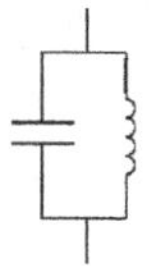 $\frac{1}{(\mathrm{BW})L}$ $\frac{(\mathrm{BW})L}{\omega_0^2}$
变换方法（低通原型为电容形式元件）	 $C=g_k$	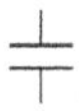 $\frac{C}{\omega_c}$	$\frac{1}{\omega_c C}$	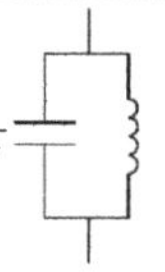 $\frac{C}{\mathrm{BW}}$ $\frac{\mathrm{BW}}{\omega_0^2 C}$	 $\frac{1}{(\mathrm{BW})C}$ $\frac{(\mathrm{BW})C}{\omega_0^2}$

阻抗变换是使变换后的滤波电路阻抗与信源内阻抗一致，即用归一化电感值、归一化电阻值乘源电阻值得到实际电感值、实际电阻值，用归一化电容值除以源电阻值得到实际电容值。

4. 电路实现

滤波器的元器件值如何通过具体电路实现，是滤波器设计中的重要问题。

对于集总参数滤波器，需要将理论计算出的电容值、电感值变换为实际存在的值。以集总参数带通滤波器为例，其完整的设计过程如下。

（1）确定设计参数。根据通带截止频率、通带最大衰减、阻带边频和阻带最小衰减决定滤波器类型、选择滤波器结构（先串联还是先并联）。如果所设计滤波器的通带到阻带的过渡带较陡，则一般选用等纹波滤波器。

（2）利用低通—带通等衰减频率变换关系计算阻带边频的归一化频率。

（3）根据频率变换后的衰减特性曲线来确定低通原型滤波器阶数及归一化元器件值。

（4）通过频率变换将低通原型滤波器元器件值变换为实际带通滤波器元器件值，参考表 5.6，将低通原型滤波器中的串联电感变换为带通滤波器中的串联谐振电路，将低通原型滤波器中的并联电容变换为带通滤波器中的并联谐振电路。

（5）将归一化元器件值变换为实际元器件值，归一化电感值、归一化电阻值乘源电阻值，归一化电容值除以源电阻值。

（6）考虑是否物理可实现及是否容易获取，对元器件值的选取进行调整。

（7）仿真验证滤波器的指标是否满足设计要求。

（8）按照电路进行加工实现，并利用频谱分析仪、矢量网络分析仪等完成性能测试，根据测试结果来优化电路。

当工作频率较高时，由于寄生参数的影响，滤波器是难以采用分立元器件实现的，可以从集总参数低通滤波器出发，应用 Richards 变换和 Kuroda 规则来实现。Richards 变换可以通过公式将电阻、电容、电感等集总元器件变换为传输线，将集总参数的串联电感和并联电容变换成短路短截线和开路短截线。Kuroda 规则可以把滤波器结构中的各个元器件分隔开，通过改变元器件的位置获得更容易实现的滤波器，通过加入相应的微带线把串联短截线变换成并联短截线，实现从集总参数滤波电路到分布参数滤波电路的变换，根据微带线的特性计算得到微带线的特性阻抗和长度等参数，就可以完成微带线滤波器的理论设计了。

高低阻抗微带线滤波器（阶跃阻抗微带线滤波器）是一种常见的低通滤波器，其利用高低阻抗微带线来代替 LC 集总参数元器件，其中高阻抗微带线呈现出电感的特性，低阻抗微带线呈现出电容的特性。利用高阻抗微带线（特性阻抗值为 Z_{0h}）实现串联电感，低阻抗微带线（特性阻抗值为 Z_{0l}）实现并联电容，电感段和电容段的电长度分别为

$$\beta l = \frac{LZ_0}{Z_{0h}} \qquad \beta l = \frac{CZ_{0l}}{Z_0} \tag{5.8}$$

式中，Z_0 是滤波器输入/输出阻抗；L、C 是低通原型滤波器的归一化元器件值。

对于带通滤波器，微带线不允许直接相连，需要通过微带线耦合的方式让射频信号通过，从而阻断低频信号。因此，经常使用两条平行接近的微带线（称为耦合微带线）组成带通滤波器。耦合微带线是设计微带线带通滤波器的基础，常见的是平行耦合微带线，它由两条相互靠近且平行的微带线构成，当微带线长度为 $\lambda/4$ 或 $\theta=\pi/2$ 时，该微带线耦合节可以得到典型的带通滤波器特性，如图 5.7（a）所示，其性能主要受微带线的宽度 W、间距 S 和长度 L 等参数的影响。宽度 W 越小，滤波器通带宽度越大，但滤波器损耗越大。间距 S 会影响滤波器的插入损耗，间距 S 越大，耦合度越小，插入损耗越大。当工作时，两条微带线之间同时具有奇模激励和偶模激励，常采用奇偶模分析法。单个微带线耦合节虽然具有滤波特性，但不能提供良好的滤波器响应及陡峭的过渡带，因此通常将多个微带线耦合节级联，如图 5.7（b）所示，这样可获得高性能的带通滤波器特性。在图 5.7（b）中，两端不参与耦合的单独微带线的特性阻抗一般为 50Ω，它们用来连接测试所用的射频接头。

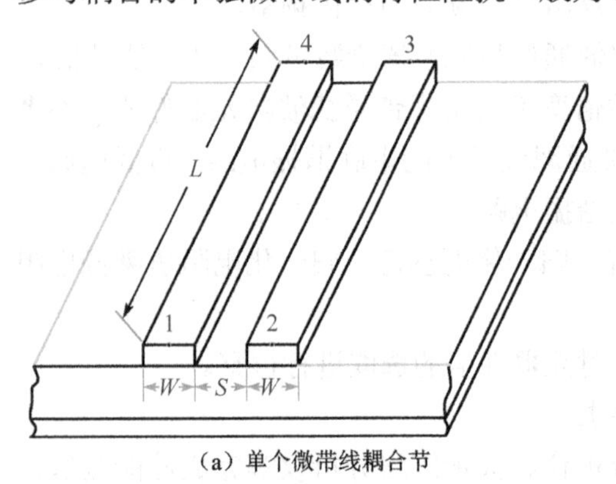

（a）单个微带线耦合节

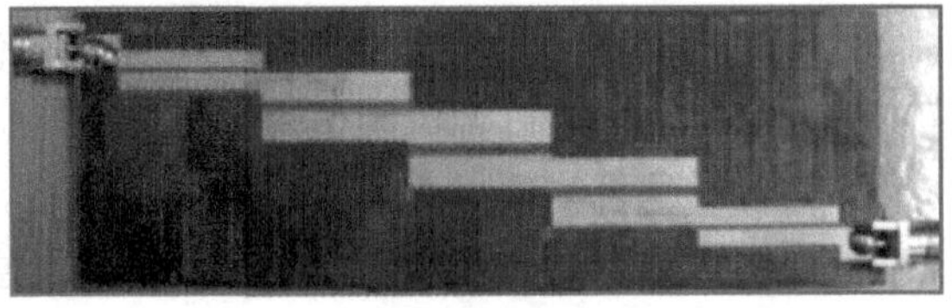
（b）多个微带线耦合节

图 5.7　耦合微带线带通滤波器

以耦合微带线带通滤波器为例，其主要设计步骤如下。

（1）确定滤波器的参数。根据要求的通带上下边频（ω_U 和 ω_L）确定滤波器的通带宽度 BW、中心频率 ω_0。根据通带最大衰减、截止频率、阻带边频和阻带最小衰减，决定选用哪种滤波器，通过查表来确定滤波器阶数，选择归一化低通原型滤波器，查找相应的滤波器元器件参数表来确定参数 $g_0, g_1, g_2, \cdots, g_N, g_{N+1}$。

（2）利用下面的公式，确定滤波器的设计参数——耦合微带线的奇模阻抗和偶模阻抗。其中，Z_0 是滤波器输入端口和输出端口的微带线特性阻抗，下标 i、i+1 表示耦合微带线单元的序号。由于公式较为复杂，因此可采用 MATLAB 编程计算。

$$Z_{0o}\big|_{i,i+1} = Z_0\left[1 - Z_0 J_{i,i+1} + (Z_0 J_{i,i+1})^2\right] \tag{5.9}$$

$$Z_{0e}\big|_{i,i+1} = Z_0\left[1 + Z_0 J_{i,i+1} + (Z_0 J_{i,i+1})^2\right] \tag{5.10}$$

（其中 $J_{0,1} = \dfrac{1}{Z_0}\sqrt{\dfrac{\pi(\mathrm{BW})}{2g_0 g_1}}$， $J_{i,i+1} = \dfrac{1}{Z_0}\dfrac{\pi(\mathrm{BW})}{2\sqrt{g_i g_{i+1}}}$， $J_{N,N+1} = \dfrac{1}{Z_0}\sqrt{\dfrac{\pi(\mathrm{BW})}{2g_N g_{N+1}}}$ ）

（3）根据微带线的奇模阻抗和偶模阻抗，按照给定微带线板材的参数，计算得到耦合微带线的物理尺寸 W、S、L。耦合微带线带通滤波器的性能与所用板材的类型和参数有关。板材介电常数越小，信号传输速率越高，在固定尺寸条件下，所设计出的滤波器中心频率越大，回波损耗越小。板材损耗角正切值越小，所设计出的滤波器插入损耗越小。此外，滤波器带内损耗受金属导带厚度的影响，随着厚度的增加，带内损耗会减小。因此，要综合这些因素选择合适的板材，从而计算滤波器的物理尺寸。

（4）根据计算出来的参数设计电路。连接好电路，仿真验证滤波器的指标是否满足设计要求，结合仿真结果进行参数优化和调整，直到完全达到设计要求。

（5）按照调整好的参数进行实物加工和测试。

另外，如果将耦合微带线的半波长谐振线对折，则可以减小体积，这样就形成了发卡式滤波器。发卡式滤波器结构紧凑，性能指标良好，在微波工程中广泛使用。

除低通原型综合法外，很多设计者依照各类滤波器的拓扑结构在软件中做好了集成，使用者使用时只需要依据指标设置参数、选择拓扑结构、进行参数仿真、调整优化电路即可，这样在很大程度上减少了设计工作量。

5.2　设计背景及指标

1. 中频滤波器的设计要求

根据通信系统结构图，当接收机采取零中频结构时，混频后接入的中频滤波器采用低通滤波器即可提取出有用信号；当接收机采取低中频结构时，混频后接入的中频滤波器采用带通滤波器即可提取出有用信号。

这里设计满足特定指标要求的中频滤波器，包括低通滤波器和带通滤波器，要求用集总参数元器件实现，需要利用 AetherMW 完成滤波器的原理图设计与仿真，具体的滤波器设计指标如表 5.7 所示。

表 5.7　中频滤波器设计指标

滤波器类型	性能指标	指标值	备注
低通滤波器	工作频率（MHz）	0～160	-
	3dB 带宽（MHz）	160	-
	阻带衰减（dB）	40	400MHz

续表

滤波器类型	性能指标	指标值	备注
低通滤波器	通带插入损耗（dB）	1	
	输入/输出阻抗（Ω）	50	
带通滤波器	中心频率（MHz）	70	
	3dB 带宽（MHz）	3.5	
	阻带衰减（dB）	30	66MHz
	通带插入损耗（dB）	1	
	输入/输出阻抗（Ω）	50	

2．射频预选滤波器的设计要求

在接收通道中，射频预选滤波器一般采用带通滤波器。设计一个满足要求的带通滤波器，要求用分布参数元器件实现，完成原理图设计与仿真，具体的滤波器设计指标如表 5.8 所示。

表 5.8　射频预选滤波器设计指标

滤波器类型	性能指标	指标值	备注
带通滤波器	中心频率（f_0，MHz）	2595	
	3dB 通带（MHz）	f_0±80	
	通带纹波（dB）	≤1	
	阻带衰减（dB）	30	f_0±200MHz
	输入/输出阻抗（Ω）	50	

3．微带线低通滤波器的设计要求

设计一个微带线低通滤波器，要求其 3dB 截止频率为 2.6GHz，通带最大纹波为 1dB，当频率为 3dB 截止频率的 1.5 倍时，损耗不低于 20dB，输入、输出阻抗均为 50Ω。

采用双面敷铜的 FR-4 基板，其参数如下：基板厚度为 0.8mm，介电常数为 4.3，磁导率为 1，金属导带电导率为 5.88e7S/m，封装高度为 1e33mm，金属导带厚度为 0.03mm，损耗角正切值为 1e-4，表面粗糙度为 0mm。

5.3　设计方法及过程

5.3.1　中频滤波器的设计

1．基于 AetherMW 的集总参数滤波器的设计方法

AetherMW 提供了多种设计滤波器的方法，如直接利用 AetherMW 自带的滤波器设计工具来设计滤波器、利用电路调谐工具或优化工具来设计滤波器等，设计者可自行选择合适的方法实现中频滤波器的设计。

基于 AetherMW 的集总参数滤波器的设计方法有如下三种。

方法一：利用低通原型综合法设计滤波器，获取滤波器类型、结构、阶数、理论电容

值、电感值；将滤波器理论电容值、电感值转换为可实现的电容值、电感值（市面上有的）；在 AetherMW 中导入滤波器电路，对电路指标进行仿真，频率扫描范围应完整覆盖滤波器通带与阻带；评估滤波器电路指标，根据结果利用 ActhcrMW 中的电路调谐工具或优化工具来优化滤波器电路，直到达到设计要求。

方法二：根据滤波器厂家给的评估版电路（如果有的话），将其导入 AetherMW 中，对电路指标进行仿真，频率扫描范围应完整覆盖滤波器通带与阻带，根据仿真结果对滤波器元器件参数进行调整。

方法三：使用 AetherMW 自带的滤波器设计工具——Filter Synthetization，输入滤波器类型、纹波系数、输入/输出阻抗、通带频率、截止频率、截止频率处损耗等指标，自动设计滤波器电路，对电路指标进行仿真，频率扫描范围应完整覆盖滤波器通带与阻带。将电容值、电感值换成市面上有的电容值、电感值，调整电路参数，对未达标指标进行优化。

2．基于 AetherMW 自带的滤波器设计工具来设计带通滤波器

利用 AetherMW 自带的滤波器设计工具来设计带通滤波器的具体过程如下。

（1）在命令行启动 AetherMW，进入 Design Manager 主界面。在工具栏中单击【New Library】按钮，新建库 Filter_lab，设置库名称及存储路径，单击【Attach To Library】按钮并将其添加到 rfmw 器件库。新建一个设计文件，在原理图设计界面选择【Filter Synthetization】选项后，弹出【Filter Synthetization】对话框，如图 5.8 所示，其分为参数设置区域【Setup】、响应区域【Response】和电路图区域【Schematic】。

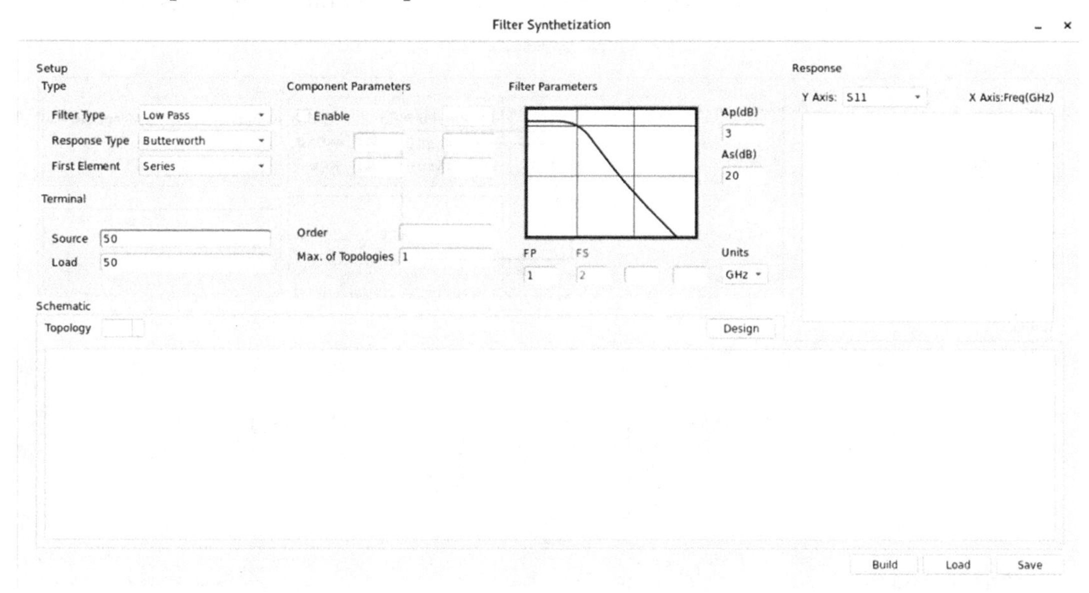

图 5.8　【Filter Synthetization】对话框

（2）在【Setup】区域完成滤波器指标的设置。在【Type】窗口中设置滤波器类型（Filter Type）、响应类型（Response Type）和第一个元器件的连接方式（First Element）。其中滤波器类型包含低通、高通、带通和带阻 4 种，如图 5.9（a）所示；响应类型列出了各种滤波

器响应函数，包含巴特沃斯函数、切比雪夫函数、椭圆函数等，如图 5.9（b）所示；第一个元器件的连接方式包含并联和串联两种，如图 5.9（c）所示。这里应根据设计要求完成类型选择。Source 栏和 Load 栏用来设置滤波器两个端口的阻抗。Order 栏和 Max of Topologies 栏用来设置滤波器的阶数和电路拓扑数目。【Component Parameters】窗口用来设置滤波器元器件的品质因数。【Filter Parameters】窗口用来设置滤波器的通带频率、阻带频率、通带插入损耗和阻带衰减等。

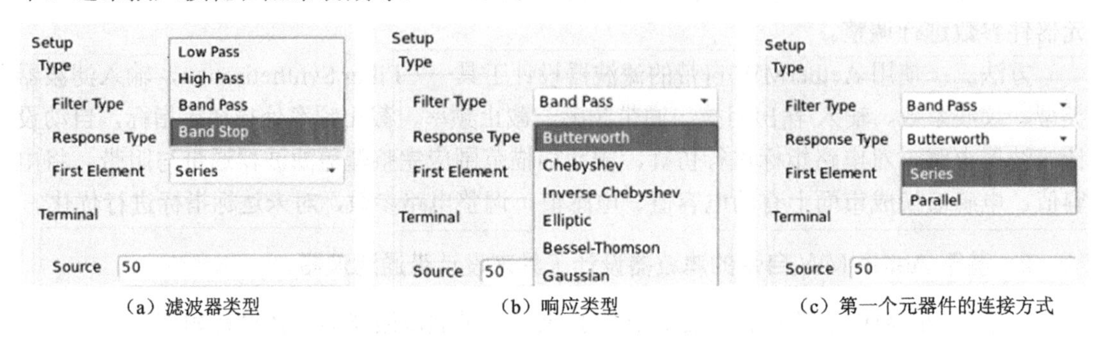

（a）滤波器类型　　　　（b）响应类型　　　　（c）第一个元器件的连接方式

图 5.9　【Setup】区域

（3）设置完成后单击【Design】按钮，这样会自动生成滤波器电路，可在【Schematic】区域看到生成的电路，这里会给出每个元器件的值及连接方式，如图 5.10 所示，该示例中为 5 阶最平坦带通滤波器。对应的频率响应可在【Response】区域直接查看，可以看到插入损耗（S_{21}）、回波损耗（S_{11}）、驻波比（VSWR）和群时延（Group Delay）的结果。

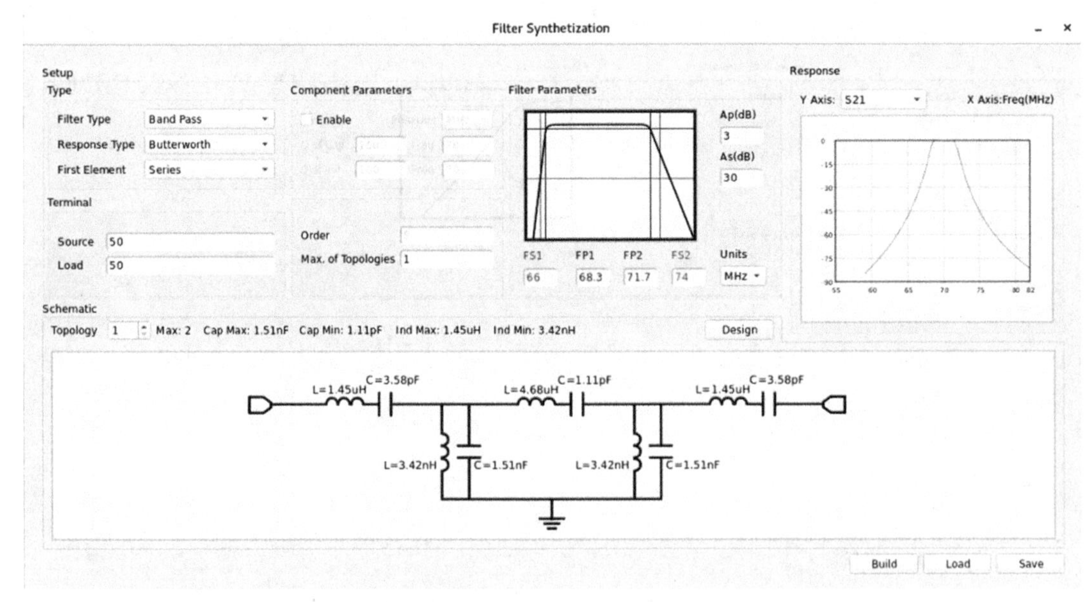

图 5.10　滤波器电路及结果显示示例

（4）到这一步已完成了带通滤波器的初步设计，但为了电路调整和实现的方便，需要在原理图中搭建电路图。单击【Build】按钮，可在原理图中添加刚设计生成的滤波器电路，图 5.11 所示为滤波器设计结果示例。选择 Term，将其放置在滤波器两端，作为端口 1 和端口 2，端口阻抗为 50Ω，放置两个地，或者直接添加 TermG，用画线工具连接起来。

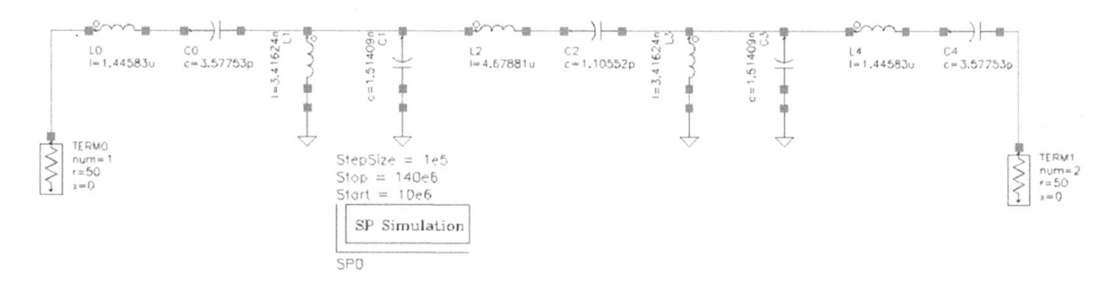

图 5.11　滤波器设计结果示例

在原理图设计界面中单击【Create】选项卡，选择 Analysis 工具栏，选择【SP】选项，进行 *S* 参数的分析，并在 Sweep Range 栏中输入扫频的起始和结束频率，在 Step Size 栏中输入步长。将仿真频率设置为 10～140MHz，步长设置为 0.1MHz。

（5）滤波器原理图搭建完成，接下来单击【Run Simulation】按钮开始仿真。仿真结束后，系统弹出 iViewer 界面，选择【矩形图】选项，在 iViewer 界面中添加 db(SP0.S(1,1))和 db(SP0.S(2,1))的矩形图，如图 5.12（a）所示。

为了清晰地观察滤波器的带内插入损耗和群时延，对 db(SP0.S(1,1))和 db(SP0.S(2,1))的坐标轴范围进行调整，如图 5.12（b）所示，先取消勾选【Auto Scale】复选框，把横轴即频率范围设置为 60～80MHz，步长设置为 1MHz，再把纵轴即幅度范围设置为–100～0dB，步长设置为 20dB，把 db(SP0.S(1,1))和 db(SP0.S(2,1))的结果合并在一张图上进行显示。为了观察带内相位变化，添加 Phase(S(1,1))，其横轴范围也设置为 60～80MHz，图 5.12（c）给出了一组设置后的仿真结果。

（6）对电路进行调整。对滤波器电路中的电容值、电感值进一步调整，将它们换成市面上已有的电容值、电感值，这样才能实现。调整后再次仿真，评估滤波器电路指标，对未达标指标进行优化，调整电路参数，直到达到设计要求。为了对比不同滤波器的性能，完成三种滤波器的设计与仿真，根据仿真结果，完成表 5.9。

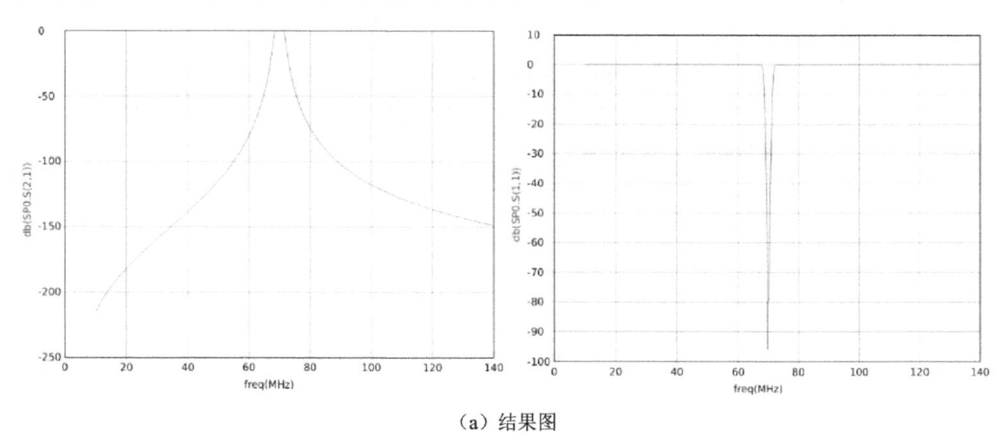

（a）结果图

图 5.12　滤波器仿真结果示例

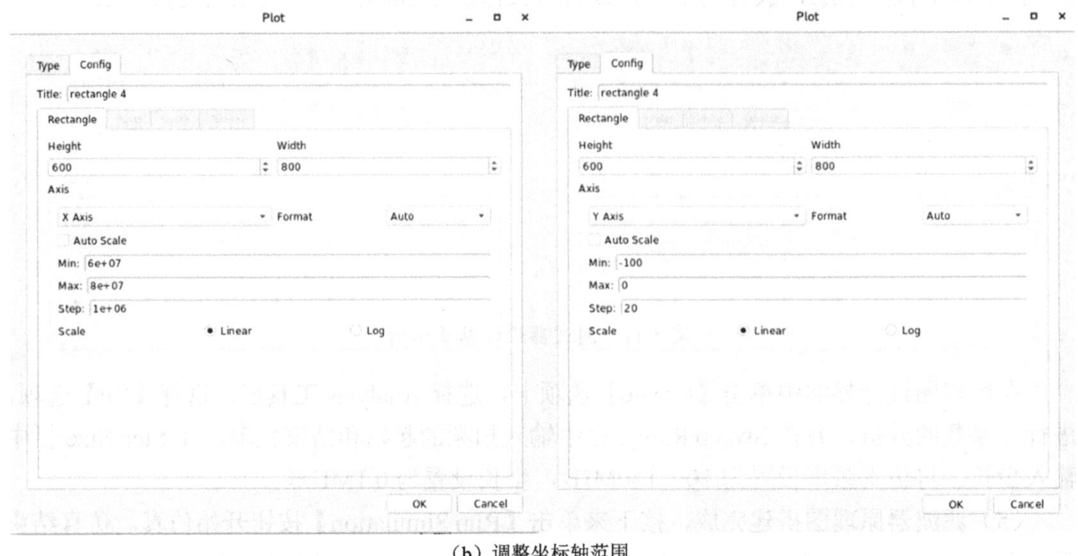

（b）调整坐标轴范围

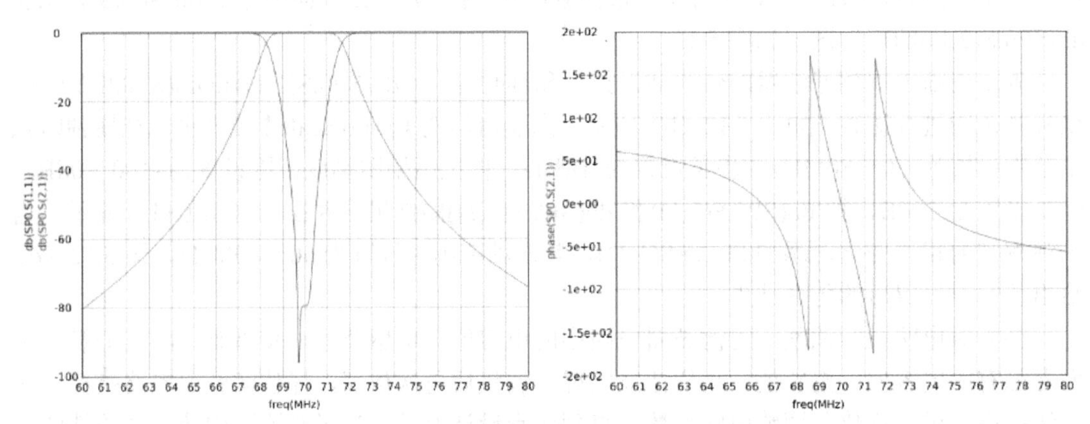

（c）调整坐标轴范围后的结果图

图 5.12　滤波器仿真结果示例（续）

表 5.9　带通滤波器仿真结果和实验结果

滤波器类型	3dB 带宽/截止频率	阻带频率	阻带衰减	通带插入损耗	通带回波损耗	输入阻抗	输出阻抗	滤波器阶数
最平坦滤波器								
等纹波滤波器								
椭圆函数滤波器								

5.3.2　射频预选滤波器的设计

1. 初始值计算

根据设计要求，计算在阻带两个截止频率处低通原型滤波器的归一化频率。

$$\mathrm{BW}=\frac{\omega_\mathrm{U}-\omega_\mathrm{L}}{\omega_0}=\frac{0.16}{2.595}\approx 0.06166\text{（归一化值）}$$

$$f\text{=2.795GHz 对应的归一化频率 }\Omega=\frac{\omega_0}{\omega_\mathrm{U}-\omega_\mathrm{L}}\left(\frac{\omega}{\omega_0}-\frac{\omega_0}{\omega}\right)=2.41$$

$$f\text{=2.395GHz 对应的归一化频率 }\Omega=\frac{\omega_0}{\omega_\mathrm{U}-\omega_\mathrm{L}}\left(\frac{\omega}{\omega_0}-\frac{\omega_0}{\omega}\right)=-2.60$$

根据通带内响应起伏小于 1dB 的要求，可选用纹波为 0.5dB 的等纹波低通滤波器。查纹波为 0.5dB 的等纹波低通滤波器衰减特性曲线图可知，要在Ω为 2.41 处获得 30dB 的衰减，则滤波器的阶数至少为 4 阶，这里以 4 阶为例，查表 5.5 确定滤波器的归一化元器件参数。

$$g_1=1.6703、g_2=1.1926、g_3=2.3661、g_4=0.8419、g_5=1.9841$$

下面以耦合微带线结构的滤波器为例展开设计。利用 MATLAB 编程计算出耦合微带线的奇模阻抗、偶模阻抗，填入表 5.10。

利用 AetherMW 自带的微带线计算工具得到微带线的几何尺寸，根据 FR-4 基板参数，将传输线类型设置为 Edge-coupled Microstrip，通过设置奇模阻抗、偶模阻抗和电长度来得到对应微带线的间距、长度和宽度，填入表 5.10（i 表示耦合微带线的序号）。其中，将耦合微带线差分阻抗 Zdiff 的值设置为奇模阻抗的 2 倍，共模阻抗 ZCommon 的值设置为偶模阻抗的 1/2。此外，还要使用微带线计算工具得到两端 50Ω微带线的宽度 W_0。

表 5.10　耦合微带线特性阻抗和物理参数

i	$J_{i,i+1}Z_0$（Ω）	Z_{0o}（Ω）	Z_{0e}（Ω）	W（mm）	S（mm）	L（mm）
0	0.2406	40.8653	64.9220	1.3056	0.3759	16.3308
1	0.0685	46.8101	53.6590	1.4905	1.5241	16.0279
2	0.0575	47.2884	53.0428	1.4955	1.7612	16.0217
3	0.0685	46.8101	53.6590	1.4905	1.5241	16.0279
4	0.2406	40.8655	64.9214	1.3056	0.3759	16.3308

2. 滤波器原理图设计与仿真

在原理图设计界面中，选择传输线电路库 Transmission_line_microstrip，选择耦合线 MS_CFIL、微带线 MLINE 及控件 MSub，将其分别放置在绘图区中，选择画线工具将电路连接好，如图 5.13 所示，这里以 5 个微带线耦合节为例。

双击图 5.13 中的控件 MSUB0，设置其参数，如图 5.14（a）所示。双击两端的引出线 TL0、TL1，根据理论计算结果设置其宽度与长度（其中长度可根据版图情况修改），如图 5.14（b）所示。

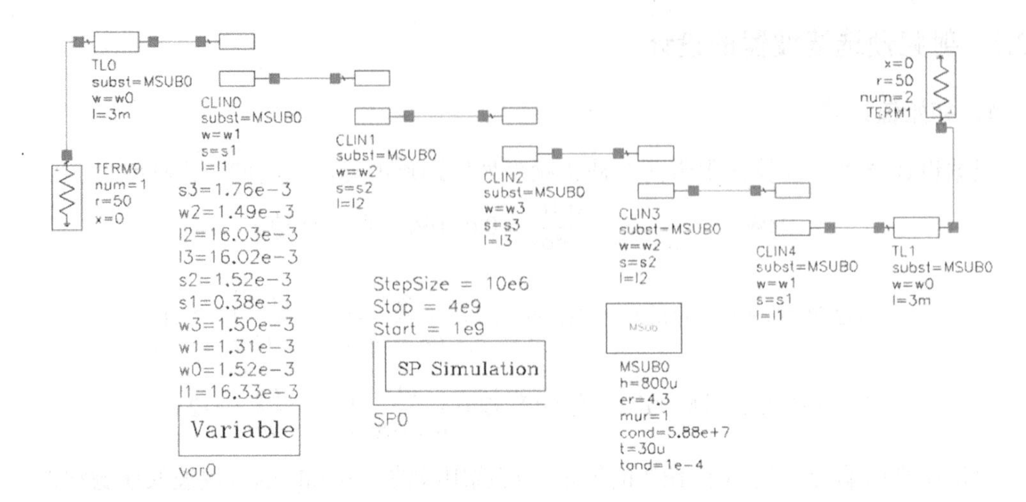

图 5.13　滤波器完整原理图示例

平行耦合微带线滤波器的结构是对称的，CLIN0 和 CLIN4、CLIN1 和 CLIN3 的长度 *L*、宽度 *W* 和间距 *S* 是相等的。微带线耦合节的参数是滤波器设计和优化的主要参数，因此 CLIN0、CLIN1 和 CLIN2 的长度用变量 l1、l2 和 l3 表示，宽度用变量 w1、w2 和 w3 表示，间距用变量 s1、s2 和 s3 表示，便于后面修改和优化，如图 5.14（c）所示。在原理图中添加一个变量控件 var0，在【Variable Setting】界面中，按照表 5.10 设置各微带线耦合节的 *W*、*S*、*L* 的初始值。

Edit Instance Properties (1 / 1)
Apply To Only Current　Instance
✓ Attribute　✓ Parameter　Property
Display
Library Name rfmw　Off
Cell Name MSub　Off
View Name symbol　Off
Instance Name MSUB0　Off
Rotate R0　Origin X -0.5625　Y -0.875
Pins
Parameter
Reset All　Display Parameter Name　Display
Substrate thickness　800u M　Off
Relative dielectric constant　4.3　Off
Relative permeability　1　Off
Conductor conductivity　5.88e+7　Off
Conductor thickness　30u M　Off
Dielectric loss tangent　1e-4　Off
Dielectric loss model　1-Svensson/Djordjevic　Off
Help　Apply　OK　Cancel

（a）MSUB0 设置

Edit Instance Properties (1 / 1)
Apply To Only Current　Instance
✓ Attribute　✓ Parameter　Property
Attribute
Display
Library Name rfmw　Off
Cell Name MLINE　Off
View Name symbol　Off
Instance Name TL0　Off
Rotate R0　Origin X -3.625　Y 0.625
Pins
Parameter
Reset All　Display Parameter Name　Display
Substrate instance name　MSUB0　Off
Line width　w0 M　Off
Line length　3m M　Off
sidewall distance 1　1e+30 M　Off
sidewall distance 2　1e+30 M　Off
temperature difference with the circuit　Off
Help　Apply　OK　Cancel

（b）引出线设置

Edit Instance Properties (1 / 1)
Apply To Only Current　Instance
✓ Attribute　✓ Parameter　Property
Attribute
Display
Library Name rfmw　Off
Cell Name MS_CFIL　Off
View Name symbol　Off
Instance Name CLIN0　Off
Rotate R0　Origin X -2.9375　Y 0.625
Pins
Parameter
Reset All　Display Parameter Name　Display
Substrate instance name　MSUB0　Off
Line width　w1 M　Off
Spacing between lines　s1 M　Off
Line length　l1 M　Off
temperature difference with the circuit　Off
Help　Apply　OK　Cancel

（c）微带线耦合节设置

图 5.14　滤波器各元器件的参数设置

在原理图设计界面中选择 Term，将其放置在滤波器两端，作为端口 1 和端口 2，并放置两个地。选择 *S* 参数扫描控件，将其放置在原理图中，并设置扫描的频率范围和步长，频率范围根据滤波器的指标确定（要包含通带和阻带的频率范围）。

将原理图保存后，开始仿真。仿真结束后，在 iViewer 界面中添加 S_{21} 和 S_{11}，显示 S_{21}、S_{11} 随频率变化的曲线。观察仿真结果，确定是否满足设计要求。

图 5.15 所示为滤波器初步仿真结果示例，从中可以看到，所设计的滤波器中心频率有

所偏移，通带纹波偏大，在 2.4GHz 处衰减只有 25dB，未达到设计要求，需要对参数进行调整。

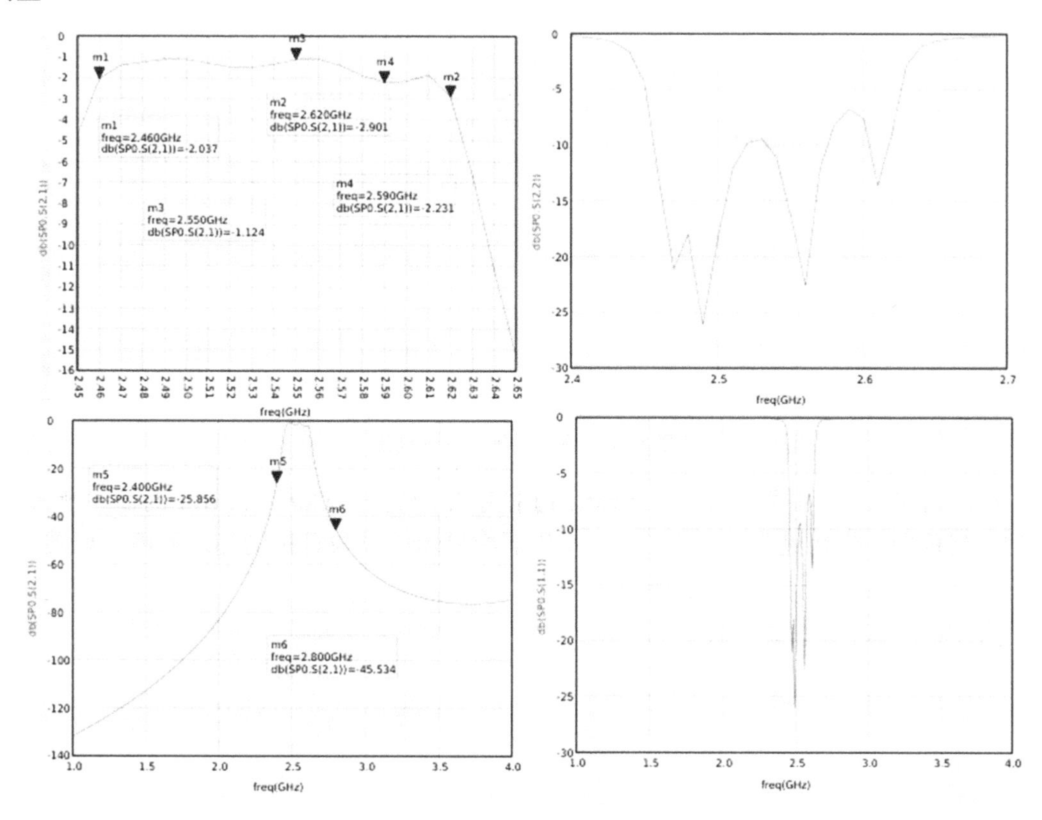

图 5.15　滤波器初步仿真结果示例

3. 采用优化工具优化各耦合微带线的参数

为了保证滤波器输入、输出阻抗为 50Ω，两端的微带线宽度不能改变，因此主要通过改变耦合微带线的长度、宽度和间距来达到系统指标，可以通过优化和调谐两种方式来实现。这里所涉及的指标较多，建议采用优化的方式。

首先，设定变量的范围。选择【Simulation Variable Setting】选项，在【Variable Setting】界面中选择【Optimization】子选项，选择各微带线耦合节的 W、L、S 参数作为滤波器设计和优化的变量。

然后，选择优化方法和优化目标。选择【Optimize】选项，调出优化设置界面。单击【Add Targets】按钮，添加优化目标，根据对通带插入损耗、通带纹波和阻带衰减的设计要求，将通带内的 db(SP0.S(1,1))、db(SP0.S(2,1))和阻带内的 db(SP0.S(2,1))作为优化目标，如图 5.16 所示。其中，优化目标 Limit1 中的 db(SP0.S(1,1))在通带 2.515～2.675GHz 内要小于或等于−12dB，从而满足通带纹波小于 1dB 的要求；优化目标 Limit2 中的 db(SP0.S(2,1))在通带 2.515～2.675GHz 内要大于或等于−3dB，从而满足设计带宽的要求；优化目标 Limit3 中的 db(SP0.S(2,1))在阻带 2.795～4GHz 内要小于或等于−30dB，从而满足中心频率+200MHz 处的衰减要求；优化目标 Limit4 中的 db(SP0.S(2,1))在阻带 1～2.395GHz 内要小于或等于

–30dB，从而满足中心频率–200MHz 处的衰减要求。Expr.栏为优化目标名称，Indep.Var1 栏均设置为 freq。

Optimization

Goals

Add Targets　　Edit Targets　Delete Targets

	Name	Enable	Expr.	Type	Min	Max	Weight	Indep.Var1	Var1 min	Var1 max
1	Limit1	✓	db(SP0.S(1,1))	<		-12	1	freq	2.515e9	2.675e9
2	Limit2	✓	db(SP0.S(2,1))	>	-3		1	freq	2.515e9	2.675e9
3	Limit3	✓	db(SP0.S(2,1))	<		-30	1	freq	2.795e9	4e9
4	Limit4	✓	db(SP0.S(2,1))	<		-30	1	freq	1e9	2.395e9

图 5.16　滤波器优化目标设置

设置完成后，单击【Start Optimization】按钮开始优化，Current Error 的值逐渐减小，直到达到预期，优化过程中会在 iViewer 界面中显示结果与目标的趋近程度，如图 5.17 所示。

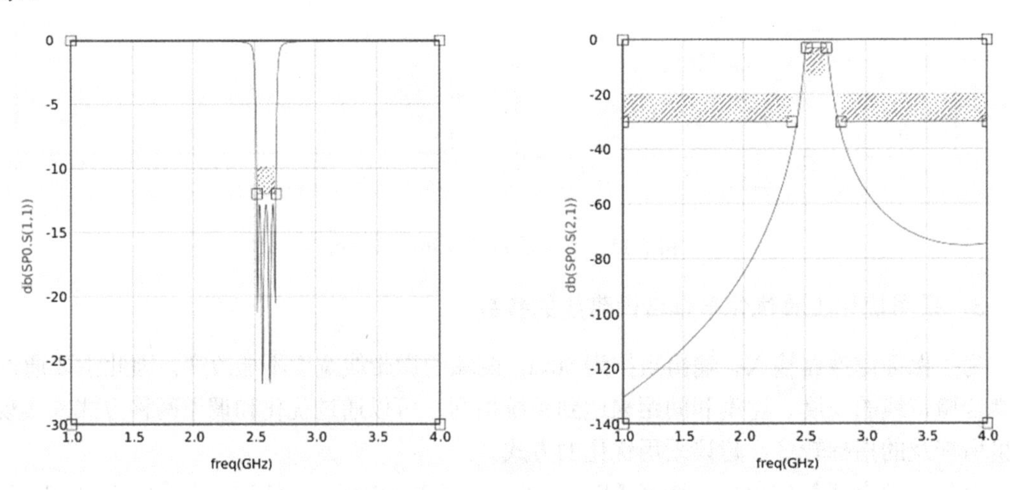

图 5.17　优化过程中 iViewer 界面中的结果显示

经过数次优化后，Current Error 的值达到预期，即优化结束。优化过程中根据情况可能会对优化目标和优化变量的取值范围、优化方法及次数进行适当的调整。

当优化结果达到设计指标时，单击【Apply To Schematic】按钮，将优化值更新到原理图中。优化完成后，关掉优化控件，单击【Run Simulation】按钮进行仿真，仿真结束后会出现 iViewer 界面，图 5.18 给出了一组优化结果，从中可以看到滤波器 3dB 通带为 2.51～2.68GHz，通带回波损耗大于 12dB，通带纹波小于 1dB，在中心频率±200MHz 处衰减均大于 30dB，所有的指标均达到了设计要求。

如果已经达到指标要求，那么接下来就可以进行版图仿真了。在版图仿真前，要看一下相邻各平行耦合微带线的宽度是否相差过大，如果相差过大，则容易使版图仿真结果在通带内出现较大纹波，造成原理图和版图仿真结果有较大差异，这时需要改变变量初始值重新进行优化。

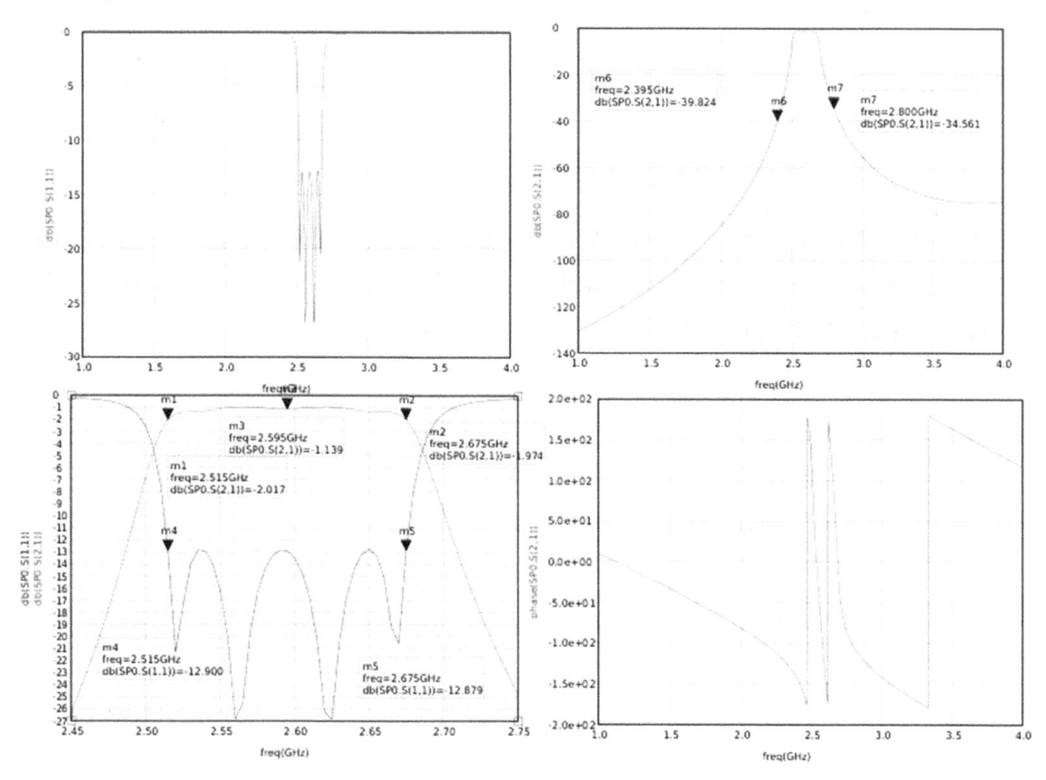

图 5.18　优化结果

5.3.3　微带线低通滤波器的设计

1. 初始值计算

首先根据微带线低通滤波器的设计要求来确定滤波器的阶数。根据通带纹波小于 1dB 的要求，可选用纹波为 0.5dB 的等纹波滤波器。查对应衰减特性曲线可知，要在归一化频率Ω为 1.5 处获得 20dB 的衰减，则滤波器的阶数至少为 5 阶。查表 5.5 确定滤波器的归一化参数为

$$g_1 = 1.7058、g_2 = 1.2296、g_3 = 2.5408、g_4 = 1.2296、g_5 = 1.7058、g_6 = 1.0000$$

微带线低通滤波器有电感输入式和电容输入式两种，这里选用电感输入式，其电路拓扑图和集总参数电路图如图 5.19 所示，可求得各元器件的真实值为

$$L_1 = L_5 = \frac{g_1 Z_0}{\omega_c} \approx 5.221\text{nH}，L_3 = \frac{g_3 Z_0}{\omega_c} \approx 7.777\text{nH}，C_2 = C_4 = \frac{g_2}{Z_0 \omega_c} \approx 1.505\text{pF}$$

利用 AetherMW 的 Lumped Components 库中的电容和电感，按照计算出来的参数搭建滤波器电路原理图，如图 5.20（a）所示。从 Simulation_SParam 库中找到 VSWR 控件，添加到原理图中，以便在仿真结果中直接观察驻波比的变化。

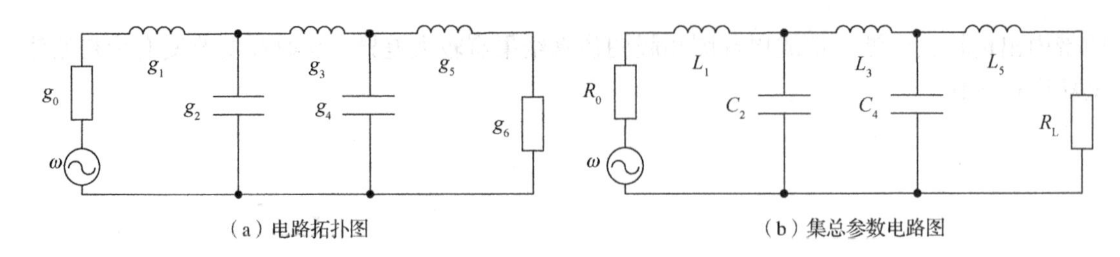

（a）电路拓扑图　　（b）集总参数电路图

图 5.19　5 阶微带线低通滤波器电路

仿真结果图如图 5.20（b）所示，从中可以看出该滤波器通带截止频率约为 2.75GHz，通带纹波约为 0.5dB，回波损耗约为–10dB，通带端口驻波比小于 2，在 3.9GHz 处衰减约为–26.6dB，达到了所有的设计要求。

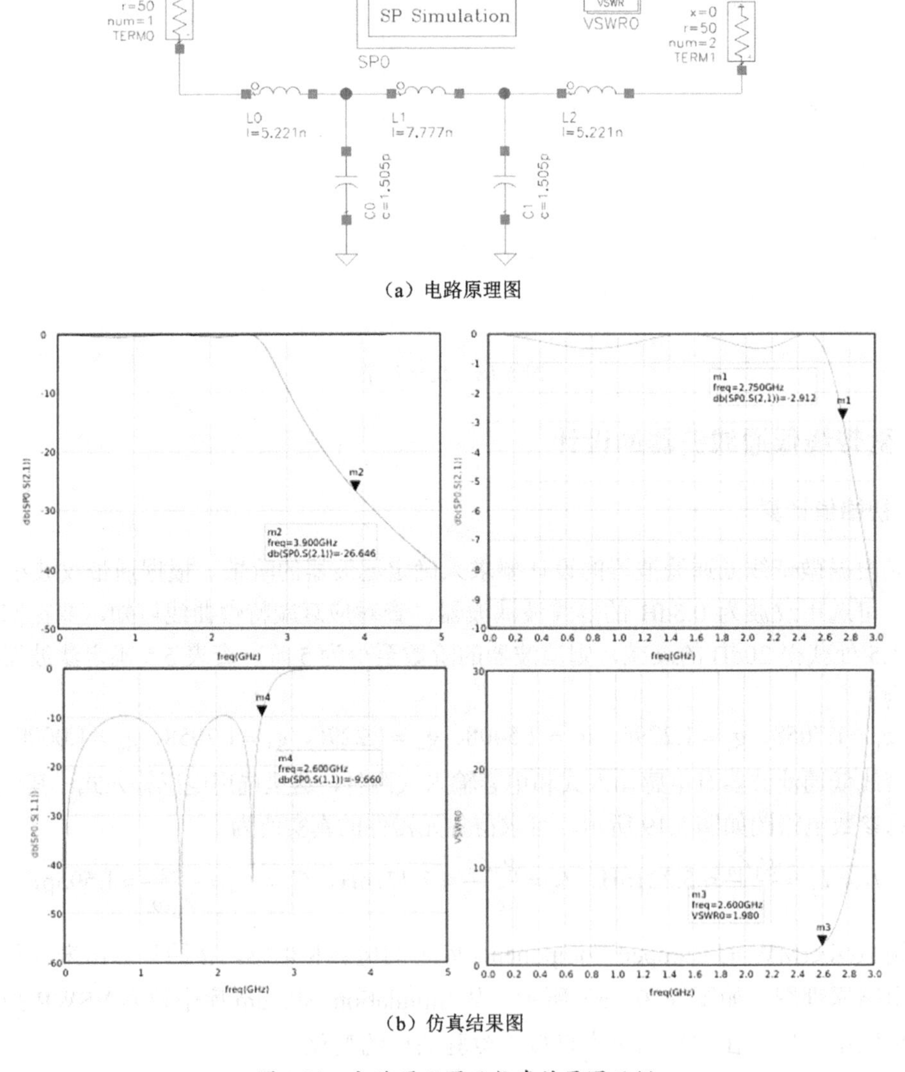

（a）电路原理图

（b）仿真结果图

图 5.20　电路原理图及仿真结果图示例

接下来，利用高阻抗微带线实现串联电感，利用低阻抗微带线实现并联电容，选择高、低阻抗微带线的特性阻抗 $Z_{0h}\approx 92.64\Omega$ 和 $Z_{0l}\approx 14.24\Omega$，根据式（5.8）算出其电长度。

按照 FR-4 基板参数进行设计，利用 AetherMW 中的微带线计算工具得到微带线的物理参数，如图 5.21 所示，把所得宽度和长度填入表 5.11（i 表示微带线的序号）。

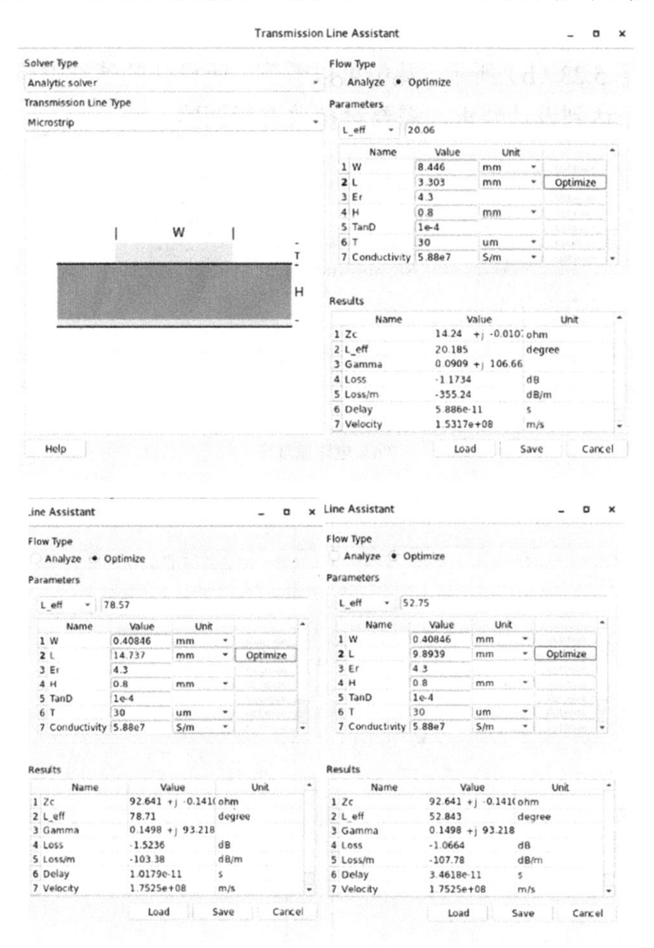

图 5.21　微带线物理参数初始值计算

表 5.11　微带线特性阻抗和物理参数

i	特性阻抗 Z_i（Ω）	电长度 βl（° ）	W（mm）	L（mm）
0	92.64	52.75	0.408	9.894
1	14.24	20.06	8.446	3.303
2	92.64	78.57	0.408	14.737
3	14.24	20.06	8.446	3.303
4	92.64	52.75	0.408	9.894

2. 原理图设计与仿真

在原理图设计界面中，选择传输线电路库 Transmission_line_microstrip，选择微带线

MLINE 及控件 MSub，将其分别放置在绘图区中。5 段高、低阻抗微带线（TL0、TL1、TL2、TL3 和 TL4）和 2 段两端的引出线（TL5 和 TL6），共 7 段微带线，按照计算出来的参数设置这些线的长度和宽度，如图 5.22（a）所示，选择画线工具将电路连接好。从 Simulation_SParam 库中找到 VSWR 控件，添加到原理图中，以便在仿真结果中直接观察频段内驻波比的变化。

仿真结果图如图 5.23（b）所示，从中可以看到，所设计的滤波器带宽略小，在 2.6GHz 处衰减约为 5dB，未达到设计要求，需要对参数进行调整。

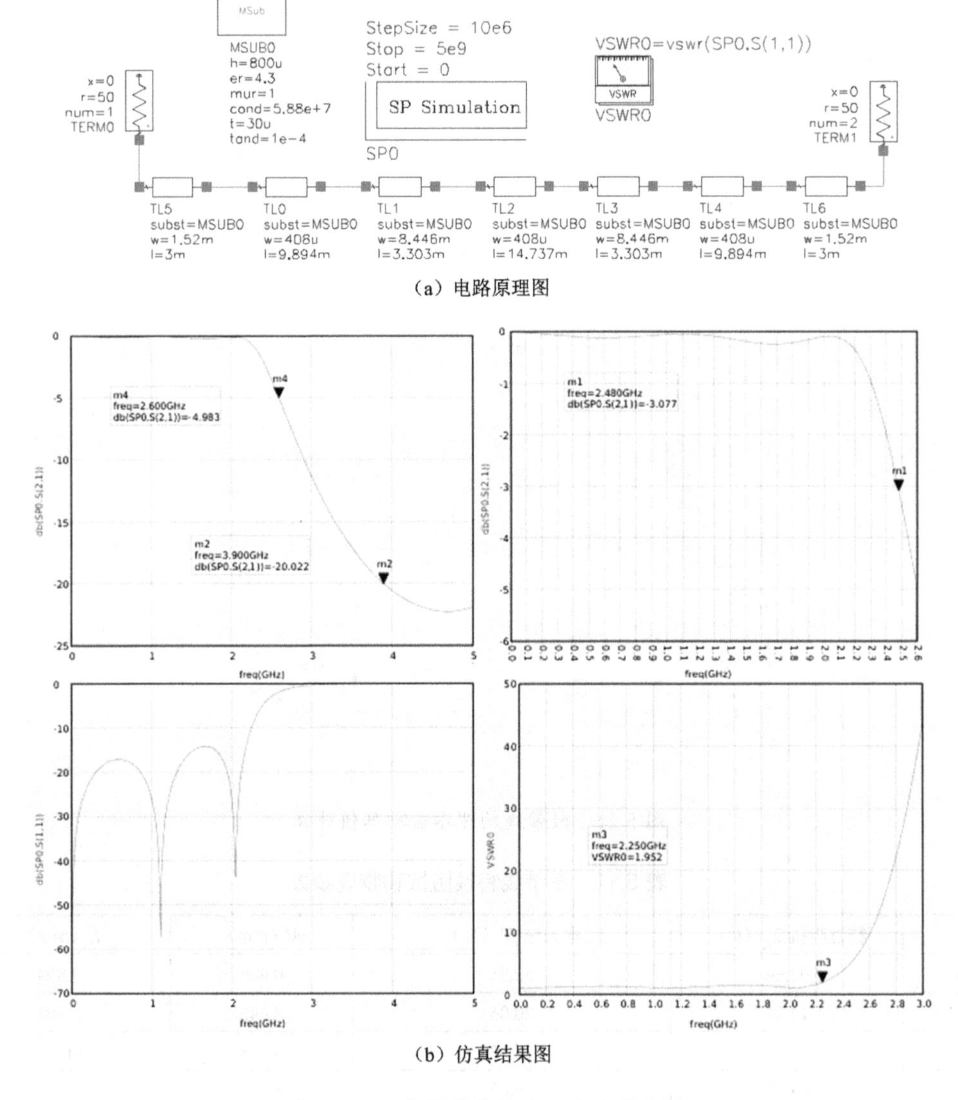

（a）电路原理图

（b）仿真结果图

图 5.22　阻抗微带线搭建的滤波器示例

按照前面所给出的优化方法进行参数优化，将高、低阻抗微带线的长度和宽度作为优化变量，将通带内的 db(SP0.S(1,1))、db(SP0.S(2,1))和阻带内的 db(SP0.S(2,1))作为优化目标，如图 5.23 所示。其中，优化目标 Limit2 中的 db(SP0.S(1,1))在通带 0～2.6GHz 内要小于或等于–11dB，从而满足通带纹波小于 1dB 的要求；优化目标 Limit1 中的 db(SP0.S(2,1))在通带 0～2.6GHz 内要大于或等于–3dB，从而满足设计带宽的要求；优化目标 Limit0 中的 db(SP0.S(2,1))在阻带 3.9～5GHz 内要小于或等于–20dB，从而满足阻带衰减的要求。

Optimization ×

Parameters

Add From Schematic

Add From List

Name	Value	Min	Max	St
var0.w1	0.000204	0.000204	0.000612	
var0.w2	0.0120178	0.004223	0.012669	
var0.w3	0.000204	0.000204	0.000612	
var0.l1	0.00725169	0.004947	0.014841	
var0.l2	0.00232016	0.0016515	0.0049545	
var0.l3	0.0100984	0.0073685	0.0221055	

Goals

Add Targets　Edit Targets　Delete Targets

	Name	Enable	Expr.	Type	Min	Max	Weight	Indep.Var1	Var1 min	Var1 max
1	Limit0	✓	db(SP0.S(2,1))	<		-20	1	freq	3.9G	5G
2	Limit1	✓	db(SP0.S(2,1))	>	-3		1	freq	0	2.6G
3	Limit2	✓	db(SP0.S(1,1))	<		-11	1	freq	0	2.6G

图 5.23　滤波器优化目标设置

经过数次优化后，Current Error 的值达到预期，即优化结束。优化过程中根据情况可能会对优化目标和优化变量的取值范围、优化方法及次数进行适当的调整。当优化结果达到设计指标时，单击【Apply To Schematic】按钮，将优化值更新到原理图中。优化完成后，关掉优化控件，单击【Run Simulation】按钮进行仿真，仿真结束后会出现 iViewer 界面，图 5.24 给出了一组优化结果示例，从中可以看到滤波器 3dB 通带为 0～2.6GHz，通带回波损耗大于 10dB，通带纹波不大于 0.5dB，在 1.5 倍通带截止频率处衰减大于 20dB，所有的指标均达到了设计要求。此外，从相位变化可以看到，通带相位变化是线性的，达到了设计要求。

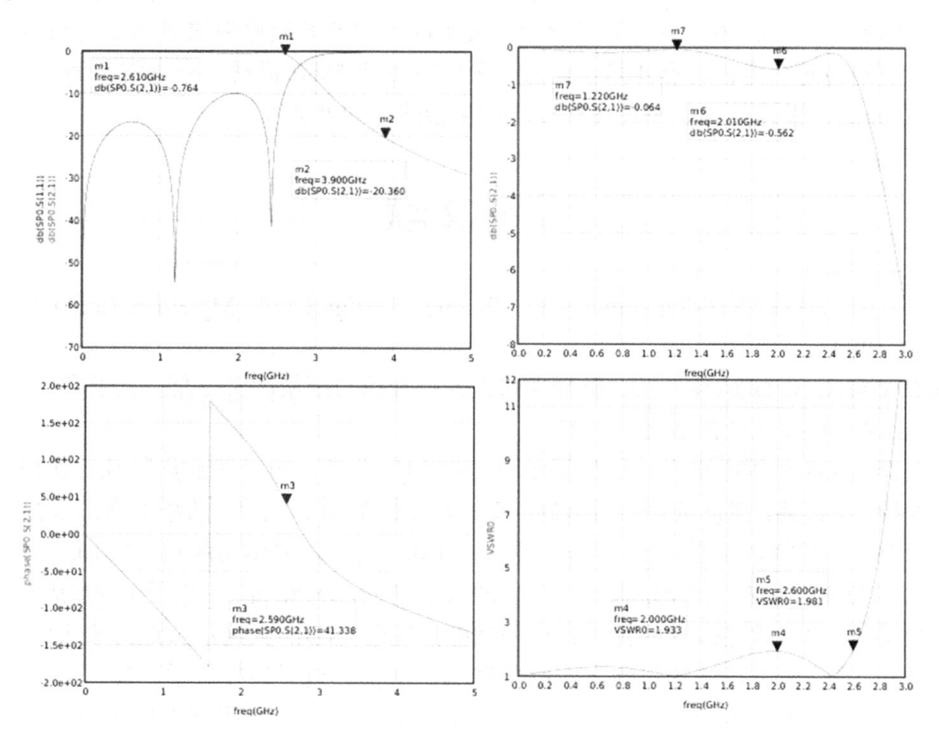

图 5.24　优化结果示例

除自己设计滤波器外，还可根据设计要求选择现成滤波器芯片来实现滤波功能。这个过程往往比较简单，根据应用需求和滤波器芯片的电气特性选择好芯片后，结合芯片手册上给出的芯片封装、推荐的测试电路绘制 PCB 并焊接电路即可。通常滤波器的输入、输出阻抗均为 50Ω，可直接接入电路。如果所选芯片的输入阻抗或输出阻抗不是 50Ω，则需要进行阻抗匹配设计。

思考题

（1）滤波器优化牺牲了哪个参数来换取优化目标？优化后最优性能是否仍在所选工作频率上，为什么？

（2）在两个滤波电路级联情况下，输出指标有何变化？

（3）将滤波器电路的输入端口和输出端口互换，指标有何变化？

（4）要仿真滤波器通带相移和通带寄生参数，应该如何操作？

（5）按照表 5.7 的设计要求，完成两种中频滤波器的设计，并给出电路原理图和仿真结果图。

（6）采用罗杰斯 5880 板材（介电常数为 2.2，基板厚度为 0.5mm），设计一个通带为 4.8～5.2GHz 的带通滤波器，通带纹波不高于 1dB，阻带 6.5GHz 处的衰减大于 30dB，其输入、输出端口均接特性阻抗为 50Ω的微带线。给出理论计算结果、设计过程、原理图。整理并分析实验结果，要求结果图中关键点有标记，图片清晰，有实验结论。

（7）设计一个微带线低通滤波器，要求截止频率为 5GHz，通带纹波不大于 0.5dB，在 3.5GHz 处衰减大于 25dB，试求满足该设计要求的等纹波低通原型滤波器的结构和最平坦低通原型滤波器的结构和元器件归一化值。采用罗杰斯 5880 板材（介电常数为 2.2，基板厚度为 0.5mm），设计并实现满足设计要求的微带线低通滤波器。

参考文献

[1] NIEWIADOMSKI S. Filter Handbook: a Practical Design Guide[M]. Boca Ration, FL: CRC Press, 1989.

[2] LUDWIG R, BOGDANOV G. 射频电路设计：理论与应用[M]. 2 版. 王子宇，王心悦，译. 北京：电子工业出版社，2021.

[3] 卢益锋. ADS 射频电路设计与仿真学习笔记[M]. 北京：电子工业出版社，2015.

[4] 栾秀珍，王钟葆，傅世强，等. 微波技术与微波器件[M]. 北京：清华大学出版社，2017.

[5] 雷振亚，明正峰，李磊，等. 微波工程导论[M]. 北京：科学出版社，2010.

[6] POZAR D M. 微波工程[M]. 谭云华，周乐柱，吴德明，等译. 北京：电子工业出版社，2006.

[7] 袁爱霞. 集总参数滤波器的优化设计与功能扩展研究[D]. 大连：大连海事大学，2021.

[8] 贺磊磊. 宽带带通滤波器设计与应用研究[D]. 成都：电子科技大学，2021.

[9] 宋雨珈. 宽带滤波器与基于 LTCC 技术的滤波功率分配器的研究[D]. 南京：南京邮电大学，2022.

第6章 射频放大器设计

放大器是能够放大信号且不改变信号波形的器件，这里放大的可以是输入信号的幅度、功率或电流。放大器广泛应用于通信、雷达、医疗等领域，以满足系统对信号质量和传输距离的要求。放大器几乎应用于所有电子系统，因此放大器的功能、性能、实现电路等变化多样，种类繁多，这导致放大器的设计非常复杂，不仅要满足技术指标，还要考虑频率、尺寸、材料、结构、工艺等各种因素。

在低频段，信号的电压和电流在传输过程中保持恒定，因此放大器以放大电压和电流的幅度为主，如我们熟悉的运算放大器或集成运算放大器就是工作在直流和音频段的放大器，往往具有高输入阻抗和低输出阻抗，用于实现最大电压传输。在微波射频频段，信号的波长短，信号在电路传输过程中电压变化大，此时放大器以放大信号的功率为主。信号功率的放大分为两个目标，其一是以一定的增益使信号功率线性增长，如低噪声放大器（LNA）或可调增益放大器，在接收电路或发射电路的前级电路和中间级电路的设计中，将输入的幅度很小的射频信号放大到足够的电平以驱动输出负载，往往希望线性放大信号且不产生非线性杂散；其二是最大化输出功率，如功率放大器，在发射机的后级电路设计中，电路处于大信号状态，往往希望输出信号的功率达到最大，此时放大器增益降低，且处于非线性区。

本章主要关注接收电路中射频放大器的设计。三极管、场效应管等都属于晶体管，其中三极管采用 NPN 或 PNP 结构，包含 P 型和 N 型半导体，因此也称双极晶体管；场效应管又称为单极晶体管，只包含 P 沟道或 N 沟道，如常见的 MOS 型场效应管（PMOS 或 NMOS）；将 P 沟道和 N 沟道用于互补电路设计，就构成流行的 CMOS 器件。CMOS 器件的特点是静态功耗几乎为零，且易于集成，因此被广泛应用于低噪声放大器的设计和微波集成电路（如集成收发电路）的设计，不过其工作频段一般在数吉赫兹以下。三极管作为传统放大器件，应用范围广，与 CMOS 器件相比，多用于大功率场合，如功率放大器。随着新型半导体材料的应用，如 GaAs、GaN 等，无论是 CMOS 器件还是三极管，都在扩展新的高频率、高效率、大功率等应用领域。此外，从拓扑结构考虑，放大器电路的设计分为共基极（栅极）、共射极（源极）及多级放大等。射频放大器的设计要考虑功率、增益、非线性、噪声等多种因素的折中，主要通过输入、输出阻抗匹配来调节各项指标。本章将在介绍射频放大器的工作原理、技术指标等基本概念后，讨论射频放大器的设计方法，最后以低噪声放大器为例，给出基于 AetherMW 的射频放大器的设计过程。

6.1　射频放大器基本理论

6.1.1　射频放大器的工作原理

射频放大器的工作原理是利用晶体管将输入信号放大到足够的电平以驱动射频输出负载。通过控制输入信号的大小和晶体管的工作状态，可以实现对输出信号的控制和调节，从而满足不同应用的需求。在射频放大器电路中，通常使用二端口网络进行描述，用 S 参数表述晶体管特性，如图 6.1 所示。

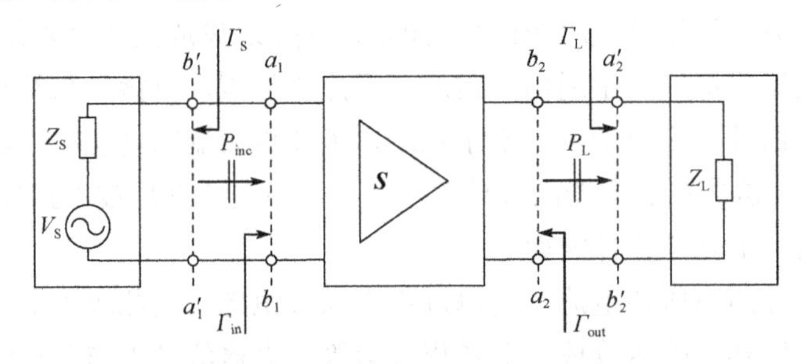

图 6.1　射频放大器二端口网络等效电路

图 6.1 中晶体管的 S 参数是在输入、输出阻抗为 Z_0 时测得的，Z_0 为二端口网络的特性阻抗。Z_S 为源阻抗，Z_L 为负载阻抗，则向负载方向看，负载反射系数为

$$\varGamma_L=\frac{Z_L-Z_0}{Z_L+Z_0} \tag{6.1}$$

向源方向看，源反射系数为

$$\varGamma_S=\frac{Z_S-Z_0}{Z_S+Z_0} \tag{6.2}$$

二端口网络的输入反射系数为

$$\varGamma_{in}=S_{11}+\frac{S_{12}S_{21}\varGamma_L}{1-S_{22}\varGamma_L}=\frac{Z_{in}-Z_0}{Z_{in}+Z_0} \tag{6.3}$$

式中，Z_{in} 为二端口网络的输入阻抗。二端口网络的输出反射系数为

$$\varGamma_{out}=S_{22}+\frac{S_{12}S_{21}\varGamma_S}{1-S_{11}\varGamma_S}=\frac{Z_{out}-Z_0}{Z_{out}+Z_0} \tag{6.4}$$

式中，Z_{out} 为二端口网络的输出阻抗。

假设图 6.1 中阻抗匹配电路是无损的，图 6.2 所示为射频放大器二端口网络等效电路信号流图，其中 b_S 为输入信源，P_{inc} 为对应于 b_1' 的入射波功率，即

$$P_{inc}=\frac{1}{2}|a_1|^2=\frac{1}{2}\frac{|b_S|^2}{|1-\varGamma_{in}\varGamma_S|^2} \tag{6.5}$$

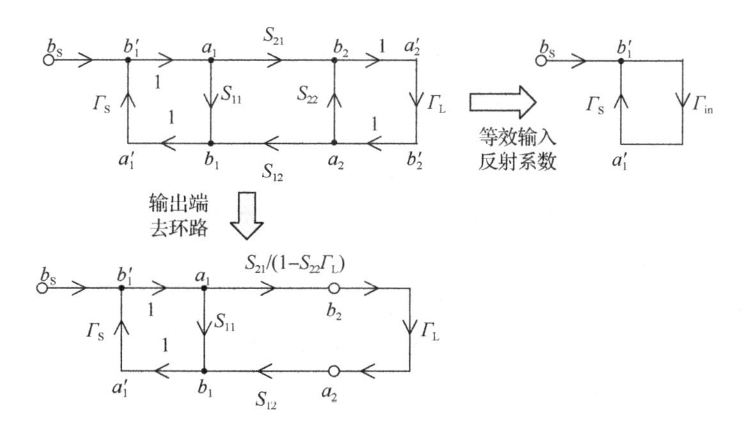

图 6.2　射频放大器二端口网络等效电路信号流图

放大器的输入功率应为入射波功率减去反射波功率，即

$$
\begin{aligned}
P_{in} &= \frac{1}{2}(|a_1|^2 - |b_1|^2) \\
&= \frac{1}{2}|a_1|^2(1-|\Gamma_{in}|^2) = \frac{1}{2}\frac{|b_S|^2}{|1-\Gamma_{in}\Gamma_S|^2}(1-|\Gamma_{in}|^2)
\end{aligned} \tag{6.6}
$$

定义源至放大器的最大传输功率为资用功率 P_A，根据最大传输功率理论，当源阻抗与放大器输入阻抗共轭匹配（$\Gamma_{in}=\Gamma_S^*$）时可获得最大传输功率，即

$$
P_A = P_{in}\big|_{\Gamma_{in}=\Gamma_S^*} = \frac{1}{2}\frac{|b_s|^2}{|1-\Gamma_{in}\Gamma_S|^2}(1-|\Gamma_{in}|^2)\Bigg|_{\Gamma_{in}=\Gamma_S^*} = \frac{1}{2}\frac{|b_s|^2}{1-|\Gamma_s|^2} \tag{6.7}
$$

负载的输入功率（负载的吸收功率）P_L 为

$$
\begin{aligned}
P_L &= \frac{1}{2}|b_2|^2 - \frac{1}{2}|a_2|^2 = \frac{1}{2}|b_2|^2(1-|\Gamma_L|^2) = \frac{1}{2}|a_1|^2\frac{|S_{21}|^2}{|1-S_{22}\Gamma_L|^2}(1-|\Gamma_L|^2) \\
&= \frac{1}{2}|b_S|^2\left(\frac{S_{21}}{(1-S_{11}\Gamma_S)(1-S_{22}\Gamma_L)-S_{12}S_{21}\Gamma_L\Gamma_S}\right)^2(1-|\Gamma_L|^2)
\end{aligned} \tag{6.8}
$$

放大器的转换功率增益 G_T 定量描述了插入在源与负载之间的放大器增益，它表征插入放大器后，负载实际得到的功率与无放大器时可能得到的最大功率的比值，反映了晶体管 S 参数和网络输入端、输出端匹配程度对增益的影响，其值为负载的吸收功率 P_L 和资用功率 P_A 之比。

$$
G_T = \frac{P_L}{P_A} = \frac{|S_{21}|^2(1-|\Gamma_L|^2)(1-|\Gamma_S|^2)}{|(1-S_{11}\Gamma_S)(1-S_{22}\Gamma_L)-S_{12}S_{21}\Gamma_S\Gamma_L|^2} \tag{6.9}
$$

如果忽略放大器反馈的影响，即认为 $S_{12}=0$，则得到单向转换功率增益，即

$$
G_{TU} = G_T\big|_{S_{12}=0} = \frac{|S_{21}|^2(1-|\Gamma_L|^2)(1-|\Gamma_S|^2)}{|1-S_{22}\Gamma_L|^2|1-S_{11}\Gamma_S|^2} \tag{6.10}
$$

结合式（6.3）、式（6.4），可得放大器的转换功率增益 G_T 的其他两种表达式为

$$G_{\mathrm{T}}=\frac{(1-|\Gamma_{\mathrm{L}}|^2)|S_{21}|^2(1-|\Gamma_{\mathrm{S}}|^2)}{|1-\Gamma_{\mathrm{S}}\Gamma_{\mathrm{in}}|^2|1-S_{22}\Gamma_{\mathrm{L}}|^2}$$

$$G_{\mathrm{T}}=\frac{(1-|\Gamma_{\mathrm{L}}|^2)|S_{21}|^2(1-|\Gamma_{\mathrm{S}}|^2)}{|1-\Gamma_{\mathrm{L}}\Gamma_{\mathrm{out}}|^2|1-S_{11}\Gamma_{\mathrm{S}}|^2} \tag{6.11}$$

放大器的功率增益 G_{P} 为负载的吸收功率与放大器的输入功率之比，即

$$G_{\mathrm{P}}=\frac{P_{\mathrm{L}}}{P_{\mathrm{in}}}=\frac{P_{\mathrm{L}}}{P_{\mathrm{A}}}\cdot\frac{P_{\mathrm{A}}}{P_{\mathrm{in}}}=G_{\mathrm{T}}\frac{P_{\mathrm{A}}}{P_{\mathrm{in}}}=G_{\mathrm{T}}\big|_{\Gamma_{\mathrm{S}}=\Gamma_{\mathrm{in}}^*}=\frac{(1-|\Gamma_{\mathrm{L}}|^2)|S_{21}|^2}{(1-|\Gamma_{\mathrm{in}}|^2)|1-S_{22}\Gamma_{\mathrm{L}}|^2} \tag{6.12}$$

G_{P} 的实现条件为源阻抗与放大器输入阻抗共轭匹配。

放大器的资用功率增益 G_{A} 为放大器的资用功率与源资用功率的比值。放大器的资用功率为负载阻抗与放大器输出阻抗共轭匹配时可获得的最大功率。G_{A} 描述了插入放大器后负载可能得到的最大功率与无放大器时可能得到的最大功率之比，定义式为

$$G_{\mathrm{A}}=G_{\mathrm{T}}\big|_{\Gamma_{\mathrm{L}}=\Gamma_{\mathrm{out}}^*}=\left.\frac{|S_{21}|^2(1-|\Gamma_{\mathrm{L}}|^2)(1-|\Gamma_{\mathrm{S}}|^2)}{|1-\Gamma_{\mathrm{out}}\Gamma_{\mathrm{L}}|^2|1-S_{11}\Gamma_{\mathrm{S}}|^2}\right|_{\Gamma_{\mathrm{L}}=\Gamma_{\mathrm{out}}^*}=\frac{|S_{21}|^2(1-|\Gamma_{\mathrm{S}}|^2)}{(1-|\Gamma_{\mathrm{out}}|^2)|1-S_{11}\Gamma_{\mathrm{S}}|^2} \tag{6.13}$$

实际上，放大器在输入端、输出端都不见得是共轭匹配的，G_{A} 只表明了放大器功率增益的一种潜力，应用 G_{A} 的定义式便于研究源阻抗变换对放大器增益的影响。

当放大器的输入端、输出端分别与源阻抗、负载阻抗共轭匹配时，放大器的最大转换功率增益 $G_{\mathrm{T(max)}}$ 设计电路如图 6.3 所示。

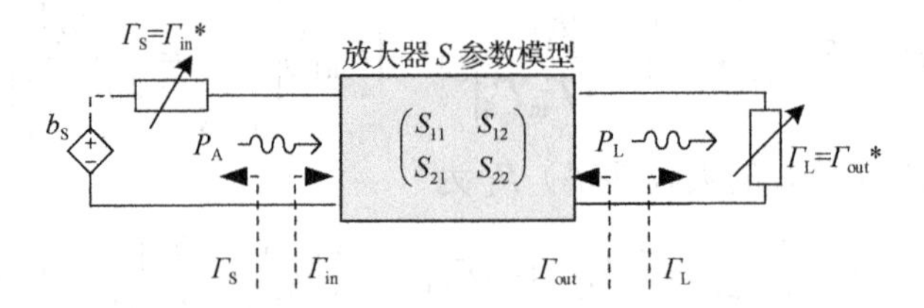

图 6.3　放大器的最大转换功率增益 $G_{\mathrm{T(max)}}$ 设计电路

此时可获得放大器的最大资用增益（MAG）为

$$\mathrm{MAG}=G_{\mathrm{T(max)}}=\left|\frac{S_{21}}{S_{12}}\right|(k-\sqrt{k^2-1}),\ \ k>1$$

$$k=\frac{1-|S_{11}|^2-|S_{22}|^2+|\Delta|^2}{2|S_{12}||S_{21}|},\ \ \Delta=S_{11}S_{22}-S_{12}S_{21} \tag{6.14}$$

式中，k 为稳定系数。

图 6.4 所示为最大传输功率阻抗匹配电路，源阻抗、负载阻抗同时与传输线匹配，即 $Z_{\mathrm{S}}=Z_{\mathrm{L}}=Z_0$，此时源反射系数、负载反射系数均为 0，即 $\Gamma_{\mathrm{S}}=\Gamma_{\mathrm{L}}=0$，代入式（6.9）可得放大器的转换功率增益

$$G_0=G_{\mathrm{T}}\big|_{\Gamma_{\mathrm{S}}=\Gamma_{\mathrm{L}}=0}=|S_{21}|^2 \tag{6.15}$$

此时放大器的输入反射系数、输出反射系数可根据 S 参数确定，即 $\Gamma_{\mathrm{in}}=S_{11}$、$\Gamma_{\mathrm{out}}=S_{22}$。注意，图 6.4 中的阻抗匹配电路并不能获得放大器的最优增益。

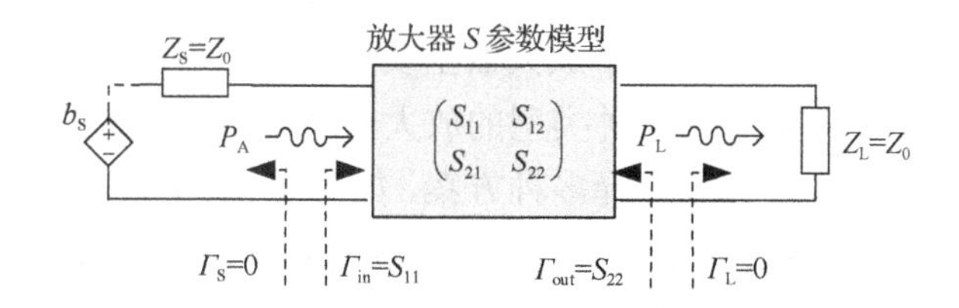

图 6.4　最大传输功率阻抗匹配电路

综合前述放大器不同增益的设计过程，放大器的最优性能与构建放大器电路的晶体管的 S 参数有关，选用合适的晶体管对设计放大器非常重要；放大器的增益受源和负载的阻抗匹配限制，通过设计源和负载的阻抗匹配电路，调节源反射系数 Γ_S 和负载反射系数 Γ_L，可以达到增益设计目标。注意，此时 Γ_S、Γ_L 不一定是最优的，并不能获得放大器的最优增益。

6.1.2　射频放大器的技术指标

射频放大器的技术指标包括工作频率及带宽、增益及增益平坦度、噪声系数、稳定性、输入驻波比、输出驻波比、互调失真、谐波、功率、动态范围等，部分指标之间（如噪声系数和稳定性、增益）是相互影响的。

1. 增益

增益表示射频放大器对有用信号的放大能力，是射频放大器中重要的性能指标。在射频放大器电路中，增益通常用功率增益来描述。功率增益有多种描述方式：工作功率增益、资用功率增益、转换功率增益等。放大器的增益并不等同于晶体管的增益，它受限于晶体管的增益，同时受放大器输入端和输出端阻抗匹配电路的影响。由于阻抗匹配电路的性能往往是依赖于频率的，因此放大器的增益随频率变化而变化。此外，构建射频放大器电路的晶体管的 S 参数是随偏置条件和频率变化而变化的。为保证频带信号无失真地通过射频放大器，要求其增益频率响应特性必须有与信号带宽相适应的平坦度。

射频放大器所放大的信号一般都是已调制信号，均包含一定的频带宽度，因此射频放大器必须有一定的工作频段。增益平坦度用来表征工作频段内增益的起伏，对于低噪声放大器来说，要求全工作频段内增益平坦，不允许增益有陡变。

增益还受输入信号功率的影响，当输入小信号时，放大器的增益保持不变；当输入信号较大，放大器产生非线性输出时，放大器的增益会随输入信号增大而逐渐降低，称为增益压缩。为了表征放大器的线性输入范围，定义增益较原先下降 1dB 时对应的输入信号功率为输入 1dB 压缩点（ICP），即当输入信号功率不超过 ICP 时，放大器线性放大。输入信号功率超过 ICP 后，放大器会产生非线性杂散输出，但要注意，此时放大器的增益仍然大于 1，因此仍然可以放大信号，信号的输出功率会继续增大，直至饱和；若追求最大功率输出（如功率放大器），则可继续增大输入，直至放大器增益降低为 1dB 或 0dB。

射频放大器按照工作范围来分，可分为宽带放大器和窄带放大器。宽带放大器用于在较大的带宽下提供中等的增益，同时保持较低的噪声系数。此类放大器通常用于不要求使用低噪声放大器的天线前端接收机电路内或需要额外增益且对噪声水平具有较高要求的接收机电路内。在射频系统中，设计宽带放大器主要受有源器件的增益带宽积的限制。窄带放大器只能处理单一频段的信号，这种类型的放大器适用于专用通信系统。

增益及增益平坦度的测量可以选择多种方案，如信源+功率计、频谱分析仪或矢量网络分析仪等。在信源+功率计的测量方式中，每次只能测量单频点的增益，而频谱分析仪或矢量网络分析仪可以测量整个频段内的增益特性。将频谱分析仪的跟踪发生器的输出端口和频谱分析仪的输入端口用射频电缆短接，校准后记录频谱分析仪显示的曲线，记为曲线 A_1。按照图 6.5（a）所示连接放大器和频谱分析仪，把跟踪发生器的输出端口通过衰减器后连接到被测量的放大器输入端口，把放大器的输出端口连接到频谱分析仪的输入端口。测量放大器的频率响应，记录频谱分析仪显示的曲线，记为曲线 A_2。比较曲线 A_1 和曲线 A_2 即可测得放大器的增益、增益平坦度、带宽、谐波等参数。

当使用矢量网络分析仪测量增益时，连接方式如图 6.5（b）所示，利用 S_{21} 参数可以得到放大器的增益、增益平坦度和带宽，注意测量前需要对矢量网络分析仪进行校准。

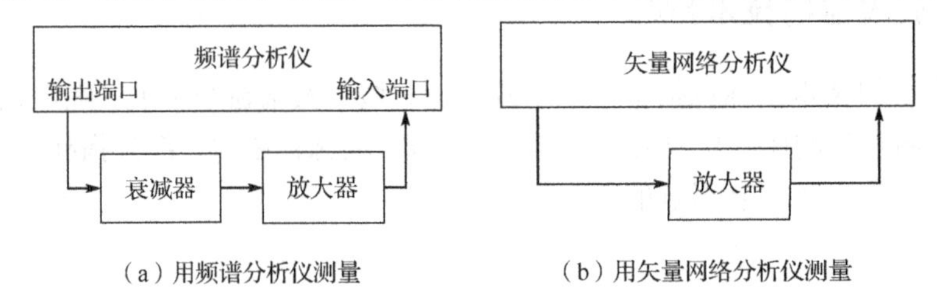

图 6.5　放大器增益测量连接方式

2. 噪声系数

噪声系数是用来描述放大器本身产生噪声电平大小的一个参数。对于单级放大器，其噪声系数为

$$\mathrm{NF}=\mathrm{NF}_{\min}+\frac{4R_{\mathrm{n}}}{Z_0}\frac{\left|\Gamma_{\mathrm{S}}-\Gamma_{\mathrm{opt}}\right|^2}{(1-\left|\Gamma_{\mathrm{S}}\right|^2)\left|1+\Gamma_{\mathrm{opt}}\right|^2} \tag{6.16}$$

式中，最小噪声系数 $\mathrm{NF}_{\min}$ 与偏置条件和工作频率有关，放大器的管子本身决定了晶体管的最小噪声系数这一参数特性。一般来说，晶体管的截止频率越高，$\mathrm{NF}_{\min}$ 越小。在已知 $\mathrm{NF}_{\min}$ 的条件下，Γ_{S} 表示晶体管的源反射系数，R_{n} 表示晶体管的等效噪声电阻值，Γ_{opt} 表示最佳源反射系数（$\mathrm{NF}_{\min}$、Γ_{opt} 和 R_{n} 这三个数值由晶体管附带的数据表可查）。当 $\Gamma_{\mathrm{S}}=\Gamma_{\mathrm{opt}}$ 时，放大器可得最小噪声系数。考虑到 Γ_{S} 的设计与放大器增益有关，因此放大器增益与噪声系数应综合考虑。

对于多级放大器，其噪声系数为

$$\mathrm{NF}_{\mathrm{sys}}=\mathrm{NF}_1+\frac{\mathrm{NF}_2-1}{G_1}+\frac{\mathrm{NF}_3-1}{G_1G_2}+\cdots+\frac{\mathrm{NF}_n-1}{G_1G_2\cdots G_{n-1}} \tag{6.17}$$

式中，NF_n（n=1,2,⋯）表示各级放大器噪声系数；G_n（n=1,2,⋯）表示各级放大器增益。可以看出，系统级联噪声系数与前级器件的噪声系数和增益相关。

3. 稳定性

稳定性是放大器的一个应该特别关注的指标。处于不稳定工作状态中的放大器，它的放大电路会出现振荡，有源器件会进入大信号工作状态，小信号 S 参数将失效，从而导致电路不能正常工作，甚至毁坏。放大器的稳定性是随着反向传输的减少，即隔离性能的增加而改善的。在一个理想放大器中，S_{12} 为零，放大器会绝对稳定。假如 S_{12} 不为零，则稳定意味着反射系数的模小于 1，即

$$|\Gamma_{\text{in}}| = \left|S_{11} + \frac{S_{21}S_{12}\Gamma_{\text{L}}}{1-S_{22}\Gamma_{\text{L}}}\right| = \left|\frac{S_{11}-\Gamma_{\text{L}}\Delta}{1-S_{22}\Gamma_{\text{L}}}\right| < 1,\quad \Delta = S_{11}S_{22} - S_{21}S_{12} \tag{6.18}$$

$$|\Gamma_{\text{out}}| = \left|S_{22} + \frac{S_{21}S_{12}\Gamma_{\text{S}}}{1-S_{11}\Gamma_{\text{S}}}\right| = \left|\frac{S_{22}-\Gamma_{\text{S}}\Delta}{1-S_{11}\Gamma_{\text{S}}}\right| < 1,\quad \Delta = S_{11}S_{22} - S_{21}S_{12} \tag{6.19}$$

稳定系数的表达式为

$$k = \frac{1-|S_{11}|^2-|S_{22}|^2+|\Delta|^2}{2|S_{12}S_{21}|} \tag{6.20}$$

$k>1$ 是放大器绝对稳定的必要条件，当 $k<1$ 时，放大器是潜在不稳定的。对于潜在不稳定的放大器，可求得稳定区；对于不稳定的频率范围，通过加入电感、电容、电阻或传输线可获得有条件的稳定。放大器的稳定性主要由偏置网络、晶体管的 S 参数和阻抗匹配电路决定。

4. 驻波比

驻波比是用来衡量信号是否良好匹配传输的一个重要指标。驻波比的好坏和源与晶体管之间及其负载之间的失配程度都有密切的关系。放大器匹配主要是通过在源和放大器输入端口之间，以及放大器输出端口和负载之间加入一个二端口无源网络来实现的，以使源的功率尽可能无损地在整个网络中传输。

利用矢量网络分析仪可以直接测量放大器的驻波比，连接方式如图 6.5（b）所示，测量前需要对矢量网络分析仪进行校准。

5. 动态范围

对于线性放大器，其输出功率和输入功率表现为线性关系，增益就是输出功率与输入功率之比。理想的低噪声放大器是线性放大器，但实际上随着输入功率的增加，输出功率与输入功率之间不再是线性关系。线性动态范围主要通过 1dB 压缩点和三阶截断点来度量。1dB 压缩点的测量要求输入功率线性变化，一般用源和频谱分析仪或功率计来完成，源的输出功率能线性调节，将源的输出端口接到放大器的输入端口，将放大器的输出端口接到频谱分析仪的输入端口，当增益比预期降低 1dB 时，测量其输出功率，即 1dB 压缩点。

三阶截断点的测量需要用到两个源，通过功率合成器将它们的信号合成一路输出到放大器的输入端口，用频谱分析仪测量放大器输出端口的信号频谱，直接测量基频和三阶互调信号的幅度之差，其连接方式如图 6.6 所示。

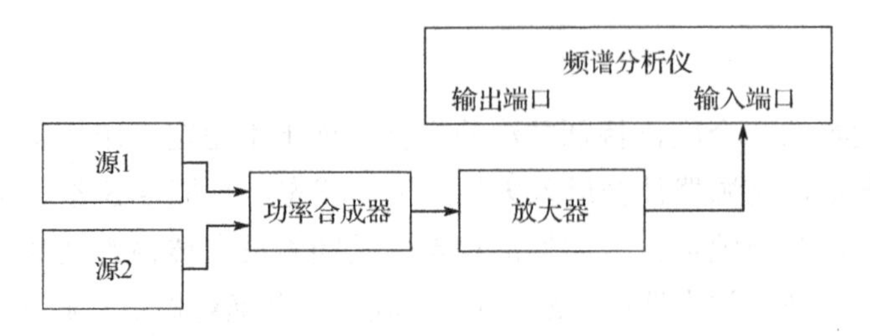

图 6.6　三阶截断点测量连接方式

6.2　射频放大器设计方法

射频放大器的设计要考虑三个问题：希望射频放大器如何工作？使用什么器件设计射频放大器？设计过程中有哪些可控因素？射频放大器与常规低频放大器的设计方法不同，它需要考虑稳定性、增益圆及噪声系数圆，依据这些要素才能设计出符合增益、增益平坦度、输出功率、带宽和偏置条件等要求的射频放大器。

结合图 6.7 可知，射频放大器主要由晶体管/场效应管、偏置电路、输入匹配电路（MN1）和输出匹配电路（MN2）组成。因此，射频放大器的设计过程主要包括选取合适的晶体管/场效应管并确定其静态工作点和偏置电路，确定有源器件特性（稳定性、增益、噪声系数、功率等），设计合适的输入匹配电路和输出匹配电路来实现满足要求的射频放大器，以及根据需求来设计控制和保护电路等。

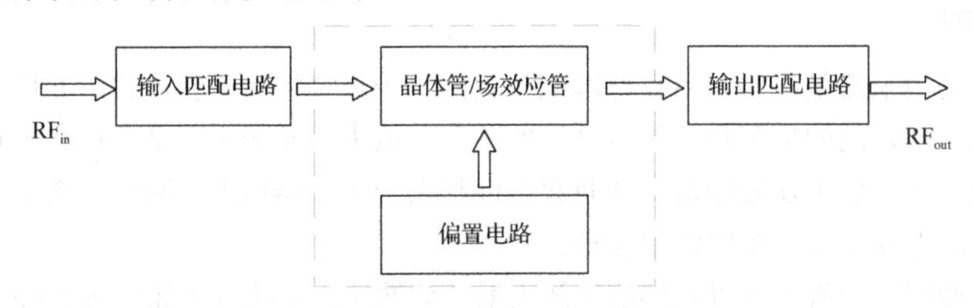

图 6.7　射频放大器系统组成

在设计射频放大器时，一般有以下设计目标：达到最大增益、达到某一固定增益（小于最大增益）、达到最小噪声系数或综合考虑上述因素。这些设计目标均可以根据电路的 S 参数导出相应的公式。对于不同的设计原则，相应匹配电路的结构不一样。

射频放大器在通信或雷达系统中完成的任务不同，在设计射频放大器时所关注的参数也不同。在接收机的输入端，信号电平比较低，这时候往往采用低噪声放大器，以使引入的噪声最小；对于中间端放大器，信号电平被充分放大至高于噪声电平后，增益就成为重要的参数，在输入端和输出端要同时匹配。

6.2.1　等增益圆设计

获得预定的增益是射频放大器设计的一个重要任务，实际工程中经常需要设计等增益（固定增益）放大器。获取最大资用增益的条件为输入端、输出端完全匹配，即

$$\begin{cases} \Gamma_S^* = \Gamma_{in} = S_{11} + \dfrac{S_{21}S_{12}\Gamma_L}{1-S_{22}\Gamma_L} = \dfrac{S_{11}-\Gamma_L\Delta}{1-S_{22}\Gamma_L} \\ \Gamma_L^* = \Gamma_{out} = S_{22} + \dfrac{S_{12}S_{21}\Gamma_S}{1-S_{11}\Gamma_S} = \dfrac{S_{22}-\Gamma_S\Delta}{1-S_{11}\Gamma_S} \end{cases} \tag{6.21}$$

可得最大资用增益条件下的反射系数为

$$\begin{cases} \Gamma_S = \Gamma_{SM} = \dfrac{B_1 - \sqrt{B_1^2 - 4|C_1|^2}}{2C_1} \\ \Gamma_L = \Gamma_{LM} = \dfrac{B_2 - \sqrt{B_2^2 - 4|C_2|^2}}{2C_2} \end{cases} \quad (k>1,\ |\Delta|<1)$$

$$B_1 = 1+|S_{11}|^2 - |S_{22}|^2 - |\Delta|^2,\ B_2 = 1+|S_{22}|^2 - |S_{11}|^2 - |\Delta|^2 \tag{6.22}$$

$$C_1 = S_{11} - \Delta S_{22}^*,\ C_2 = S_{22} - \Delta S_{11}^*$$

将Γ_{SM}、Γ_{LM}代入式（6.14），即可计算最大资用增益 MAG。现假设需要预设放大器固定增益，由于Γ_S和Γ_L都对增益有影响，不易做到同时调整，为简化计算忽略反馈，即$S_{12}=0$，进行单向转换功率增益分析。

$$G_{TU} = G_T|_{S_{12}=0} = \frac{1-|\Gamma_S|^2}{|1-S_{11}\Gamma_S|^2}|S_{21}|^2\frac{1-|\Gamma_L|^2}{|1-S_{22}\Gamma_L|^2} = G_S G_0 G_L$$

$$G_S = \frac{1-|\Gamma_S|^2}{|1-S_{11}\Gamma_S|^2},\ G_0 = |S_{21}|^2,\ G_L = \frac{1-|\Gamma_L|^2}{|1-S_{22}\Gamma_L|^2} \tag{6.23}$$

$$\Rightarrow G_{TU} = G_S + G_0 + G_L$$

由于$S_{12}=0$，因此可得$\Gamma_{in}= S_{11}$，$\Gamma_{out}= S_{22}$。当$\Gamma_S =\Gamma_{in}^*= S_{11}^*$，$\Gamma_L =\Gamma_{out}^*= S_{22}^*$时，$G_S$和$G_L$取最大值

$$G_{S,max} = \frac{1}{1-|S_{11}|^2},\ G_{L,max} = \frac{1}{1-|S_{22}|^2} \tag{6.24}$$

定义归一化增益系数

$$\begin{aligned} g_S &= \frac{G_S}{G_{S,max}} = \frac{1-|\Gamma_S|^2}{|1-S_{11}\Gamma_S|^2}(1-|S_{11}|^2) \\ g_L &= \frac{G_L}{G_{L,max}} = \frac{1-|\Gamma_L|^2}{|1-S_{22}\Gamma_L|^2}(1-|S_{22}|^2) \end{aligned} \tag{6.25}$$

可得等增益圆

$$\begin{aligned} |\Gamma_i - d_{gi}| &= r_{gi} \\ d_{gi} &= \frac{g_i S_{ii}^*}{1-|S_{ii}^*|^2(1-g_i)} \\ r_{gi} &= \frac{\sqrt{1-g_i}(1-|S_{ii}|^2)}{1-|S_{ii}^*|^2(1-g_i)} \end{aligned} \tag{6.26}$$

式中，d_{gi}、r_{gi}分别为等增益圆的圆心和半径；ii=11 或 22；i 对应 S 或 L。等增益圆上任一点的反射系数都满足等增益设计，在实际中为简化计算，往往选取圆上的特殊点，如与 r=1

阻抗圆的交点等。

综上所述，等增益圆的设计流程如下。

（1）根据总的增益要求 G，分配 G_S、G_L 的值，也可以先将 G_S 或 G_L 中的一个设计成完全匹配，再单独调整另一个，如令输入端完全匹配，则 $\Gamma_S = \Gamma_{in}^* = S_{11}^*$，此时 $G_S = G_{S,max}$，$G_L = G - G_0 - G_{S,max}$。

（2）根据 G_L 的值，计算负载端等增益圆的圆心和半径，并在 Smith 圆图上标记出来。在等增益圆上取一点，读取负载反射系数 Γ_L。

（3）根据 Γ_S 和 Γ_L 的值，完成匹配电路设计及优化。

6.2.2 低噪声放大器设计

低噪声放大器有以下特点：第一，根据系统噪声系数的计算理论，前级放大器的噪声系数对系统影响最大，通常级联在系统第一级的为低噪声放大器，因此在满足设计要求的前提下，其噪声系数越小越好，增益越大越好，而噪声系数由直流偏置条件、前级匹配等因素决定，小噪声系数和大增益是矛盾的，想达到最大增益必然达不到最小噪声系数。第二，低噪声放大器通常放大的是微弱信号，其放大信号的功率电平比较小，由于周围环境的电磁干扰，往往会出现较强的信号输入，这就要求低噪声放大器有一定的动态范围，可以调节。第三，采用有一定选频功能的低噪声放大器，这样可以更好地滤除带外干扰。设计一个低噪声放大器必须综合考虑各种因素，最终选择最优的解决方案。

低噪声放大器的设计应兼顾噪声系数与增益。放大器的反射系数 Γ_{out} 是与工艺相关的参数，当 $\Gamma_S = \Gamma_{out}$ 时可获得最小噪声系数，因此放大器输入端阻抗匹配在满足增益要求的同时应使源反射系数尽可能靠近 Γ_{out}。

放大器输出端阻抗匹配遵循的是最大小信号增益原则，即调节 Γ_L 使放大器增益最大化。当放大器输入阻抗与源阻抗共轭匹配时，即 $Z_{in} = Z_{S-}^*$ 或 $\Gamma_{in} = \Gamma_{S-}^*$，放大器输入端可获得源最大传输功率，即放大器最大资用功率。当 $\Gamma_S = S_{11}^*$、$\Gamma_L = S_{22}^*$ 时，放大器可获得最大单向转换功率增益

$$G_{TU,max} = \frac{1}{(1-|S_{11}|^2)}|S_{21}|^2\frac{1}{(1-|S_{22}|^2)} \tag{6.27}$$

从上述分析可知，源（或负载）反射系数在不同条件下选取值有差异，低噪声放大器设计的基本问题就是让最大小信号增益和最小噪声系数同时匹配。

6.2.3 宽带放大器设计

共轭匹配只在相对小的带宽上提供最大增益，对小于最大增益的设计将提高增益带宽，但是放大器的输入端和输出端匹配会很差，一个原因是微波晶体管与 50Ω不好匹配，另一个原因是$|S_{21}|$随频率以 6dB/倍频程的速率降低。

宽带放大器设计的几种方法如下。

（1）补偿匹配电路：在设计输入端和输出端匹配时，考虑对$|S_{21}|$引起的增益下降进行补偿，但这会使匹配电路更复杂。

（2）阻抗匹配电路：用电阻性电路可以获得较好的输入端和输出端匹配，但会降低增益并增大噪声系数。

（3）负反馈：负反馈可以平坦晶体管的增益响应，改善输入端和输出端匹配程度，提高稳定性，以牺牲增益和噪声系数的代价可获得超过 1 个倍频程的带宽。

（4）平衡放大器：在输入端和输出端有 90°耦合器，可以在 1 个倍频程或更大带宽内获得良好匹配，增益等于单个放大器增益。

（5）分布式放大器：几个晶体管沿着传输线级联在一起，在较大带宽上有良好的增益、匹配系数和噪声系数，但是电路复杂。

6.2.4 设计流程

结合 AetherMW 特有的匹配电路设计工具、优化与仿真等功能，以低噪声放大器为例，基于 AetherMW 的射频放大器的设计流程主要包括以下步骤。

1. 选择放大管

根据放大器产品的技术指标（工作频段、噪声系数、增益及其平坦度、1dB 压缩点、三阶互调等）和价格选择合适的芯片/放大管，必须选择合适的器件才能设计出满足设计规范的低噪声放大器。放大管的选择原则：噪声系数足够小，工作频段足够高，增益足够大和动态范围足够大。放大管的最小噪声系数 NF_{min} 必须小于待设计放大器的目标噪声系数，其最大增益必须大于待设计放大器的目标增益。如果找不到很好地符合设计规范的有源器件，则可以通过级联多个低噪声放大器来提高增益。因此，设计的关键在于噪声系数。级联噪声系数不仅与本级噪声系数有关，还与放大器增益有关，因此噪声系数和放大器增益需要综合考虑。

2. 设计偏置电路

低噪声放大器的设计中必须通过偏置电路向放大管提供适当的直流电压。偏置电路的功能是为有源器件提供合适的静态工作点。合适的静态工作点能够保证交流信号驮载在直流分量之上，以保证晶体管在输入信号的整个周期内始终工作在放大区，输出波形不会发生非线性失真。偏置电路会影响放大器的整体性能。根据外加电源的方式，偏置电路可以分为两种：一种是双电源供电偏置电路，另一种是单电源供电偏置电路。双电源供电偏置电路一般用于比较高的微波射频频段，因为它可以在高频段提供较好的噪声特性，但负电压的实现比较麻烦。单电源供电偏置电路一般用于射频较低频段，其结构简单，但是对噪声系数有一定影响。在设计偏置电路时，需要用到隔离电路和扼流圈。

3. 进行稳定性分析与设计

设计低噪声放大器首先要使放大器在工作频段内绝对稳定，有时选择的有源器件在设计的工作频段内并不稳定，那么可以采用在电路中增加电阻性负载或增加负反馈的方法，来构成稳定电路。因此，在设计时先要进行稳定性计算，若 $k>1$，则选择和设计包括偏置电路在内的匹配电路；若 $k<1$，则在反射平面上给出不稳定区域，并选择和设计能避开不稳定区域的匹配电路。

4．确定输入阻抗和输出阻抗

根据增益和噪声系数的仿真情况，选取合适的输入阻抗和输出阻抗来实现在设计频段内获得目标增益和噪声系数。放大器的输入端必须与前级电路（如天线）有良好的匹配，才能实现输入信号功率的最小损耗传输，获取较小噪声系数。输出匹配电路对噪声系数不造成影响，重点考虑放大器增益，放大器的输出端需要有良好的匹配，匹配不当将会影响放大器增益。因此，低噪声放大器匹配电路的设计原则是，输入端采取噪声最佳匹配，输出端采取增益最佳匹配。

5．设计输入匹配电路和输出匹配电路

在放大器的输入端和输出端分别设计匹配电路，使放大器的噪声和增益达到最佳。这里可以利用 AetherMW 的 Smith 圆图工具来完成匹配电路设计。

匹配电路设计方法可以分为用分立电容、电感进行匹配和用传输线（如微带单支节匹配电路等）进行匹配。前者适用于频率不是很高的场合，此时分立器件的寄生参数对整体性能的影响可以忽略不计；后者是当前比较流行的匹配电路设计方法，采用微带线与其他无源或有源的微波器件进行集成比较容易，同时适用于高频情况。

对于不同的频率而言，最佳阻抗各不相同。由于低噪声放大器的频带通常不是很宽，因此输入匹配电路、输出匹配电路的初始设计通常是以中心频率所对应的最佳阻抗匹配为目标的，完成初始设计之后，对结果进行相应的优化和修正就可以得到最终设计方案。

6．优化和调谐电路

通过优化和调谐电路，低噪声放大器的噪声系数、稳定性和增益达到最佳。

7．绘制版图、仿真、加工与测试

根据实际采用的板材，完成低噪声放大器的版图绘制和仿真，根据结果完成最终电路的加工与测试。

6.3　设计背景及指标

本节要完成一个放大器的设计，其应用背景为图 6.8 所示接收部分射频前端系统，该系统采用了 I/Q 正交混频。所要设计的放大器正是处于该系统前端的低噪声放大器。

从图 6.8 可以看到，系统中共用到三个放大器，前两级放大器主要实现对射频前端小信号的放大，最后一级放大器（可调增益放大器）在混频器之后，属于基带放大器。可调增益放大器主要实现系统增益的调节。接收到的射频信号很有可能会在一个大的功率范围内变化，可通过可调增益放大器来改变整个接收机的增益，使接收到的不同功率的信号能够变换到一个相对稳定的功率范围内，从而降低对系统动态范围的过高要求。

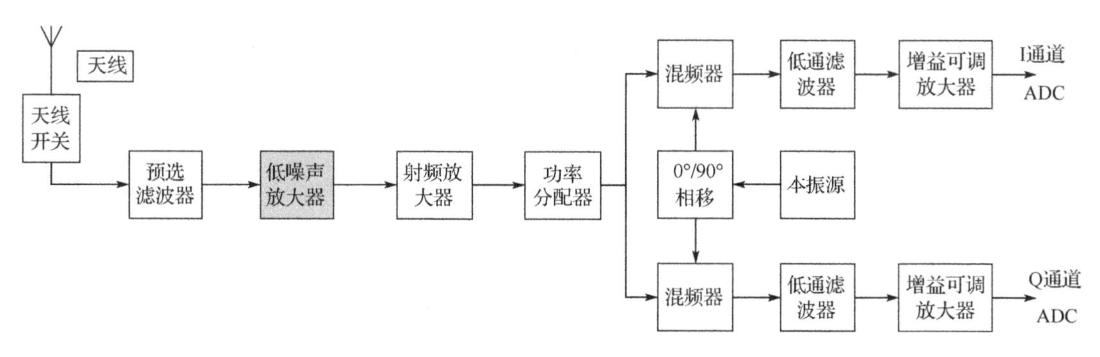

图 6.8　接收部分射频前端系统

设计目标：

设计一个低噪声放大器，工作频率为 2.515～2.675GHz，噪声系数 NF 小于 1dB，增益不小于 15dB。选择适当器件，设计合适的外围电路，综合考虑增益和噪声系数来调整电路，并仿真低噪声放大器的增益、匹配和噪声系数等特性。

设计要求：

（1）选用合适的晶体管来完成低噪声放大器的原理图设计，完成增益、噪声系数、1dB 压缩点、稳定性等主要参数的仿真。

（2）选用放大器芯片直接完成低噪声放大器的原理图设计，完成增益、噪声系数、1dB 压缩点、稳定性等主要参数的仿真。

6.4　设计方法及过程

6.4.1　基于晶体管的低噪声放大器设计

根据设计要求，可以选择的晶体管有很多，这里采用 Avago 公司的 E-PHEMT（ATF-54143）来设计符合目标增益和噪声系数的低噪声放大器，其数据手册中给出的性能参数如表 6.1 所示。

表 6.1　ATF-54143 性能参数

性能参数	取值
频率（GHz）	0.45～6
静态工作点	3V@60mA
噪声系数（dB）	0.5
增益（dB）	16.6
输出 1dB 压缩点（dBm）	20.4
输出三阶截断点（dBm）	36.6
封装类型	SOT-343

从表 6.1 可以看到，ATF-54143 具有增益大、线性度高和噪声系数小等特点，适用于 0.45～6GHz 频段的通信系统，其工作频段、噪声系数、增益和线性度均能满足设计要求，

因此后面的实验步骤均以 ATF-54143 为例进行介绍。根据数据手册中的模型参数（见图 6.9）及封装参数信息，构建 ATF-54143 仿真模型，如图 6.10 所示。

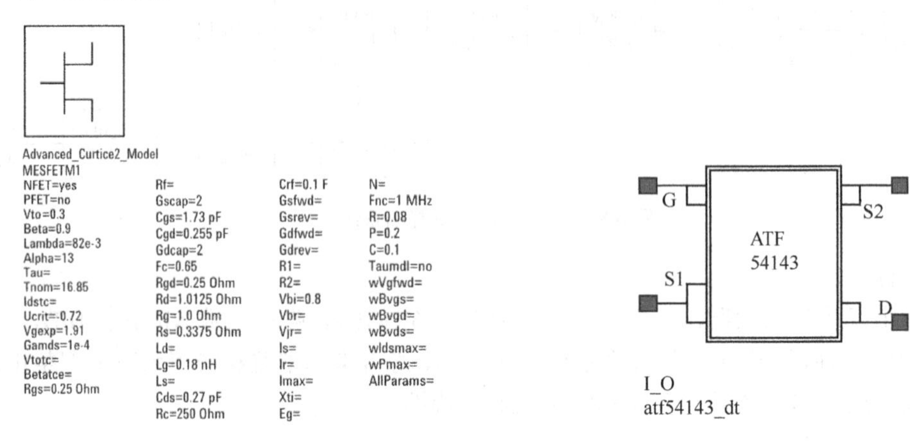

图 6.9　ATF-54143 模型参数　　　　图 6.10　ATF-54143 仿真模型

1. 直流工作点扫描

在 Design Manager 主界面中创建新的库。单击工具栏中的【New Library】按钮，或者选择菜单栏【File】→【New Library】选项，创建新的库并命名，这里以 Amp_design 为例。在【Technology】区域选择【Attach to Library】单选按钮，并选中 rfmw，如图 6.11 所示。选择【File】→【New Cell/View】选项，建立新的电路原理图 FET_DC_IV_54143，如图 6.12 所示。

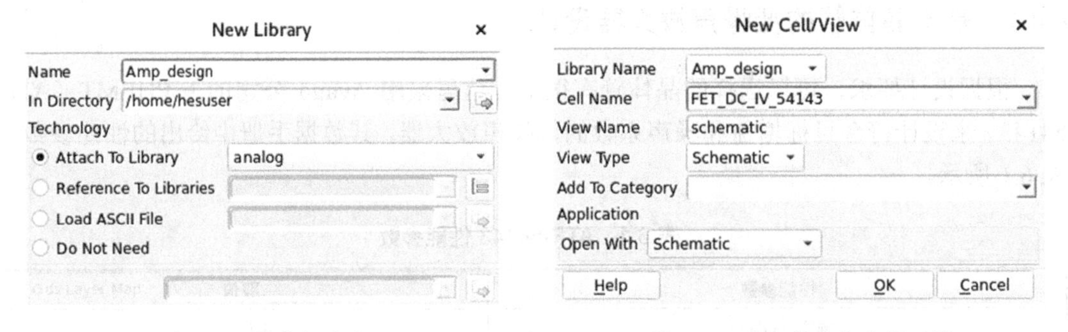

图 6.11　创建新的库　　　　图 6.12　建立新的电路原理图

图 6.13 所示为 ATF-54143 数据手册中给出的典型特性曲线，其中包括最小噪声系数、增益和漏源电压 V_{DS}、漏源电流 I_{DS} 的关系。从中可以看出，在 2GHz，当 V_{DS}=3V 且 I_{DS}≈18mA 时，噪声系数最小，当 I_{DS} 继续增加时，噪声性能会恶化，增益会提升。当 V_{DS}=3V 且 I_{DS}=20mA 时，最小噪声系数约为 0.4dB，增益约为 16.5dB，完全能够满足设计要求。

使用插入原理图模板的方式进行 FET_DC_IV_54143 的建立。在原理图设计界面中选择菜单栏【Create】→【From Template】选项，在弹出的【From Template】对话框中选择【product-template: FET_DC_sweep】选项，如图 6.14（a）所示，此时会出现灰色的原理图轮廓，将光标移动到合适位置后，单击放置模板。

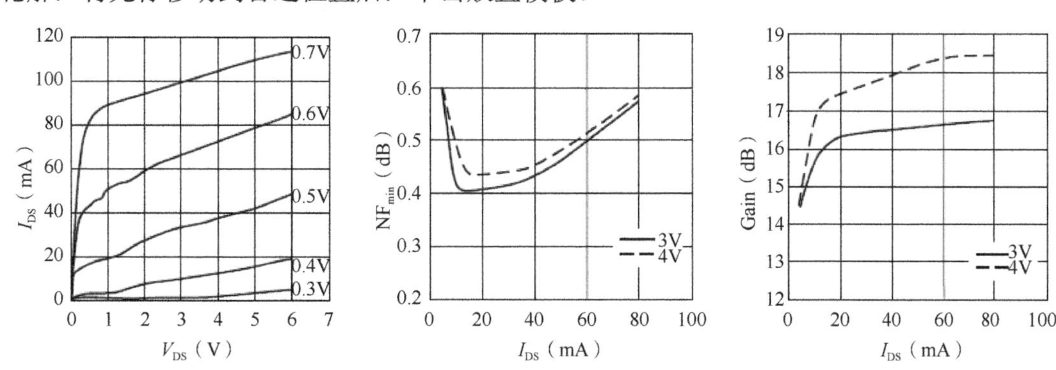

（a）*I-V*曲线（V_{GS}步长为0.1V）　（b）最小噪声系数曲线（2GHz）　（c）增益曲线（2GHz）

图 6.13　ATF-54143 数据手册中给出的典型特性曲线

选择菜单栏【Create】→【Instance】选项，加入 ATF54143 库的 atf54143_dt 单元下的 symbol，在电路中加入创建的 FET 模型 symbol。双击新加入器件，在器件的 Instance Name 栏中输入 Q0，如图 6.14（b）所示。

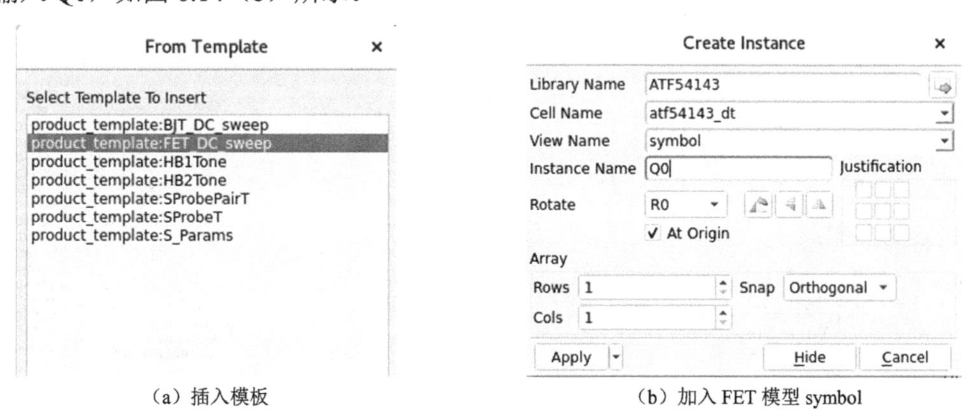

（a）插入模板　（b）加入 FET 模型 symbol

图 6.14　插入模板和加入 FET 模型

双击原理图中的 sweep0 器件，参考数据手册中给出的 *I-V* 曲线，修改栅极电压 V_{GS} 的扫描范围为 0.3～0.6V，步长为 0.02V，如图 6.15 所示，单击【Display】按钮，可以设置被显示在原理图中的参数。双击直流仿真控件 DC0，变量为 V_{DS}，扫描范围为 0～5V，步长为 0.1V，如图 6.16 所示。设置完成后，连接好电路，得到静态工作点扫描原理图，如图 6.17（a）所示。保存原理图后，单击【Run Simulation】按钮开始仿真。

以直角坐标形式绘制 *I-V* 曲线，在绘图设置区，选择 DC0.IDS:in 数据，单击【>>】按钮加入曲线列表中，并单击【OK】按钮完成设置，仿真结果图如图 6.17（b）所示。在图 6.17（b）中空白的地方，单击鼠标右键，选择【Show Legend】选项，可以显示各条曲线对应的 V_{GS}。对比后可以看出，所得 *I-V* 曲线和数据手册中的典型特性曲线一致。使用 Marker 工具在图 6.17（b）中加入标记，位置大约在 V_{DS}=3V、V_{GS}=0.44V、DC0.IDS:in=19mA 的地方，后面的设计将选择此点作为 ATF-54143 的静态工作点。

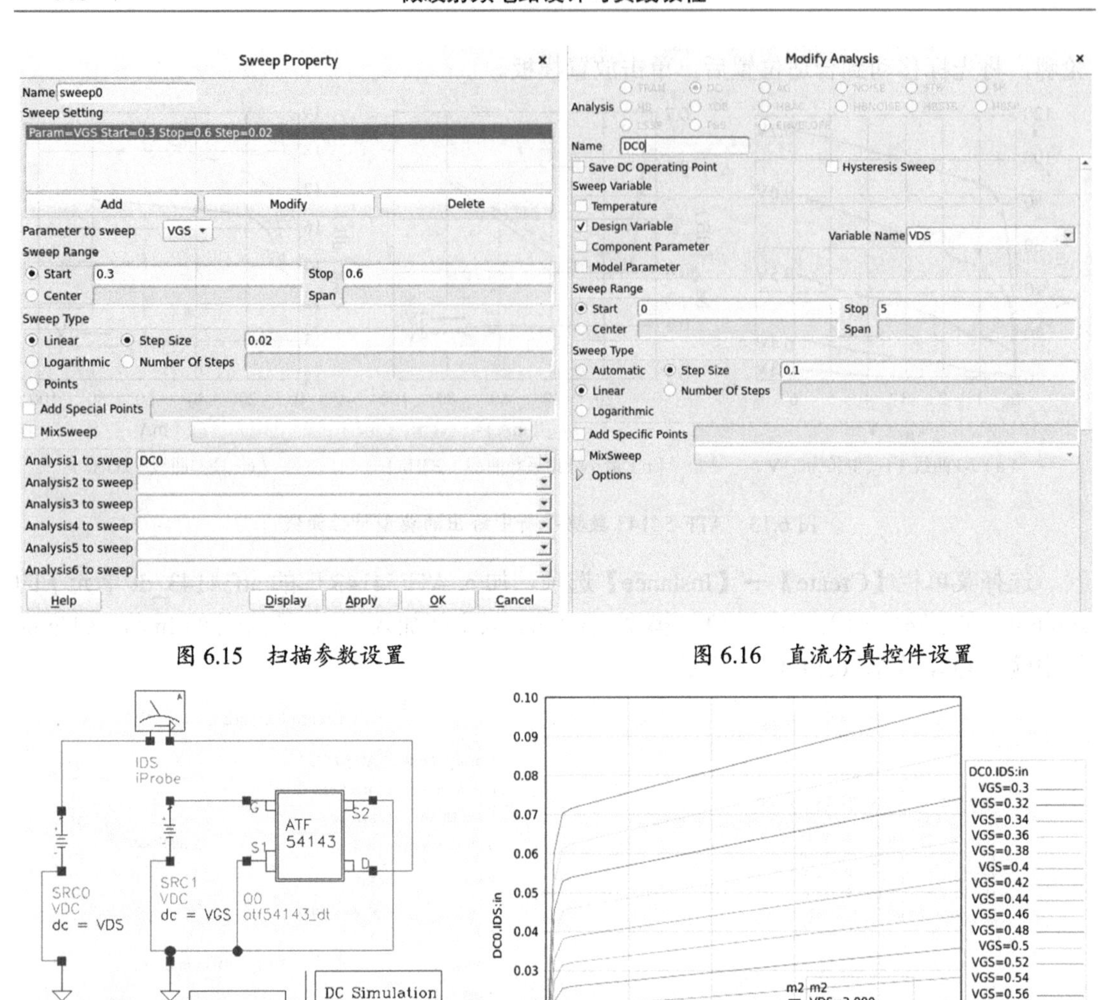

图 6.15　扫描参数设置　　　　图 6.16　直流仿真控件设置

（a）静态工作点扫描原理图　　　　（b）仿真结果图

图 6.17　静态工作点扫描原理图和仿真结果图

2. 偏置电路设计

创建新的原理图，命名为 FET_DC_Bias_54143，加入电阻和直流探针、电压源器件等，搭建图 6.18（a）所示电路。在原理图设计界面中，选择菜单栏【Create】→【Analysis】选项，勾选【Save DC Operating Point】复选框，移动光标，将直流分析器件移动到原理图适当的位置上，单击放置器件后，完成偏置电路连接。

在原理图设计界面中，单击【Run Simulation】按钮进行仿真，仿真完成后，回到原理图设计界面，选择【Simulation】→【Annotate】→【DC Voltage】选项，将电路中各个节点的电压以不同的颜色标注在原理图中。选择【Simulation】→【Annotate】→【DC Current】

选项，流经器件的电流将会被标注出来。根据结果调整 R0、R1 和 R2 的电阻值，直至 V_{DS} 和 I_{DS} 满足设计要求。选择【Simulation】→【Annotate】→【Clear】选项，可以清除显示的标注。从图 6.18（b）可见，在当前晶体管的直流工作点处，V_{DS} 约为 3.09V，I_{DS} 约为 19mA，I_D 约为 38.1mA。将所得各节点的电压/电流与数据手册中给出的电性能参数典型值（见表 6.2）进行对比，看结果是否合理。

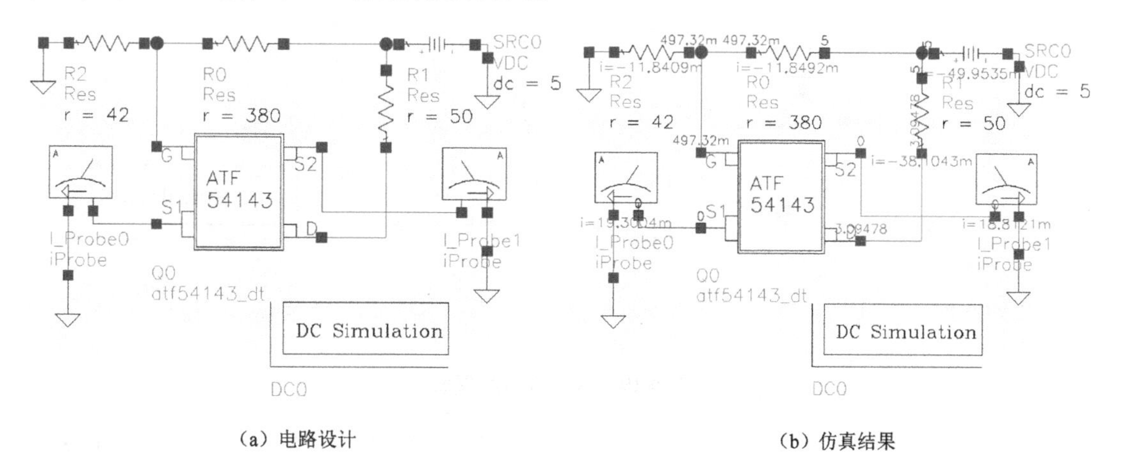

图 6.18　偏置电路设计示例

表 6.2　电性能参数典型值

指标	含义	测试条件	最小值	典型值	最大值
V_{gs}（V）	栅极电压	V_{ds}=3V，I_{ds}=60mA	0.4	0.59	0.75
V_{th}（V）	阈值电压	V_{ds}=3V，I_{ds}=4mA	0.18	0.38	0.52
I_{dss}（μA）	饱和漏电流	V_{ds}=3V，V_{gs}=0V	-	1	5
G_m（mmho）	跨导	V_{ds}=3V，$g_m=\Delta I_{dss}/\Delta V_{gs}$，$\Delta V_{gs}$=0.05V	230	410	560
I_{gss}（μA）	栅极漏电流	$V_{gd}=V_{gs}$= −3V	-	-	200
NF（dB）	噪声系数	V_{ds}=3V，I_{ds}=30mA	-	0.5	0.9
		V_{ds}=3V，I_{ds}=60mA	-	0.3	-

3. 小信号交流仿真

将 FET_DC_Bias_54143 原理图另存为 Amp_AC_54143 原理图，单击【OK】按钮，进行保存。回到 Design Manager 主界面，打开 Amp_AC_54143 原理图。

在原理图中删除直流仿真控件，加入交流仿真控件。加入 rfmw 器件库中 Lumped_Components 子类中的 DCFeed、DCBlock、Res 器件及 Source_Frequency_Domain 子类中的 VAC 源（默认交流电压为 1V），修改后的原理图如图 6.19 所示。在负载电阻 R2 处加入节点 Vout。这里用 DCFeed 作为射频扼流电路，使射频信号不进入直流通路。射频扼流电路实质上是一个无源低通电路，它能使直流信号进入射频通路，而射频信号无法进入直流通路，实际电路一般用电感来实现，有时会加一个旁路电容（接地）。DCFeed 是理想的隔交流电感，直流分量能够无损通过，其他任何频率分量则完全无法通过。同理，用 DCBlock

使直流信号不会进入 Term 端口。DCBlock 是理想隔直流电容，任何频率分量都能够无损通过，直流分量则完全无法通过。

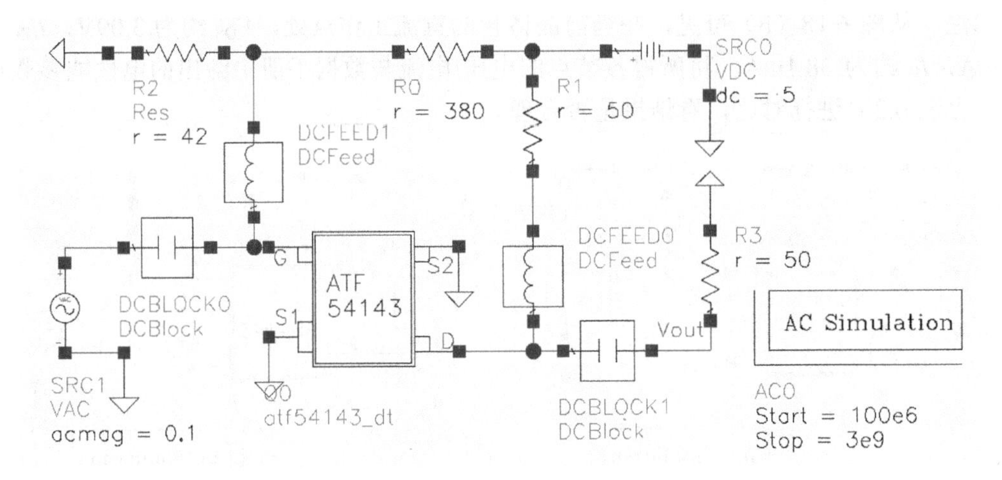

图 6.19　修改后的原理图

加入交流仿真控件，如图 6.20 所示。在原理图设计界面中，选择菜单栏【Create】→【Analysis】选项，并选择【AC 仿真】选项，设置扫描频率为 100MHz～3GHz，在【Sweep Type】区域中选择【Linear】单选按钮，在 Step Size 栏中输入 100e6。

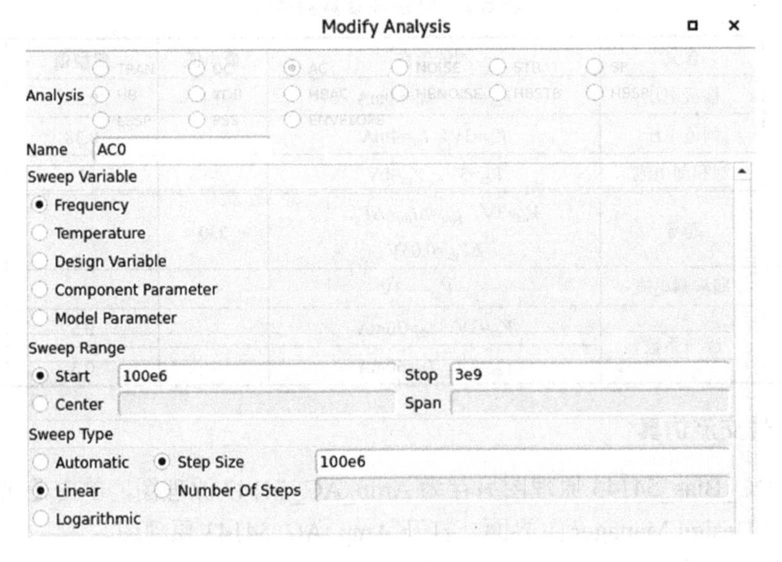

图 6.20　加入交流仿真控件

检查并保存原理图，单击【Run Simulation】按钮进行仿真。仿真开始后，会弹出【ZTerm】对话框，给出仿真进程及各类仿真消息。仿真完成后，会自动弹出【iViewer】对话框并载入仿真数据。以直角坐标形式绘制 Vout 数据曲线，在【Data Source】区域，选择【AC0.Vout】选项，单击【Function】区域的【Magnitude】选项，并单击【>>】按钮加入曲线列表中，单击【OK】按钮完成设置，得到电压增益曲线，如图 6.21 所示，可见示例电路在 2.6GHz 时

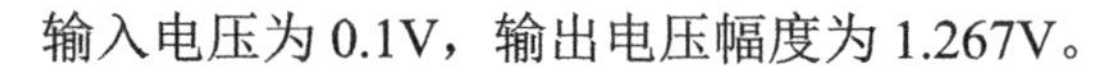
输入电压为 0.1V，输出电压幅度为 1.267V。

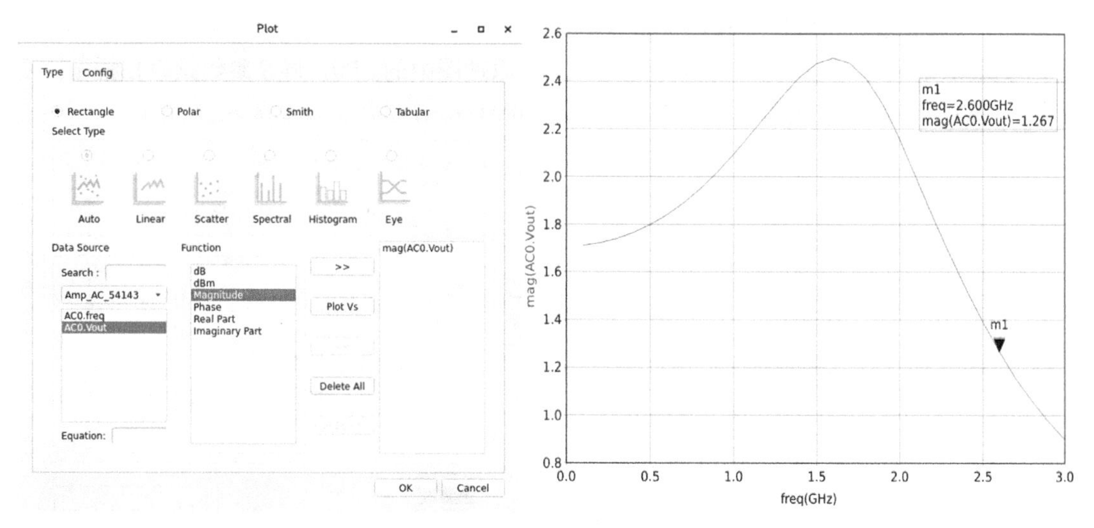

图 6.21　交流仿真结果图

4. *S* 参数仿真分析

可新建一个新的原理图进行 *S* 参数仿真，也可在小信号交流仿真原理图的基础上，复制原理图进行修改。在【Copy View】对话框的 Cell 栏中选中 Amp_AC_54143，在 View 栏中选中 schematic，单击鼠标右键，选择【Copy】选项，单击【OK】按钮，完成原理图复制。之后回到 Design Manager 主界面，打开 Amp_SP_54143 原理图。

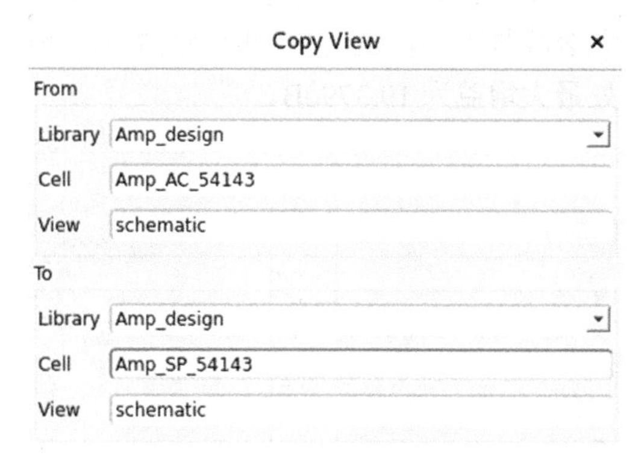

图 6.22　新建 S 参数仿真原理图

此外，还可以复制 Cell。【Copy Cell】选项可以对 Cell 之下的所有 View 进行复制，也可以将指定 Cell 复制到本库中，或者本工程下的其他库中。

在 Amp_SP_54143 原理图中，删除仿真控件 AC0、输入端的源 VAC 和输出端的负载电阻。可利用 S_Params 模板来完成原理图，选择【Create】→【From Template】选项，选中 insert template 窗口 user_template 列表中的 S_Params 模板，移动光标到原理图中的空白处（可以使用鼠标中间滚轮进行原理图缩放，按下鼠标中键，移动原理图在画布中的位置），单击放置模板。整理器件并重新进行连线，将 TERM0 放在输入端，TERM1 放在输出端。注意 TERM0

的端口号 num=1，TERM1 的端口号 num=2。这里需要进行最大增益、稳定系数的仿真，因此需要加入最大增益仿真控件和稳定系数仿真控件，将 rfmw 器件库中 Simulation_SParam 子类中的 MaxGain0 和 StabFact0 加入原理图。双击原理图中的 SP0，将 S 参数频率扫描范围更改为 1～4GHz，扫描方式为线性扫描，步长为 10MHz。S 参数仿真如图 6.23 所示。

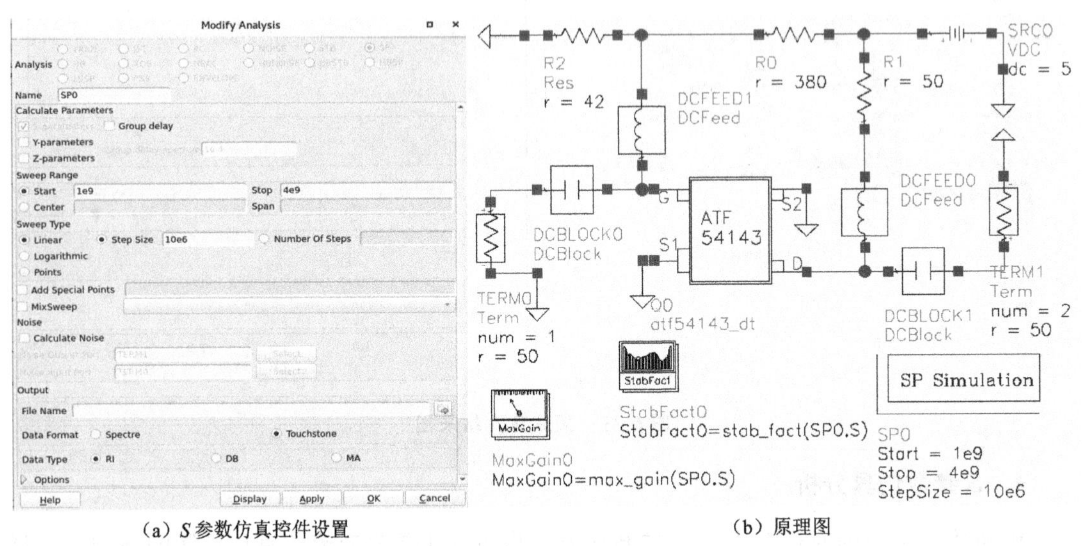

（a）S 参数仿真控件设置　　（b）原理图

图 6.23　S 参数仿真

检查并保存原理图，进行仿真。仿真结果的存储位置可以在原理图设计界面菜单栏的【Simulation】→【Options】→【Misc】选项下的【Project Directory】中进行设置。以直角坐标形式绘制 S_{21} 曲线和最大增益曲线，以 dB 值形式显示结果，在图上加入标记，如图 6.24 所示，可看出在 2.6GHz 处最大增益为 19.379dB。

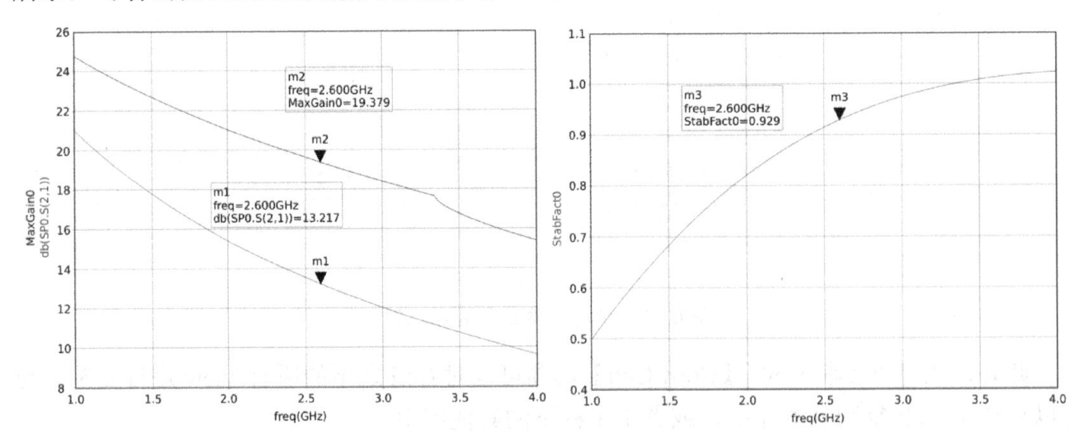

图 6.24　S 参数仿真结果示例

下面进行稳定性分析，分析电路在工作频段内的稳定性，稳定系数 k 为 0.929，小于 1，电路不稳定。因此，需要改善其稳定性，常用的方法是添加负反馈电路，加入串联电感和电阻，调整电感值和电阻值，直至其稳定。这里先在两个源级各添加一个串联电感，如图 6.25

（a）所示。改变电感值，观察稳定系数和最大增益随电感值的变化规律，选择一个合适的电感值，这里 lx 变化范围设置为 0.1～0.7nH，如图 6.25（b）所示。

添加了负反馈电路的原理图如图 6.25（c）所示，当 lx 为 0.3nH 时，在 2.6GHz 处，稳定系数大于 1，最大增益约为 16.7dB，可以满足要求。此外，从图 6.25（d）可以看出，电感值的微小浮动将直接影响电路的稳定性。为避免分立器件本身和焊接等不确定寄生参数对电路稳定性的影响，后续需要将源级的两个电感用串联的传输线来等效。

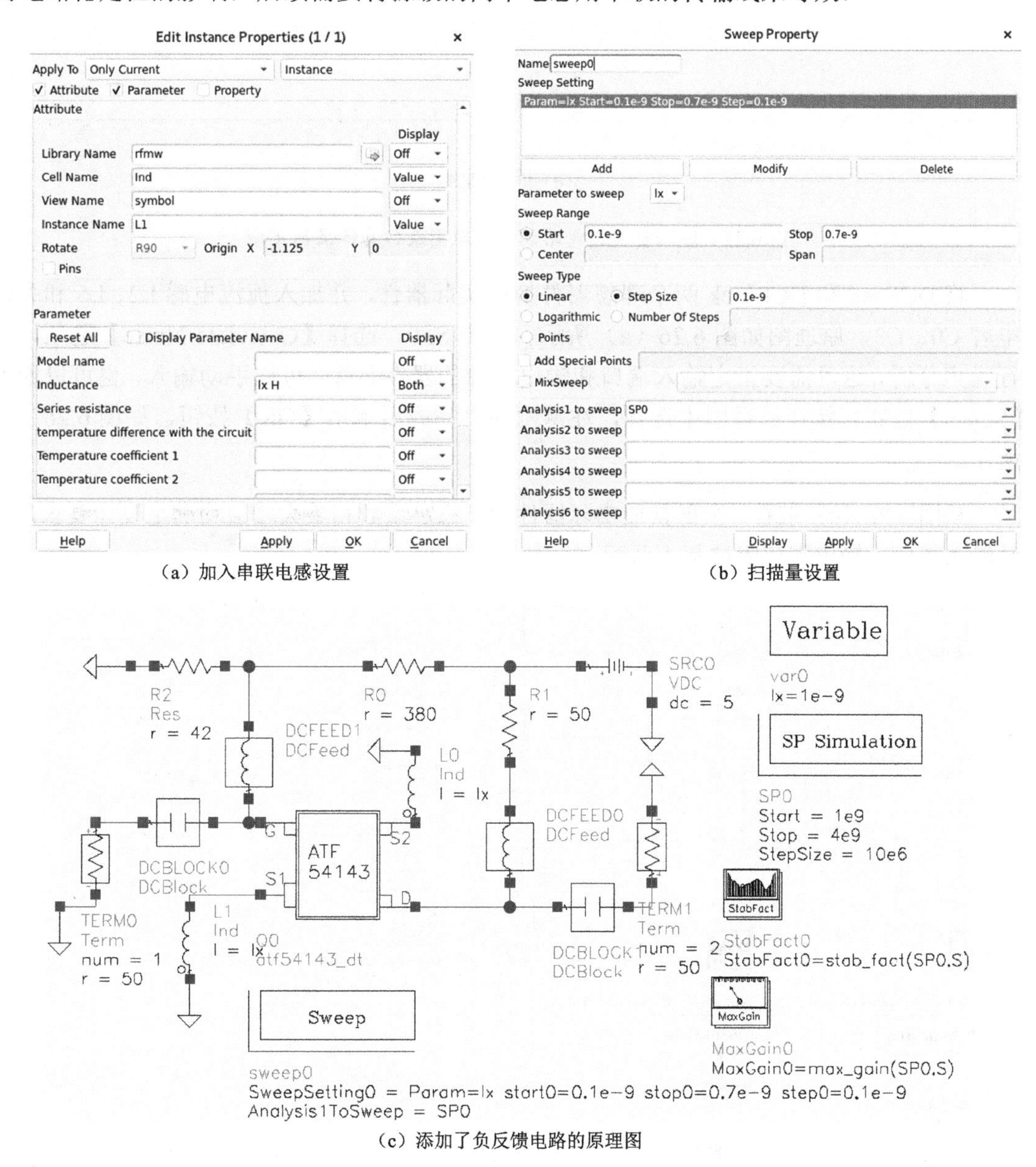

（a）加入串联电感设置　（b）扫描量设置

（c）添加了负反馈电路的原理图

图 6.25　添加负反馈电路调试原理图及仿真结果图

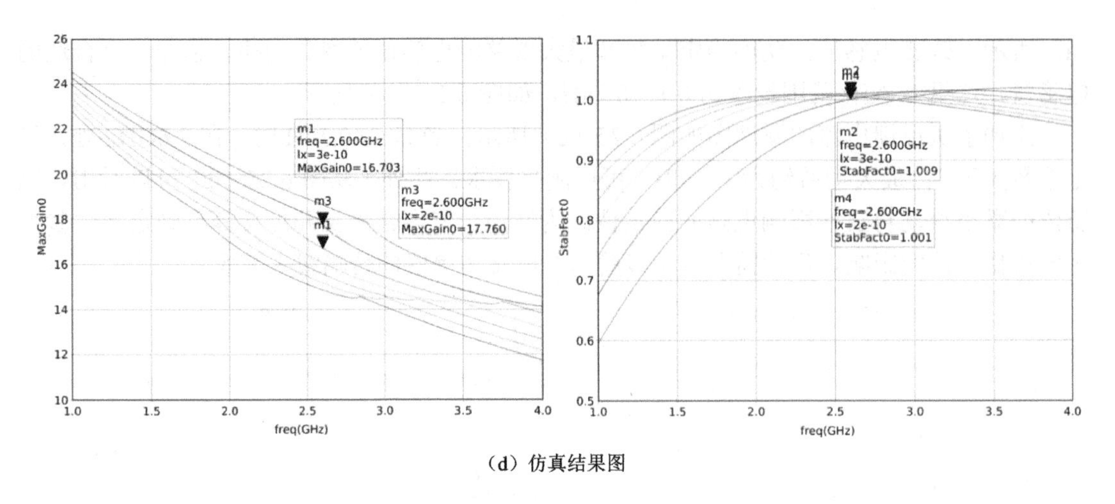

（d）仿真结果图

图 6.25 添加负反馈电路调试原理图及仿真结果图（续）

将 DCFeed 和 DCBlock 两个理想器件换成实际器件，并加入扼流电感 L2、L5 和旁路电容 C0、C3，原理图如图 6.26（a）所示。双击 SP0，选择【Calculate Noise】选项，进行噪声分析，这里需要指定输入端口和输出端口的器件名称，可以手动输入，也可以通过【Select】按钮直接在原理图中选择，注意顺序，完成后单击【OK】按钮，如图 6.26（b）所示。

从图 6.26（c）来看，全部换成实际器件后，稳定系数和最大增益均满足设计要求，但是输入端口、输出端口阻抗都不匹配。

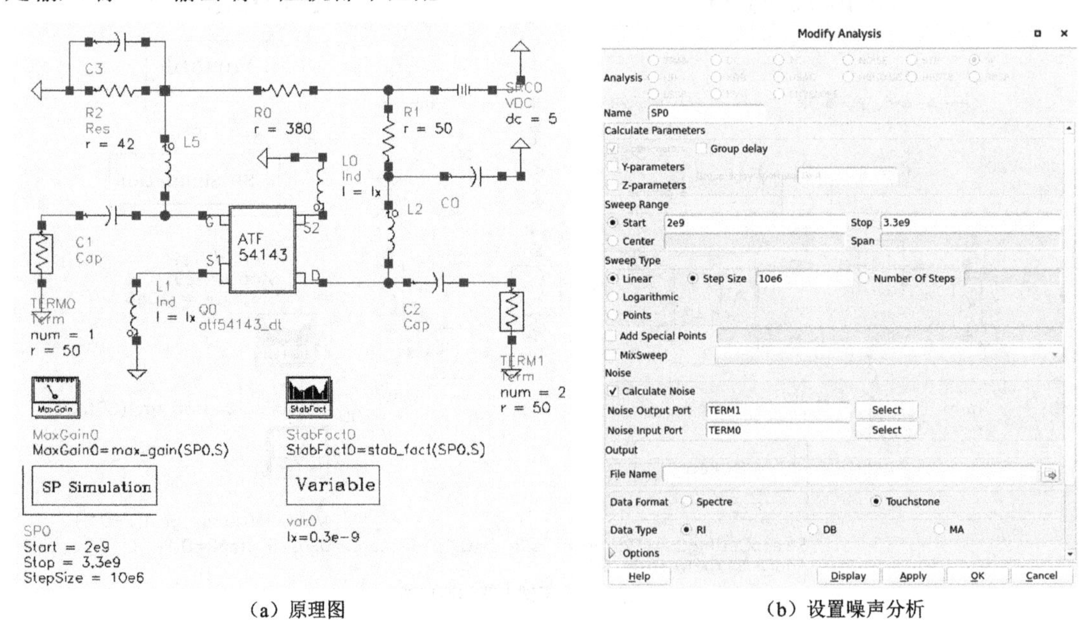

（a）原理图　　　　（b）设置噪声分析

图 6.26 稳定性和噪声仿真原理图及结果示例

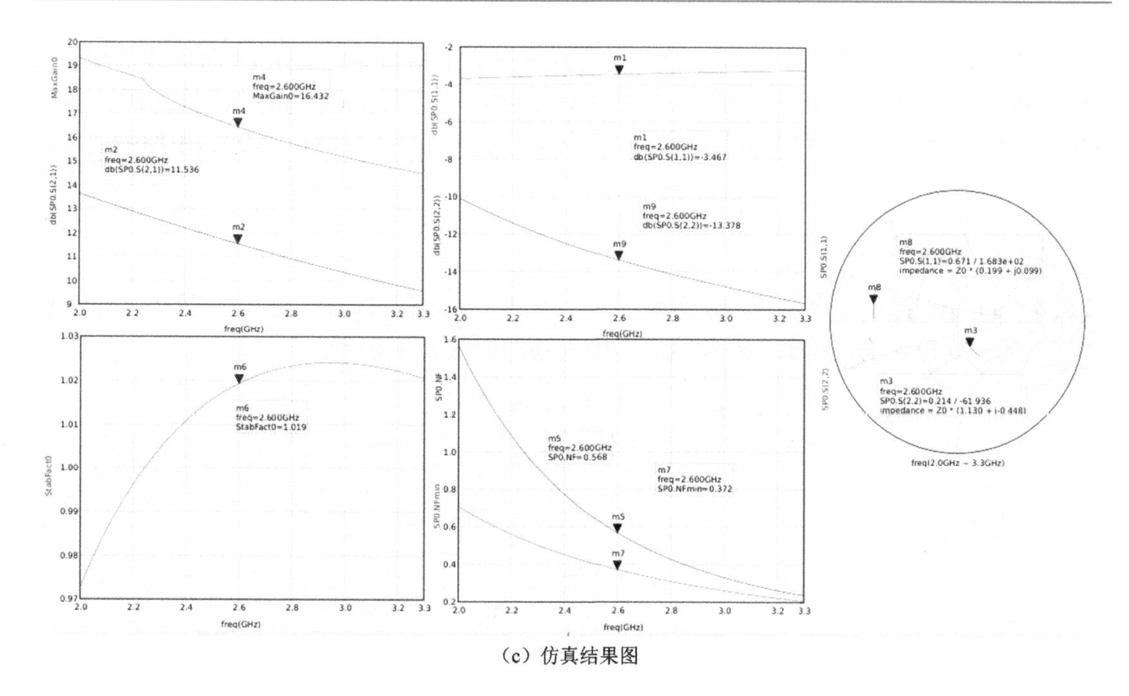

（c）仿真结果图

图 6.26 稳定性和噪声仿真原理图及结果示例（续）

将 SP0 中的频率扫描方式改为单频点扫描，在 iViewer 界面中，选择左侧的【Equations】选项，单击鼠标右键，添加表达式 ga_cir= ga_circle (SP0.S, {16.43, 15.93, 15.4,14.9, 14.4, 13.9, 13.4, 12.9})和 gp_cir=gp_circle(SP0.S, {6.43, 15.93, 15.4, 14.9, 14.4, 13.9, 13.4, 12.9})。ga_circle 为等资用增益圆，gp_circle 为等功率增益圆，在 Smith 圆图中加入这两个圆后，仿真结果图如图 6.27 所示。

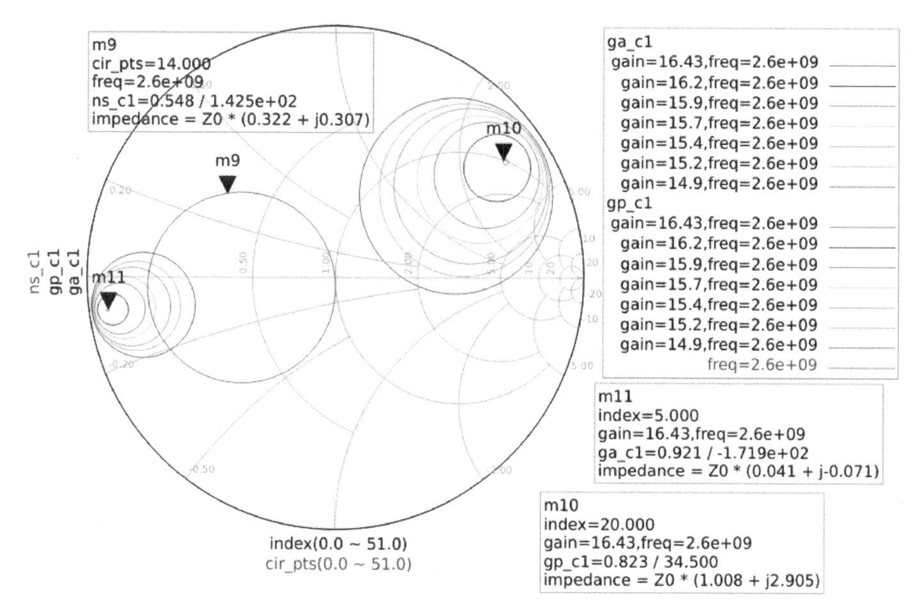

图 6.27 仿真结果图

从图 6.26 可以看到，在 2.6GHz 左右，放大器满足稳定性条件，在 2.6GHz 处的增益为 11.536dB，未达到设计指标，噪声系数为 0.553dB，S_{11} 为 0.671/168.3，输入阻抗值为 Z0*(0.199+j0.099)，S_{22} 为 0.214/–61.936，输出阻抗值为 Z0*(1.130+j-0.448)，下面需要设计匹配电路。

5. 匹配电路设计

AetherMW 提供了很多种匹配电路的设计方式，可以任意选择一种，这里以 Smith 圆图工具为例来设计输入匹配电路和输出匹配电路，如图 6.28 所示。

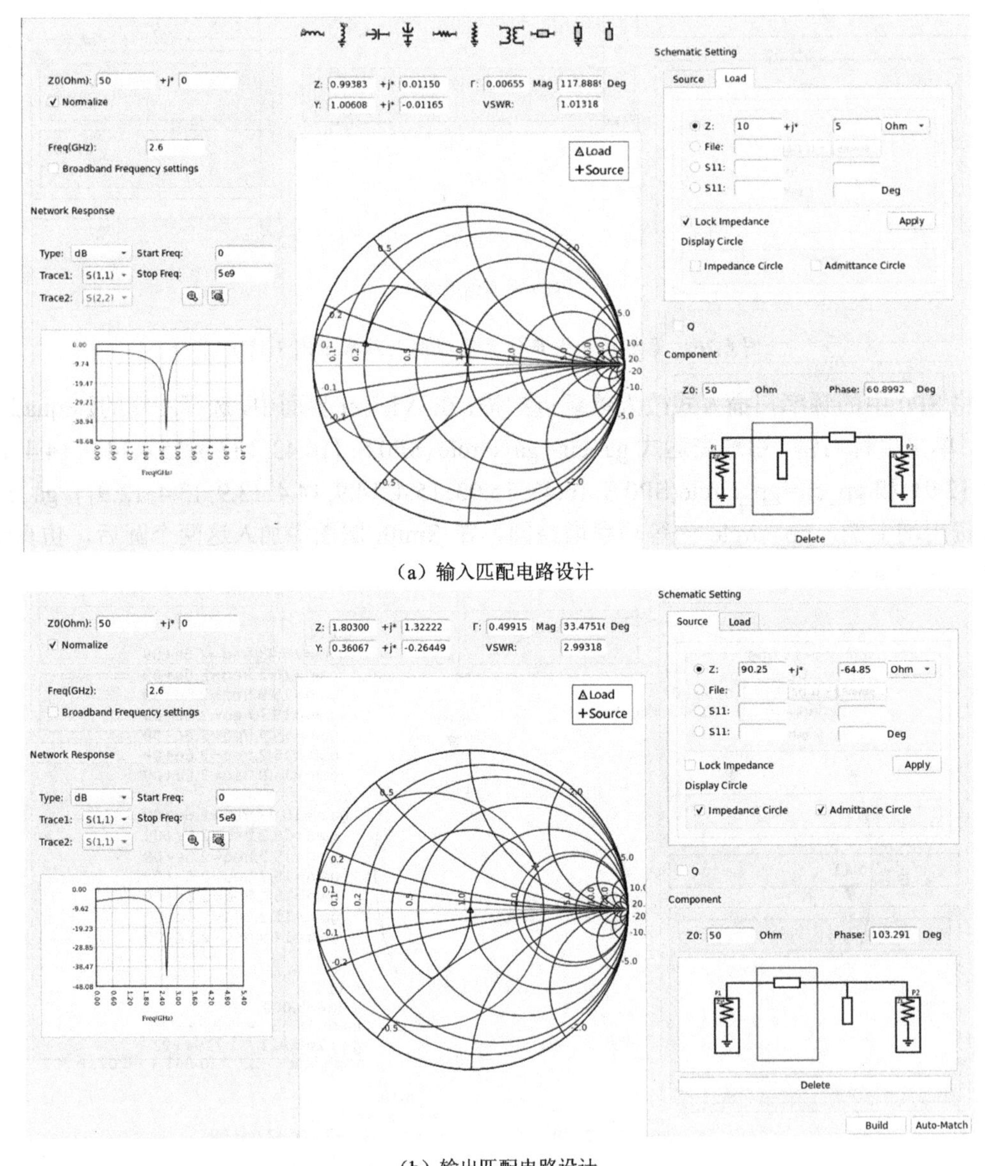

（b）输出匹配电路设计

图 6.28　输入匹配电路和输出匹配电路设计

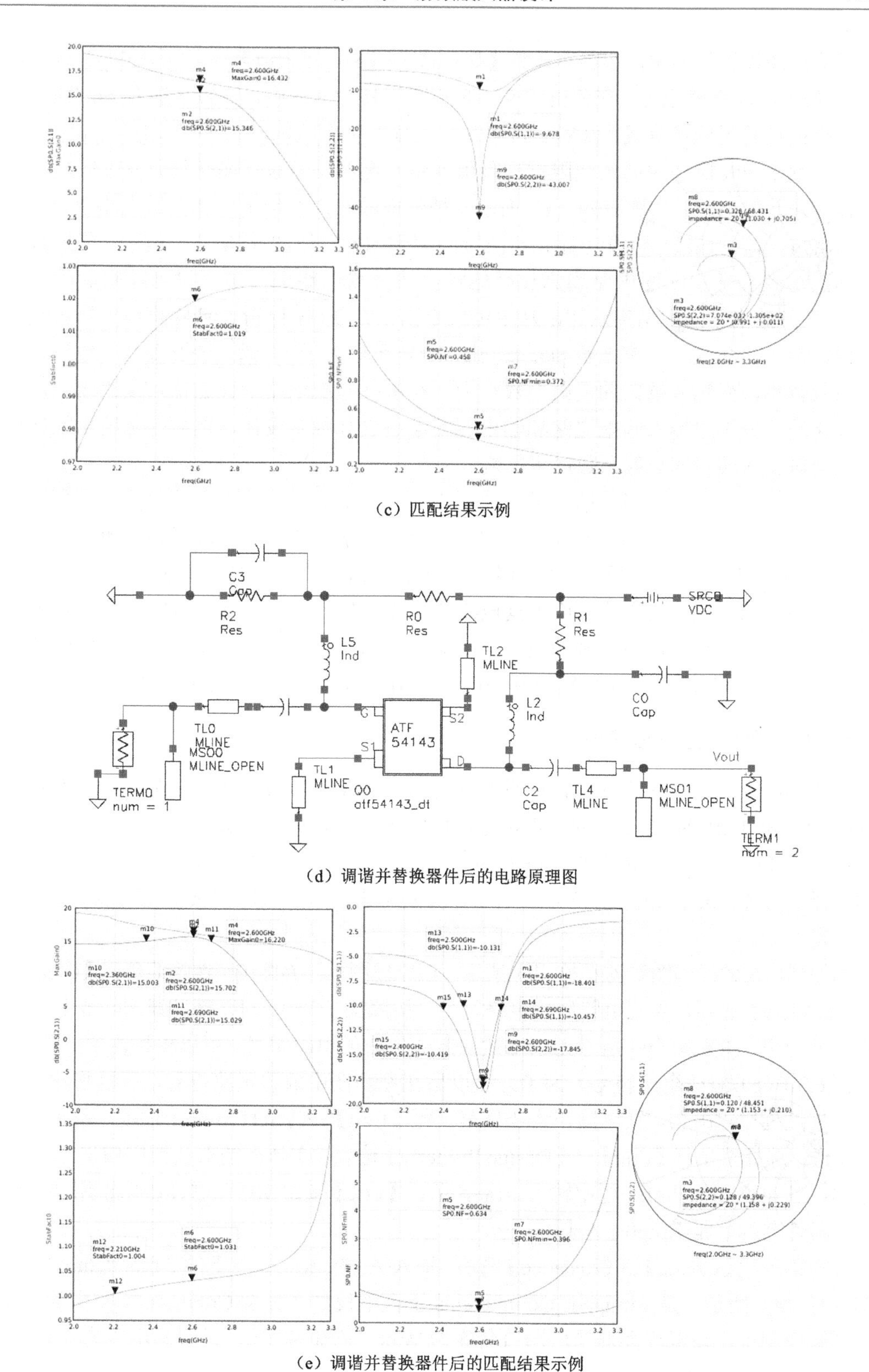

（c）匹配结果示例

（d）调谐并替换器件后的电路原理图

（e）调谐并替换器件后的匹配结果示例

图 6.28　输入匹配电路和输出匹配电路设计（续）

在原理图设计界面中，选择菜单栏【Tools】→【SmithChart】→【Matching】选项进行2.6GHz处的匹配电路设计。在弹出的Smith圆图工具对话框中，将频率设为2.6GHz，在源和负载阻抗设置区选择负载，以幅度和角度方式输入负载阻抗，完成后单击【Apply】按钮，就可以看到Smith圆图中的负载阻抗。利用Smith圆图工具设计微带线单支节匹配电路，先设计输入匹配电路，如图6.28（a）所示，把生成的输入匹配电路加到原电路中，仿真得到输出阻抗，再设计输出匹配电路，将阻抗匹配到50Ω，如图6.28（b）所示。将所设计的输入匹配电路和输出匹配电路均添加至低噪声放大器电路中，仿真得到匹配后的结果，图6.28（c）给出了匹配结果示例，从中可以看出，在2.6GHz时，低噪声放大器可获得的最大增益为15.346dB，噪声系数为0.458dB，稳定系数大于1，满足设计要求。输出端口的反射系数较小，而输入端口的反射系数较大。在进行匹配电路设计之初，认为所选晶体管是单向化的，分别对输入匹配电路和输出匹配电路进行独立设计，但实际上输出匹配电路的加入会对输入端口的反射系数产生影响。

下面使用Tuning工具来调整4段微带线的长度，改善输入端口匹配情况，利用微带线计算工具计算出微带线的物理尺寸，把理想微带线匹配电路换成实际微带线单支节匹配电路。此外，把原理图中的负反馈电感用微带线替换，微带线宽度略小于50Ω微带线的宽度，不小于源极引脚宽度，微带线长度根据电感值计算得到。图6.28（d）和图6.28（e）给出了调谐并替换器件后的电路原理图及匹配结果，可以看出，此时低噪声放大器的性能参数（如最大增益、噪声系数、输入/输出驻波比）在指定带宽内都能满足设计要求。

6. 由原理图创建电路符号

在Design Manager主界面中，将原理图复制为Amp_demo_Subckt，删除原电路中两端的TERM0和TERM1连线上的节点标号，删除SP0。在原理图设计界面中，选择菜单栏【Create】→【Pin】选项或按下快捷键P为电路添加端口，端口的名称为In、Bias、Out，方向均选择InputOutput，如图6.29（a）所示，分别单击输入、输出和供电连接线末端，完成端口放置。

添加端口后的原理图如图6.29（b）所示。在原理图设计界面中，选择菜单栏【Create】→【Symbol View】选项，为此电路创建电路符号。按照图6.30（a）设置引脚，单击【OK】按钮进入下一步，图6.30（b）所示为采用默认方式生成的电路符号，可以根据需要进行修改。按照图6.30（c）修改电路符号，为了方便以后在原理图中放置电路符号，可以将输入端口的中心设置为原点(0,0)。具体操作为选择菜单栏【Edit】→【Set Origin】选项，单击输入端口的中心。选择菜单栏【File】→【Design Property】选项，在弹出的对话框中勾选【System】复选框，在InstName Profix栏中输入Amp，单击【OK】按钮完成。这样以后调用该电路器件时，器件名称就是Amp0、Amp1……。

选择菜单栏【Create】→【Instance】选项，插入AMP_design库下的Amp_demo_Subckt，如图6.31（a）所示。从Lumped_Components子类中找到Res及Common子类中的GND，添加到原理图中，设置放大器输出端口名称为Vout，添加SRC0，设置其电压为5V，并加入SP0，如图6.31（b）所示。

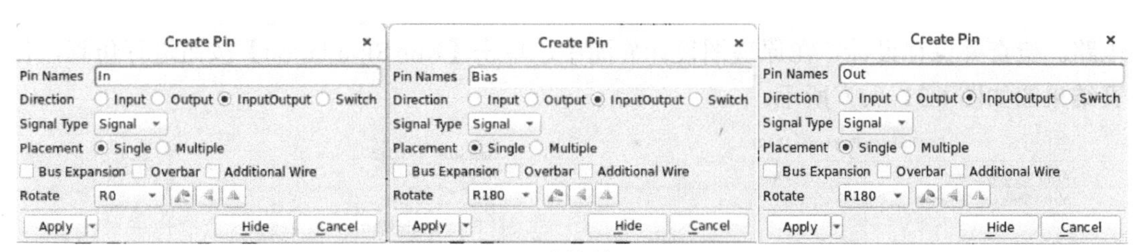

（a）添加端口

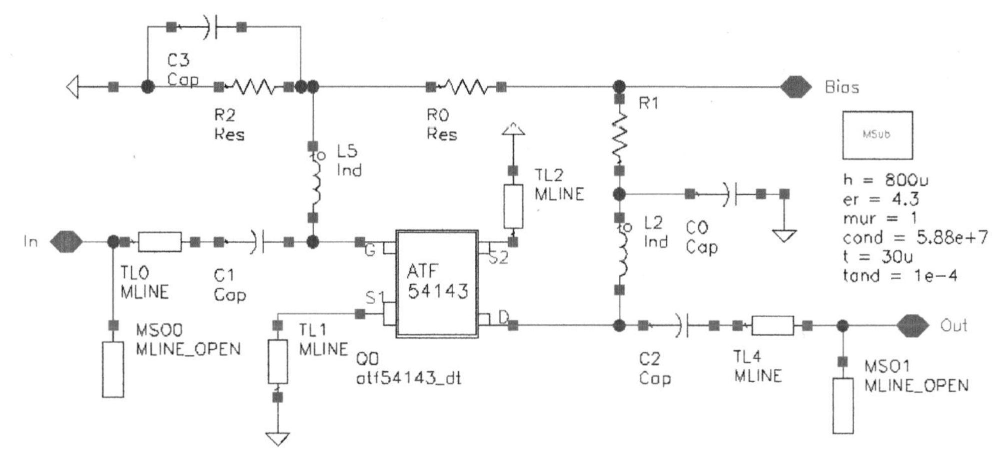

（b）添加端口后的原理图

图 6.29　添加端口

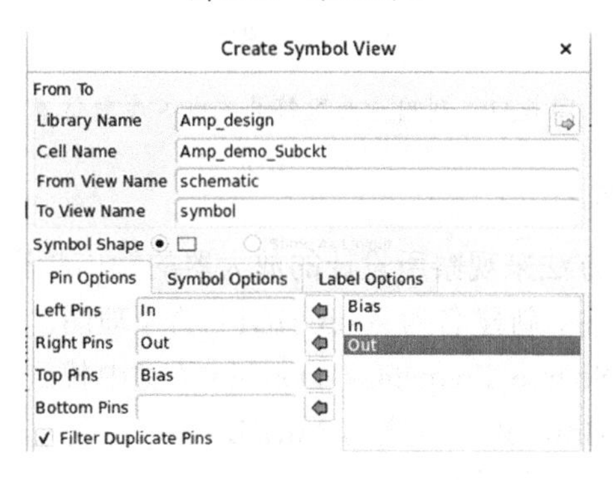

（a）引脚设置

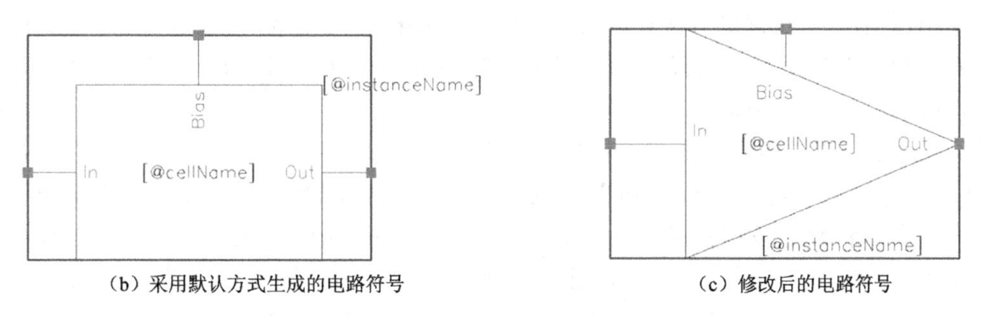

（b）采用默认方式生成的电路符号　　（c）修改后的电路符号

图 6.30　生成电路符号

这里 Amp0 代表了前面设计的放大器，可通过工具栏中的【Descend】按钮来查看具体电路。检查并保存设计，在原理图设计界面中，单击【Run Simulation】按钮进行仿真，仿真结果图如图 6.31（c）所示。

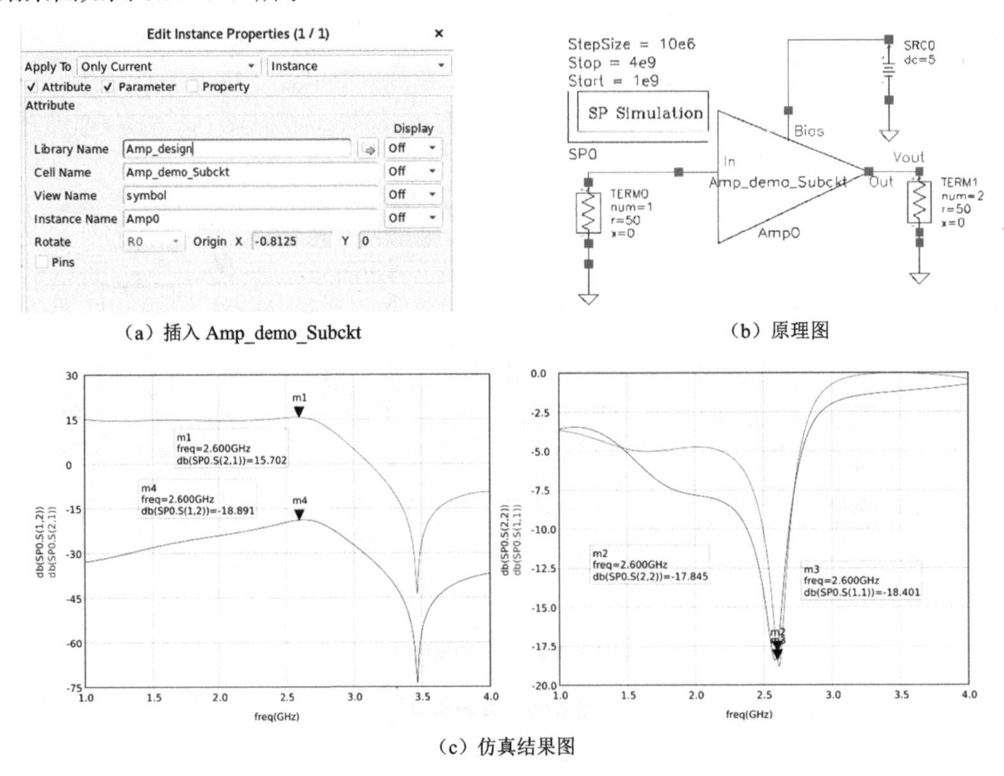

（a）插入 Amp_demo_Subckt　　（b）原理图

（c）仿真结果图

图 6.31　利用放大器符号完成 *S* 参数仿真

7．谐波平衡仿真分析

可利用谐波平衡仿真方法来观察所设计的放大器的输出频谱成分并确定 1dB 压缩点。在 Design Manager 主界面中，新建名为 Amp_HB1T 的原理图，在新打开的空白原理图窗口中，从 rfmw 器件库下的 Source_Frequency_Domain 子类中找到 P1Tone，如图 6.32（a）所示，信源输出功率为–20dBm，频率设置为 2.6GHz。

在原理图设计界面中，选择菜单栏【Create】→【Analysis】选项，在添加仿真器窗口中选择【HB】选项，设置单音仿真，基波频率为 2.6GHz，考虑 5 阶谐波，如图 6.32（b）所示。单击【OK】按钮完成设置，在原理图中移动光标，将 HB0 移动到合适的位置上，单击放置，得到原理图，如图 6.32（c）所示。

仿真结束后，以直角坐标形式绘制 HB0_fi.Vout 数据曲线，在【Data Source】区域，选择 HB0_fi.Vout 数据，选择【Function】区域的【dBm】单选按钮，并单击【>>】按钮加入曲线列表，单击【OK】按钮完成设置。使用标记工具栏中的最大值标记图标和普通标记图标，分别在基波和二阶谐波、三阶谐波处加入标记。选中 m1，按下 Ctrl 键，选中 m2、m3 进行标记，之后单击【Delta Marker】按钮，用 m1 作为参考，此时显示基波和二阶谐波、三阶谐波的幅度差值。从图 6.32（d）可以看出，放大器最大增益约为 15.8dB，二阶谐波比基波约衰减 61dB，三阶谐波比基波约衰减 86dB。

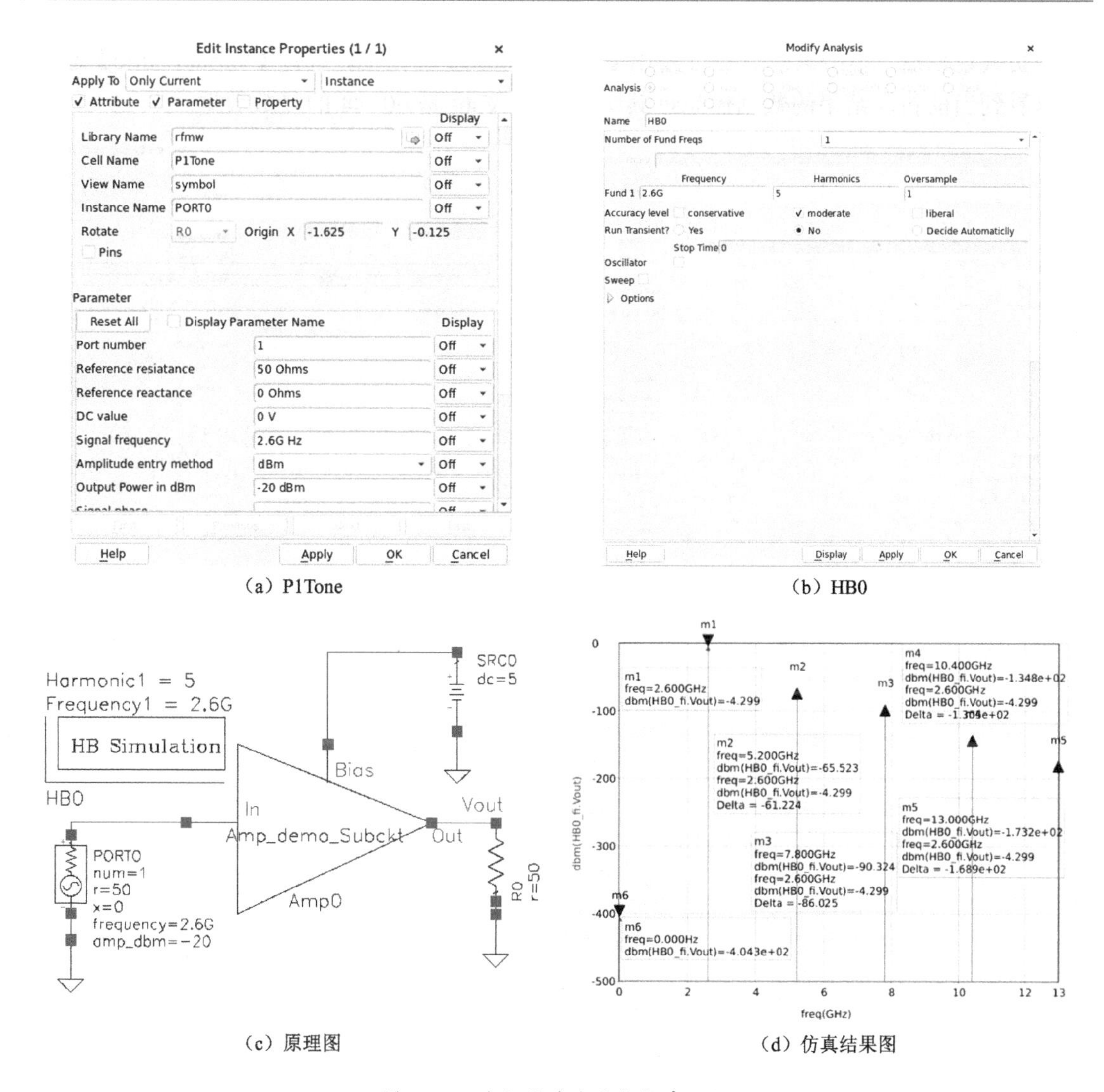

（a）P1Tone　　（b）HB0

（c）原理图　　（d）仿真结果图

图 6.32　放大器谐波平衡仿真示例

接下来进行 1dB 压缩点仿真。双击 P1Tone，将输入信号、功率参数修改为变量，这里以 f0 和 Pavs 为例，如图 6.33（a）所示。在原理图设计界面中，选择菜单栏【Create】→【Variable】选项，加入变量 f0 和 Pavs，将其值分别设为 2.6GHz 和–20dBm，单击【Add】按钮，如图 6.33（c）所示。

在原理图中双击 HB0，选择【Sweep】选项，输入扫描变量 Pavs，设置扫描范围为–50～10dBm，步进值为 0.1dBm，单击【Display】按钮修改屏幕显示项，在窗口中分别找到 VariableName、StepSize、Stop 和 Start 并勾选对应的复选框，单击【OK】按钮，如图 6.33（b）所示。

修改后的原理图如图 6.33（d）所示。单击【Run Simulation】按钮，进行仿真。仿真完成后，在弹出的 iViewer 界面中，观察仿真结果。先单击 iViewer 界面左侧【Workspace】区域中的 Datasets 前面的符号，展开数据，再单击 Amp_HB1T 数据集前面的符号展开数据，选中仿真数据后，单击鼠标右键会弹出【Variable Info】对话框，选择【Variable Info】选项，可以看到当前仿真结果的数据信息，其中 HB0_fi.Vout 是 601×4 的复数数据。

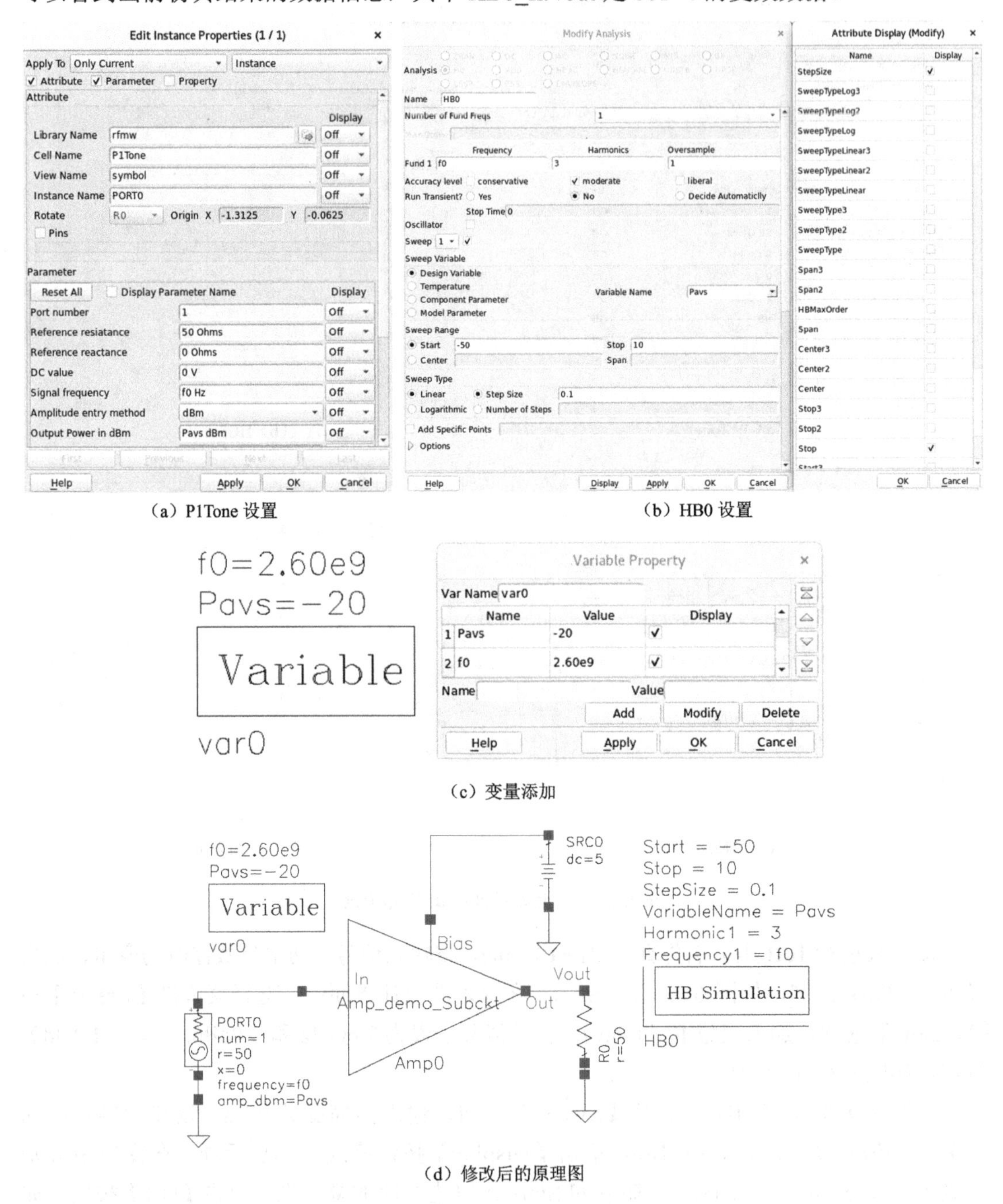

（a）P1Tone 设置　　（b）HB0 设置

（c）变量添加

（d）修改后的原理图

图 6.33　放大器 1dB 压缩点仿真过程

当前在 AetherMW 中，对于非扫描参数，无法在仿真结果中直接输出原理图变量，需要重新定义变量，并手动输入变量值。在【Create Equation】对话框中，添加表达式，如图 6.34 所示。

```
Pout_fund_dBm=dbm(HB0_fi.Vout[::,1], 50)           -- 计算基波输出功率
Pavs_dBm=vs(HB0_fi.Pavs,HB0_fi.Pavs, "Pin")        -- 输入和输出线性增长曲线
Gain=Pout_fund_dBm -HB0_fi.Pavs                    -- 计算基波功率增益
PComp=Gain - Gain[0]                               -- 增益压缩
Pout_line=Pavs_dBm + Gain[0]                       -- 基波线性增长曲线
P1dB = cross(PComp+1, -1)                          -- 计算 1dB 压缩点
```

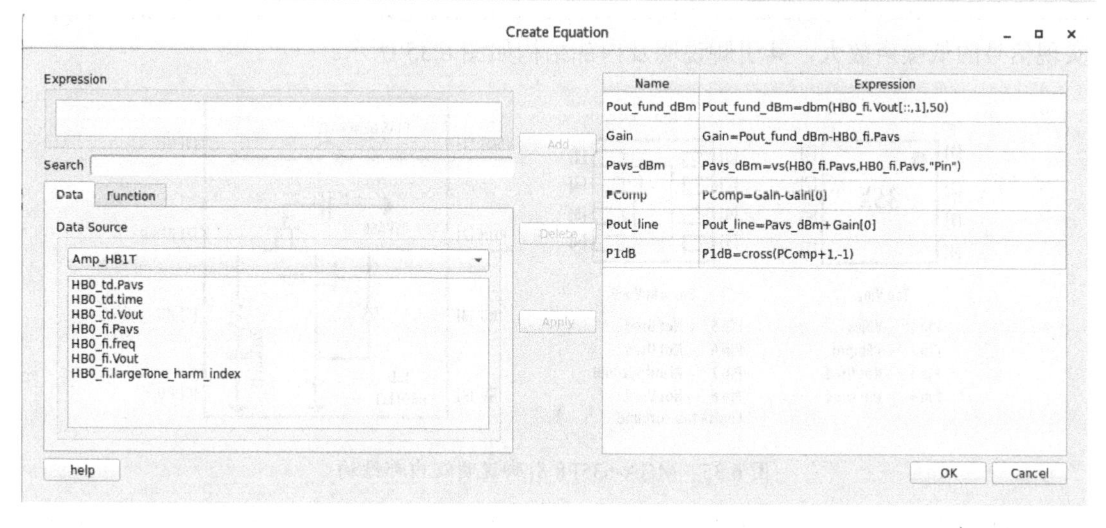

图 6.34　添加表达式

添加表达式后，就可以直接在 iViewer 界面中添加 Gain 曲线和 Pout_fund_dBm 曲线来观察所设计的放大器的线性度了，变量 P1dB 即 1dB 压缩点。到这里，放大器的设计基本完成。需要说明的是，所给出的原理图中所用电容值、电感值和电阻值均为理论值，并未替换为实际值，也未考虑电容、电感和电阻的分布特性及它们之间的连接线，实际工程中这些是必不可少的。

6.4.2　基于放大器芯片的性能仿真

除利用晶体管进行低噪声放大器的设计外，可直接利用放大器芯片来完成设计。能满足指标的集成低噪声放大器芯片有很多，如 Avago Technologies 公司的 MGA-635P8 和 MGA-13316、ADI 公司的 ADL5523 等，表 6.3 所示为三款芯片的主要性能参数。

表 6.3　三款芯片的主要性能参数

	MGA-635P8	MGA-13316	ADL5523
频率范围（GHz）	2.3～4	2.2～4	0.4～4
测试条件	5V@56mA；2.5GHz	5V@116mA；2.5GHz	5V；2.6GHz
噪声系数（dB）	0.56	0.76	0.9
最大增益（dB）	18	34.3	13.5
OCP（dBm）	22	23.5	20.5
OIP3（dBm）	35.9	41.8	35.0
封装类型	8-Lead QFN	16-QFN	8-Lead LFCSP

可以看出三款芯片均具有高线性度和低噪声，能满足要求的所有指标，而且芯片内部集成度较高，引脚较少，外围电路简单。此外，芯片数据手册上均给出了推荐的外围电路，很多功能不需要设计者从基础开始设计，设计难度减小很多。

下面以 MGA-635P8 为例对低噪声放大器进行设计，这是一款经济实惠、易于使用的 GaAs MMIC 低噪声放大器芯片，集成了偏置电路及匹配电路，只需要片外较少的电路即可实现信号的低噪声放大，其引脚说明及内部结构如图 6.35 所示。

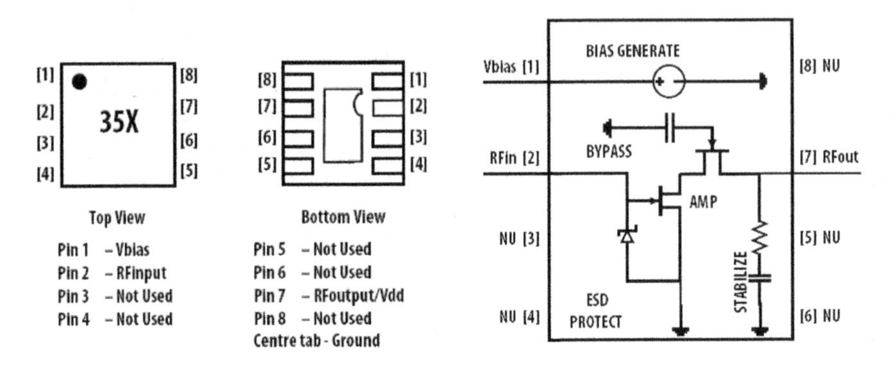

图 6.35　MGA-635P8 引脚说明及内部结构

利用 MGA-635P8 的 S2P 文件和封装类型，结合仿真软件进行阻抗匹配设计。在网站上可以找到该芯片在 5V@55mA 静态工作点下的 S2P 文件 mga635p8_55ma.s2p。SNP 中的 N 代表的是端口数量，S2P 文件为二端口网络参量文件，S3P 文件为三端口网络参量文件。打开 mga635p8_55ma.s2p 文件，其内容如图 6.36 所示。

```
# ghz S ma R 50
! 2 Port Network Data from SP1.SP block
! freq  magS11  angS11  magS21  angS21  magS12  angS12  magS22  angS22
!
         0.01     0.989891779     -1.993393     36.0578643     178.5438     0.0021114461
   0.02249375     0.989189568     -3.721123     36.6540105     177.5314    0.00166432448
    0.0349875     0.977422495     -5.376468     37.0534798     175.0831    0.00170263478
   0.04748125     0.964134658     -7.005017     37.2719831     172.2932    0.00288534002
     0.059975      0.96021984     -8.100874     36.9812852      169.586    0.00196822843
   0.07246875        0.951576     -9.332816     36.4500392     167.1621    0.00254280174
    0.0849625     0.949009435     -10.61121     35.8697211      164.842    0.00272229697
   0.09745625     0.943856987     -12.11088     35.1535752     162.8973     0.0031410981
      0.10995     0.941131782     -13.39232     34.6013864     161.1206    0.00267759569
   0.12244375     0.936511705     -14.60997     33.9090014     159.5179    0.00271545744
    0.1349375     0.931256517     -15.90521     33.3396088      158.056    0.00295770939
   0.14743125     0.926316617     -17.33506     32.7823438     156.6643    0.00293765303
     0.159925     0.925842526      -18.6013     32.3334838     155.4091    0.00270880037
```

图 6.36　mga635p8_55ma.s2p 文件的内容

文件中以“#”开头的是选项行，告诉编译器随后的符号是关于参数的。所有数据都按 freq_units（频率单位，这里为 GHz）、parameter（*S*/*Y*/*Z*/*G*/*H* 参数，这里为 *S* 参数）、format（网络参数格式，这里为 ma，表示幅度和角度）和 rn（归一化阻抗，这里为 50Ω）的格式组成。这里的# ghz S ma R 50 表示该文件中频率单位是 GHz，使用 *S* 参数，网络参数格式为 ma，归一化阻抗是 50Ω；每行以“!”开头的是注释；后面的数据格式为频率、S_{11} 幅度、S_{11} 角度、S_{21} 幅度、S_{21} 角度、S_{12} 幅度、S_{12} 角度、S_{22} 幅度和 S_{22} 角度。该文件中还有网络的噪声系数，格式为<频率><最小噪声系数><最优源反射系数><rn>。使用该文件时不需要添加直流偏置电路，该文件只能用于小信号仿真。

新建原理图，加入 S 参数仿真模板 product_template: S_Params，在【Data Items】中选择二端口网络 S2P，将其加入原理图，双击它，在弹出对话框的 S-parameter data file 栏中选择 mga635p8_55ma.s2p，将该文件加载到 S2P 上，如图 6.37（a）所示。设置 S 参数仿真频率范围，使能噪声仿真，如图 6.37（b）所示。加入最大增益仿真控件 MaxGain0 和稳定系数仿真控件 StabFact0，设置好的原理图如图 6.37（c）所示。

（a）S2P 文件加载　　　　（b）S 参数控件设置

（c）原理图

图 6.37　MGA-635P8 初始仿真原理图

初始仿真结果如图 6.38 所示。从图 6.38 可以看到，该芯片稳定性很好，最大增益和噪声系数均满足设计要求，只是匹配效果较差，输入、输出回波损耗较大。按照低噪声放大器的设计思路，输入端口采取噪声最佳匹配策略，输出端口采取增益最佳匹配策略。

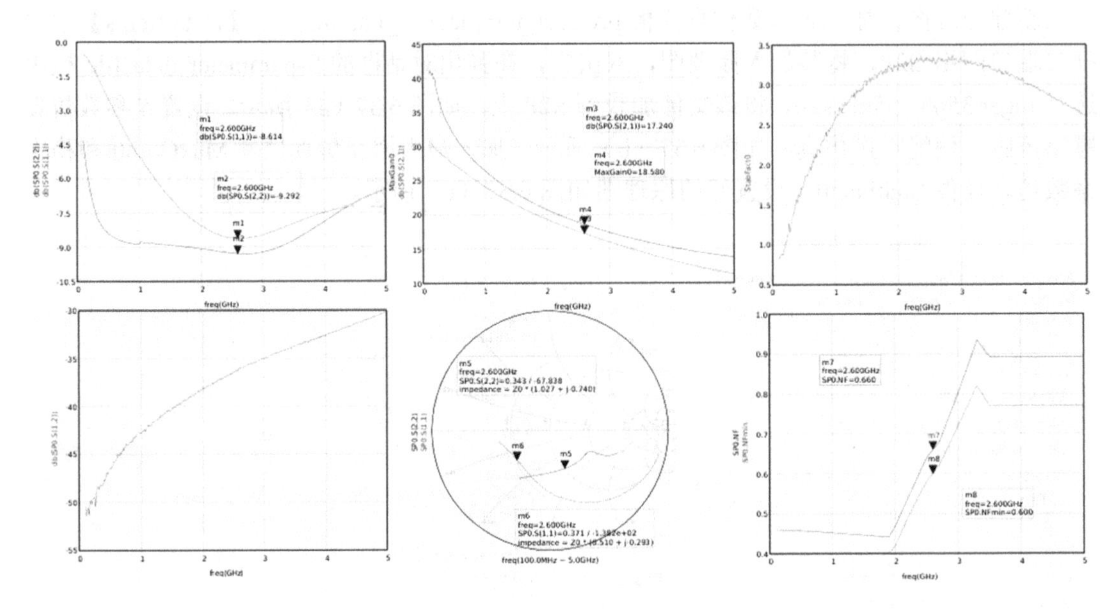

图 6.38　初始仿真结果

MGA-635P8 数据手册给出了推荐原理图和 PCB，如图 6.39 所示，可先按照推荐原理图进行仿真和电路设计，再根据仿真结果调整器件值，以获得更优的性能。其中，C1 和 C2 为隔直电容；L1 为输入匹配电感，会影响放大器噪声系数；L2 为输出匹配电感，会影响放大器最大增益和 OIP3；C3、C4、C5 和 C6 为电源去耦电容；R1 用来提高放大器的稳定性；Rbias 为用来设置放大器偏置电流的电阻。按照图 6.39 在仿真软件中搭建原理图，如图 6.40（a）所示。

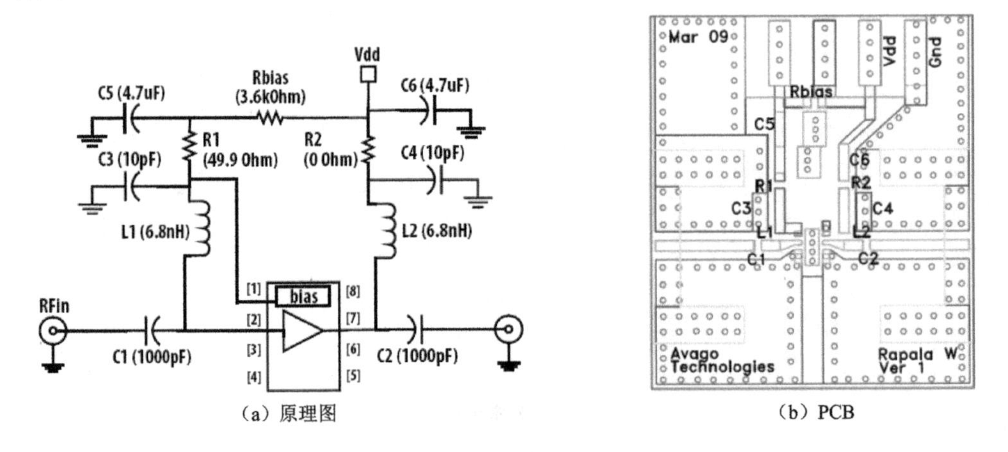

（a）原理图　　　　（b）PCB

图 6.39　MGA-635P8 数据手册推荐原理图和 PCB

电容值、电感值和电阻值均按照推荐值进行设置，先不考虑连接线，分析仿真结果，仿真结果如图 6.40（b）所示，其输入、输出回波损耗有明显改善，噪声系数、最大增益等指标均达到设计要求。在实际工程中，还应结合板材加入对连接线的仿真，根据仿真结果对参数进行调整，直到满足设计要求。

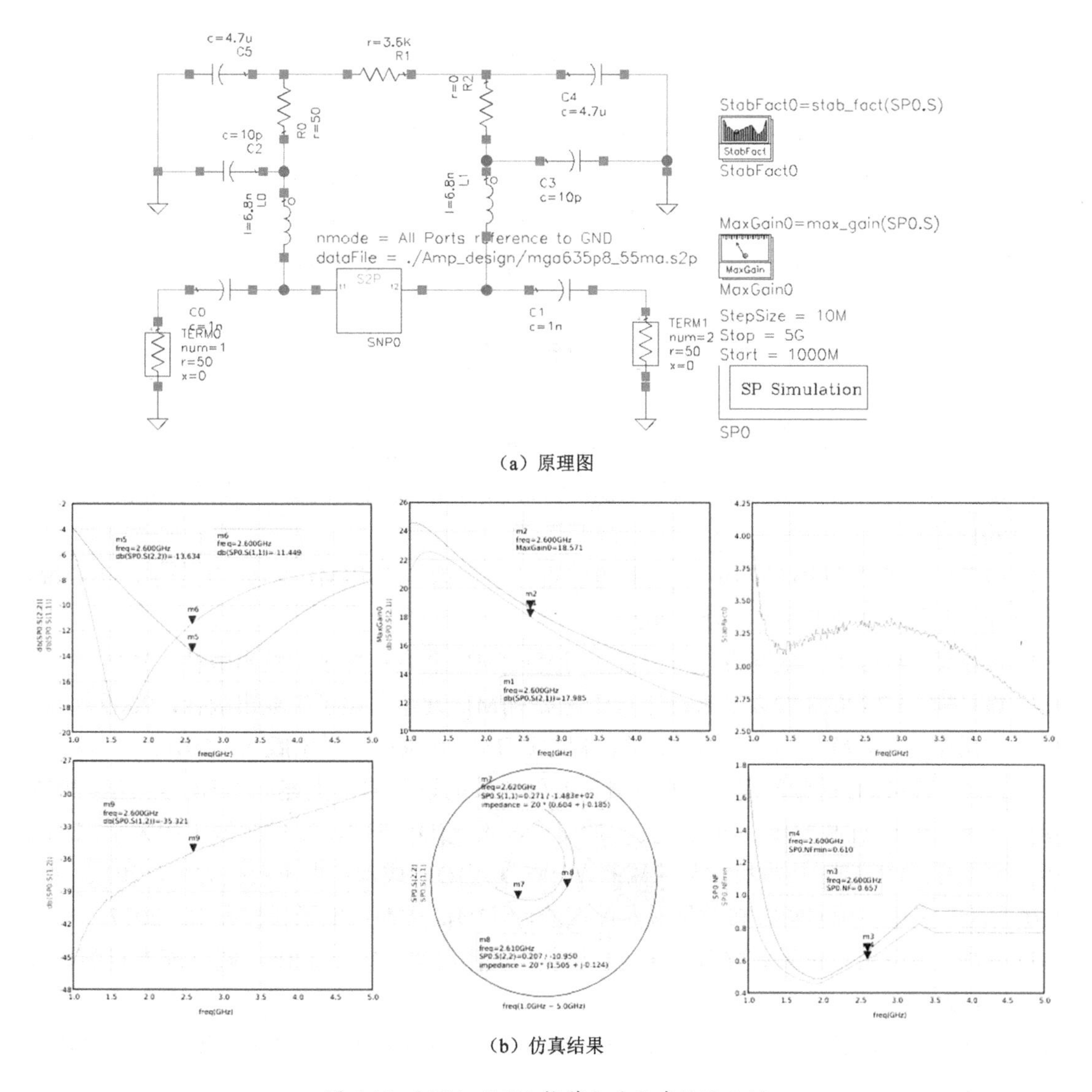

（a）原理图

（b）仿真结果

图 6.40　MGA-635P8 推荐电路仿真结果示例

思考题

（1）简述二端口放大器模型 4 个 S 参数的物理意义。

（2）简述射频放大器在射频系统中的作用。

（3）放大器小信号非线性模型普遍采用多项式模型，简述：①小信号的量级；②为什么多项式模型大多采用奇次项，什么情况下需要保留偶次项。

（4）低噪声放大器的匹配电路和其他匹配电路有什么不同？思考低噪声放大器与功率放大器匹配电路的设计方法的异同。

（5）如何改善放大器的稳定性？

（6）在进行接收机设计时，如果存在多级放大器级联，应该如何进行增益分配？各级放大器的设计应注意哪些问题？

（7）选择合适的放大管，设计一个低噪声放大器，工作频率为 2.4～2.8GHz，噪声系数小于 1dB，增益不小于 12dB，完成原理图设计及主要性能参数的仿真。

（8）设计放大器：工作于 X 波段（9.7～10.3GHz），增益 $G > 10$dB，噪声系数 NF < 1.5dB。①判断放大器的稳定性；②仿真得到其增益、噪声系数随频率的变化曲线。

参考文献

[1] 戈稳. 雷达接收机技术[M]. 北京：电子工业出版社，2005.

[2] 廉庆温. 微波电路设计：使用 ADS 的方法与途径[M]. 北京：机械工业出版社，2018.

[3] LUDWIG R, BOGDANOV G. 射频电路设计：理论与应用[M]. 2 版. 王子宇，王心悦，译. 北京：电子工业出版社，2021.

[4] 卢益锋. ADS 射频电路设计与仿真学习笔记[M]. 北京：电子工业出版社，2015.

[5] 徐兴福. ADS2008 射频电路设计与仿真实例[M]. 北京：电子工业出版社，2009.

[6] 雷振亚，明正峰，李磊，等. 微波工程导论[M]. 北京：科学出版社，2010.

[7] 胡骏. TD-LTE 射频前端天线和滤波器及低噪放的设计[D]. 大连：大连海事大学，2017.

[8] 伍越. 基于 ADS 的接收机射频前端的研究与设计[D]. 哈尔滨：哈尔滨工程大学，2012.

[9] 夏文祥. TD_LTE 接收机射频前端的设计与实现[D]. 成都：电子科技大学，2012.

[10] 陈浩. 多模多频 GNSS 接收机射频前端的设计[D]. 成都：电子科技大学，2017.

[11] 黎静. 多卫星定位系统接收机 LNA 电路的设计与实现[D]. 武汉：武汉邮电科学研究院，2017.

[12] POZAR D M. 微波工程[M]. 谭云华，周乐柱，吴德明，等译. 北京：电子工业出版社，2006.

[13] BLAAKMEER S C, KLUMPERINK E A M, LEENAERTS D M W, et al.Wideband Balun-LNA With Simultaneous Output Balancing, Noise-Canceling and Distortion-Canceling[J]. IEEE Journal of Solid-State Circuits, 2008, 43(6): 1341-1350.

[14] 张小兵，陈德智. 基于 ATF54143 的 LNA 设计[J]. 现代电子技术，2007，30（20）：165-167.

[15] 杨睿. 基于 ATF54143 双平衡低噪声放大器的设计[J]. 电子设计工程，2016，10：117-120.

第7章

混频器设计

在通信系统中，混频器是射频前端一个不可或缺的重要部件，其主要功能是实现频率变换及频谱搬移。在发射机端，将低频率基带信号进行上变频，变换成高频率射频信号后发射出去，这样既可以保留有用信号信息，又可以使用小尺寸天线。在接收机端，为了减小后续数据采样和信号处理的压力，往往将高频率射频信号下变频，变换成易于处理的低频率基带信号或固定中频信号，这样通过对高频率射频信号的频谱搬移，信号的调制规律不变，改变的仅是被调信号的载频，后续就可以通过低通滤波器或中频滤波器将信号取出，简化了变频后滤波器的设计难度。混频器就是用来完成这种频谱搬移功能的电路模块，其性能很大程度上影响着整个系统性能的好坏。

7.1 混频器基本理论

7.1.1 混频器的工作原理

从混频器的功能描述来看，混频器涉及射频、本振、中频等信号，有提升频率（上变频）和降低频率（下变频）之分。在接收机端，混频器位于低噪声放大器之后，实现频谱搬移。混频器先将低噪声放大器输出的射频信号与本振信号相乘变换为中频信号，再利用中频滤波器取出其差频信号作为中频输出信号。

图 7.1 所示为接收机混频器端口定义，混频器是一个三端口器件，两个输入端口分别为射频（Radio Frequency，RF）端口和本振（Local Oscillator，LO）端口，一个输出端口为中频（Intermediate Frequency，IF）端口。射频信号往往来自外部天线接收的无线信号；本振信号往往由接收机内部产生；中频信号的频率 $f_{IF}=f_{RF}\pm f_{LO}$。当本振信号为单频信号时，理想混频器应仅实现频谱的线性搬移，输出中频信号与输入射频信号的频谱结构相同，用滤波器选出差频信号，即下变频，如接收机利用混频器把天线接收的射频信号与本振信号频率相减，实现下变频解调；用滤波器选出和频信号，即上变频，如发射机利用混频器把中频信号与本振信号频率相加，实现上变频调制。根据 f_{IF} 的大小，可将接收机分为高中频接收机（$f_{IF}>f_{RF}$）、低中频接收机（$0<f_{IF}<f_{RF}$）和零中频接收机（$f_{IF}=0$）。

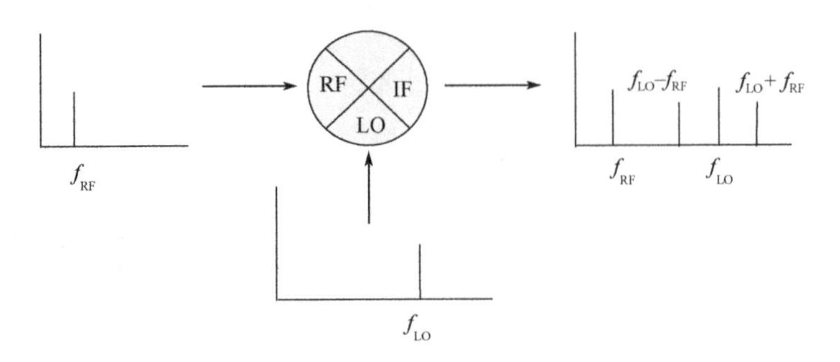

图 7.1　接收机混频器端口定义

理想混频器即乘法器，实现时可利用吉尔伯特乘法器，也可利用电子器件的非线性来完成相乘。前者动态（频率）范围较小，故实际中较多采用后者。混频器通过在时变电路中采用非线性器件来完成频率变换，根据是否提供变换增益，混频器一般分为两种：无源混频器和有源混频器。无源混频器多使用二极管来实现，结构简单，具有很好的线性度，并且可以工作在很高的频率范围内，其明显的缺点就是没有变换增益；有源混频器多使用三极管（BJT）或场效应管（FET）来实现，能够对输入的射频信号和本振信号进行放大，具有变换增益，其增益和端口隔离度有很大提升，但它的噪声系数较大，线性度不如无源混频器。

图 7.2 所示为混频器基本实现结构，可由二极管、三极管或场效应管等器件来实现，输入电压信号与本振信号混合后施加在具有非线性传输特性的混频器件上，该器件以输出电流驱动负载。以场效应管为例，这里需要理解两个问题，其一是如何判断场效应管构成了混频器，而不是放大器；其二是混频器需要实现变频功能，即产生新的频率，场效应管是如何实现该功能的。

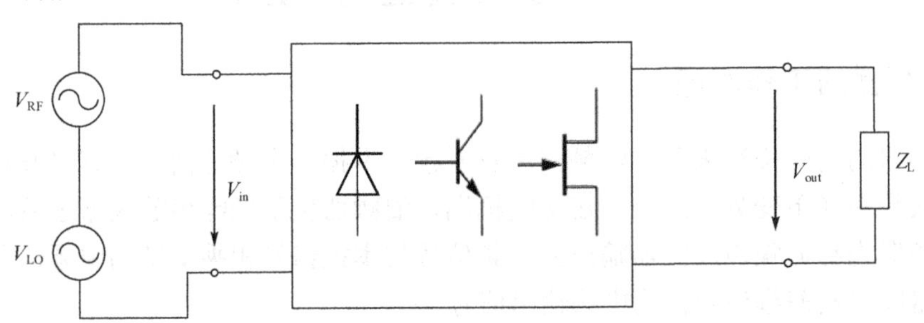

图 7.2　混频器基本实现结构

图 7.3 所示为混频器的一种工作方式，射频信号和本振信号同时作用在输入端（G 极，如通过耦合器将两个信号耦合到 G 极），利用场效应管等器件的漏极电流和栅极电压之间的非线性关系来实现混频功能。该方式利用了电流与电压的非线性关系。混频器的场效应管工作在截止或饱和状态（例如，直流偏置点位于电压电流的输入/输出关系曲线的两端，$V_{GS}=V_P$ 或 0），以最大化器件的非线性，从而产生新的频率。作为对比，放大器的场效应管工作在放大状态，且静态工作点一般选在电压电流的输入/输出关系曲线的中点，如 $V_{GS}=V_P/2$，以最小化器件的非线性。一般会控制本振信号的功率（例如，+10dBm 以上大功率），使场效应管工作在非线性状态。

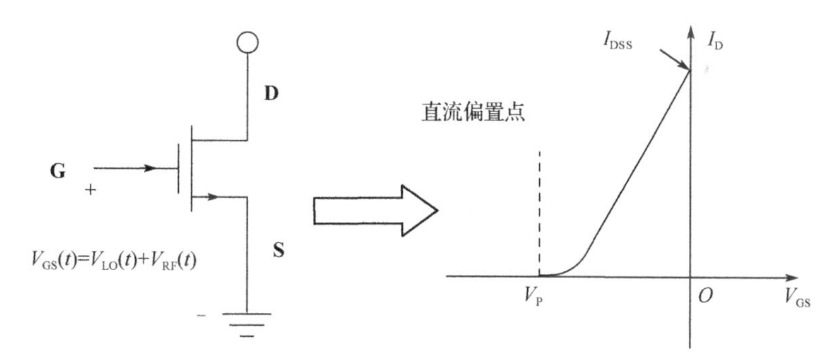

图 7.3　混频器工作方式 1：非线性，射频信号和本振信号同时作用在输入端

二极管和三极管都具有指数型传输特性，二极管电流方程为

$$I = I_S(e^{V/V_T} - 1) \tag{7.1}$$

式中，I_S为饱和电流；V_T为热电势，常温下$V_T = 26\text{mV}$。

输入电压 V 为射频电压、本振电压及直流偏置电压之和，即

$$V = V_Q + V_{RF}\cos(\omega_{RF}t) + V_{LO}\cos(\omega_{LO}t) \tag{7.2}$$

式中，V_Q为直流偏置电压；V_{RF}、V_{LO}分别表示射频电压和本振电压；ω_{RF}、ω_{LO}分别表示射频角频率和本振角频率。电流响应可根据电压在 Q 点（静态工作点）附近的泰勒级数展开，得到多项式模型

$$I(V) = I_Q + V\left(\frac{dI}{dV}\right)\Big|_{V_Q} + \frac{1}{2}V^2\left(\frac{d^2I}{dV^2}\right)\Big|_{V_Q} + \cdots = I_Q + AV + BV^2 + \cdots \tag{7.3}$$

式中，A、B 为待定常数。忽略直流分量，代入混频器输入电压 V 可得：

$$\begin{aligned} I(V) &= \cdots + A[V_{RF}\cos(\omega_{RF}t) + V_{LO}\cos(\omega_{LO}t)] + B[V_{RF}^2\cos^2(\omega_{RF}t) \\ &\quad + V_{LO}^2\cos^2(\omega_{LO}t)] + 2BV_{RF}V_{LO}\cos(\omega_{RF}t)\cos(\omega_{LO}t) + \cdots \\ &= \cdots + BV_{RF}V_{LO}[\cos(\omega_{RF}+\omega_{LO})t + \cos(\omega_{RF}-\omega_{LO})t] + \cdots \end{aligned} \tag{7.4}$$

式（7.4）中给出了新的频率$\omega_{RF} \pm \omega_{LO}$，即变频后的频率，其幅度与 $V_{RF}V_{LO}$ 有关，其中和频$\omega_{RF} + \omega_{LO}$对应上变频，差频$\omega_{RF} - \omega_{LO}$对应下变频。

场效应管的传输特性可近似为二次曲线

$$I_D = I_{DSS}(1 - V_{GS}/V_P)^2 \tag{7.5}$$

同理，I_D 包含输入电压的二阶项 $a_2V^2_{GS}$，其中 a_2 为常数，或者输出包含二阶项$2a_2V_{RF}V_{LO}\cos(\omega_{RF}t)\cos(\omega_{LO}t) = a_2V_{RF}V_{LO}[\cos(\omega_{RF}+\omega_{LO})t + \cos(\omega_{RF}-\omega_{LO})t]$，即完成了变频功能。可看出，场效应管不容易产生高阶互调项，因此应用较广。

图 7.4 所示为混频器的另一种工作方式，本振信号在 G 极，射频信号和中频信号在 D 极，场效应管受本振信号控制，作为开关使用，漏源之间等效为一个可变电阻。

图 7.5 所示为开关混频器等效电路，本振信号根据幅度大小作为开关信号可等效为周期性矩形波［如 $T(t)$］，将其展开为傅里叶级数

$$T(t) = \frac{E\tau}{T} + \frac{2E\tau}{T}\sum_{n=1}^{\infty} Sa\left(\frac{n\pi\tau}{T}\right)\sin(n\omega_{LO}t) = \frac{1}{2} + \frac{2}{\pi}\left[\sin(\omega_{LO}t) + \frac{\sin(3\omega_{LO}t)}{3} + \frac{\sin(5\omega_{LO}t)}{5} + \cdots\right] \tag{7.6}$$

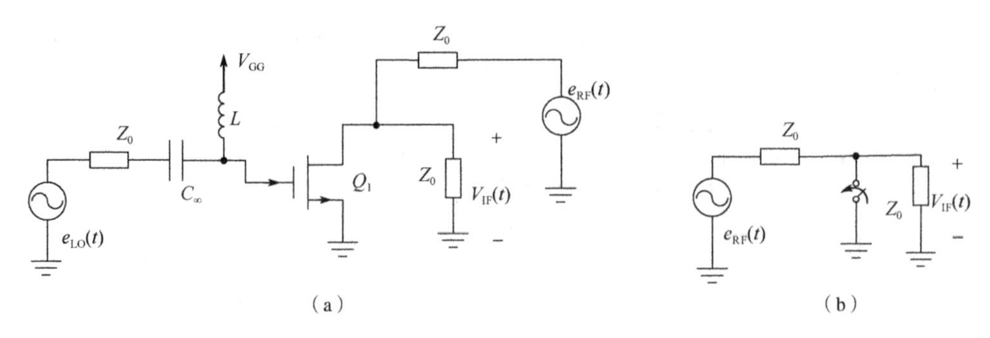

图 7.4　混频器工作方式 2：开关，本振信号控制输出

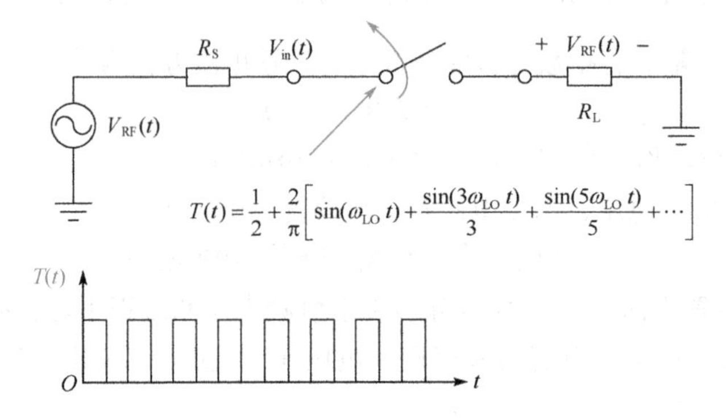

图 7.5　开关混频器等效电路

假设归一化电压幅度 E=1，开关占空比 $\tau=T/2$，T 为本振信号周期，式（7.6）中的偶次项为 0，则输出信号电压为

$$\begin{aligned}V_{IF}(t)&=g_m R_L V_{RF}(t)\cos(\omega_{RF}t)T(t)\\&=\frac{V_{RF}}{2}\cos(\omega_{RF}t)+\\&\frac{2V_{RF}}{\pi}\left[\cos(\omega_{RF}t)\sin(\omega_{LO}t)+\frac{\cos(\omega_{RF}t)\sin(3\omega_{LO}t)}{3}+\frac{\cos(\omega_{RF}t)\sin(5\omega_{LO}t)}{5}+\cdots\right]\end{aligned}\tag{7.7}$$

式中，g_m 为场效应管跨导；R_L 为负载阻抗。式（7.7）中包含射频频率和本振频率的乘积项，完成了变频功能。

$$\frac{2}{\pi}[\cos(\omega_{RF}t)\sin(\omega_{LO}t)]=\frac{1}{\pi}[\sin(\omega_{RF}-\omega_{LO})t+\sin(\omega_{RF}+\omega_{LO})t]\tag{7.8}$$

从式（7.4）和式（7.7）可以看出，除所要求的射频频率和本振频率的乘积项外，混频器的输出实际上还包含了很多其他频率成分，如射频信号、本振信号和它们的高阶谐波及谐波的混频项 $m\omega_{RF}\pm n\omega_{LO}$（$m,n=0,\pm1,\pm2,\cdots$）。表 7.1 列出了混频器的输出频率成分。

表 7.1　混频器的输出频率成分

输出频率成分	说明
$f_{LO}-f_{LO}=0$	本振信号泄漏到射频端口，再次参与混频，直流信号
$f_{LO}-f_{RF}$	期望输出（差频）
f_{LO}	本振信号（直通）
f_{RF}	射频信号（直通）

续表

输出频率成分	说明
$3f_{LO}-f_{RF}$	本振信号 3 阶谐波参与混频
$f_{LO}+f_{LO}$	本振信号泄漏到射频端口，再次参与混频，2 阶谐波
$f_{LO}+f_{RF}$	期望输出（和频）
$5f_{LO}-f_{RF}$	本振信号 5 阶谐波参与混频
$f_{LO}+3f_{LO}$	本振信号泄漏到射频端口，再次参与混频（与本振信号 3 阶谐波混频）
$3f_{LO}+f_{RF}$	本振信号 3 阶谐波参与混频
$f_{LO}+5f_{LO}$	本振信号泄漏到射频端口，再次参与混频（与本振信号 5 阶谐波混频）
$5f_{LO}+f_{RF}$	本振信号 5 阶谐波参与混频

三极管/场效应管混频器与二极管混频器相比，具有变频增益和输出饱和点（输出 1dB 压缩点和三阶截断点）较高等优点。

按照结构的不同，混频器可分为单端混频器（Single-Ended Mixer，SEM）和平衡混频器，其中平衡混频器可分为单平衡混频器（Single-Balanced Mixer，SBM）、双平衡混频器（Double-Balanced Mixer，DBM）、三平衡混频器等。

1. 单端混频器

单端混频器电路简单、经济，适用于一些要求不高的场合。从结构上来讲，图 7.3 和图 7.4 所示的混频器都属于单端混频器，它们是由一个二极管或一个三极管/场效应管构成的，其结构简单，实现起来比较方便。最简单的混频器是由一个肖特基二极管构成的单端混频器，射频信号和本振信号被加到一个适当偏置的二极管上，其后接一个低通滤波器，以便分离出中频信号，如图 7.6 所示，输入端口同时加入射频信号和本振信号。

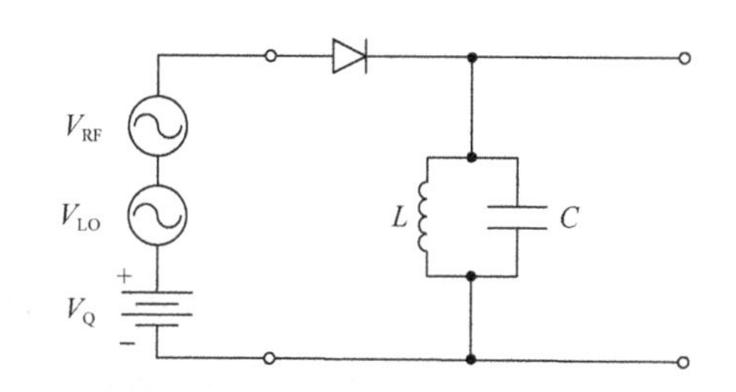

图 7.6　由肖特基二极管实现混频器

为了隔离射频信号和本振信号，可在本振驱动电路中加入一个串联谐振电路，实现在本振频率时短路，在其他频率时开路。在射频信号、本振信号和中频信号需要很好分离的应用场合，主要依靠在电路中加入滤波器来改善隔离度。

单端混频器包括波导、同轴线和微带线等形式。其中，微带线单端混频器由定向耦合器、阻抗匹配电路、二极管和高频短路线等组成，本振信号通过定向耦合器加入。

2. 单平衡混频器

单端混频器虽然结构简单，容易实现，但是它是依靠滤波器来实现射频信号、本振信号和中频信号的隔离的，因此动态范围较窄。单平衡混频器采用两个混频元件（两个二极管或两个三极管/场效应管），它由混合耦合器及平衡配置的混频元件构成，使射频信号和本振信号以等分的功率及一定的相位关系（90° 相移型和 180° 反相型）加到两个性能一致的混频元件上进行混频。单平衡混频器按照相位分配关系有 90° 单平衡混频器和 180° 单平衡混频器两种。

图 7.7（a）给出了由耦合器和二极管实现的单平衡混频器，其电路结构由 3dB 90º 耦合器、上下两个反向连接的二极管和一个低通滤波器组成。射频信号和本振信号通过耦合器叠加后先以 90º 相位差分别分配到两个二极管上，然后通过二极管得到一系列不同频率的信号，最后通过低通滤波器将中频信号筛选出来，将不需要的信号过滤掉，从而实现频谱搬移。该结构充分利用射频信号和本振信号，并使两管混频电流的中频成分叠加，因此可增加信号的动态范围。此外，由两个二极管产生的中频噪声必定同相，于是输出到负载上的中频噪声电流因二者相减而抵消，可以有效地抵消由本振信号引入的噪声，改善混频器的噪声系数。

图 7.7（b）给出了由差分放大器实现的单平衡混频器，本振信号通过本振巴伦加到二极管 Q1 和 Q2 的基极，具有 180°相位差，Q1 和 Q2 根据本振信号交替地通断，最终实现在每个本振信号的半周，将具有极性改变特征的射频电压加在中频端口。

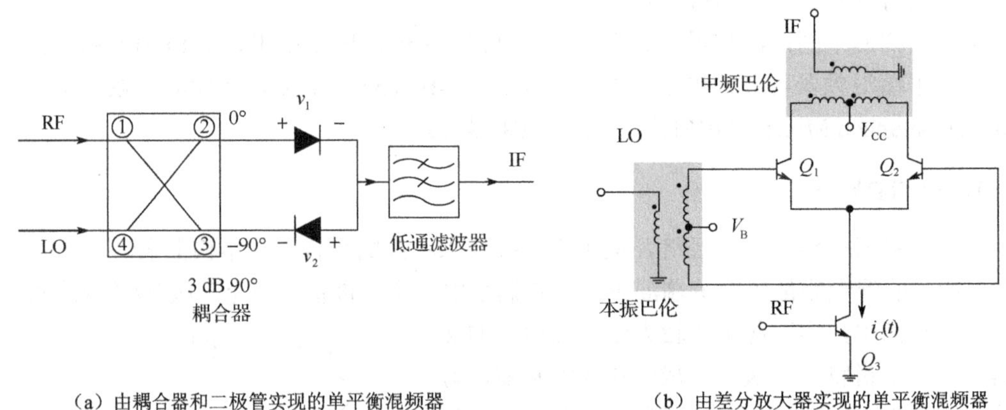

（a）由耦合器和二极管实现的单平衡混频器　　（b）由差分放大器实现的单平衡混频器

图 7.7　单平衡混频器

通过对比可看出，单平衡混频器的结构比单端混频器复杂一些，但它可实现射频信号、本振信号和中频信号的宽带隔离，增加信号动态范围，而且在噪声抑制和减少干扰及失真等方面有独特优势，因此得到了广泛的应用。

3. 双平衡混频器

为了更好地实现端口间的隔离，消去本振信号和射频信号中的所有偶阶谐波，采用 4 个参数规格完全一致的二极管首尾相接组成环形，从而构成双平衡混频器，新增的二极管可改善隔离度并增强对寄生模式的抑制，如图 7.8（a）所示。

在图 7.8（a）中，左右两侧分别是本振巴伦和射频巴伦，用于实现从非平衡信号到平衡信号的转换，转换后的本振信号和射频信号分别接入二极管环路的 4 个对称节点，经过混频网络作用后，产生的中频信号由射频巴伦引出。二极管双平衡混频器的变压器耦合网络尺寸小，结构紧凑，匹配良好，不会有本振信号进入射频回路，同样，射频信号不会进入本振回路，即 LO-RF、RF-IF 和 RF-IF 之间不需要加入滤波器，本身就有较好的端口隔离度。射频和本振偶阶谐波混合项的杂散信号不会出现在中频端口，这样变压器耦合网络具有更宽的动态范围。当工作频率升高时，可用传输线来实现变压器耦合网络。

图 7.8（b）所示为差分输入的双平衡混频器（吉尔伯特双平衡混频器），它的所有端口均采用差分工作形式，它将共发射级上的射频驱动级改为差分晶体管对，为了维持线性度和变频增益等指标，需要约 2 倍的单平衡混频器的偏置电流。电路的拓扑对称性消除了中频端口的射频信号和本振信号，也可防止本振信号泄漏到射频端口。双平衡混频器采用更多的元器件，通常变频损耗比单平衡混频器大，噪声系数较大，功耗较大。

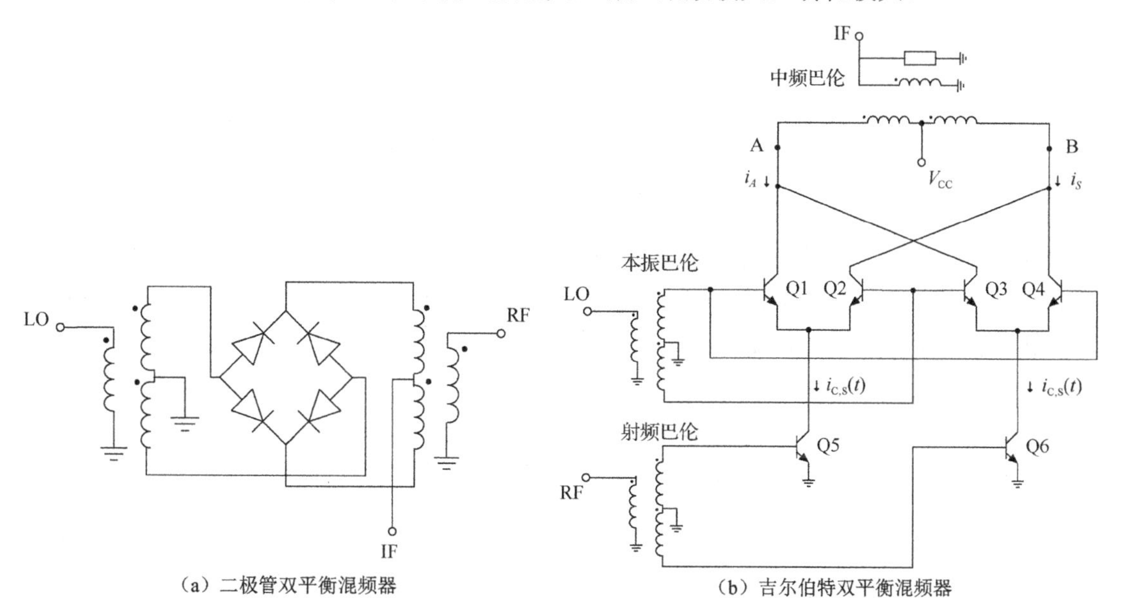

（a）二极管双平衡混频器　　（b）吉尔伯特双平衡混频器

图 7.8　双平衡混频器

4. 镜频干扰抑制混频器

镜频干扰抑制是超外差接收机需要重点考虑的内容。镜频（Image Frequency，IM）信号是指射频信号相对本振信号对称的信号，即

$$|f_{LO}-f_{IM}|=|f_{RF}-f_{LO}|=|f_{IF}| \tag{7.9}$$

镜频信号经过变频，可能回落在中频信号上。也就是说，镜频信号与本振信号混频后，会产生与期望中频信号频率（$|f_{RF}-f_{LO}|$）相等的中频干扰（$|f_{LO}-f_{IM}|$），该中频干扰无法被后续滤波器滤除，但该中频干扰的相位与期望中频信号的相位不同，这会导致期望中频信号相位失真，如图 7.9 所示。

抑制镜频干扰的方法如下。

（1）混频前加高品质因数（高 Q 值）镜频干扰抑制滤波器。

（2）采用高中频接收机结构，使镜频干扰远离射频频段。

（3）采用 I/Q（Inphase/ Quadrature）正交混频结构。

I/Q 正交混频结构首先将射频通道分成两路，分别与 $\cos(2\pi f_0 t)$本振（I 路）和 $\sin(2\pi f_0 t)$本振（Q 路）混频，然后合成，合成信号通过对消的方式去除镜频干扰。由于不需要高品质因数滤波器，易于集成，因此 I/Q 正交混频结构是无线电接收机常用的镜频干扰抑制手段。

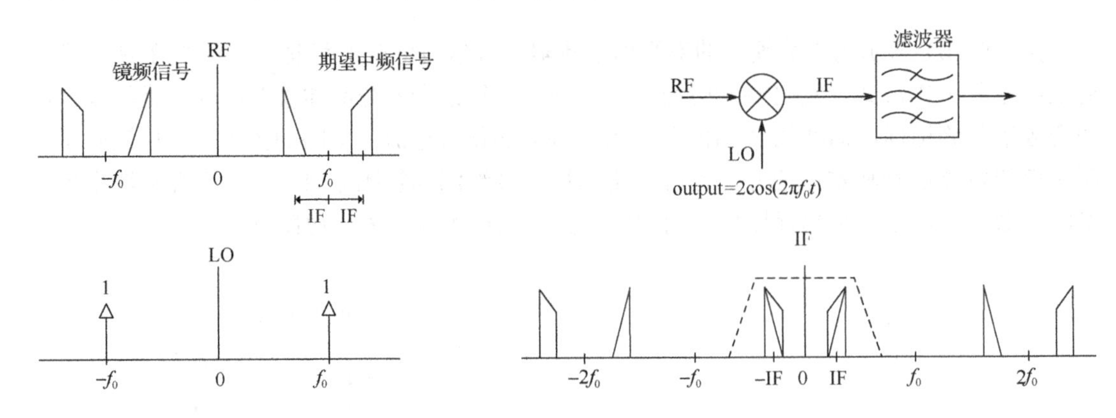

图 7.9　镜频信号参与混频

图 7.10 所示为 I/Q 正交混频合成对消镜频干扰的示意图。I/Q 正交混频接收机本质上获得了信号的单边谱或复数谱（同时保留了信号相位信息），将信号与干扰在频率上进行分离（因为信号和干扰一个是正频率，一个是负频率）。

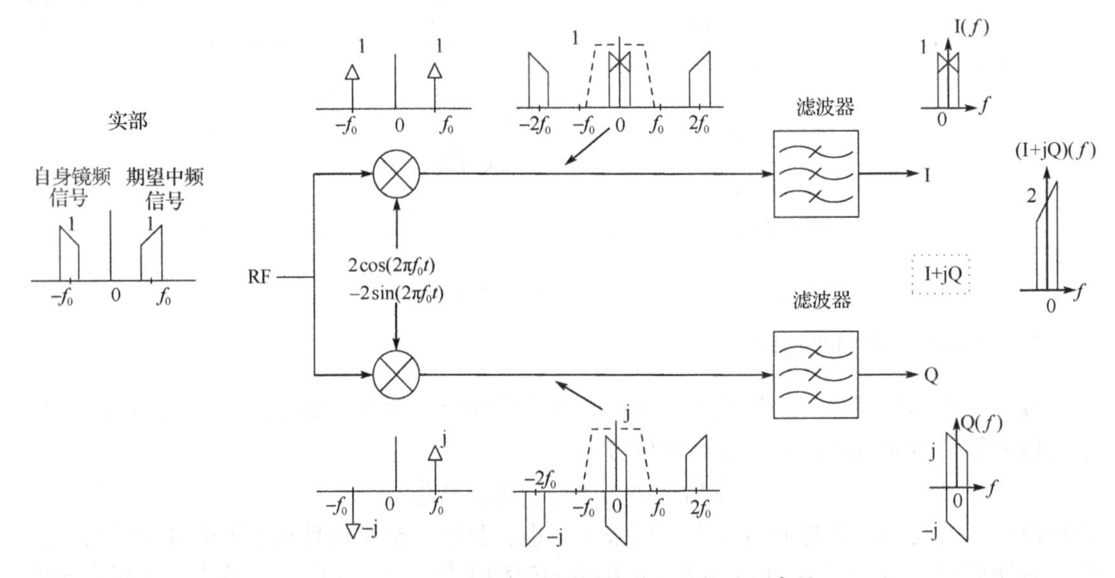

图 7.10　I/Q 正交混频合成对消镜频干扰的示意图

由 I/Q 正交混频合成对消镜频干扰的原理可知，镜频干扰抑制混频器电路结构主要由两个相同的单平衡混频器、功率分配器、移相网络和两个滤波器等组成。

7.1.2　混频器的技术指标

混频器是发射系统和接收系统的核心部件，其性能影响着整个射频前端的性能，其主要性能指标包括变频增益/损耗、端口隔离度、噪声系数、1dB 压缩点、三阶互调、动态范围。

1. 变频增益/损耗

当混频器将射频信号转换成中频信号（差频或和频）时，通常射频信号功率会有损耗。

混频器转换损耗（Conversion Loss，CL）定义为中频输出信号功率 P_{IF} 与射频输入信号功率 P_{RF} 之差，即

$$CL = |P_{IF} - P_{RF}| \tag{7.10}$$

注意在式（7.10）中，中频频率与射频频率不相等，中频频率又分为和频和差频，一般和频和差频的功率相等。在无源混频器中，CL 小于 0，此时称为变频损耗。对于二极管混频器，变频损耗可理解为由非线性电导净变频损耗、二极管结损耗和电路失配损耗等组成；在有源混频器中，CL 大于 0，此时称为变频增益。一般，在小的射频输入信号功率下，中频输出信号功率正比于射频输入信号功率。此外，本振功率电平会影响变频增益/损耗。相比无源混频器，有源混频器具有变频增益、较好的线性度和较低的本振功率等优点，但其噪声系数较大。

变频增益/损耗测量可选择频谱分析仪，并利用压控振荡器（VCO）或信源来配合完成。按图 7.11 分别连接混频器、信源和频谱分析仪。设定两个频率 f_{RF}、f_{LO} 作为混频器的输入，调节 VCO 或信源的两路输出，使其分别输出频率 f_{RF}、f_{LO}，测量射频和中频输出信号的功率并用式（7.10）进行计算，即可得到混频器的变频增益/损耗。此外，射频和本振信号幅度要满足混频器的输入要求，信号输入不能过大也不能过小。

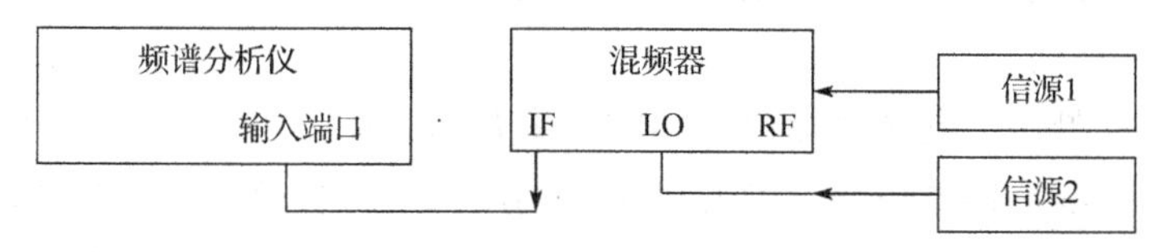

图 7.11 混频器变频增益/损耗测量

2. 端口隔离度

在理想的混频器中，除中频信号频率分量外，没有其他信号出现在输出端口。但在实际的混频器中，各端口信号会互相泄漏，如本振信号或多或少地会出现在射频端口和中频端口，可能导致其电路发生阻塞。端口隔离度是表征信号泄漏阻力的指标，端口隔离度越大，越不易发生泄漏。隔离是双向的，如射频端口与本振端口的隔离度，既阻止射频信号进入本振端口，又阻止本振信号进入射频端口。隔离是有限的，即某端口信号仍然会出现在其他端口，只是幅度被衰减了，衰减的大小等于两个端口的隔离度。

以本振端口到射频端口为例，端口隔离度为射频端口的本振信号功率与本振端口的本振信号功率之差，即

$$ISO_{LO \to RF} = |P_{LO}@RF - P_{LO}@LO| \tag{7.11}$$

本振端口到射频端口的隔离度是一个重要指标。对于大功率信号，如本振信号功率为 10dBm，隔离的效果是有限的，假设 $ISO_{LO \to RF}$=30dB，本振信号泄漏到射频端口，则射频端口的本振信号功率为 P_{LO}@RF=10dBm−30dBm=−20dBm，这相对射频信号功率而言仍然是一个强信号，会对邻近通道造成干扰。反过来，射频信号泄漏到本振端口影响也比较大，尤其是在多通道接收系统中，往往会共用本振信号，当一个通道的射频信号通过本振端口泄漏到另一个通道时，会产生交叉干扰。为了提高本振端口到射频端口的隔离度，可

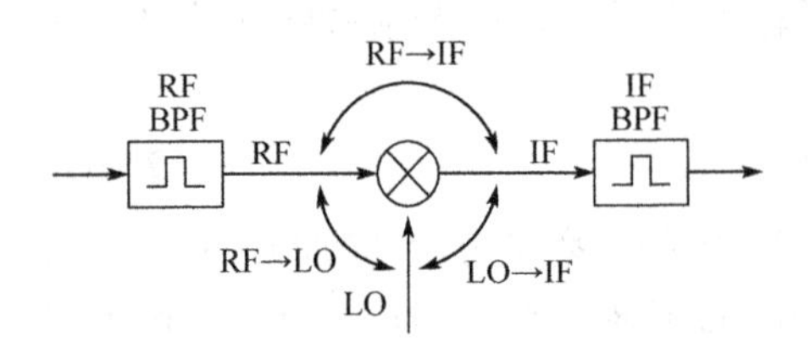

图 7.12 混频器端口隔离度

采用平衡式混频器电路，利用电桥的隔离度提高本振端口到射频端口的隔离度。当射频信号频率和本振信号频率相差很大时，也可通过在射频端口加入带通滤波器（见图 7.12），进一步衰减本振端口泄漏信号的功率，避免本振信号泄漏到天线端而造成干扰。

同理，本振端口到中频端口的隔离度为

$$\mathrm{ISO}_{\mathrm{LO}\to\mathrm{IF}} = |P_{\mathrm{LO}}@\mathrm{IF} - P_{\mathrm{LO}}@\mathrm{LO}| \tag{7.12}$$

当本振端口到中频端口的隔离度不够时，本振信号功率很大，有可能对微弱的中频信号形成阻塞，同时本振噪声将提高整体噪声系数。

射频端口到中频端口的隔离度为

$$\mathrm{ISO}_{\mathrm{RF}\to\mathrm{IF}} = |P_{\mathrm{RF}}@\mathrm{IF} - P_{\mathrm{RF}}@\mathrm{RF}| \tag{7.13}$$

当射频信号和中频信号都有较宽的频带时，如果隔离度不好，则会直接造成泄漏干扰。相对于单端混频器，单平衡混频器的射频端口与中频端口、本振端口与射频端口隔离度较好，而双平衡混频器射频端口与中频端口、本振端口与射频端口、本振端口与中频端口隔离度均较好。

端口隔离度的测量：混频器端口之间的隔离是相互的，因此只需要测量一个方向上的端口隔离度即可。混频器端口隔离度的测量可利用频谱分析仪和信源来实现。以本振端口到射频端口的隔离度测量为例，当用频谱分析仪和信源测量时，将信源输出端口接到混频器的本振端口，用频谱分析仪测量混频器的射频端口，测量射频端口和本振端口的本振信号功率，最后将两个值相减即可得到本振端口到射频端口的隔离度。

3. 噪声系数

在接收机中，混频器一般紧跟在低噪声放大器后面，属于接收机的前端。低噪声放大器的增益一般不会很高，因此混频器的噪声性能对接收机系统影响比较大。混频器的噪声系数表示射频信号经过混频器后，信号质量变差的程度，即输入信噪比与输出信噪比的比值。

对于无源混频器，根据变频损耗的定义，射频信号经过混频器后，信号功率会损耗CL（单位为 dB），假设混频前后噪声功率不变，即信号通过混频器前后信噪比会降低CL（单位为 dB），根据噪声系数的定义，则混频器的噪声系数近似为变频损耗

$$\mathrm{NF} \approx \mathrm{CL} \tag{7.14}$$

混频过程会将其他频带内的噪声及本振信号谐波成分的噪声等转移到中频。混频器应用在不同电路系统中，按照用途，通常将噪声系数分为单边带噪声系数（SSB）和双边带噪声系数（DSB）。单边带噪声系数表示射频信号仅存在于本振信号一侧时测量的噪声系数，双边带噪声系数表示射频信号存在于本振信号两侧时测量的噪声系数。对于零中频结构，混频过程将信号搬移至零中频，不存在镜频，当不考虑混频器本身噪声时，变频前后信噪比不发生变化，测得噪声系数为双边带噪声系数。对于高/低中频结构，混频过程将信号搬移至中频，存在镜频，其对应通带内的噪声会被搬移到信号通带内。对于同一混频器，双

边带信噪比比单边带信噪比低3dB。

图7.13所示为混频器单边带噪声系数示意图，镜频频段内的噪声会被混频至中频频段，噪声功率增加2倍，即信噪比会额外损失3dB或单边带噪声系数会增加3dB。对于双边带噪声系数，信号和噪声功率均会增加2倍，信噪比不变，噪声系数不会增加。

4. 1dB压缩点

在正常工作情况下，混频器的射频输入电平远小于本振电平，中频输出将随射频输入线性变化，变频增益/损耗是一个恒定值，与输入功率不相关，即输入功率增加1dB，输出功率相应增加1dB。当射频电平增加到一定程度时，中频输出随射频输入增加的幅度减慢，混频器出现饱和，即出现变频压缩。中频输出偏离线性1dB时的射频输入功率为混频器的输入1dB压缩点，此时中频输出功率为混频器的输出1dB压缩点。因此，在设计射频电路上的功率电平时，应使混频器的输入电平小于1dB压缩点对应的输入电平。

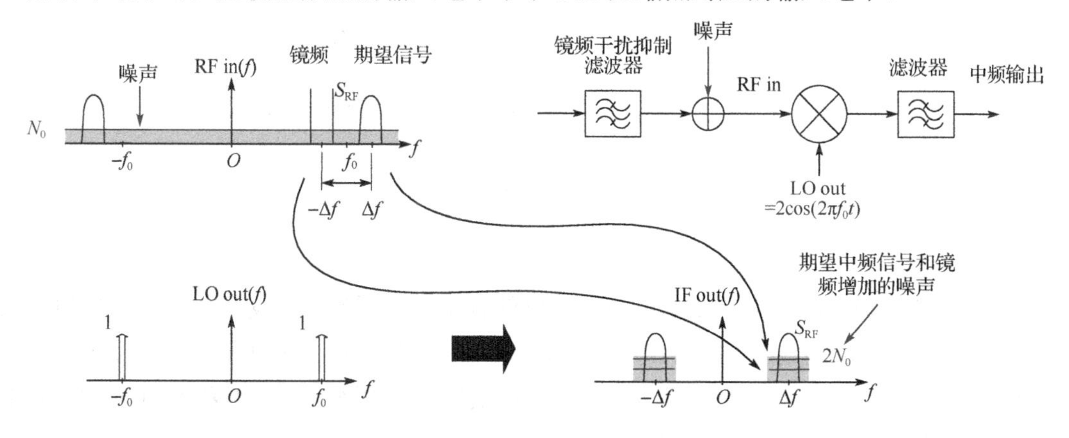

图7.13 混频器单边带噪声系数示意图

混频器的1dB压缩点测量可选择频谱分析仪和两路信源，按图7.11分别连接混频器、信源和频谱分析仪。频谱分析仪接混频器的中频输出，调节信源的两路输出分别作为混频器的本振和射频输入，使其分别输出频率f_{LO}、f_{RF}，本振信号幅度要满足混频器的输入要求，信号输入不能过大也不能过小。保持本振信号幅度不变，观察频谱分析仪所测的中频输出功率，将射频信号幅度逐渐增大，直至中频输出偏离线性1dB，此时的射频输入功率为混频器的输入1dB压缩点（ICP）、中频输出功率为混频器的输出1dB压缩点（OCP）。

5. 三阶互调

混频器与放大器一样，属于非线性器件，会出现各种非线性失真。混频器互调失真与放大器互调失真的定义一致。当有用信号和干扰信号同时进入混频器时，有用信号的包络还会受到干扰信号的调制而引起干扰。如果把本振信号和它的谐波看成一种干扰信号，则这种干扰现象有两种主要形式：单音互调和双音互调。单音互调是混频器本振信号及其谐波与射频信号及其谐波组合的结果，形式为mLO ± nRF，通常将它们按“阶”划分。单音互调同变频损耗测量方式类似，按图 7.11 分别连接混频器、信源和频谱分析仪，用频谱分析仪分析中频输出频谱成分，确定其中的单音互调产物。

双音互调是射频端口有两个信号同时加入的结果，这些信号可以产生谐波，它们先互相组合，再与本振信号组合，双音互调的输出是与输入电压的立方成正比的。设有两个频率相近的射频信号 f_{s1}、f_{s2} 和本振信号 f_{LO}，这三个信号混频后就会产生多种组合的谐波频率，其中 $f_{m3}=f_{LO}-(2f_{s1}-f_{s2})$和 $f_{m3}=f_{LO}-(2f_{s2}-f_{s1})$为三阶互调分量，当两个射频信号频率相近时，$f_{m3}$ 将会出现在中频放大器正常工作的频带之内，对其造成很大的影响。双音互调测量方式如图 7.14 所示，需要在图 7.11 的基础上增加一路射频信源和功率合成器，两路射频信号频率设置得相近，合成一路信号后接入混频器的射频端口，用频谱分析仪分析中频输出频谱成分，确定其中的三阶互调分量。

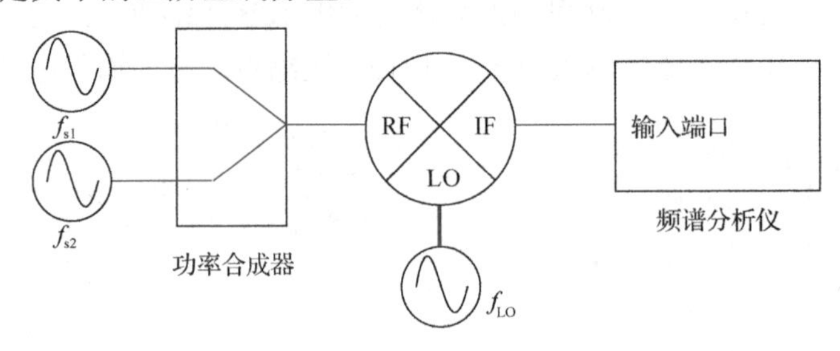

图 7.14　双音互调测量方式

三阶截断点为三阶互调直线延长线与输出的有用信号所形成的交点，它与射频输入信号强度无关，其对应的输入功率（IIP3）和输出功率（OIP3）可作为衡量混频器互调特性好坏的指标。此外，通常衡量混频器线性度的好坏采用 1dB 压缩点（ICP 和 OCP）和三阶截断点（IIP3 和 OIP3）的值作为判断标准。

6. 动态范围

动态范围指的是混频器在正常工作状态下的射频输入功率范围。混频器是一个非线性器件，其动态范围的定义与放大器动态范围的定义一致。其上限可以用输入三阶截断点（ITOI 或 IIP3）、输入二阶截断点（ISOI 或 IIP2）、1dB 压缩点等指标来表征；下限通常指信号与基噪声电平相比拟时的功率，取决于混频器的噪声电平。1dB 压缩点与噪声功率之比为线性动态范围，三阶互调点与噪声功率之比为线性无杂散动态范围。

除上述指标外，混频器的性能指标还包括工作频率、本振功率（最佳工作状态所需的本振功率）和端口驻波比等。表 7.2 所示为 ADI 公司官网提供的部分射频混频器列表，从中可以清晰地看到不同型号混频器的工作频率、变频增益、噪声系数等主要参数，设计者可结合实际需求来选择合适的混频器完成设计。在实际工程中，混频器经常和本振信号生成模块、锁相环与增益模块等器件集成在同一芯片中，这样进行系统设计时所需要的分立器件会大大减少，系统集成度更高。

表 7.2　ADI 公司官网提供的部分射频混频器列表

产品型号	描述	射频频率（GHz）	中频频率（GHz）	本振频率（GHz）	变频增益（dB）	IIP3（dBm）	噪声系数（dB）	本振功率（dBm）	标称频率（GHz）	单电源供电电流（mA）	单电源供电电压（V）
AD8342	有源混频器	LF~3	LF~2.4	LF~3	3.7	22.2	12.2	0	0.238	97	5
ADL5801	有源滤波器	0.01~6	LF~0.6	0.01~6	1.8	28.5	9.75	0	0.9	95~130	5
ADL5802	双通道有源滤波器	0.1~6	LF~0.6	0.1~6	1.5	26	10	0	0.9	150~220	5
ADL5350	单端无源混频器	VHF~4	VHF~4	VHF~4	−6.7	25	6.4	0	0.85	19	3.3
ADL5355	无源混频器和中频放大器	1.2~2.5	0.3~0.45	1.23~2.47	8.4	27	9.2	0	1.95	150/190	3.3/5
ADL5811	宽带无源混频器	0.7~2.8	0.3~0.45	0.25~2.8	7.5	27.5	10.7	0	1.9	120/185	3.6/5
ADL5353	无源混频器和中频放大器	2.2~2.7	0.3~0.45	2.23~3.15	8.7	24.5	9.8	0	2.535	150/190	3.3/5
ADL5363	无源混频器	2.3~2.9	DC~0.45	2.33~3.35	−7.7	31	7.6	0	2.535	60/100	3.3/5
ADL5354	双通道无源混频器和中频放大器（仅射频）	2.2~2.7	0.3~0.45	1.75~2.76	8.6	26.1	10.6	0	2.6	300/350	3.3/5

7.1.3　混频器的设计方法

不同类型的混频器具有不同的优缺点，设计者需要根据具体的应用场合来选择混频器设计方案。单端混频器和单平衡混频器结构简单、功耗低但端口隔离度低。单端混频器结构简单、成本低，变频损耗小，本振功率小，但它对输入阻抗敏感，不能抑制杂波和部分谐波，不能容忍大功率，端口隔离度较差。单平衡混频器充分利用信号和本振功率，能抑制本振噪声，改善噪声性能。双平衡混频器具有端口隔离度高的优点。吉尔伯特混频器具有良好的变频增益，但为了维持好的增益性能，电路需要足够大的直流功耗，其带宽主要受限于输入端阻抗匹配。无源双平衡混频器虽然具有高线性度且零直流功耗，但其变频损耗比较大，而且需要较大的本振功率。

因此，混频器设计时首先要选择合适的电路方案和拓扑结构，根据设计指标和应用需求确定采取哪种结构及是否需要外围驱动电路；然后根据所选结构进行二极管、晶体管等选型、确定板材及其他各电路的设计，包括功率混合电路设计、阻抗匹配电路设计和滤波电路设计等。关于混频管的选择，管子的截止频率应远高于工作频率；最后利用仿真软件完成电路设计与仿真，并根据仿真结果对电路进行优化。

对于单端射频混频器设计，其与射频放大器具有相似的设计过程，其电路包括非线性器件、功率混合电路、偏置电路、阻抗匹配电路、隔离电路和滤波电路等，图 7.15 所示为单端二极管混频器电路结构。射频信号和本振信号首先被加入适当偏置的二极管的输入端口，然后根据二极管在工作频点的输入/输出阻抗设计适当的输入/输出匹配电路，最后在输出端设计合适的滤波电路滤出需要的中频信号。

对于单平衡混频器的设计，可采用两个混频管和分功率电桥组成平衡电路，使有用信号和本振信号都以等分的功率及一定的相位关系加到两个性能一致的二极管或晶体管上进行混频。单平衡混频器可以实现本振端口和射频端口的高隔离度，提高射频信号的利用率，解决提高射频信号耦合率会降低端口隔离度的问题，还可以降低混频电路的噪声系数。微带线单平衡混频器结构如图 7.16 所示。

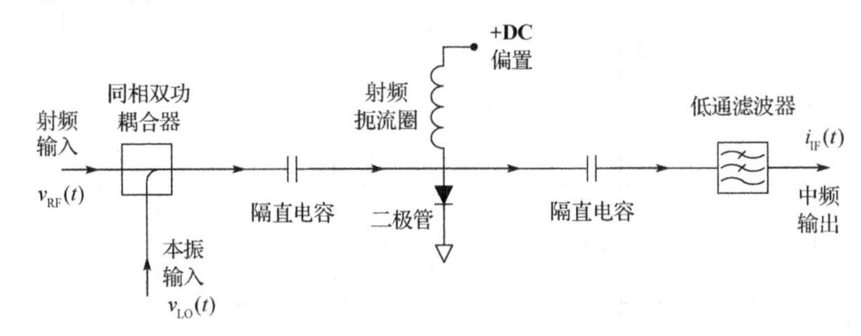

图 7.15　单端二极管混频器电路结构

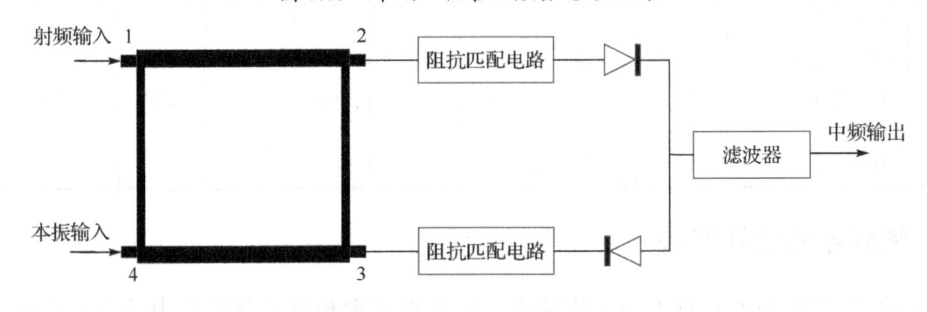

图 7.16　微带线单平衡混频器结构

微带线单平衡混频器由 3dB 定向耦合器、阻抗匹配电路、混频二极管和滤波器等组成。射频信号（端口 1）和本振信号（端口 2）首先经过 3dB 定向耦合器，端口 3、端口 4 将信号功率平分输入二极管，然后二极管输出中频信号及其谐波成分，最后通过中频滤波器滤除其他谐波成分，输出期望的中频信号。常用移相线和 1/4 波长阻抗变换器来降低阻抗匹配电路中二极管与 3dB 定向耦合器直接连接造成的功率失配损耗。移相线使二极管输入阻抗变为纯电阻，1/4 波长阻抗变换器实现与 3dB 定向耦合器的匹配。

对于双平衡混频器的设计，可将 180°/90°型单平衡混频器组合起来。对于二极管双平衡混频器，按照图 7.8 所示结构，主要完成二极管环路的设计及射频端口和本振端口的不平衡-平衡转换巴伦的设计等。二极管环路是电路实现其混频功能的核心，并且混频器整体的变频损耗有很大一部分来自二极管，因此其规格参数选取非常重要。巴伦结构在双平衡混频器中将射频信号和本振信号分别转换为幅度相等、相位相差180°的平衡信号，其平衡特性、插入损耗等会影响混频器的整体性能。常见的巴伦结构包括变压器结构、平行线结构、Marchand 巴伦结构等。

7.2　设计背景及指标

完成一个混频器的设计，其应用背景为图7.17所示的接收系统射频前端电路简化框图。

上述电路采用 I/Q 正交混频结构，信号经滤波放大后，通过功率分配器分成两路。要求混频器的射频输入信号中心频率为 2.61GHz，本振输入信号中心频率为 2.52GHz，期望输出中频信号中心频率为 90MHz，变频损耗低于 10dB，射频端口到本振端口的隔离度大于 15dB。

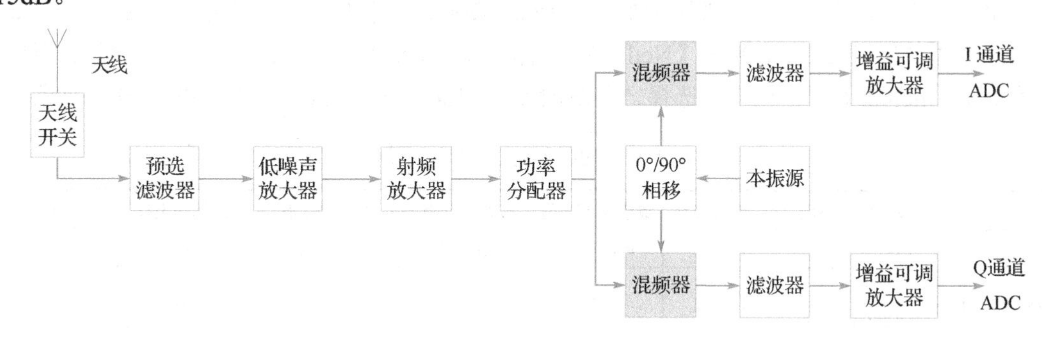

图7.17　接收系统射频前端电路简化框图

基本要求：

（1）根据微带线单平衡混频器工作原理和结构组成，设计一个满足指标要求的微带线单平衡混频器，并完成原理图设计及主要性能仿真（下变频输出）。

（2）根据二极管双平衡混频器工作原理和结构组成，设计一个满足指标要求的二极管双平衡混频器，并完成原理图设计及主要性能仿真（下变频输出）。

（3）选择一款现有的混频器芯片，采用行为级仿真方式完成主要性能仿真（下变频输出）。

进阶要求：

在完成基本要求的基础上，完成正交混频仿真。

7.3　设计方法及过程

7.3.1　微带线单平衡混频器的设计

根据前面的分析，本节所要设计的微带线单平衡混频器由 3dB 定向耦合器、混频二极管、滤波器和阻抗匹配电路等构成，射频输入为 2.61GHz，本振输入为 2.52GHz，预期中频输出为 90MHz。确定结构后开始进行设计，这里采用双面敷铜的 FR-4 基板，其参数如下：

基板厚度为 0.8mm，介电常数为 4.3，磁导率为 1，金属导带电导率为 5.88e7S/m，金属导带厚度为 0.03mm，损耗角正切值为 1e-4，表面粗糙度为 0mm。

1. 混频二极管的选择

混频器的设计关键在于混频二极管的选择，很多二极管生产厂商都会提供混频二极管的模型及参数。这里以 Avago 公司的 HSCH-5318 混频二极管为例来进行设计。

HSCH-5318 混频二极管是用于 1～26GHz 混频器设计的梁式引线肖特基二极管，在 9.375GHz 时最大噪声系数为 6.2dB，其电气特性如表 7.3 所示，SPICE 模型参数如表 7.4 所示，其中 B_V 是反向击穿电压，C_{J0} 为零偏置电容值，E_G 为禁带宽度，I_{BV} 为反向击穿电流，I_S 为反向饱和电流，N 为发射系数，R_S 为阻抗，P_T 为饱和电流温度系数，M 为电容梯度因子，根据 SPICE 模型编写模型网表文件 HSCH5318.scs，如图 7.18 所示。

在 Design Manager 主界面，创建新的库，名称为 Mixer_design，建立 diode_mline_mixer 的 Cell 和原理图 View。在原理图中加入 Device_Doide 库中的二极管符号 Diode，选择原理图设计界面菜单栏【Create】→【Netlist】选项，加入 HSCH-5318 混频二极管的网表文件，在【Netlist Include】对话框中，选择之前编辑好的 HSCH5318.scs 文件，如图 7.19（a）所示。

表 7.3　HSCH-5318 的电气特性

型号	最大噪声系数 NF（dB）	最大驻波比 VSWR	最小击穿电压 V_{BR}（V）	最大动态阻抗 R_D（W）	最大结电容 C_r（pF）	最大导通电压 V_F（mV）	最大漏电流 I_R（nA）
HSCH-5318	6.2（9.375GHZ 处）	1.5∶1	4	12	0.25	500	100

表 7.4　HSCH-5318 的 SPICE 模型参数

参数	单位	取值
B_V	V	5
C_{J0}	pF	0.2
E_G	eV	0.69
I_{BV}	A	1×10^{-4}
I_S	A	3×10^{-10}
N	–	1.08
R_S	Ω	5
P_T	–	2
M	–	0.5

```
simulator lang=spectre
model HSCH5318 diode is=3e-10
rs=5 xti=3.0 eg=0.69 N=1.08
+cjo=0.2e-12 m=0.5 vj=0.65 fc=0.5
tt=0 bv=5 ibv=10.0e-5
```

图 7.18　网表文件 HSCH5318.scs

设置电路中二极管模型的【Model name】为 HSCH5318，如图 7.19（b）所示。在原理图中添加两个 TERM，加入 S 参数仿真控件和阻抗仿真控件，如图 7.19（c）所示。

从图 7.19（d）可以看到在所设外部偏置条件（2.61GHz）下的阻抗，根据该值进行后续的阻抗匹配。

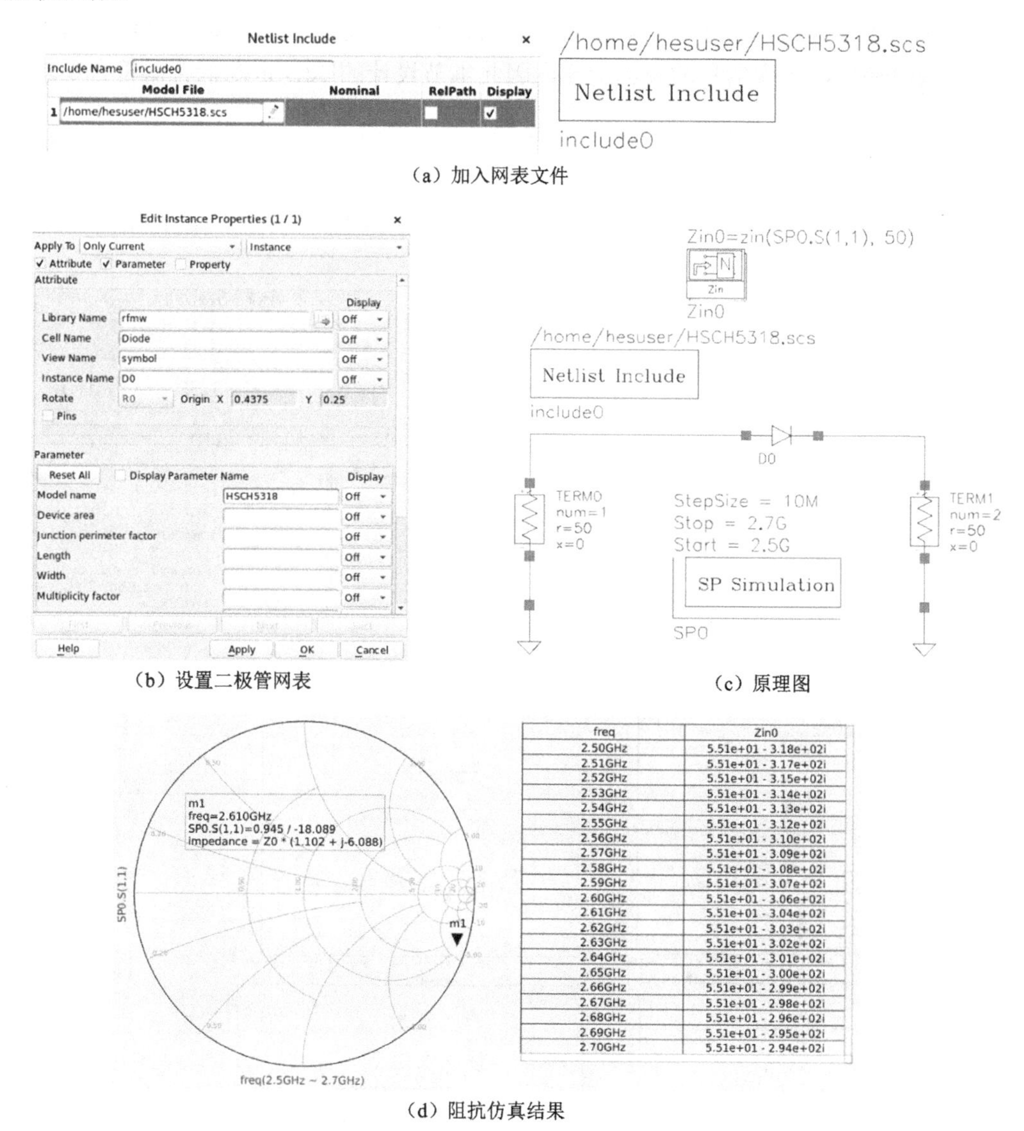

freq	Zin0
2.50GHz	5.51e+01 - 3.18e+02i
2.51GHz	5.51e+01 - 3.17e+02i
2.52GHz	5.51e+01 - 3.15e+02i
2.53GHz	5.51e+01 - 3.14e+02i
2.54GHz	5.51e+01 - 3.13e+02i
2.55GHz	5.51e+01 - 3.12e+02i
2.56GHz	5.51e+01 - 3.10e+02i
2.57GHz	5.51e+01 - 3.09e+02i
2.58GHz	5.51e+01 - 3.08e+02i
2.59GHz	5.51e+01 - 3.07e+02i
2.60GHz	5.51e+01 - 3.06e+02i
2.61GHz	5.51e+01 - 3.04e+02i
2.62GHz	5.51e+01 - 3.03e+02i
2.63GHz	5.51e+01 - 3.02e+02i
2.64GHz	5.51e+01 - 3.01e+02i
2.65GHz	5.51e+01 - 3.00e+02i
2.66GHz	5.51e+01 - 2.99e+02i
2.67GHz	5.51e+01 - 2.98e+02i
2.68GHz	5.51e+01 - 2.96e+02i
2.69GHz	5.51e+01 - 2.95e+02i
2.70GHz	5.51e+01 - 2.94e+02i

（a）加入网表文件

（b）设置二极管网表

（c）原理图

（d）阻抗仿真结果

图 7.19　二极管阻抗仿真过程

2. 3dB 定向耦合器设计

3dB 定向耦合器由主线、副线和两条在中心频率处为 1/4 波长的分支线组成，结构上下对称。要求 3dB 定向耦合器中心频率为 2.6GHz，根据微带线基板参数和阻抗、电长度即可直接算出各部分微带线的宽度和长度。

利用第 4 章设计的分支线耦合器电路，反复调整分支线长度，从而得到满足设计要求的电路，图 7.20（a）给出了一种 3dB 定向耦合器的设计原理图，其对应的仿真结果如图 7.20（b）所示。从仿真结果来看，在 2.51～2.67GHz，从端口 1 到端口 2 和端口 3，衰减均为 3dB 左右，端口 2 和端口 3 在 2.6GHz 的相位差为 90°，可见从端口 1 传输到端口 2、端口 3 的功率接近，且相位差为 90°。输入/输出回波损耗小于–23dB，输入/输出阻抗为 50Ω左右，隔离度大于 23dB，这意味着在该频段内，射频信号和本振信号均能通过耦合器的两个输出端口，实现信号的叠加功能，因此本节设计的 3dB 定向耦合器符合要求。

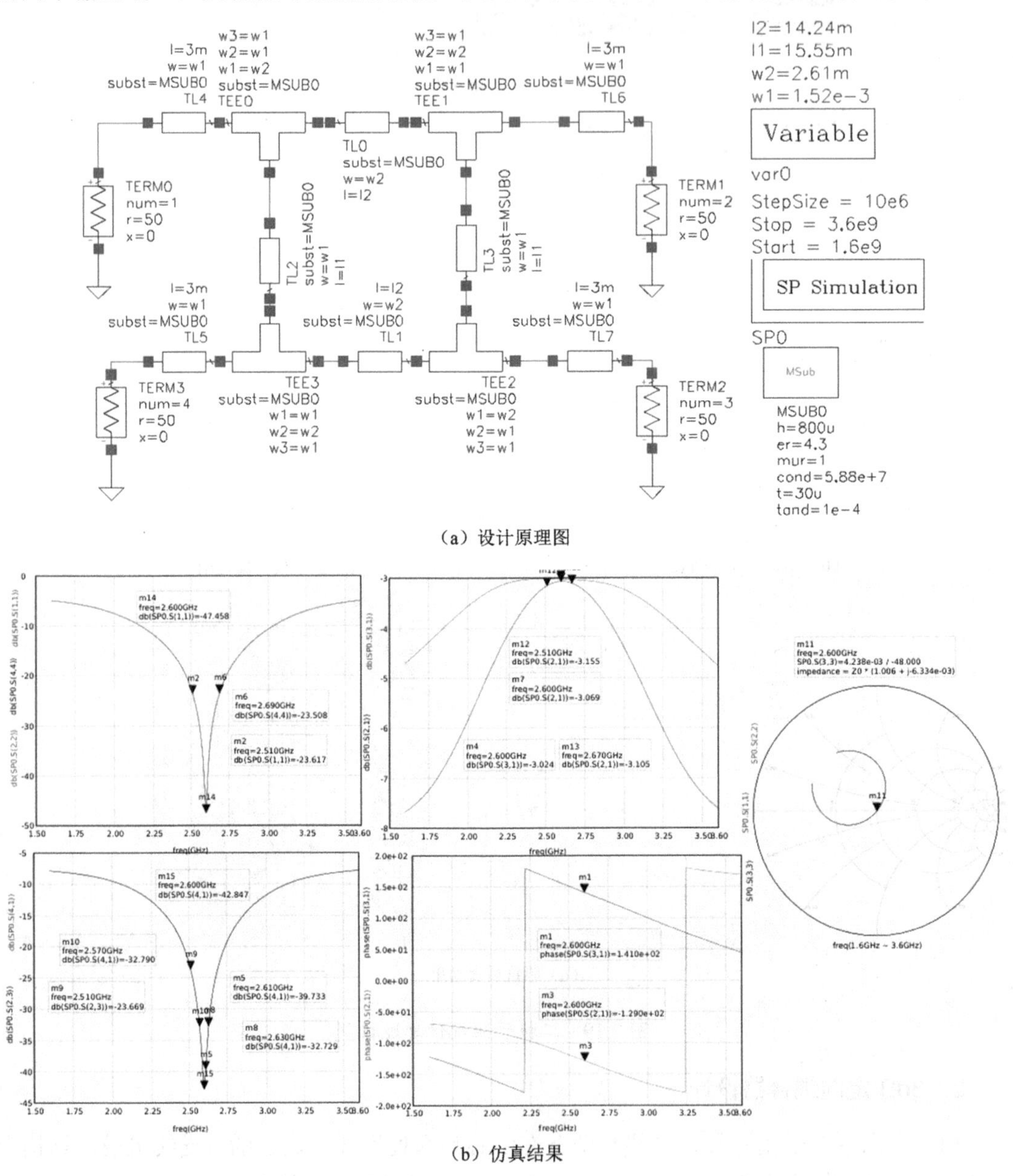

（a）设计原理图

（b）仿真结果

图 7.20　3dB 定向耦合器设计示例

3. 滤波器设计

滤波器可使用带通滤波器或低通滤波器，这里以低通滤波器为例。

前面的章节中已经介绍了如何利用 AetherMW 的滤波器设计向导快速完成滤波器设

计。这里所给出的低通滤波器设计示例的指标为：截止频率为 200MHz，通带插入损耗小于 –0.5dB，射频/本振频率衰减为 50dB 以上。输入设计参数后，AetherMW 会自动生成低通滤波器，图 7.21（a）给出了一种设计结果。

考虑到需要滤除 0Hz 的直流分量，在图 7.21（b）中，低通滤波器末端增加一个 10nF 隔直电容，用来隔离直流分量，初始仿真结果如图 7.21（c）所示。从初始仿真结果可以看出，本节所设计的低通滤波器滤除了 0Hz 的直流分量，在通带内非常平整，插入损耗约为 –0.1dB，在射频频率和本振频率附近衰减大于 50dB，满足设计要求。接下来需要将这些电容值、电感值换成实际值后，重新仿真。

4. 阻抗匹配电路设计

由于所用混频二极管不是 50Ω的，因此与 3dB 定向耦合器和滤波器之间需要设计阻抗匹配电路。

设计过程与低通滤波器设计过程类似，同样是两端匹配后，使用自动优化控件获得一个相对较好的参数值，具体设计过程这里就不再详细说明，图 7.22 给出了一组阻抗匹配电路结果示例，采用的是理想传输线构成的 L 形匹配电路，后面还需要结合电路进行优化。

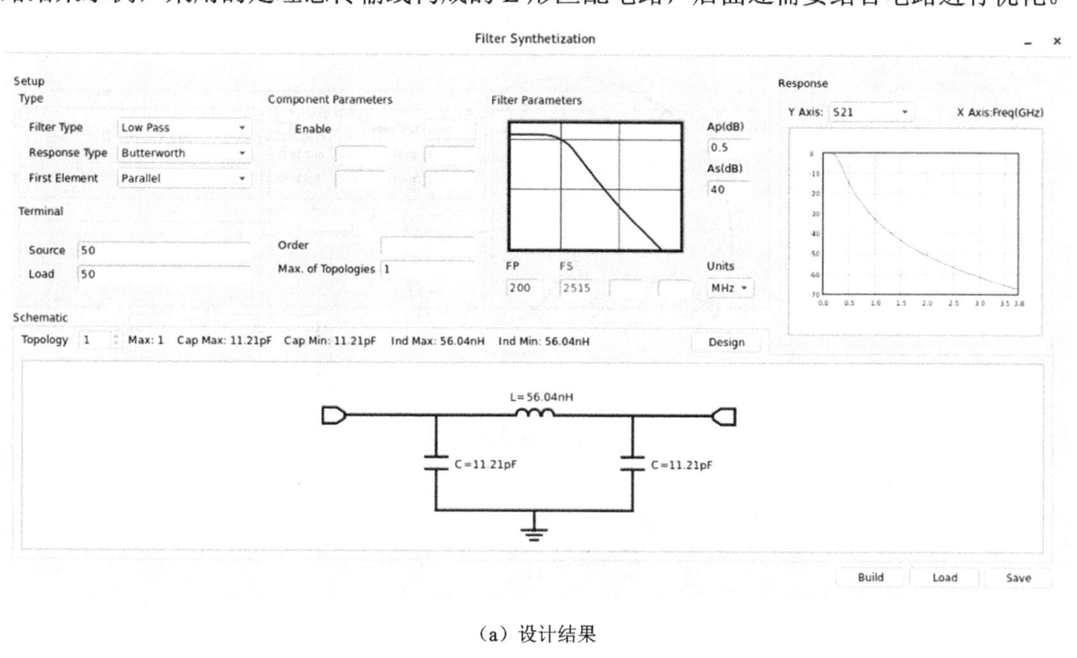

（a）设计结果

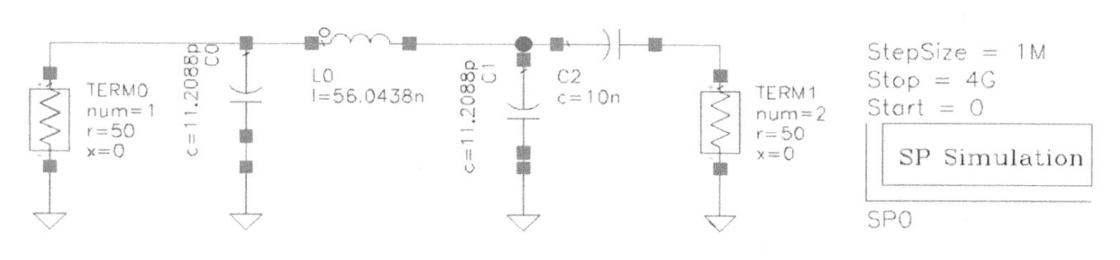

（b）初始设计电路

图 7.21　低通滤波器设计与仿真

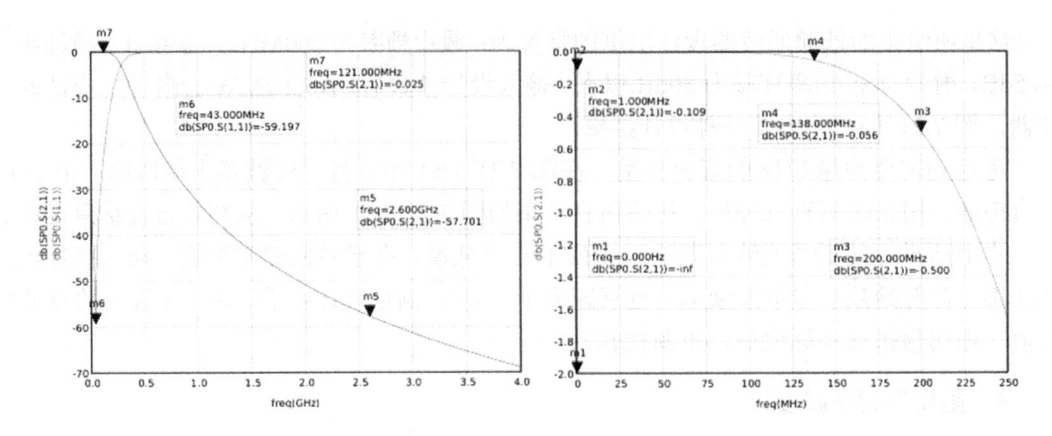

（c）初始仿真结果

图 7.21　低通滤波器设计与仿真（续）

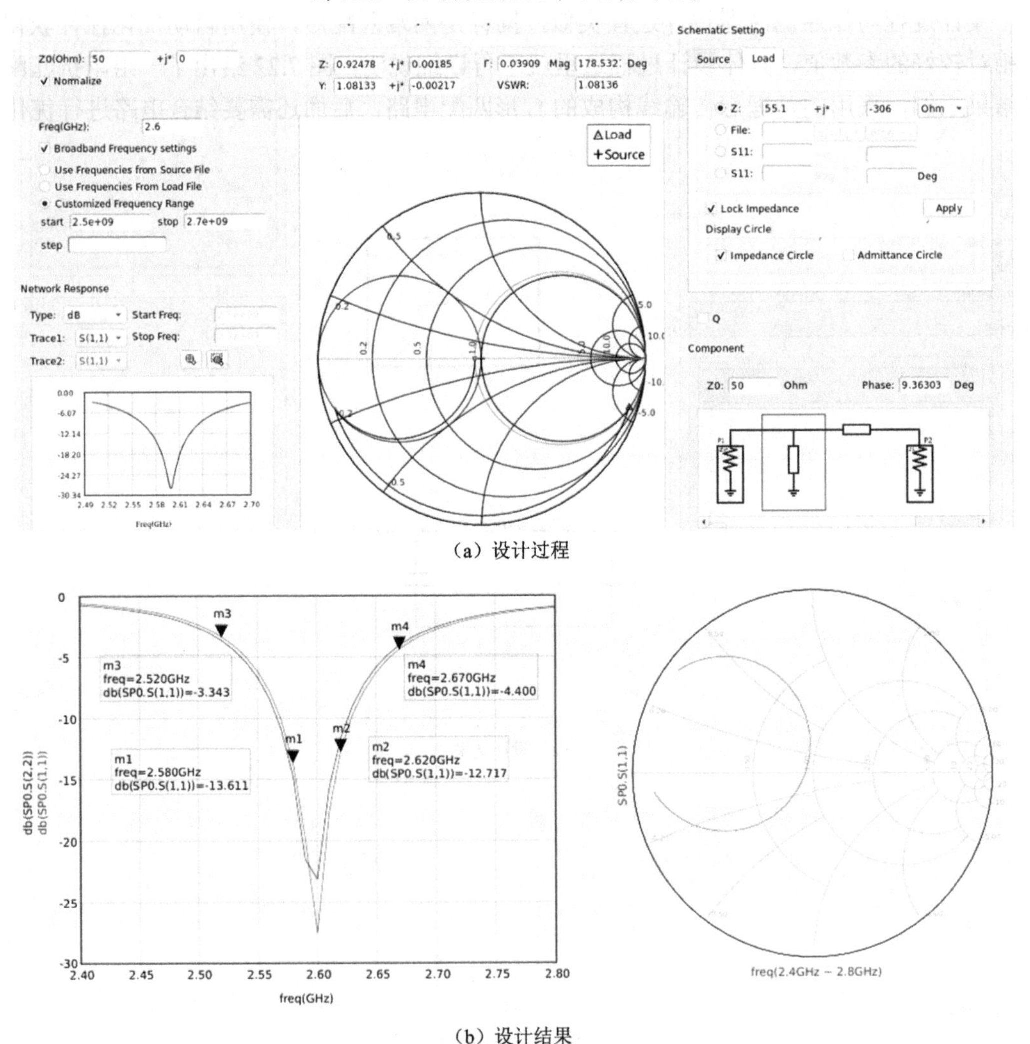

（a）设计过程

（b）设计结果

图 7.22　阻抗匹配电路结果示例

5. 混频器电路原理图仿真与优化

经过上面的步骤，混频器所需要的所有器件（3dB 定向耦合器、滤波器、阻抗匹配电路）都已经设计好了。将它们与混频二极管按照微带线单平衡混频器的拓扑结构连接，加入谐波平衡仿真控件并设置好相关参数。

在混频二极管输出端和中频输出端分别添加仿真测试节点 Vtest、Vif 测量输出，得到的初始原理图如图 7.23（a）所示。阻抗匹配电路初始值为前面得到的结果，用变量 RFfreq、RFpwr、LOfreq 和 LOpwr 分别来设置射频信号、本振信号的频率和功率，用两个单音功率源作为射频源和本振源，这里以本振信号为频率 2520MHz 的 5dBm 信号、射频信号为频率 2610MHz 的−10dBm 信号为例进行仿真，得到仿真结果，如图 7.23（b）所示。加入仿真测试节点后，得到混频器的中间节点仿真结果，如图 7.23（c）所示。

从仿真结果可以看出，输出中频信号频率为 90MHz，变频损耗约为 21.5−20=11.5dB。先利用调谐或优化的方式对阻抗匹配电路中微带线的电长度进行调整，使变频损耗满足设计要求，再根据基板参数将实际微带线物理参数计算出来，用实际微带线电路代替理想微带线模型。注意，阻抗匹配电路的参数选取将直接影响后续的端口隔离度、线性度等指标。

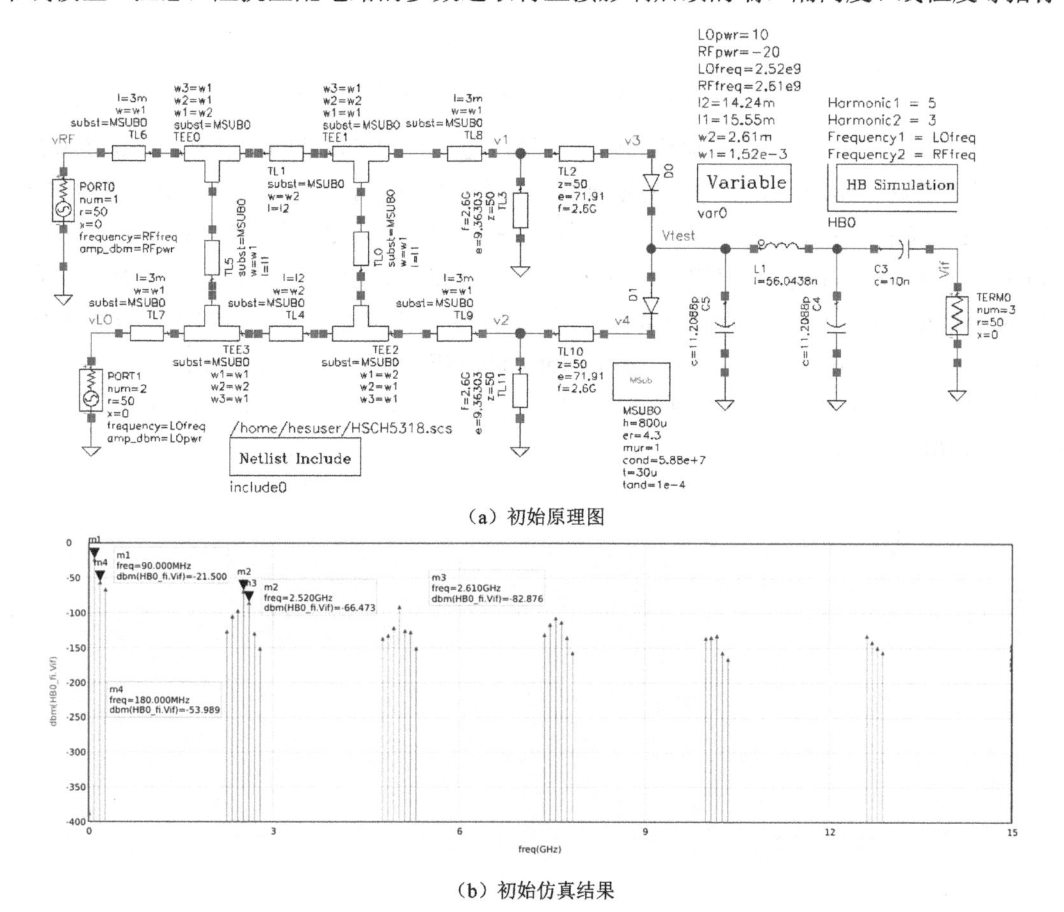

（a）初始原理图

（b）初始仿真结果

图 7.23　混频器初始原理图及仿真结果示例

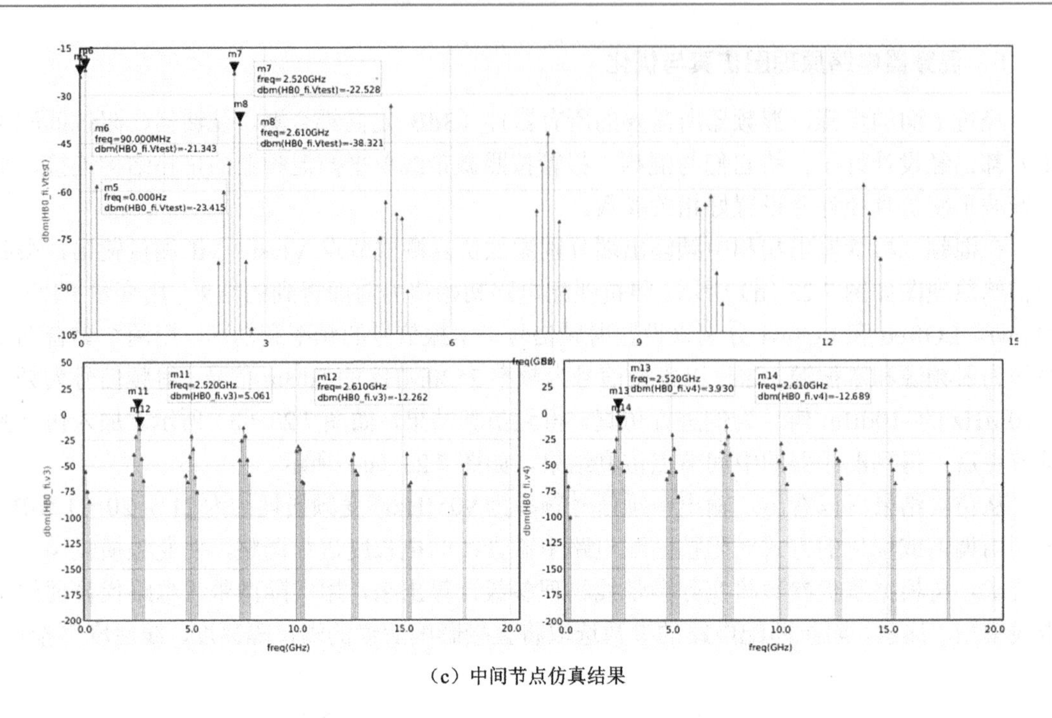

（c）中间节点仿真结果

图 7.23　混频器初始原理图及仿真结果示例（续）

图 7.24（a）给出了一组优化后的输出频谱，通过对比可以清晰地看到，在该仿真条件下，经过低通滤波器，Vtest 信号中的零频信号完全被抑制了，优化后变频损耗约为 9.82dB。可利用表达式来直接计算变频损耗。先在原理图中设置 Mix 控件参数为 Mix={real(HB0_fi._hb_tone_0_harm_index), real(HB0_fi._hb_tone_1_harm_index)}，如图 7.24（b）所示，再调用 mix(xOut, harm Index, Mix)函数，则会输出指定频谱值。在原理图中添加表达式 ConvGain= PIF_dbm–RFpwr 和 PIF_dbm= dbm(mix(HB0_fi,Vif,{–1,1},Mix))可直接得到变频损耗，其中 mix 函数会输出指定频谱值，{–1,1}表示混频输出中的 Freq[2]– Freq[1]频率分量，即 RFfreq–LOfreq。

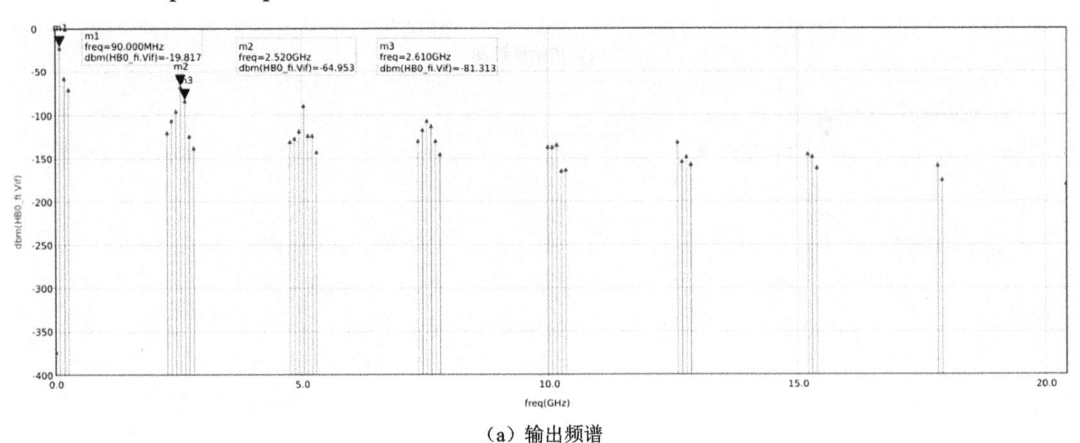

（a）输出频谱

图 7.24　优化后的仿真结果示例

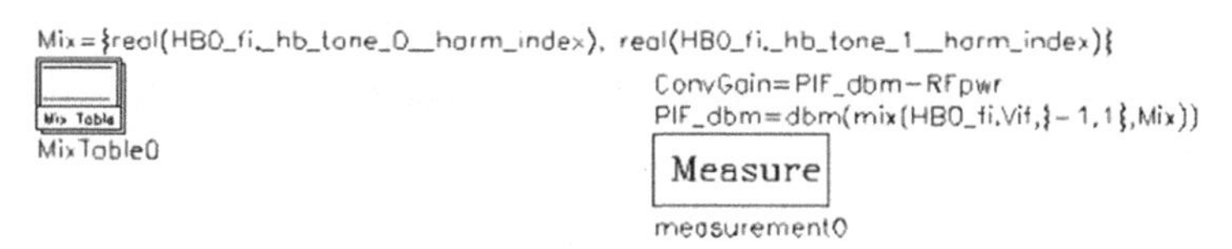

（b）添加 Mix、ConvGain 和 PIF_dbm

freq	ConvGain	PIF_dbm	freq	Iso_RF2IF	Iso_LO2IF
90.00MHz	-9.82	-19.82	2.52GHz	-54.95	-69.95

（c）端口隔离度仿真结果

图 7.24　优化后的仿真结果示例（续）

在 iViewer 界面的【Equations】下加入射频端口到中频端口的隔离度 Iso_RF2IF 和本振端口到中频端口的隔离度 Iso_LO2IF 的表达式。其中，Iso_RF2IF= dbm(mix (Vif,{0,1}, Mix))−RFpwr；Iso_LO2IF= dbm(mix(Vif,{1,0},Mix))−LOpwr。从图 7.24（c）来看，变频损耗低于 10dB，射频端口、本振端口与中频端口的隔离度均在 50dB 以上，隔离性能较好。

固定本振频率和射频频率分别为 2.52GHz 和 2.61GHz，观察变频损耗随射频输入信号幅度的变化关系。当进行双音谐波平衡仿真时，需要按照图 7.25（a）进行控件设置，设置射频信号功率为扫描变量（−30～20dBm），得到 1dB 压缩点的仿真结果如图 7.25（b）所示。从这个结果中可以得到输入 1dB 压缩点和输出 1dB 压缩点分别为 4dBm 和−6.7dBm。

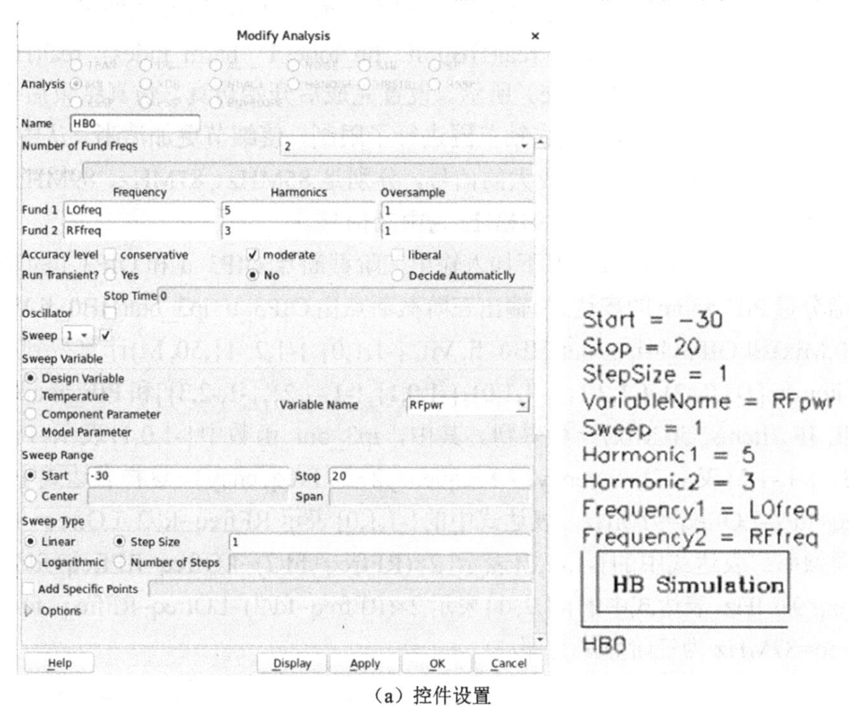

（a）控件设置

图 7.25　1dB 压缩点的仿真示例

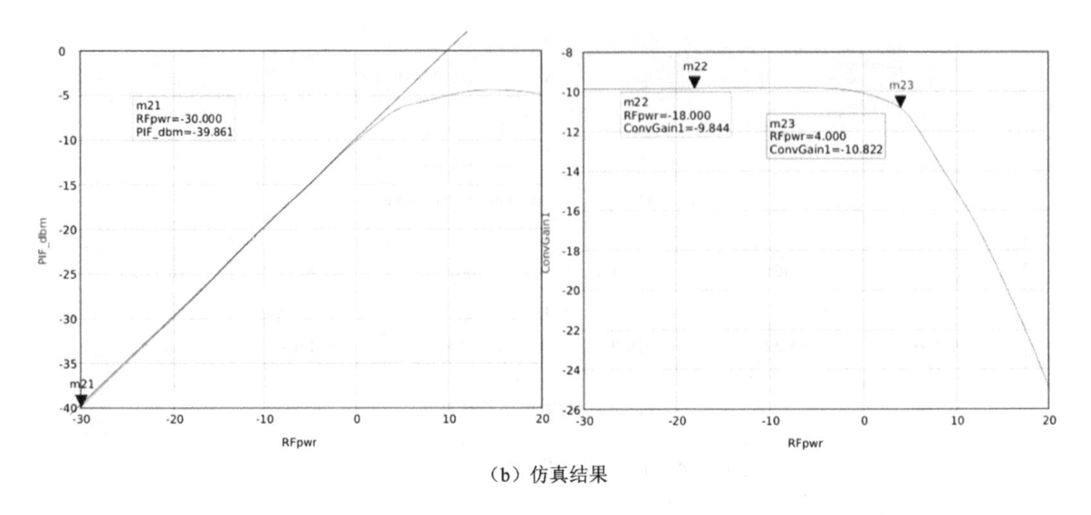

（b）仿真结果

图 7.25　1dB 压缩点的仿真示例（续）

下面仿真三阶互调情况。以本振信号为频率 2520MHz 的 5dBm 信号不变，射频端口输入双音信号 2611MHz 和 2609MHz，功率均为–10dBm 为例，修改射频输入功率源，如图 7.26（a）所示，并在变量中增加 fd，赋值为 2MHz。

在 HB0 仿真控件中设置频率 Frequency1 为本振频率，Frequency2 和 Frequency3 分别为 2611MHz 和 2609MHz，谐波阶数分别设置为 5 阶、3 阶和 3 阶，如图 7.26（b）所示。从仿真控件库中选择 Mix 控件，将其加入原理图，并进行设置，Frequency1 等于 LOfreq，Frequency2 等于 RFfreq−fd/2，Frequency3 等于 RFfrq +fd/2。修改 Mix 控件参数为 Mix= {real (HB0_fi._hb_ tone_0__ harm_index), real(HB0_fi. _hb_tone_1__harm_index), real(HB0_fi._hb_ tone_2__harm_ index)}，如图 7.26（c）所示。设置完成后开始仿真，仿真结束后得到 Vif 频谱，如图 7.26（d）所示，这里对横纵轴范围进行了限制，使细节更加清晰。从中可以看出，此时输出端口 Vif 可测得 6 个功率较大的信号，分别是 85MHz、87MHz、89MHz、91MHz、93MHz 和 95MHz，其中 89MHz 和 91MHz 为中频信号。

在 iViewer 界面的【Equations】下加入输出三阶截断点 OIP3_u 和 OIP3_l 的表达式及三阶/五阶频谱分量 PIF_zoom 的表达式。输出三阶截断点由 OIP3_u=ip3_out(HB0_fi.Vif, {-1,0,1},{-1,-1,2},50,Mix)和 OIP3_l=ip3_out(HB0_fi. Vif, {-1,1,0},{-1,2,-1},50, M)计算得到；中频频率分量由 IF_items= [{-1,3,-2},{-1,2,1},{-1,1,0},{-1,0,1},{-1,-1,2},{-1,-2,3}]和 PIF_zoom= dbm(mix (HB0_fi.Vif, IF_ items, 50,Mix)计算得到。其中，ip3_out 函数中{-1,0,1}表示–Frequency1+ Frequency3，{-1,-1,2}表示– Frequency1 – Frequency2+2× Frequency3。这样表达式中的{-1, 0,1}表示 RFfreq+fd/2–LOfreq=91MHz，表达式中的{-1,1,0}表示 RFfreq–fd/2–LOfreq=89MHz，即期望的中频频率；表达式中的{-1,-1,2}表示 2×(RFfreq+fd/2)–LOfreq–RFfreq+fd/2= RFfreq+ 3fd/2–LOfreq=93MHz，表达式中的{-1,2,-1}表示 2×(RFfreq–fd/2)–LOfreq–RFfreq– fd/2=RFfreq–3fd/2–LOfreq=87MHz 为三阶频率分量。

从图 7.26（e）可看出，中频信号两个频率分量对称，功率相等；87MHz 和 93MHz 为三阶互调信号，两个信号频率分量对称且功率非常接近。利用表达式计算出的输出三阶截断点约为 13.3dBm，也可通过–19.84+0.5×（86.16–19.84）=13.32 或–19.81+0.5×（85.08–19.81）=

12.825 计算得到。输入三阶截断点由 IIP3 = OIP3_U− ConvGain 或 IIP3 = OIP3_L− ConvGain 计算得到，约为 23dBm。

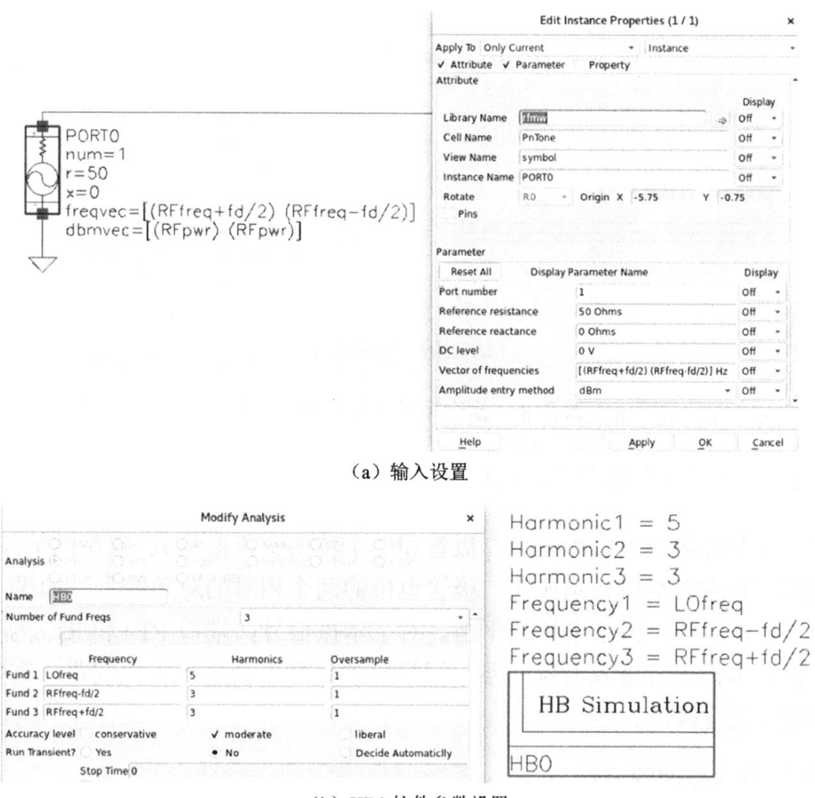

（a）输入设置

（b）HB0 控件参数设置

Mix={real(HB0_fi._hb_tone_0__harm_index), real(HB0_fi._hb_tone_1__harm_index),real(HB0_fi._hb_tone_2__harm_index)}
Mix Table
MixTable0

（c）Mix 控件参数设置

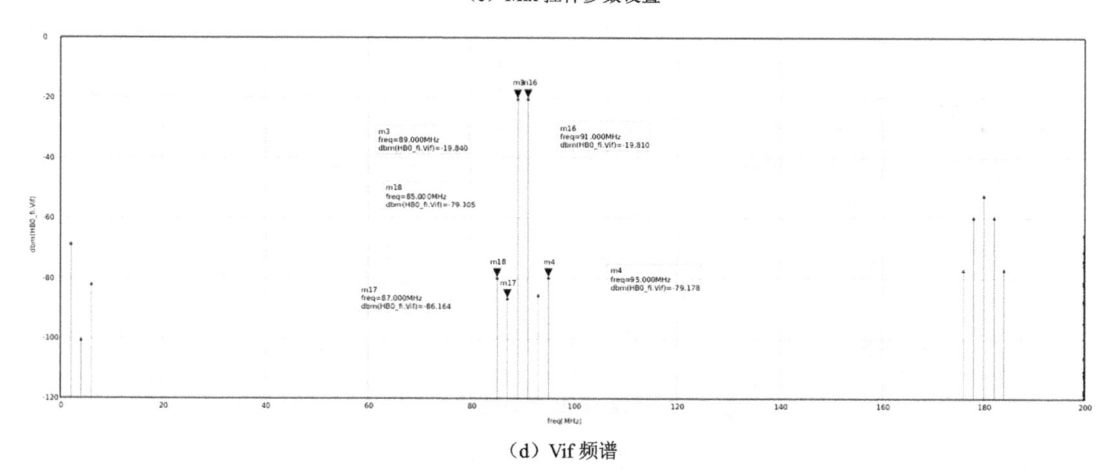

（d）Vif 频谱

图 7.26　三阶互调仿真示例

freq	TOI_lower	TOI_Upper
nanHz	13.32	12.83

freq	PIF_zoom
85.00MHz	-79.31
87.00MHz	-86.16
89.00MHz	-19.84
91.00MHz	-19.81
93.00MHz	-85.08
95.00MHz	-79.18

（e）三阶互调仿真结果

图 7.26　三阶互调仿真示例（续）

7.3.2　二极管双平衡混频器的设计

二极管双平衡混频器主要由 4 个二极管和 2 个转换变压器组成，典型结构如图 7.27（a）所示。射频端口和本振端口分别接在二极管电桥的两个相对的对角线上，如果 4 个二极管的性能完全一样，就能够保证电桥的平衡。对于本振信号，端口 RF+和 RF−为虚地点，理想情况下不会有本振信号进入射频回路，同样射频信号不会进入本振回路，则射频端口和本振端口就可以完全隔离。

1. 混频器电路原理图设计

以 Avago 公司的 HSCH-5318 混频二极管为例来进行设计。在 Design Manager 主界面，创建名称为 diode_ring_mixer 的 Cell 和原理图 View。在原理图窗口中加入 4 个 Device_Doide 库中的二极管符号 Diode，按照图 7.27（b）进行环形连接。

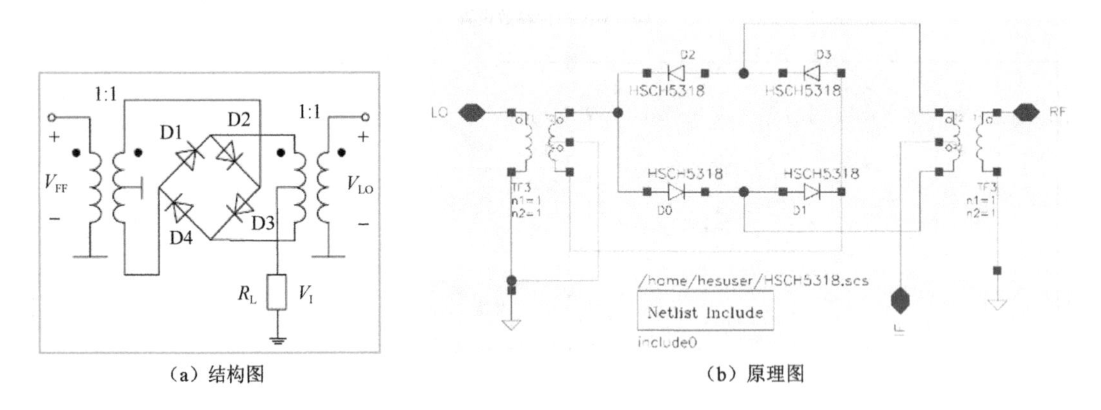

（a）结构图　　　　（b）原理图

图 7.27　二极管双平衡混频器示例

在原理图设计界面中，选择菜单栏【Create】→【Netlist】选项，加入 HSCH-5318 网表文件，在【Netlist Include】对话框中，添加之前编辑好的 HSCH5318.scs 文件，并设置电路中二极管模型的【Model Name】为 HSCH5318。电路中在本振端口和射频端口使用了

Lumped_Components 库中的 Transformer 元件，两个 Transformer 元件输入端口并联、输出端口串联，为了保证平衡，将两个 Transformer 元件的匝数比设置为 1∶1。选择菜单栏【Create】→【Pin】选项为电路添加端口，端口名称分别为 LO、RF 和 IF，方向选择 InputOutput。

选择菜单栏【Create】→【Symbol View】选项，设置混频器引脚的符号位置，如图 7.28（a）所示，单击【OK】按钮完成设置。在【Symbol Editor】对话框中对自动生成的符号进行修改，先删除红色的 SelectionBox，执行【Create】→【Circle】命令和【Create】→【Line】命令对符号形状进行修改。选择菜单栏【Edit】→【Set Origin】选项，设置射频端口为坐标原点。选择菜单栏【File】→【Design Property】选项并勾选【System】复选框，设置【InstName Prefix】为 M（元件名称自动命名为 M0、M1……），最后重新设置 SelectionBox，生成的符号如图 7.28（b）所示。

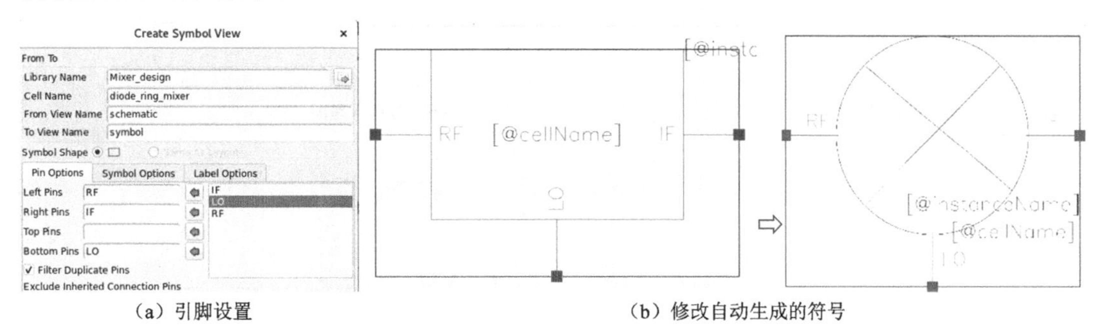

（a）引脚设置　　（b）修改自动生成的符号

图 7.28　新建混频器符号

2. 混频器单音谐波平衡仿真

创建名称为 mixer_upconv_HB1T 的电路原理图，在原理图设计界面中，选择菜单栏【Create】→【Instance】选项，插入 Mixer_design 库的 diode_ring_mixer 单元下的符号，在电路中加入创建的混频器符号，如图 7.29（a）所示。

分别使用 P1Tone 作为发射源和本振源，并使用变量 RFfreq、RFpwr、LOfreq 和 LOpwr 设置射频信号和本振信号的频率及功率。加入 Variable 控件并设置参数值，加入谐波平衡仿真控件 HB Simulation，这里以 LOfreq（阶数为 5 阶）和 RFfreq（阶数为 3 阶）为例，并加入 Simulation_HB 子类中的 Mix 控件，如图 7.29（b）所示。

开始仿真，观察仿真状态窗口中的各类信息。仿真结束后，在 iViewer 界面中添加直角坐标图，绘制 vRF、vLO 和 vIF 节点的 dBm 结果图，并调整横轴和纵轴的显示范围，在图中加入标记，读出各个谐波分量的频率和功率，仿真结果示例如图 7.29（c）所示。在 vIF 节点输出频谱图中可以看到比较大的信号，包括 90MHz、270MHz、5130MHz、4950MHz 和 5310MHz 等，分别是 RF–LO、3RF–3LO、RF+LO、3LO – RF 和 3RF–LO 的产物，射频信号及本振信号的所有偶阶谐波分量均被抵消，输出信号中只包含奇阶谐波分量。与前面的单平衡混频器仿真结果进行对比可看出，双平衡混频产物只有单平衡混频产物的 1/4，大大减少了混频器的中频杂散输出，可以改善动态范围。此外，在所给的仿真原理图中，vIF 节点的本振信号功率为–264.3dBm、射频信号功率为–246.5dBm，可以得到此时本振端口到射频端口的隔离度约为 280dB，射频端口到中频端口的隔离度约为 226dB，隔离性能比较好，射频信号和本振信号不会出现在中频端口。此外，计算可得混频器的变频损耗约为25−20=5dB。

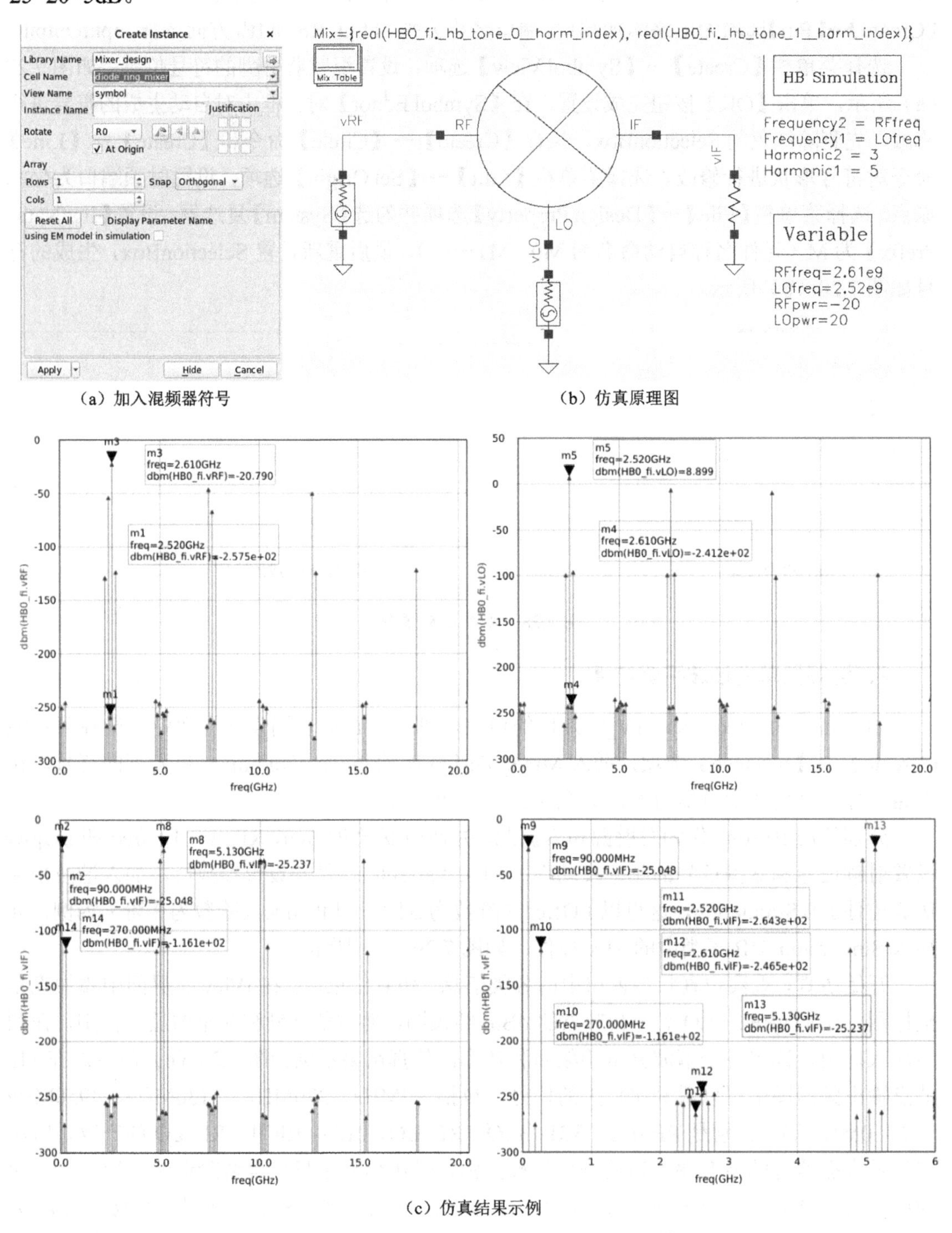

（a）加入混频器符号

（b）仿真原理图

（c）仿真结果示例

图 7.29　二极管双平衡混频器单音谐波平衡仿真示例

也可以用表达式直接计算上述指标，加入变频增益 ConvGain、射频端口到中频端口的隔离度 Iso_RF2IF、本振端口到中频端口的隔离度 Iso_LO2IF、本振端口到射频端口的隔离度 Iso_LO2RF 的表达式，设置过程如图 7.30（a）所示，计算结果如图 7.30（b）所示。从计算结果来看，所给的混频器设计示例端口隔离度很高，变频损耗约为 5.05dB。

固定本振频率和射频频率分别为 2.52GHz 和 2.61GHz，设置射频信号功率为扫描变量（以–40～30dBm 为例），如图 7.31（a）所示。仿真结束后在 iViewer 界面中添加 vIF 节点的输出频谱图和数据列表，如图 7.31（b）所示，通过观察可知，中频 90MHz 对应的是列表中的第二项。因此，在【Equations】下加入中频输出功率的表达式 PIF_dbm=dbm(HB0_fi.vIF[1])和变频增益的表达式 ConvGain=PIF_dbm–RFpwr。当然，这里也可以用类似于图 7.30（a）中表达式的形式计算中频输出功率和变频增益。如果表达式设置得有问题，则软件会以红色显示，修改正确后，表达式会显示为黑色。

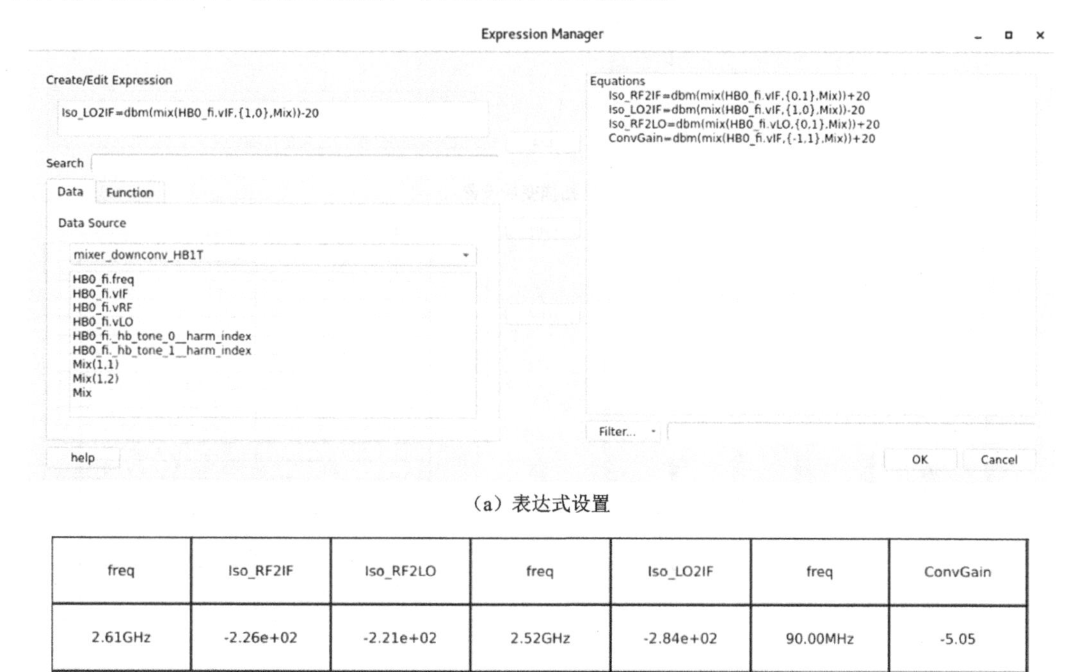

（a）表达式设置

freq	Iso_RF2IF	Iso_RF2LO	freq	Iso_LO2IF	freq	ConvGain
2.61GHz	-2.26e+02	-2.21e+02	2.52GHz	-2.84e+02	90.00MHz	-5.05

（b）计算结果

图 7.30　用表达式计算指标

设置完成后，在 iViewer 界面中添加 PIF_dbm 和 ConvGain 随射频输入信号幅度的变化关系，如图 7.31（c）所示，混频器的输入 1dB 压缩点约为 8dBm，根据变频增益，对应的输出 1dB 压缩点约为 3dBm。

3. 混频器双音谐波平衡仿真

删除原理图中的中频信源 P1Tone，插入 PnTone 信源，设置双音信号频率和功率；在 Variable 控件参数中加入 fspacing 变量，设置为 2MHz；更改 HB Simulation 控件参数，设置双音信号频率相差 fspacing/2=1MHz，如图 7.32（a）所示。更改 Mix 表达式，加入第三个因变量，如图 7.32（b）所示。为了区别，把输出端口改为 vIF2。设置完成后开始仿真。

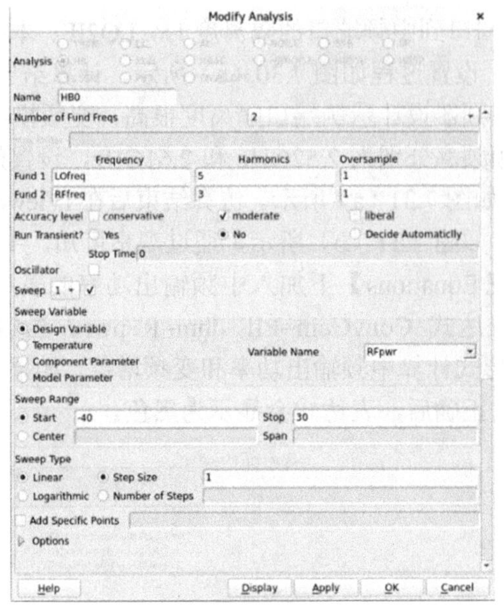

（a）扫描变量设置

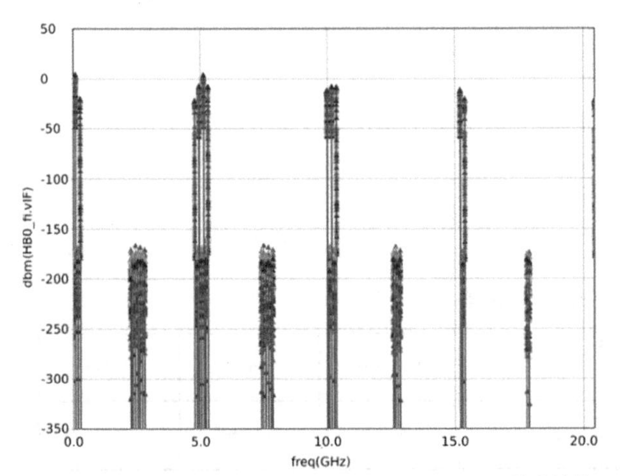

freq	RFpwr=-40.00
0.00Hz	-3.68e-16 + 0.00e+00i
90.00MHz	1.76e-03 - 2.02e-04i
180.00MHz	4.76e-16 + 7.41e-17i
270.00MHz	4.97e-10 - 1.65e-11i
2.25GHz	-7.59e-18 - 4.45e-17i
2.34GHz	5.74e-17 - 6.66e-17i
2.43GHz	2.14e-16 - 1.03e-16i
2.52GHz	5.69e-16 - 6.73e-16i
2.61GHz	-3.53e-16 + 2.47e-16i
2.70GHz	6.05e-17 - 8.14e-17i
2.79GHz	-3.01e-17 - 7.32e-17i
4.77GHz	-4.55e-10 + 1.56e-10i
4.86GHz	5.21e-17 - 3.00e-17i
4.95GHz	-5.19e-04 + 2.48e-04i
5.04GHz	2.10e-16 - 1.58e-16i
5.13GHz	1.28e-03 - 1.17e-03i
5.22GHz	3.76e-16 - 2.96e-18i
5.31GHz	-8.42e-10 + 2.71e-10i
7.38GHz	-1.01e-16 + 1.91e-17i

（b）输出结果

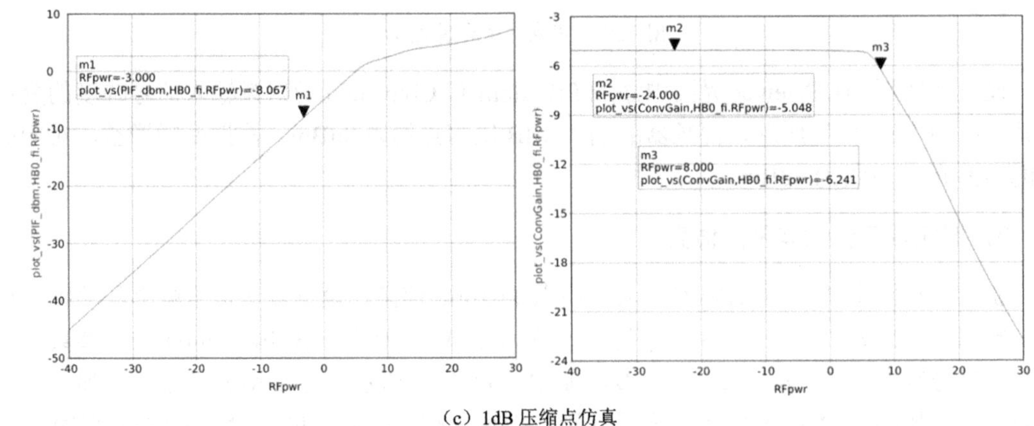

（c）1dB 压缩点仿真

图 7.31　二极管双平衡混频器 1dB 压缩点仿真示例

在 iViewer 界面中，观察混频器的输出端口的频谱图，如图 7.32（c）所示，为了看清细节，修改横纵轴坐标范围，得到局部放大图。从仿真结果可看出，输出端口 vIF2 可测得 4 个功率较大的信号，分别是 89MHz、91MHz、87MHz 和 93MHz。其中 89MHz 和 91MHz 为中频信号，两个信号频率分量对称且功率相等；87MHz 和 93MHz 为三阶互调信号，两个信号频率分量对称且功率相等。

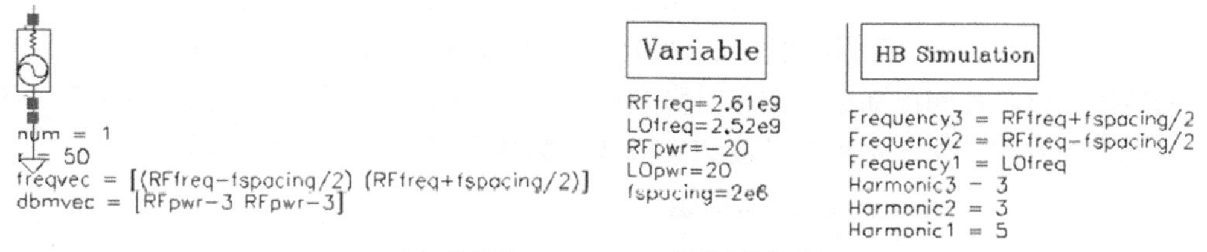

（a）信源及 HB Simulation 控件参数设置

Mix={real(HB0_fi._hb_tone_0__harm_index), real(HB0_fi._hb_tone_1__harm_index), real(HB0_fi._hb_tone_2__harm_index)}

Mix Table

MixTable0

（b）Mix 控件参数设置

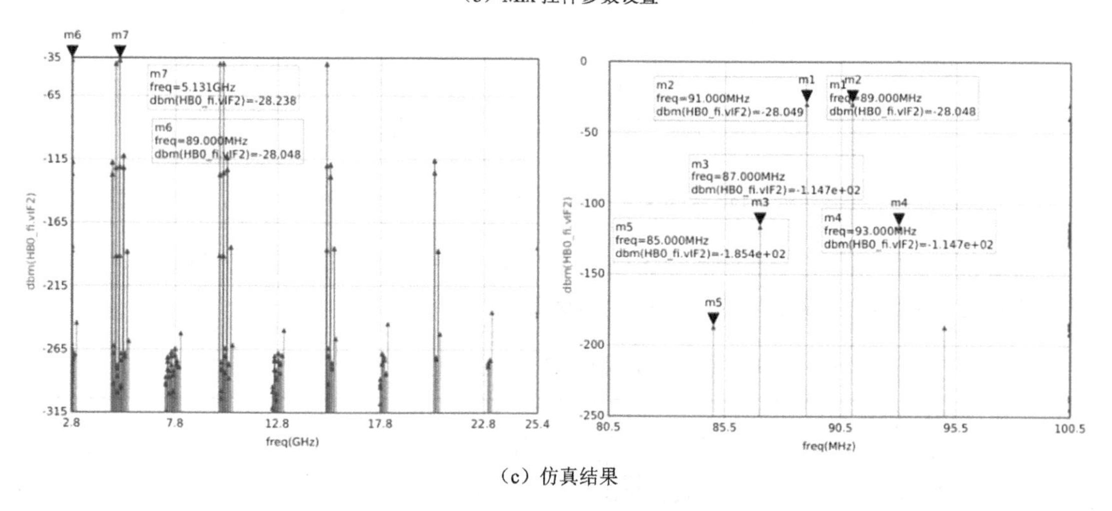

（c）仿真结果

图 7.32　二极管双平衡混频器的双音谐波平衡仿真示例

在【Equations】下添加三阶互调表达式。其中输出三阶截断点由 OIP3_u=ip3_out(HB0_fi.vIF2,{-1,0,1},{-1,-1,2},50,mix)和 OIP3_l= ip3_out(HB0_fi. vIF2, {-1,1, 0},{-1,2,-1},50, mix)计算得到；变频损耗由 ConvGain_u=dbm(mix (HB0_fi. vIF2,{-1,0,1}))-RFpwr+3 和 ConvGain_l=dbm(mix(HB0_fi. vIF2,{-1,1,0}))-RFpwr+3 计算得到；输入三阶截断点由 IIP3 = OIP3_u-ConvGain_u 或 IIP3 = OIP3_l- ConvGain_l 计算得到。从仿真结果来看，混频器的输出三阶截断点约为 15dBm，输入三阶截断点约为 20dBm。

此外，这里混频器中的变压器巴伦所用的是理想模型，因此所得的结果都是理想情况。巴伦是设计混频器的核心结构，巴伦的带宽在一定程度上决定了混频器的带宽，其差分输出端口的平衡度会影响混频器的端口隔离度。设计时需要根据工作频率等将理想巴伦替换为实际巴伦。对于下变频电路，考虑在混频器后面使用带通滤波器或低通滤波器来滤除不希望的频率产物。

7.3.3 基于专用芯片的混频器仿真

除自行设计混频器外，还可以利用专用芯片来设计混频器，在进行实际电路设计与实现前可先采用行为级模型完成混频器性能仿真。混频器芯片的选择需要根据设计指标来确定。这里以 ADL5353 芯片为例来进行设计与仿真。ADL5353 芯片属于窄带单通道混频器芯片，它利用高线性度双平衡无源混频器内核及集成的射频平衡电路和本振平衡电路来实现单端工作。ADL5353 芯片可实现从 2200～2700MHz 的射频信号到 30～450MHz 的中频信号的转换。该芯片的内部结构图和引脚图如图 7.33 所示，内置射频巴伦、用于双通道本振频率应用的本振开关、本振驱动器和集成式中频放大器。

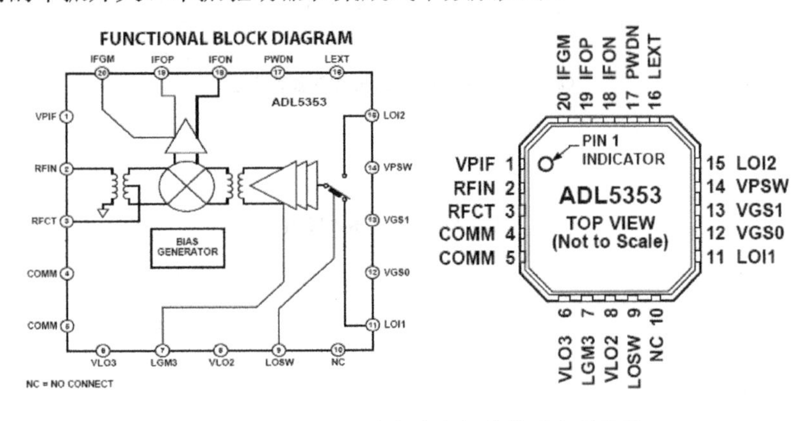

图 7.33 ADL5353 芯片的内部结构图和引脚图

根据 ADL5353 芯片数据手册，当 V_S 为 5V 时，f_{RF}=2535MHz，f_{LO}=2738MHz。当本振信号功率为 0dBm 时，该芯片的主要性能指标如表 7.5 所示。

表 7.5 ADL5353 芯片的主要性能指标

主要性能指标	测试条件及说明	典型值
功率转换增益（dB）	包含中频端口损耗和 PCB 损耗	8.7
电压转换增益（dB）	Z_{Source}=50 Ω，差分 Z_{Load}=50 Ω	14.7
单边带噪声系数（dB）	-	9.8
输入三阶截断点（dBm）	f_{RF1}=2534.5MHz，f_{RF2}=2535.5MHz，每个射频 Tone 均为-10dBm；f_{LO}=2738MHz	24.5
输入二阶截断点（dBm）	f_{RF1}=2535MHz，f_{RF2}=2585MHz，每个射频 Tone 均为-10dBm；f_{LO}=2738MHz	47.5
输入 1dB 压缩点（dBm）	-	10.4
本振端口到中频端口的泄漏（dBm）	-	-15
本振端口到射频端口的泄漏（dBm）	-	-38
射频端口到中频端口的隔离度（dBc）	-	-28

由于官方网站上未提供 ADL5353 芯片的 *S* 参数仿真模型，因此在进行该芯片的性能仿真时，可先利用 AetherMW 的 VerilogA 工具创建混频器 VA 模型，再按照数据手册提供的性能指标自行设计模型参数进行仿真。

新建原理图，添加已生成的混频器 VA 模型 mixer、两个信源 P1Tone 和一个 Term，如

图 7.34（a）所示。

按照 ADL5353 芯片的性能指标来设置混频器的参数，如图 7.34（b）所示。其中 Gain 为变频增益；Power of LO 为本振最小输入功率，通过查询芯片数据手册来设置；Input impedance、Output impedance 和 Input impedance for LO 分别为射频端口、中频端口和本振端口的阻抗，这里为了简化，都设置为 50Ω；Input referred IP2 和 Input referred IP3 分别为输入二阶截断点（IIP2）和输入三阶截断点（IIP3）；SSB Noise Figure 为噪声系数；Isolation from LO to IN 代表本振端口到射频端口的隔离度；Isolation from LO to OUT 代表本振端口到中频端口的隔离度；Isolation from IN to OUT 代表射频端口到中频端口的隔离度。射频端口的输入频率和输入功率分别用变量 RFfreq 和 RFpwr 来表示，如图 7.34（c）所示。本振端口的输入频率和输入功率分别用变量 LOfreq 和 LOpwr 来表示，如图 7.34（d）所示。为了保持与图 7.35 一致，将 RFpwr 和 LOpwr 设置为−10dBm 和 0dBm。此外，为了后续仿真的需要，设置 Vrf、Vlo 和 Vif 三条连接线。

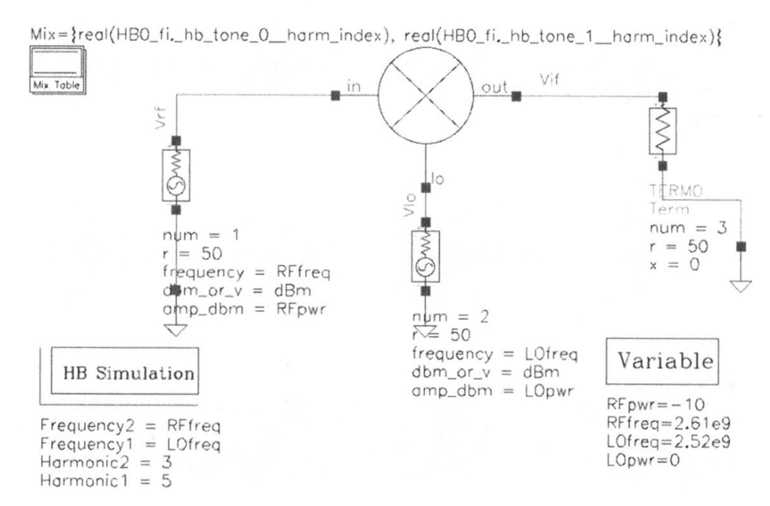

（a）原理图

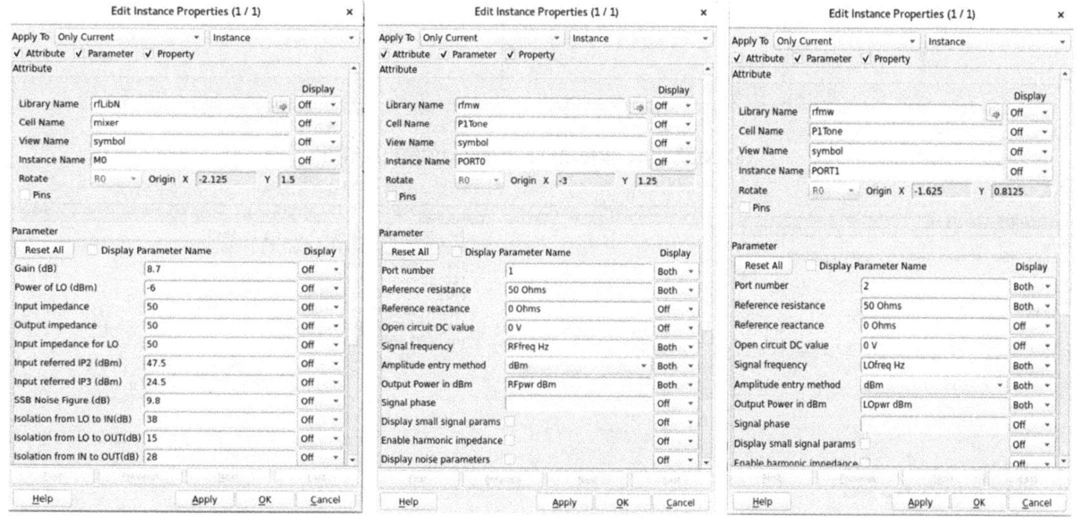

（b）mixer 设置　　（c）射频信号设置　　（d）本振信号设置

图 7.34　混频器性能仿真原理图及设置

设置完混频器的参数后开始仿真，仿真结束后在 iViewer 界面中加入射频端口、本振端口和中频端口的输出频谱图，如图 7.35（a）所示。其中，中频端口射频信号和本振信号的差频输出为 90MHz 的信号（功率为–1.505dBm），中频输出含有本振和射频频率成分及大量的其他频率成分。

为了清楚地获取性能指标，在【Equations】下加入射频端口射频信号功率 PRF_dBm、射频端口中频信号功率 PRF2IF_dBm、本振端口本振信号功率 PLO_dBm、本振端口中频信号功率 PLO2IF_dBm、中频端口中频信号功率 PIF_dBm、变频增益 ConvGain、射频端口到中频端口的隔离度 Iso_RF2IF、本振端口到中频端口的隔离度 Iso_LO2IF 的表达式，如图 7.35（b）所示。从图 7.35（c）来看，本振端口到中频端口的隔离度和射频端口到中频端口的隔离度分别约为 26dB 和 20dB，变频增益约为 8.5dB，与芯片性能指标基本一致。

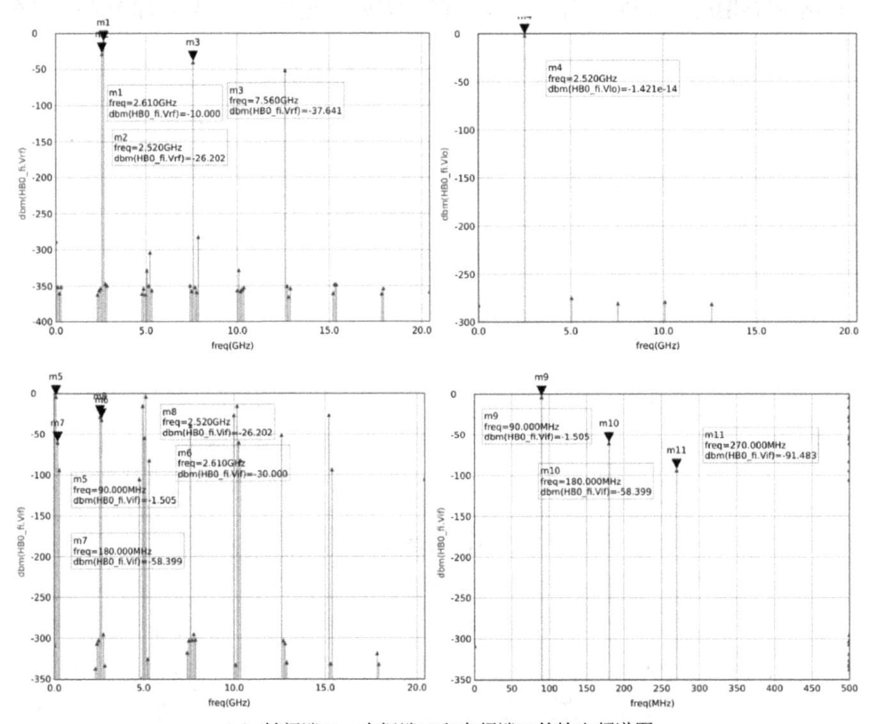

（a）射频端口、本振端口和中频端口的输出频谱图

Create/Edit Expression

PIF_dBm=dbm(mix(HB0_fi.Vif, {-1,1}, Mix))

Search

Data　Function

Data Source

mixer_ConvGain_sim

HB0_fi.freq
HB0_fi.Vrf
HB0_fi.Vlo
HB0_fi.Vif
HB0_fi._hb_tone_0__harm_index

Equations

```
PIF_dBm=dbm(mix(HB0_fi.Vif, {-1,1}, Mix))
PRF_dBm=dbm(mix(HB0_fi.Vrf, {0,1}, Mix))
ConvGain=PRF_dBm-PIF_dBm
PLO_dBm=dbm(mix(HB0_fi.Vlo, {1,0}, Mix))
PRF2IF_dBm=dbm(mix(HB0_fi.Vif, {0,1}, Mix))
PLO2IF_dBm=dbm(mix(HB0_fi.Vif, {1,0}, Mix))
Iso_LO2IF=PLO_dBm-PLO2IF_dBm
Iso_RF2IF=PRF_dBm-PRF2IF_dBm
```

Filter...

（b）设置表达式

图 7.35　混频器谐波平衡仿真示例

freq	PIF_dBm	freq	PRF_dBm	ConvGain	PRF2IF_dBm	Iso_RF2IF	freq	PLO_dBm	PLO2IF_dBm	Iso_LO2IF
90.00MHz	-1.50	2.61GHz	-10.00	-8.50	-30.00	20.00	2.52GHz	-1.42e-14	-26.20	26.20

（c）端口隔离度和变频增益仿真结果

图 7.35　混频器谐波平衡仿真示例（续）

下面仿真 1dB 压缩点。保持其他参数不变，修改 HB Simulation 控件参数，将射频信号功率设置为–30～30dBm（可调），每 0.5dB 扫描一次，如图 7.36（a）所示。仿真后得到混频器在此输入条件下，变频增益随射频信号变化的结果如图 7.36（b）所示，可以看出 1dB 压缩点出现在射频信号功率为 14.8dBm 处。

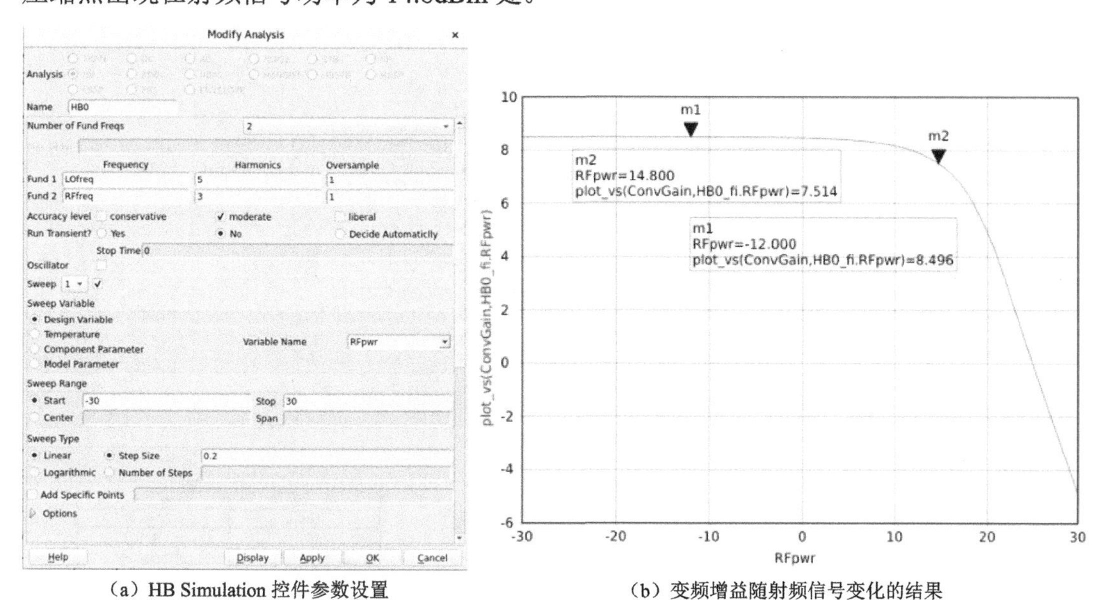

（a）HB Simulation 控件参数设置　　（b）变频增益随射频信号变化的结果

图 7.36　混频器仿真结果示例

为了完成三阶截断点的仿真，需要将射频输入信源改成双音信源 PnTone，两个射频输入信号频率相差 2MHz，功率均为–10dBm，本振信号保持不变，修改谐波平衡仿真控件和 Mix 控件参数，得到修改后的原理图，如图 7.37（a）所示。在【Equations】下加入输出三阶截断点 OIP3_u 和 OIP_1、中频端口输出信号功率 Pout_dbm、变频增益 ConvGain 和输入三阶截断点 IIP3 的表达式，如图 7.37（b）所示。仿真得到当射频输入功率为–10dBm 时，中频输出频谱图如图 7.37（c）所示，可以看到输出频谱中包含着多种信号，其中中频分量分别为 89MHz 和 91MHz，其功率约为–4.5dBm；三阶分量主要为 87MHz 和 93MHz，其功率约为–79.5dBm。

为了确定各互调频率成分，可通过查询中频输出 Vif 列表中各信号频率及功率值来确定。此外，从图 7.37（c）来看，输入三阶截断点 IIP3 和输出三阶截断点 OIP3 分别为 24.5dB 和 32.99dB，变频增益为 8.49dB，与芯片性能指标基本一致。

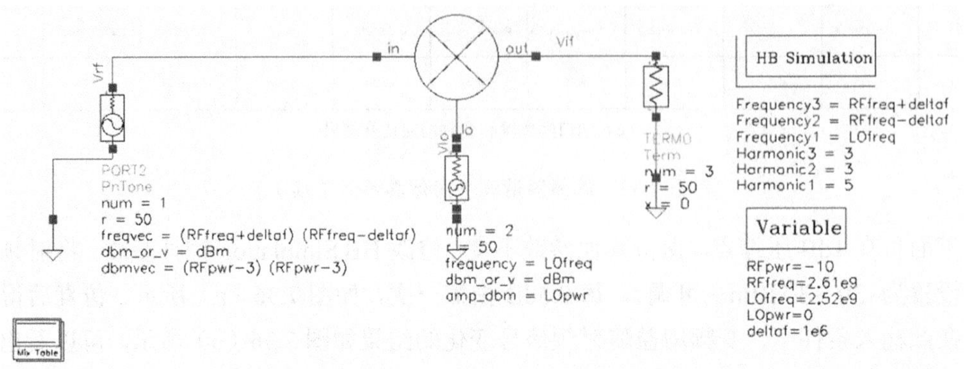

（a）原理图

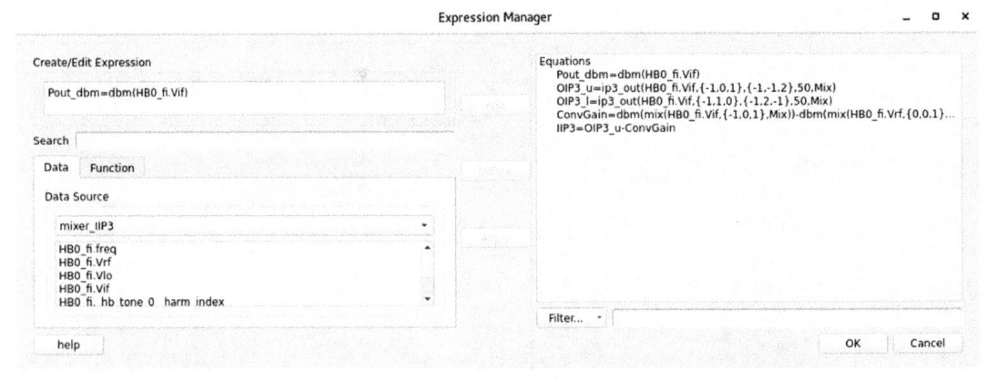

（b）设置表达式

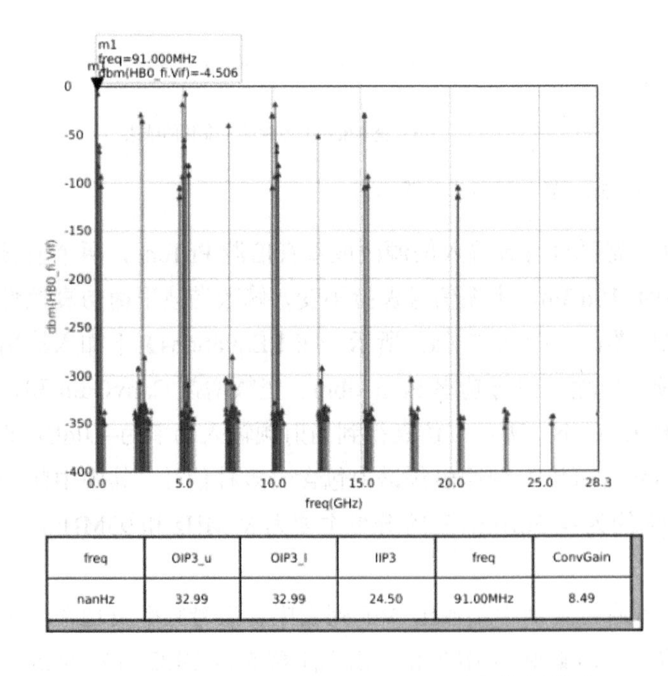

freq	OIP3_u	OIP3_l	IIP3	freq	ConvGain
nanHz	32.99	32.99	24.50	91.00MHz	8.49

freq	Pout_dbm
0.00Hz	-3.15e+02
2.00MHz	-3.40e+02
4.00MHz	-3.43e+02
6.00MHz	-3.45e+02
85.00MHz	-3.40e+02
87.00MHz	-7.95e+01
89.00MHz	-4.51e+00
91.00MHz	-4.51e+00
93.00MHz	-7.95e+01
95.00MHz	-3.27e+02
176.00MHz	-3.34e+02
178.00MHz	-6.44e+01
180.00MHz	-5.84e+01
182.00MHz	-6.44e+01
184.00MHz	-3.33e+02
267.00MHz	-1.00e+02
269.00MHz	-9.09e+01
271.00MHz	-9.09e+01
273.00MHz	-1.00e+02
358.00MHz	-3.45e+02
360.00MHz	-3.42e+02
362.00MHz	-3.46e+02
449.00MHz	-3.47e+02
451.00MHz	-3.35e+02
2.16GHz	-3.35e+02
2.16GHz	-3.36e+02
2.16GHz	-3.40e+02
2.25GHz	-3.47e+02
2.25GHz	-3.40e+02
2.25GHz	-3.49e+02
2.25GHz	-3.43e+02
2.34GHz	-3.40e+02
2.34GHz	-2.90e+02
2.34GHz	-3.40e+02

（c）中频输出频谱图

图 7.37　三阶截断点仿真过程及结果示例

接下来进行噪声系数的仿真。在进行混频器噪声系数仿真时，输入射频信号为小信号，其频率由 HBNoise Simulation 控件进行设置，将射频信源频率设为 0Hz，本振信源频率保持不变，将 HB Simulation 控件基频数目改为 1，仅考虑本振信号，谐波设为 5 阶，按照图 7.38 进行控件设置和变量设置。

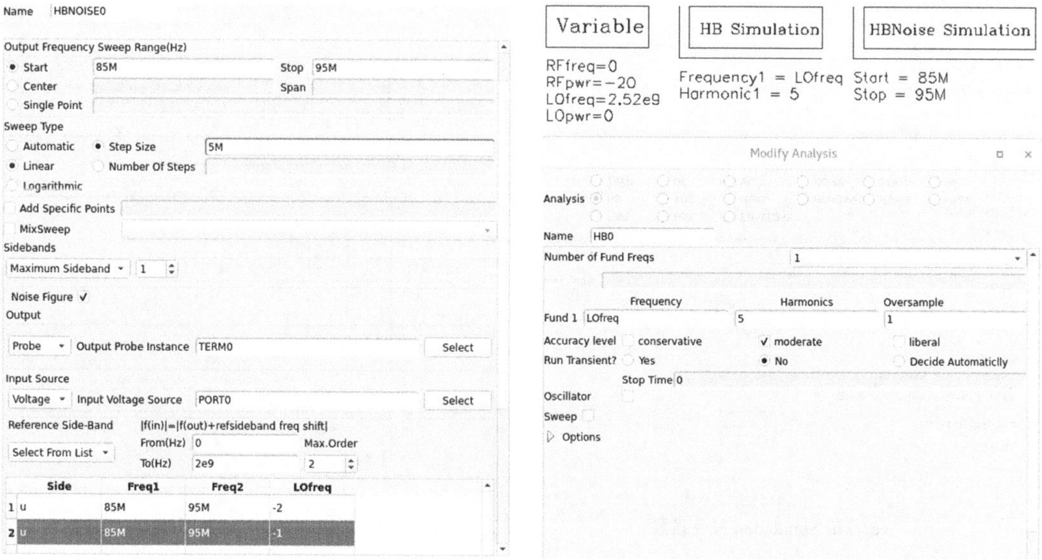

（a）HBNoise Simulation 控件设置

（b）HB Simulation 控件设置和变量设置

图 7.38 噪声系数仿真设置

其中，混频器输出端口噪声系数的频率范围设置为 85～95MHz，步长为 5MHz，此时对应的输入应该为 LOfreq+(85～95)MHz。在 HBNoise Simulation 控件中将输出端口设为 TERM0，输入端口设为 PORT0，设置完成后开始仿真。在弹出的【iViewer】对话框中选择【Tabular Plot】选项，加入 HBNOISE0.NF 和 HBNOISE0.NFdsb，得到噪声系数列表，如图 7.39 所示。

freq	HBNOISE0.NF	HBNOISE0.NFdsb
85.00MHz	12.92	9.91
90.00MHz	12.92	9.91
95.00MHz	12.92	9.91

图 7.39 噪声系数列表

从图 7.39 可以看出，单边带噪声系数为 12.92dB，双边带噪声系数为 9.91dB。

最后仿真本振信号功率对噪声系数的影响，设置 HB Simulation 控件，扫描变量设为 LOpwr，以 1dB 的步长扫描本振信号功率，变化范围设置为–20～10dBm，如图 7.40（a）所示。设置完成后，仿真得到噪声系数随本振信号功率的变化曲线，如图 7.40（b）所示，从中可以看到当本振信号功率小于–6dBm 时，随着本振信号功率的增大，噪声系数逐渐减小；在本振信号功率大于–6dBm 后，噪声系数稳定为约 9.91dB，符合预期。

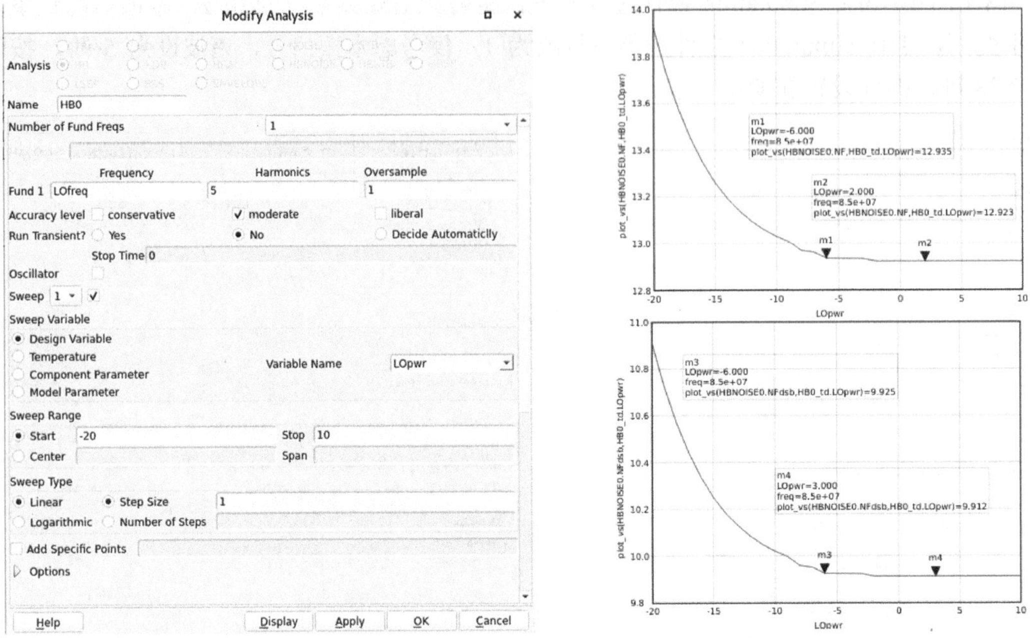

（a）HB Simulation 控件设置　　（b）仿真结果

图 7.40　噪声系数随本振信号功率的变化仿真示例

思考题

（1）混频器的关键性能指标有哪些？如何利用 AetherMW 完成这些指标的仿真与评估？

（2）怎样保证混频器工作在非线性状态？

（3）如何选择合适的混频器来完成设计？

（4）思考 9kHz～3.6GHz 频谱分析仪混频方案，确定中频频率、本振频率选择依据和频率范围。

（5）利用 AetherMW 完成工作在 2.6GHz 的单端混频器的设计与仿真。

（6）利用 AetherMW 完成工作在 2.6GHz 的微带线单平衡混频器的设计与仿真。

（7）利用 AetherMW 完成工作在 2.6GHz 的二极管双平衡混频器的设计与仿真，并选择合适的巴伦结构代替理想变压器完成设计与仿真。

（8）利用 AetherMW 完成二极管双平衡混频器在不完全平衡情况下的工作状态仿真，仿真变压器不一致、二极管性能不一致等对混频器性能的影响。

（9）思考镜频干扰的产生原因和解决方案，并完成仿真。

（10）思考 I/Q 正交混频去除镜频干扰的原理。选择一个合适的混频器芯片，利用行为级建模完成 2.6GHz 下变频的正交混频电路设计与性能仿真。

参考文献

[1] 廉庆温. 微波电路设计：使用 ADS 的方法与途径[M]. 北京：机械工业出版社，2018.
[2] LUDWIG R, BOGDANOV G. 射频电路设计：理论与应用[M]. 2 版. 王子宇，王心悦，译. 北京：电子工业出版社，2021.
[3] 邓梅廷. S 波段 TD-LTE 通信系统射频前端关键技术研究[D]. 成都：电子科技大学，2018.
[4] 蔡昊. 2.6GHz TDD_LTE 接收机的设计和实现[D]. 成都：电子科技大学，2011.
[5] 夏文祥. TD_LTE 接收机射频前端的设计及实现[D]. 成都：电子科技大学，2012.
[6] 魏涛. GNSS 双模近零中频接收机射频前端的研究实现[D]. 武汉：武汉大学，2018.
[7] 许琳. 24GHz 车载雷达接收机射频前端电路设计与研究[D]. 哈尔滨：哈尔滨工业大学，2016.
[8] 宁子璇. 基于阻抗匹配结构的小型化无源混频器的研究与实现[D]. 北京：北京邮电大学，2016.
[9] 余振兴. CMOS 工艺毫米波低噪放和混频器的研究与设计[D]. 南京：东南大学，2015.
[10] 曾慧坤. 宽带混频器集成电路研究与设计[D]. 成都：电子科技大学，2022.
[11] 栾秀珍，王钟葆，傅世强，等. 微波技术与微波器件[M]. 北京：清华大学出版社，2017.
[12] 雷振亚，明正峰，李磊，等. 微波工程导论[M]. 北京：科学出版社，2010.
[13] 张雪刚. 0.7-7GHz 宽带射频芯片接收前端的研究与设计[D]. 南京：东南大学，2017.
[14] GU Q Z. 无线通信中的射频收发系统设计[M]. 杨国敏，译. 北京：清华大学出版社，2016.
[15] 李垚，朱晓维.一种 2.8～6GHz 单片双平衡无源混频器[J]. 微波学报，2019，35（6）：25-30.
[16] 池凯，刘飞. 双平衡混频器设计与研究[J]. 电子与封装，2014，14（9）：25-27+47.

第 8 章 雷达射频前端设计与仿真

雷达系统和通信系统中的射频收发系统均由发射机和接收机组成，它们的基本组成和设计方法是相似的。发射机射频部分的任务是完成对载波信号的调制，将其搬移到所需的频谱上且有足够的功率发射。接收机射频部分的任务与发射机相反，它要从众多的电波中选出有用的信号，并放大到要求的电平后由解调器解调，将通带信号变为基带信号。接收机是雷达系统的核心，包括射频前端（RF Front）、数据处理模块、电源模块、时钟模块等，一般把接收机的模拟信号部分称为射频前端，它的输出为模拟中频信号，与数字后端的分界线为模数转换器（ADC）。雷达射频前端的首要任务是，将微弱的回波信号放大到足以进行信号处理的电平，同时其内部的噪声应尽量小，以保证雷达接收机的高灵敏度，其主要的技术参数包括灵敏度、噪声系数、增益、动态范围、频带选择性等。雷达射频前端涉及的器件主要包括滤波器、功率分配器、放大器、混频器、本振源等，在设计时需要根据具体应用场景和要求确定结构、设置指标和选择器件，并结合结构布局进行适当的调整。

本章将以高频地波雷达系统为原型，以海洋探测为应用背景，完成基于 AetherMW 的雷达射频前端设计与仿真。本章结合实际的设计指标和关键性能参数，利用仿真软件的行为级模型，来完成雷达系统的设计与建模。

8.1 设计背景及指标

8.1.1 设计需求和关键指标

高频地波雷达系统包括发射天线、发射机、接收天线、接收机、控制中心等部分，根据探测距离要求的不同，工作频率有所变化。高频地波雷达系统结构示意图如图 8.1 所示，其中射频前端要对接收天线所收到的回波信号进行滤波、放大、混频等处理，ADC 将其转换为数字信号送入后续的数据处理模块。

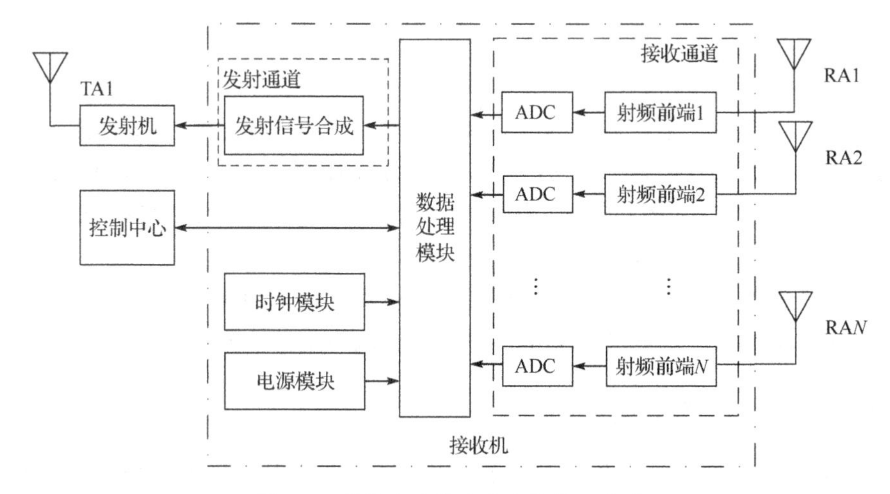

图 8.1　高频地波雷达系统结构示意图

射频前端关键指标包括灵敏度、动态范围、增益、频带选择性等。

（1）灵敏度。通常用接收机的最小可检测输入信号功率来表示灵敏度，它体现了接收机对微弱信号的接收能力。灵敏度越高，接收机所能收到的最小信号功率越小，接收机所能探测到最远目标的距离越大。通常所说的灵敏度是指，使接收机输出端检测到目标所需的最小信噪比时，对应输入端所需的信号功率。

灵敏度计算公式为

$$S_{\min} = -174 + 10\lg \mathrm{BW} + \mathrm{NF} + \mathrm{SNR}_{\min} \tag{8.1}$$

式中，–174 为单位带宽下的噪声功率（单位为 dBm）；BW 为带宽（单位为 Hz）；NF 为噪声系数（单位为 dB）；$\mathrm{SNR}_{\min}$ 为最小可检测信噪比。

从灵敏度的定义可知，灵敏度与带宽、噪声系数、信噪比等有关，那么提高灵敏度可以通过降低接收机噪声系数、减小带宽、提高数字信号处理部分对信号的检测能力等来实现。接收机噪声系数为输入信噪比与输出信噪比的比值，系统噪声系数和各级噪声系数的关系为

$$\mathrm{NF}_{\mathrm{sys}} = \mathrm{NF}_1 + \frac{\mathrm{NF}_2 - 1}{G_1} + \frac{\mathrm{NF}_3 - 1}{G_1 G_2} + \cdots + \frac{\mathrm{NF}_n - 1}{G_1 G_2 \cdots G_{n-1}} \tag{8.2}$$

式中，NF_n 为第 n 级的噪声系数；G_n 为第 n 级的增益。系统噪声系数和各级噪声系数有关，并且第一级的噪声系数对系统噪声系数影响最大。因此，在设计射频前端时要尽量降低前级的噪声系数，如选取噪声系数较小的低噪声放大器作为前级放大器。

（2）动态范围。动态范围用来衡量接收机正常工作时输入信号所允许的功率变化量，覆盖了从接收机参考灵敏度到最大输入信号功率的变化范围。其中，最小输入信号功率通常为参考灵敏度，最大输入信号功率通常为接收机的输入 1dB 压缩点（ICP）或输入三阶截断点（IIP3），分别对应线性动态范围（BDR）和无杂散动态范围（SFDR）两个指标。SFDR 表示从输入信号到产生与噪声相等的三阶互调成分时的功率变化范围，与 IIP3 有关。BDR 描述器件线性工作区域范围，与 ICP 有关。当雷达探测时，远距离目标回波对应的小信号和近距离目标回波对应的大信号都应被接收机收到，回波信号的强度差超过 100dB，这对接收机是非常大的挑战。动态范围偏小，将直接影响雷达最大探测距离。在实际工作中，

可通过设置和选择雷达波形参数，对近距离目标回波信号进行压制，从而降低对接收机灵敏度的要求。

（3）增益。增益表征了射频前端对输入信号的线性放大倍数。接收机增益的设置与其动态范围、灵敏度和接收机输出信号的后续处理方式有关。由于模拟射频前端输出的中频信号需要通过 ADC 转换为数字信号，因此模拟射频前端的总增益由 ADC 的采样最低量化电平和接收机的灵敏度共同确定，其值主要取决于最低量化电平与灵敏度之差。

（4）频带选择性。频带选择性用来描述接收机对邻近信道频率的干扰抑制能力。在大多数的接收机结构中，中频滤波器决定了整个接收机的频带选择性。

8.1.2　射频前端系统结构设计

在确定射频前端灵敏度、动态范围和总增益等指标后，应选择合适的接收机结构。接收机的开发流程包括系统整体指标确定、体系结构确定、指标合理分配、器件选型与模块设计、系统具体电路设计等。

高频地波雷达接收机通常采用多通道实现方式，根据不同的设计用途和探测范围，其实现方式有一定的变化。选取两种具有代表性的接收机结构作为系统设计原型，即一次混频中频采样结构（中频数字化接收机）和射频直接采样结构（全数字化接收机）。

图 8.2（a）所示为一次混频中频采样结构，回波信号经过带通滤波器完成信号预选，抑制掉部分干扰信号后，进入低噪声放大器进行放大，接着送入模拟混频器中，与本振信号进行相干解调，率先去除信号中的频率调制成分，完成“去斜坡”处理，得到的窄带信号经中频放大、滤波后进行采样及数字下变频，最后经数据传输模块送入上位机。中频信号直接被 ADC 采样，正交混频在数字域完成，通过专用芯片或 FPGA（现场可编程门阵列）来实现，以有效解决模拟混频容易出现的幅相不平衡问题。中频滤波器的中心频率和带宽通常是固定的，需要考虑系统的结构和仔细选择合适的中频频率。

图 8.2（b）所示为射频直接采样结构，其射频前端比较简单，信号经滤波、放大后直接数字化，用数字 I/Q 正交混频代替模拟混频实现一次解调，省去了模拟混频器、中频滤波器、本振电路，大大降低了模拟前端的复杂度和成本，只是所需的采样率要高一些。

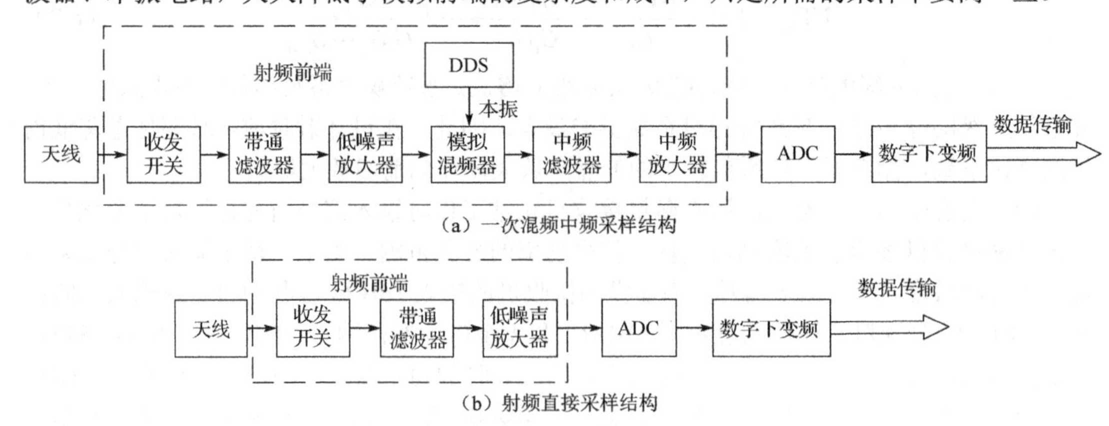

图 8.2　高频地波雷达接收通道结构框图

当设计实际系统时，在确定射频前端的主体结构后，应根据系统结构确定模拟混频器的中频频率、本振频率、幅度等参数，分析频谱输出成分，从而设置射频预选滤波器、中频滤波器等器件的主要参数。接着确定各器件级联顺序，分配各级放大器的增益。射频前端包括多级放大器，并包括固定增益放大器和可调增益放大器，增益分配需要合理，以保证各级放大器均不会饱和，从而保证系统动态范围足够大。整体指标分析和系统建模过程如图 8.3 所示。

图 8.3　整体指标分析和系统建模过程

8.2　设计要求

结合高频地波雷达接收机的具体实现方式，给出两种不同类型的接收机射频前端电路参考设计，如图 8.4 所示。

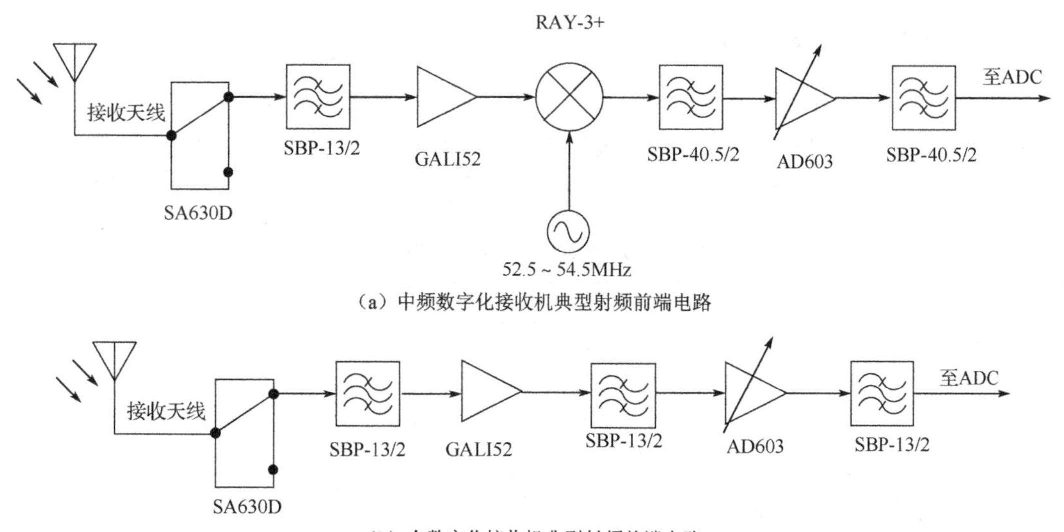

（a）中频数字化接收机典型射频前端电路

（b）全数字化接收机典型射频前端电路

图 8.4　接收机射频前端电路参考设计

图 8.4（a）所示为中频数字化接收机典型射频前端电路，其设计指标如下：频率范围为 12～14MHz，当输出信噪比为 10dB 时，$S_{\min}$ 小于−101dBm；IIP3>−14dBm，以接收较强的近海回波信号；达到一定的增益，以保证能检测出最小功率的回波信号。该电路采用 40.5MHz 的高中频，将天线接收到的回波信号滤波后通过一次混频搬移到 40.5MHz，中频干扰和镜频干扰频率远大于波段最高频率，射频前端电路信号对它们有足够的抑制能力。SA630D 为收发开关，收发开关的作用在于，阻隔大功率的直达波信号，以避免其进入接收

机造成阻塞。RAY-3+为混频器，GALI52 为前级放大器，AD603 为程控放大器，SBP-13/2 为预选带通滤波器，SBP-40.5/2 为中频带通滤波器。此外，中频放大器的本振部分可由直接数字频率合成器（Direct Digital Synthesizer，DDS）专用芯片或“FPGA+模数转换芯片”的形式来实现。

图 8.4（b）所示为全数字化接收机典型射频前端电路，接收机灵敏度大于–120dBm，动态范围大于 80dB，通道隔离度大于 60dB。回波信号经带通滤波和放大后直接被采样转换为数字信号。该电路选用三级带通滤波器，SBP-13/2 的中心频率为 13MHz，带宽为 2MHz。

选择近岸高频地波雷达接收机（调频连续波，最大探测距离不小于 100km，距离分辨率为 5km）作为设计和仿真对象。

基本要求：以图 8.4 所示电路和器件为参考，完成系统电路搭建，并利用仿真工具完成系统增益、噪声系数、灵敏度、动态范围的仿真，将两种不同结构电路所得结果进行对比分析与评价。

进阶要求：电路特定指标的优化，包括提高电路灵敏度、降低电路噪声系数、增大探测距离、增大动态范围，以抗强干扰和降低器件间的损耗等。

8.3 设计方法及过程

8.3.1 各芯片性能指标整理

要完成射频前端性能指标的计算和模拟，首先需要查找各芯片参数。下载 SA630D、RAY-3+、GALI52 和 AD603 等芯片的数据手册，梳理放大器的增益、输入/输出回波损耗、三阶截断点、1dB 压缩点、噪声系数等。表 8.1 所示为射频前端主要芯片性能指标。

表 8.1 射频前端主要芯片性能指标

模块	选用芯片	主要参数
收发开关	SA630D	DC-1GHz，插入损耗（IL）为 1dB，隔离度为 60dB
混频器	RAY-3+	本振功率为 23dBm，本振/射频频率范围为 0.07～200MHz，中频频率范围为 DC～200MHz，变频损耗为 5.5dB，本振端口到射频端口的隔离度为 52.57dB，本振端口到中频端口的隔离度为 56.88dB
前级放大器	GALI52	Gain=22.9dB，NF=2.7dB，OCP=15.5dBm，OIP3=32dBm，输入回波损耗为 16.5dB，输出回波损耗为 15.5dB，输入阻抗为 50Ω，输出阻抗为 50Ω
程控放大器	AD603	Gain=–11～31dB（90MHz 带宽），NF=8.8dB，ICP=–11dBm（10MHz，30dB 增益），OIP3=15dBm（40MHz，30dB 增益），输入阻抗为 100Ω，输出阻抗为 2Ω
中频带通滤波器	SBP-40.5/2	IL=1dB，f_0=40.5MHz，BW_{Pass}=2MHz，通带外 2MHz 处衰减为 50dB，输入阻抗为 50Ω，输出阻抗为 50Ω
预选带通滤波器	SBP-13/2	IL=1dB，f_0= 13MHz，BW_{Pass}=2MHz，通带外 2MHz 处衰减为 50dB，输入阻抗为 50Ω，输出阻抗为 50Ω

其中，两种滤波器均为无源晶体滤波器，其通带插入损耗影响接收机噪声系数和灵敏度，带宽和阻带抑制决定了频带选择性和阻带线性度，输入/输出阻抗影响相应的匹配电路。

SBP-13/2 位于接收机的前端（在接收天线之后），为整个系统提供了第一道抗干扰屏障。

GALI52 位于 SBP-13/2 之后，实现第一级放大，是系统噪声系数、灵敏度和线性度的主要影响因素。

RAY-3+仅用于中频数字化接收机典型射频前端电路，实现信号的上变频，所选取本振信号的频率高于射频信号，其后连接的 SBP-40.5/2 筛选出差频信号实现上变频。RAY-3+的线性度决定了接收机的互调特性。

AD603 作为可调增益放大器，实现第二级放大。

8.3.2　系统建模

根据图 8.4 所示电路，利用 AetherMW 搭建两种结构的接收机射频前端电路原理图。

1. 中频数字化接收机射频前端建模

1）滤波电路

这里的滤波器可用行为级模型仿真，也可自行设计。

预选带通滤波器的中心频率为 13MHz，带宽为 2MHz，在偏离中心频率 3MHz 处期望能够得到 50dB 的阻带衰减，通带插入损耗为 1dB。中频带通滤波器的中心频率为 40.5MHz，带宽为 2MHz，在偏离中心频率 3MHz 处同样期望能够得到 50dB 的阻带衰减。行为级模型只根据设置的参数表现出相应的性能，并没有用具体器件实现，这在系统的前期电路设计中是非常有用的。双击滤波器图标，在弹出的对话框中对参数进行设置，如图 8.5 所示。

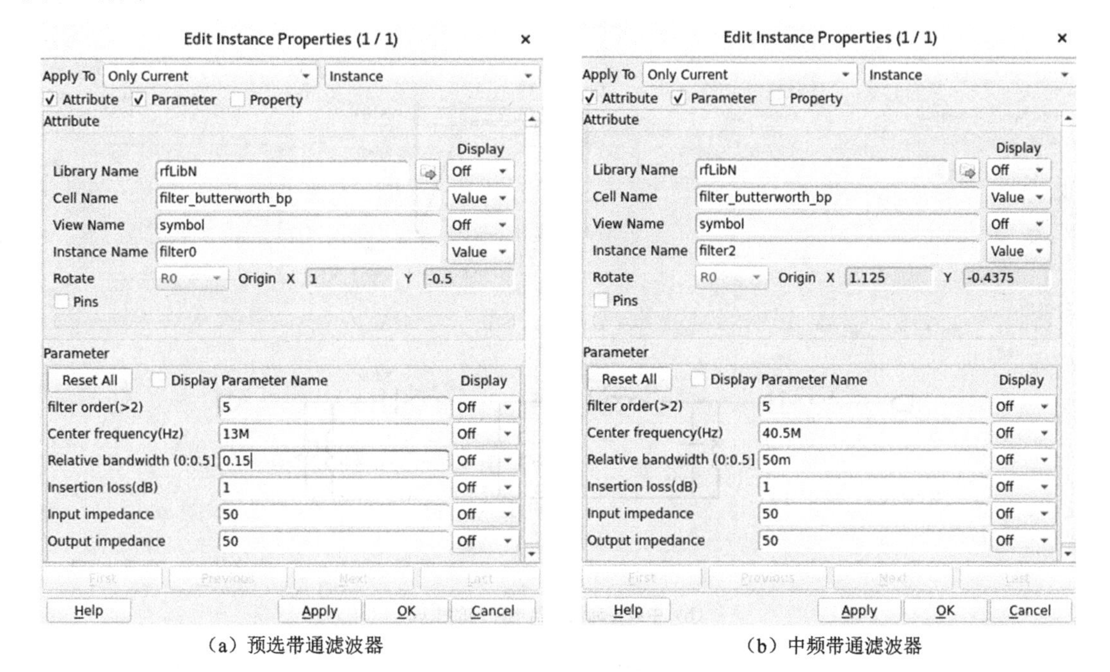

（a）预选带通滤波器　　（b）中频带通滤波器

图 8.5　滤波器行为级模型设置

如果不用行为级模型，则可用【Tools】下的【Filter Synthetization】命令自动进行滤波器设计，以巴特沃斯（Butterworth）滤波器为例，在【Filter Parameters】区域中，设置滤波器频谱特性，如图 8.6（a）和图 8.6（b）所示，单击【Design】按钮生成电路图，调整电路使其完全满足设计指标后，利用原理图设计界面【Create】下的【Symbol View】命令，设置两种滤波器电路符号，如图 8.6（c）所示。

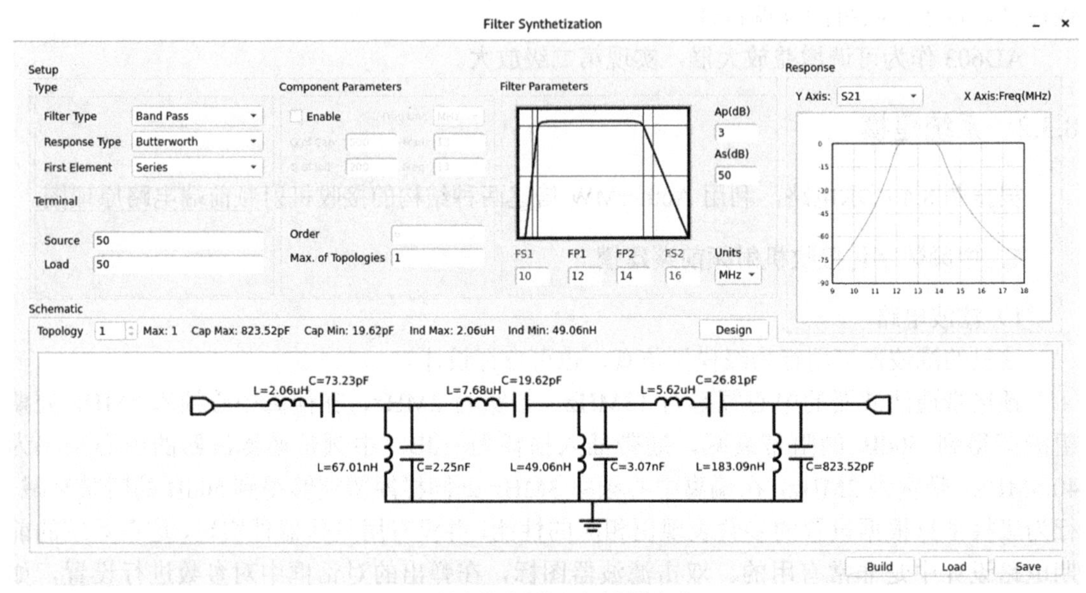

（a）预选带通滤波器电路图的生成

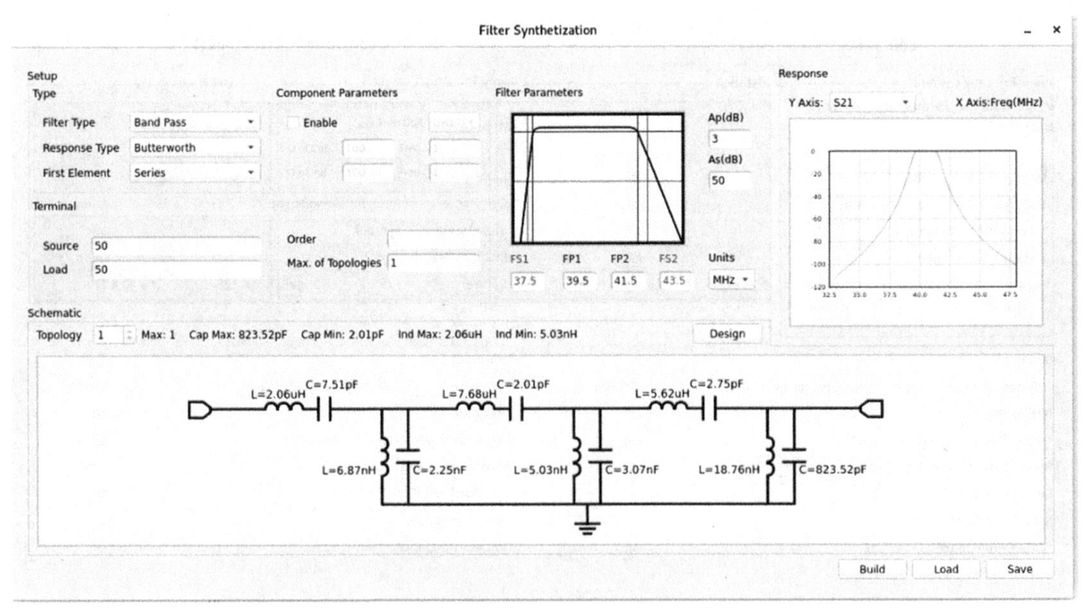

（b）中频带通滤波器电路图的生成

图 8.6　滤波器电路设计和符号生成

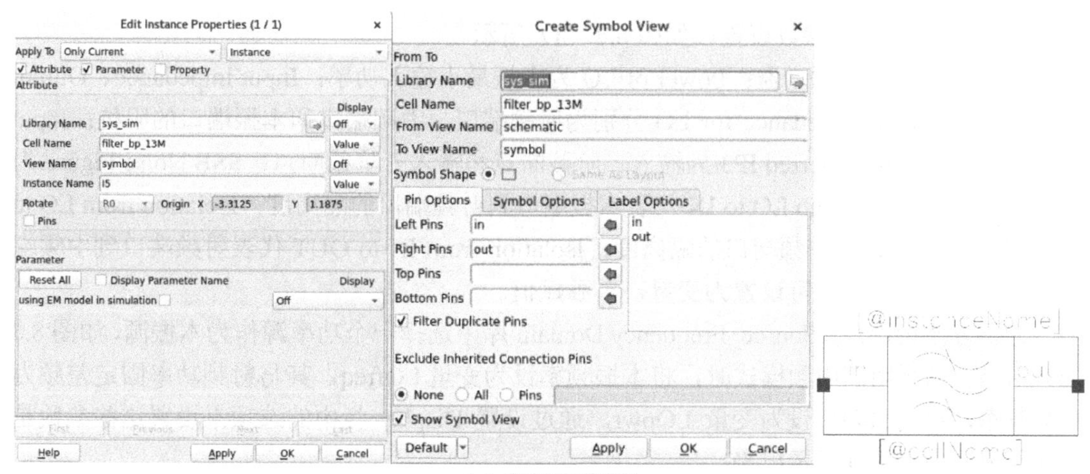

（c）滤波器电路符号

图 8.6　滤波器电路设计和符号生成（续）

2）收发开关和前级放大器

在仿真中，收发开关仅用衰减量来表示其插入损耗，因此在 System_Passive 库中找到衰减器 Attenuator，将其加入原理图输入端口和预选带通滤波器之间，双击对其参数进行设置，如图 8.7（a）所示。前级放大器选取固定增益放大器，这里采用放大器的行为级模型，按照 GALI52 来完成参数设置，如图 8.7（b）所示。

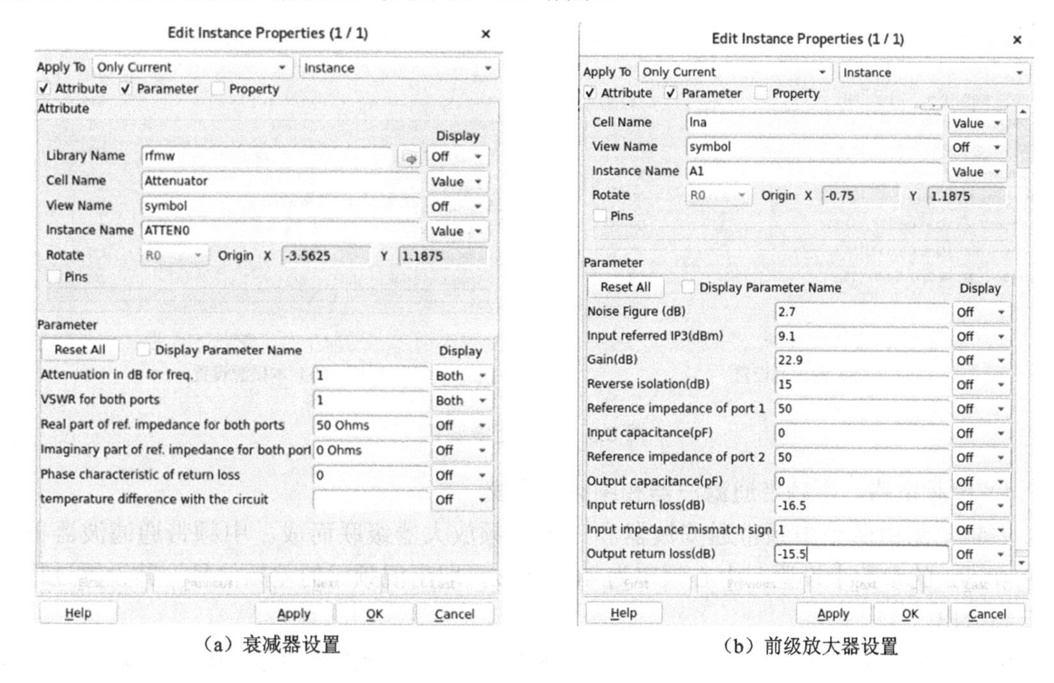

（a）衰减器设置　　（b）前级放大器设置

图 8.7　衰减器和前级放大器设置

3）混频电路：混频器和本振源

这里的混频采取的是上变频，混频电路包括混频器和本振源。混频器采用行为级模型，根据 RAY-3+对其进行参数设置，如图 8.8（a）所示。

其中，Gain 为变频增益；Power of LO 为本振最小输入功率；Input impedance、Output impedance 和 Input impedance for LO 分别为射频端口、中频端口和本振端口的阻抗；Input referred IP2 和 Input referred IP3 为输入二阶截断点和输入三阶截断点；SSB Noise Figure 为噪声系数；Isolation from LO to IN 代表本振端口到射频端口的隔离度；Isolation from LO to OUT 代表本振端口到中频端口的隔离度；Isolation from IN to OUT 代表射频端口到中频端口的隔离度。这些量均可设置为变量，单独赋值。

为了方便设置，在 Source_Frequency Domain 库中选择一个功率源作为本振源，如图 8.8（b）所示。当采用高中频模式时，将本振频率设为变量 LOfreq，其与射频功率固定差频为中频频率，将输出功率设为变量 LOpwr。通过设置 Display 栏中的选项来设置这些参数是否在原理图中完整地显示出来。

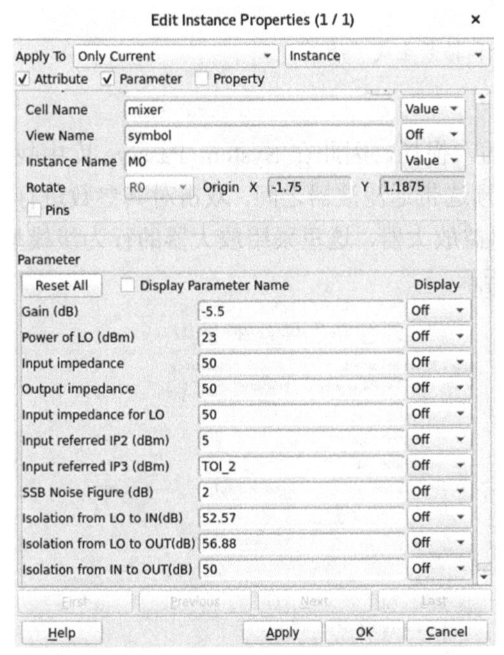

（a）混频器设置

（b）本振源设置

图 8.8　混频电路设置

4）中频电路：中频带通滤波器和中频放大器

中频电路由两个中频带通滤波器和一个中频放大器级联而成。中频带通滤波器根据 SBP-40.5/2 的参数来设置，中心频率为 40.5MHz，取出混频后的差频信号，其设置过程前面已经给出。

中频放大器采用可调增益放大器，这里采用放大器的行为级模型，按照 AD603 来进行参数设置，如图 8.9 所示。其中放大器的增益和输入三阶截断点均设为变量，可自行设置其值。需要注意的是，所给的仿真示例中忽略了放大器的输入/输出匹配电路部分，只是直接把放大器的阻抗设置为 50Ω。

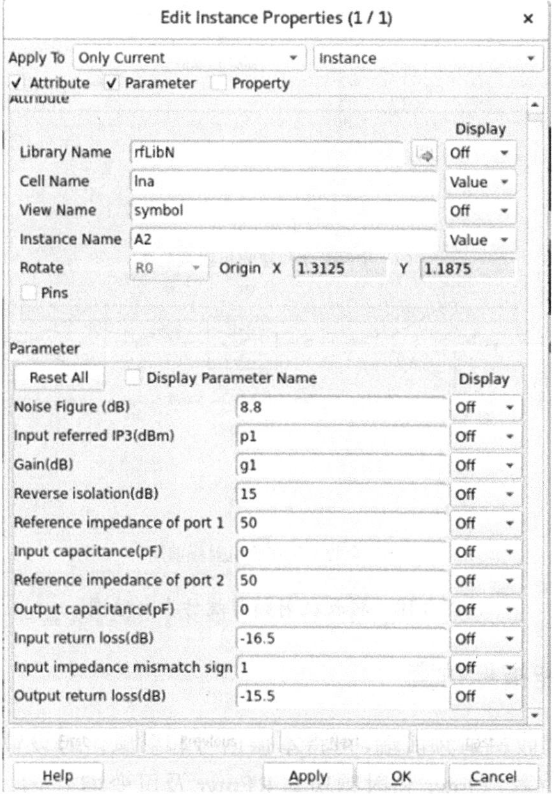

Edit Instance Properties (1 / 1)

Apply To: Only Current | Instance

✓ Attribute　✓ Parameter　Property

Attribute

		Display
Library Name	rfLibN	Off
Cell Name	lna	Value
View Name	symbol	Off
Instance Name	A2	Value

Rotate R0　Origin X 1.3125　Y 1.1875

Pins

Parameter

Reset All　Display Parameter Name

		Display
Noise Figure (dB)	8.8	Off
Input referred IP3(dBm)	p1	Off
Gain(dB)	g1	Off
Reverse isolation(dB)	15	Off
Reference impedance of port 1	50	Off
Input capacitance(pF)	0	Off
Reference impedance of port 2	50	Off
Output capacitance(pF)	0	Off
Input return loss(dB)	-16.5	Off
Input impedance mismatch sign	1	Off
Output return loss(dB)	-15.5	Off

Help　Apply　OK　Cancel

图 8.9　中频放大器设置

将上述电路连接起来，用一个交流信源来模拟天线接收到的射频信号。在原理图设计界面中，选择 Source-Freq Domain 库，并在其中选择信源 P1Tone，将其插入原理图，将信源连接到电路的输入端口，以提供输入信号。双击信源，对其输出功率及频率等参数进行设置，分别设为变量 RFpwr 和 RFfreq。通过设置 Display 栏中的选项来设置这些参数是否在原理图中完整地显示出来。

这样整个接收机射频前端的仿真电路就建立起来了，如图 8.10（a）所示。按照连接顺序分别是衰减器 ATTEN0、滤波器 F1、放大器 A1、混频器 M0、滤波器 F2、放大器 A2、滤波器 F3、模拟射频模块 PORT0、模拟本振模块 PORT1、终端 TERM0，并在各模块连接处加入节点名称，以便观察各处信号的变化情况。

2．全数字化接收机射频前端建模

同理，按照图 8.4（b）完成全数字化接收机射频前端的建模，得到完整的仿真电路图，如图 8.10（b）所示。其中，A1、A2 为放大器，分别按照 GALI52 和 AD603 来完成参数设置；F1、F2 和 F3 均为滤波器，根据无源晶体滤波器的参数来设置。所有的参数尽量用变量形式，以便修改。

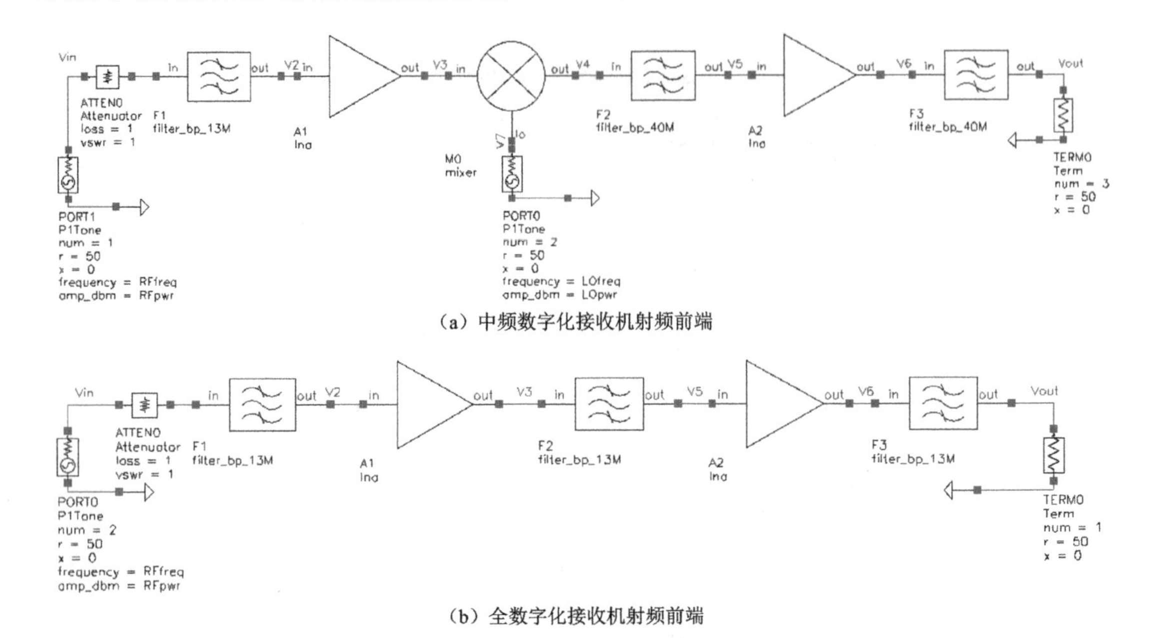

（a）中频数字化接收机射频前端

（b）全数字化接收机射频前端

图 8.10　接收机射频前端仿真电路图

8.3.3　射频前端性能指标仿真

对于中频数字化接收机射频前端，可将本振信号和射频信号设置为固定差频 40.5MHz，通过变量来设置本振功率 LOpwr 和射频功率 RFpwr 及可变增益 g1。

1．变频分析

通过对接收机射频前端的变频仿真，我们将看到中频数字化接收机是如何将射频信号的频谱搬移到高中频的。使用谐波平衡仿真控件 HB0，设置基波频率及谐波阶数（考虑到射频功率比本振功率低得多，这里以本振信号 5 阶谐波和射频信号 3 阶谐波为例），HB0 设置如图 8.11 所示。

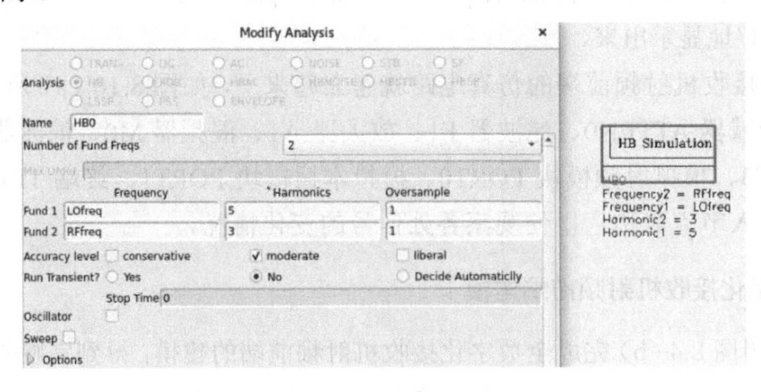

图 8.11　HB0 设置

为了能够正确地进行非线性分析，HB0 的频率变量必须和原理图中信源频率一致。设置完成后开始仿真。仿真结束后，在 iViewer 界面中分别插入 Vin 节点、Vout 节点的矩形图，图 8.12（a）和图 8.12（b）给出了一组仿真结果。从图中可看到，接收机对输入信号的上变频作用，输入信号从 13MHz 载频搬移到了 40.5MHz 中频，增益为 39dB 左右。此外，谐波平衡仿真考虑了本振信号 5 阶谐波和射频信号 3 阶谐波，从输出信号中可以看到理想状态下的输出谐波分量及其幅度。为了清晰地看到信号的变化过程，可插入关于中间节点 V2～V7 的结果图，图 8.12（c）给出了一组仿真结果。根据这一系列结果图可分析信号从前级滤波、放大到混频，再到后级放大、滤波的处理过程。

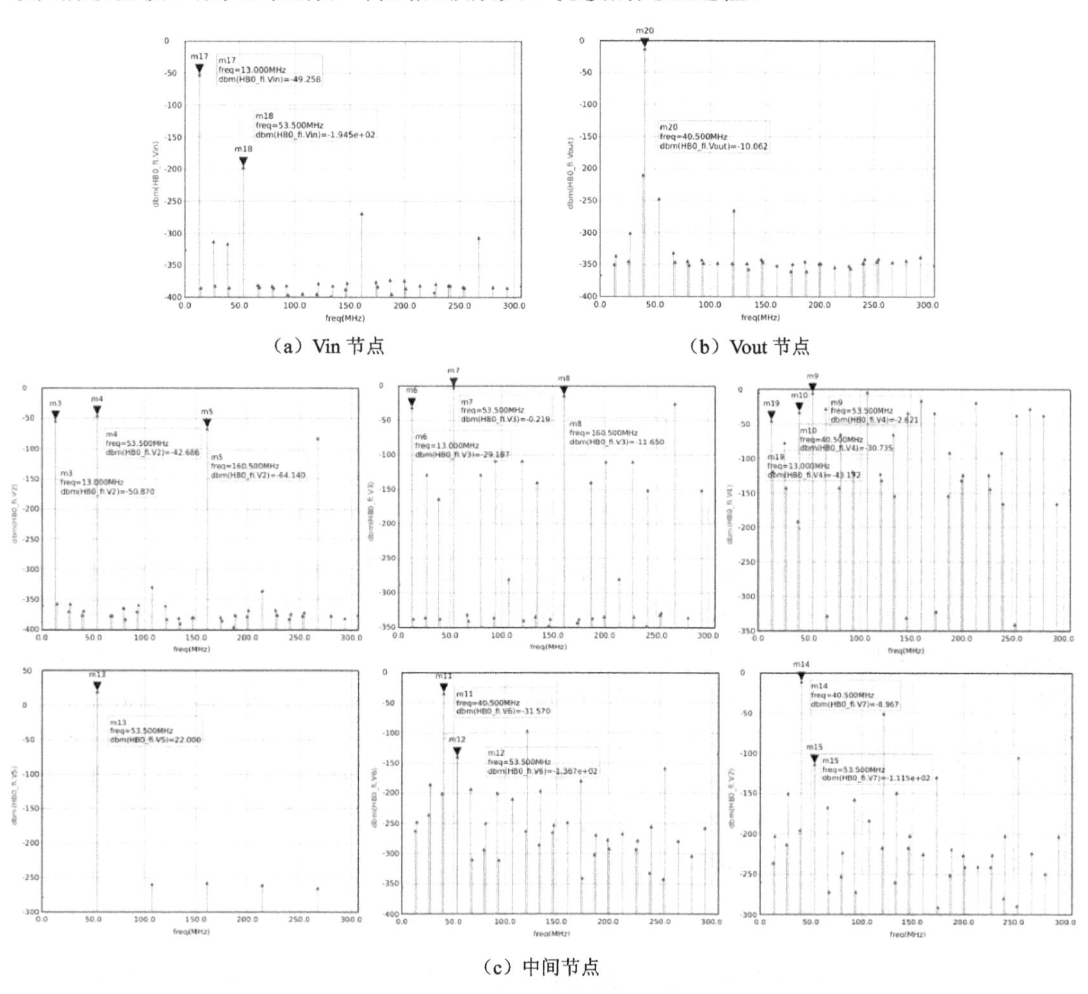

（a）Vin 节点　（b）Vout 节点

（c）中间节点

图 8.12　变频仿真结果示例

全数字化接收机射频前端的频率特性仿真比较简单，由于采取的是数字上变频，混频的过程在数字域实现，因此射频前端主要负责放大和滤波。这里谐波平衡仿真控件仅需要设置 1 个基频（RFfreq），谐波阶数可自行设置，以 3 阶为例。仿真结束后，在 iViewer 界面中分别插入 Vin 节点、Vout 节点的矩形图，图 8.13（a）给出了一组仿真结果，由于没有模拟混频部分，并且输入信号较小，放大器均工作在线性范围内，因此输入信号和输出信号的频谱中均只有 13MHz 及 26MHz，增益为 39dB 左右。同样，可插入中间节点的结果图来进行观察，图 8.13（b）给出了一组仿真结果，从中可分析得到信号从前级滤波、放大到后级放大、滤波的一系列变化过程。

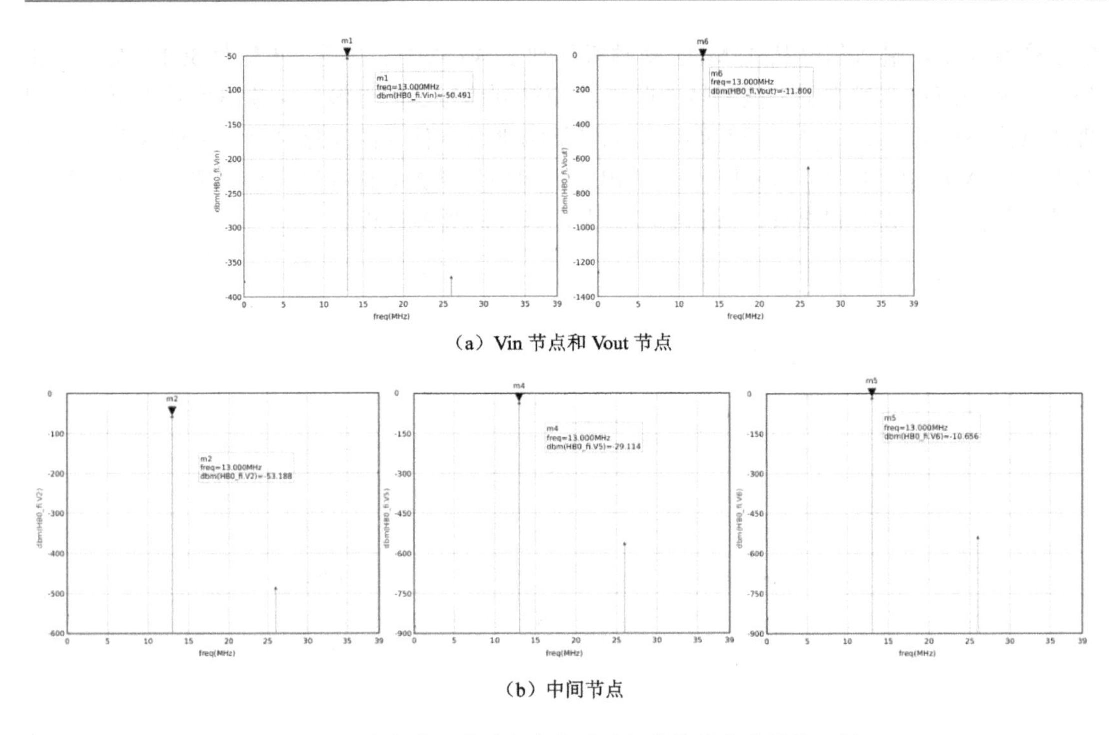

（a）Vin 节点和 Vout 节点

（b）中间节点

图 8.13　全数字化接收机射频前端频率特性仿真结果示例

通过对比分析各个模块输入信号和输出信号的功率变化，可以计算出增益变化，并绘制出增益变化曲线。在实际系统设计中，接收机系统的增益、噪声系数和动态范围三者之间有着非常密切的联系。所以在设计过程中，确立了总增益之后，就要对增益进行合理的分配。在分配增益时，首先需要考虑的因素是接收机系统的噪声系数。在一般情况下，低噪声放大器的增益都是比较高的，以此可以减小紧接放大器的器件或电路模块对接收机系统产生的噪声影响，但是低噪声放大器的增益不能过高，因为过高的增益会引起混频器的输出信号失真，进而影响整个接收机系统的动态范围。增益变化会影响动态范围的仿真结果，这在后面的仿真中会有体现。

2. 频带选择性仿真

接收机射频前端的频带选择性主要由前级放大滤波电路决定。频带选择性仿真可使用 SP 控件或 HB 控件，设置仿真频率范围即可。这里以使用 HB 控件为例，给出两种不同结构的接收机射频前端的频带选择性仿真示例，如图 8.14 所示。

图 8.14（a）和图 8.14（b）都是对中频数字化接收机射频前端的 HB 控件设置，两者的区别在于谐波阶数不同。此处将本振频率设置为固定频率，这里以 53.5MHz 为例，将射频频率从 8MHz 到 18MHz 进行扫描，观察输出信号的变化，为了清晰地看到频带特性，在【Equations】下添加变量 IFGain 的表达式。当本振和射频谐波均为 1 阶时，设置 IFGain=dbm(HB0_fi.Vout[2])−RFpwr；当本振和射频谐波分别为 5 阶和 2 阶时，设置 IFGain=dbm(HB0_fi.Vout[4])−RFpwr。添加 IFGain 的曲线图，如图 8.14（d）和图 8.14（e）所示，中频数字化接收机在频带选择滤波器的中心频率处有 40dB 左右的最大增益，也就是两个放大器的增益先加起来再减去带通滤波器、衰减器、混频器的插入损耗，在偏离中心频率 4MHz 处有 80dB 左右的衰减。

图 8.14（c）是对全数字化接收机射频前端的 HB 控件设置，对应的基频只有 RFfreq，图 8.14（f）是对应的仿真结果，其中 Gain= dbm(HB0_fi.Vout[1])−RFpwr。全数字化接收机在频带选择滤波器的中心频率处有 39dB 左右的最大增益，也就是两个放大器的增益先加起来再减去带通滤波器、衰减器的插入损耗，在偏离中心频率 4MHz 处有 75dB 以上的衰减。

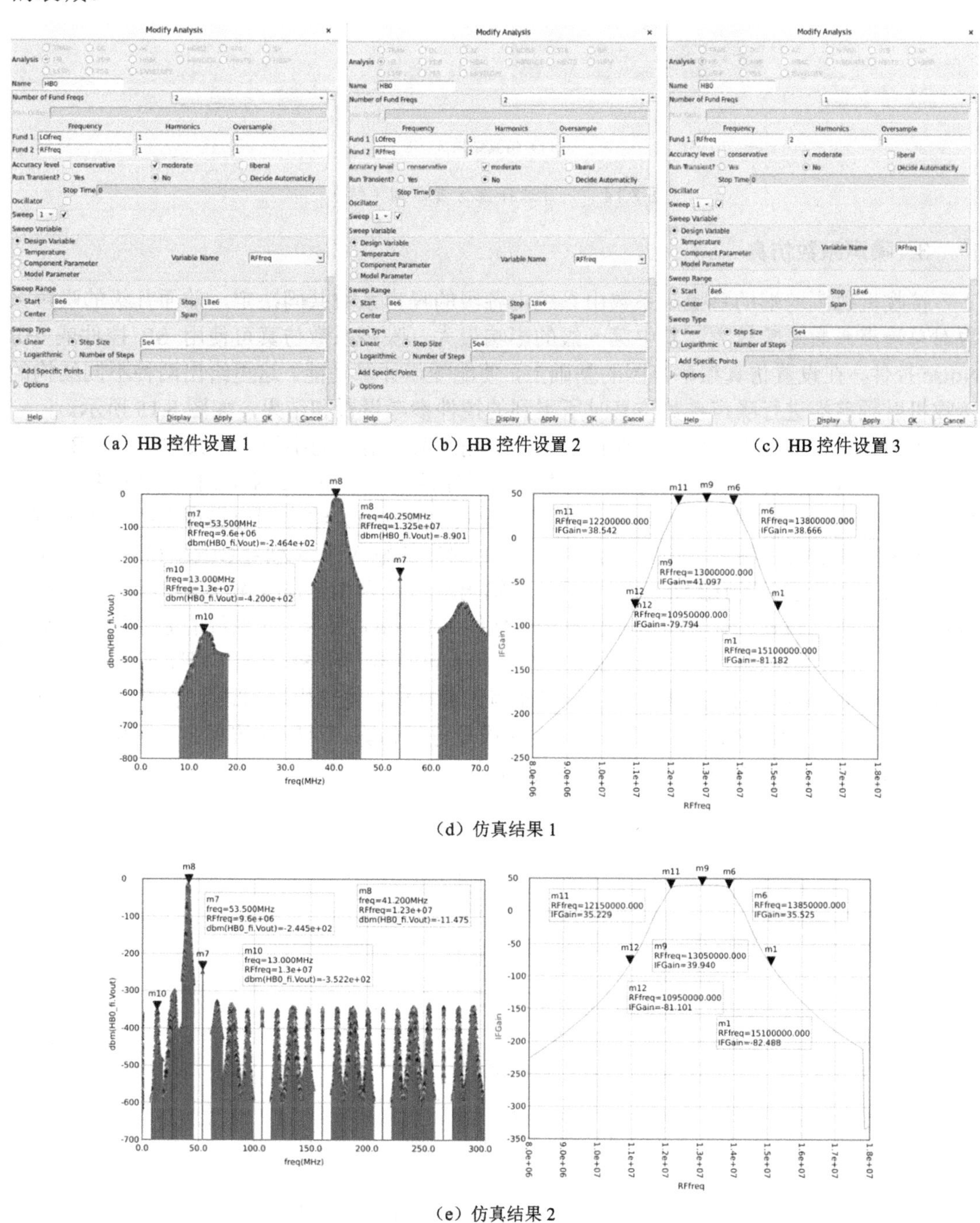

（a）HB 控件设置 1　（b）HB 控件设置 2　（c）HB 控件设置 3

（d）仿真结果 1

（e）仿真结果 2

图 8.14　频带选择性仿真示例

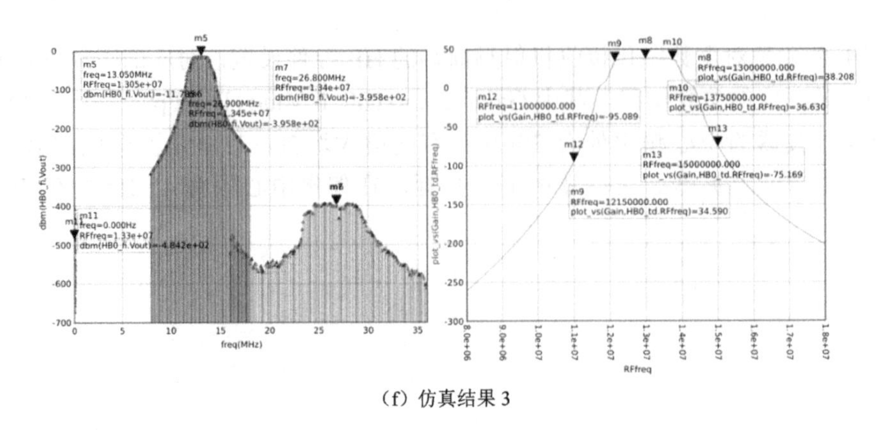

（f）仿真结果 3

图 8.14　频带选择性仿真示例（续）

3. 噪声系数仿真

接收机射频前端的总噪声系数由系统内各级的噪声系数共同决定，前面几级的噪声系数对总噪声系数影响较大，其中第一级的影响最大。噪声系数仿真可使用 SP 控件或 HB Noise 控件，在设置仿真频率范围的基础上，使能噪声计算功能。这里给出两种不同结构的接收机射频前端进行噪声系数仿真时所用到的控件参考设置和结果，如图 8.15 所示。

中频数字化接收机射频前端存在混频器，输入射频信号为小信号，其频率由 HB Noise 控件进行设置，将射频频率设为 0Hz，本振频率保持不变，将 HB Noise 控件基频数量改为 1，仅考虑本振信号，将频率设为单一频率，谐波设为 5 阶，输出端口噪声系数的频率范围设置为 38～43MHz，频率步长为 0.25MHz，此时对应的输入应该为|–LOfreq+(38~43)|MHz，如图 8.15（a）所示。在 HB Noise 控件中，将输出端口设为 TERM0，输入端口设为 PORT1，设置完成后进行仿真，对应的仿真结果示例如图 8.15（b）所示，此系统的通带噪声系数约为 4.2dB。全数字化接收机射频前端噪声系数仿真可直接利用 SP 控件实现，设置频率仿真范围，选择【Calculate Noise】选项，使能噪声计算功能，将输出端口设为 TERM0，输入端口设为 PORT0，如图 8.15（c）所示，设置完成后进行仿真，对应的仿真结果示例如图 8.15（d）所示，此系统的通带噪声系数约为 4dB。

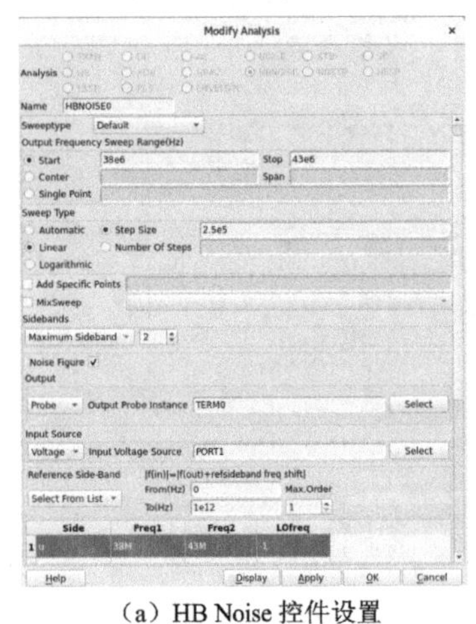

（a）HB Noise 控件设置

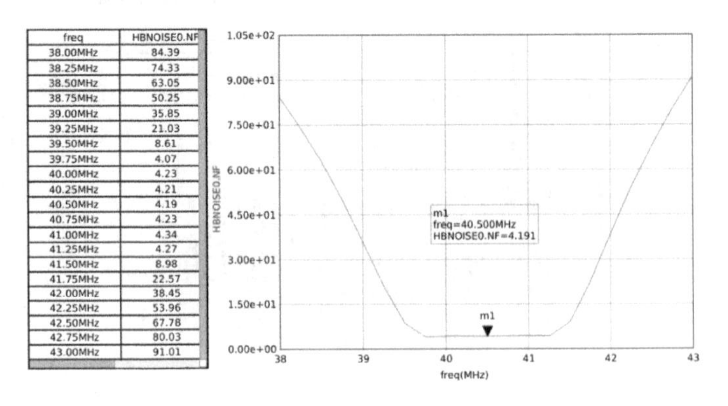

freq	HBNOISE0.NF
38.00MHz	84.39
38.25MHz	74.33
38.50MHz	63.05
38.75MHz	50.25
39.00MHz	35.85
39.25MHz	21.03
39.50MHz	8.61
39.75MHz	4.07
40.00MHz	4.23
40.25MHz	4.21
40.50MHz	4.19
40.75MHz	4.23
41.00MHz	4.34
41.25MHz	4.27
41.50MHz	8.98
41.75MHz	22.57
42.00MHz	38.45
42.25MHz	53.96
42.50MHz	67.78
42.75MHz	80.03
43.00MHz	91.01

（b）中频数字化接收机射频前端仿真结果示例

图 8.15　噪声系数仿真

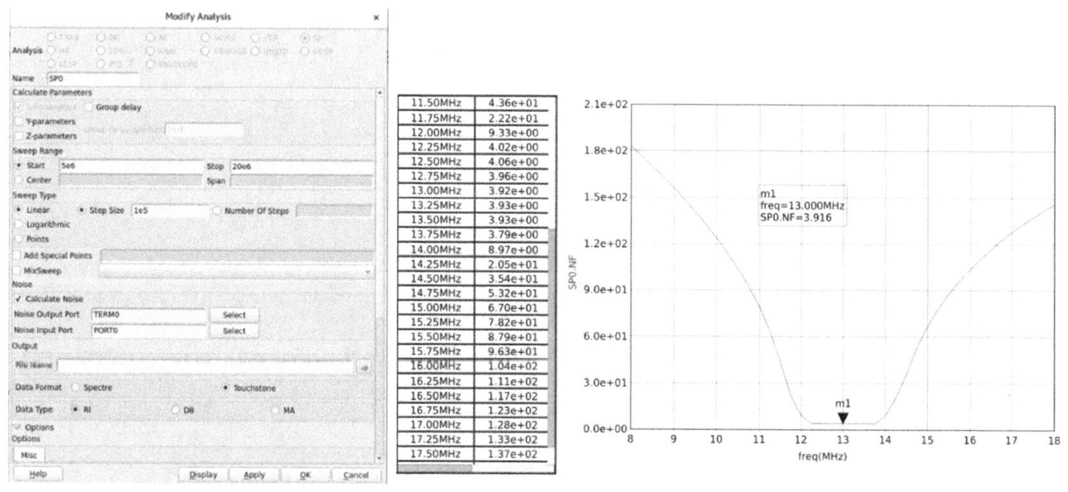

11.50MHz	4.36e+01
11.75MHz	2.22e+01
12.00MHz	9.33e+00
12.25MHz	4.02e+00
12.50MHz	4.06e+00
12.75MHz	3.96e+00
13.00MHz	3.92e+00
13.25MHz	3.93e+00
13.50MHz	3.93e+00
13.75MHz	3.79e+00
14.00MHz	8.97e+00
14.25MHz	2.05e+01
14.50MHz	3.54e+01
14.75MHz	5.32e+01
15.00MHz	6.70e+01
15.25MHz	7.82e+01
15.50MHz	8.79e+01
15.75MHz	9.63e+01
16.00MHz	1.04e+02
16.25MHz	1.11e+02
16.50MHz	1.17e+02
16.75MHz	1.23e+02
17.00MHz	1.28e+02
17.25MHz	1.33e+02
17.50MHz	1.37e+02

（c）SP 控件设置　　　　（d）全数字化接收机射频前端仿真结果示例

图 8.15　噪声系数仿真（续）

将噪声系数代入灵敏度的计算公式，可以得到在已知带宽、特定信噪比要求下接收机射频前端的灵敏度。系统的基底噪声越大或要求的输出信噪比越高，为了保证输出质量，所需输入信号的最低电平越高，即灵敏度越低。系统带宽越大，系统的基底噪声越大，但带宽的增大带来了系统数据传输速率的增大，所以灵敏度指标需要和数据传输速率结合起来衡量系统性能。

4．动态范围的计算

要得到接收机射频前端的动态范围，需要知道其最小、最大输入信号功率，其中最小输入信号功率为灵敏度，这里只需仿真出最大输入信号功率，即输入 1dB 压缩点（ICP）或输入三阶截断点（IIP3），则可以对应求出线性动态范围（BDR）和无杂散动态范围（SFDR）。

首先介绍输入 1dB 压缩点的仿真。输入 1dB 压缩点仿真仍然采用 HB 控件，将 RFpwr 设为变量，将范围设定为–130～20dB。关于频率设置，中频数字化接收机射频前端和全数字化接收机射频前端略有不同。前者仿真需要设置本振频率和射频频率，以本振信号谐波阶数为 5 阶和射频信号谐波阶数为 1 阶为例；后者仿真仅需要设置射频频率。

图 8.16（a）所示为中频数字化接收机射频前端仿真结果示例，在【Equations】下输入表达式 Vout1_dbm= dBm(HB0_fi.Vout[4])和 Gain= dBm(HB0_fi.Vout[4])–HB0_fi.RFpwr 来计算输出功率和增益。通过直接观察增益的变化来确定输入 1dB 压缩点的值，在该设置下，中频数字化接收机射频前端的输入 1dB 压缩点约为–32dBm。图 8.16（b）所示为全数字化接收机射频前端仿真结果示例，输入表达式 Vout1_dbm= dBm(HB0_fi.Vout[1])和 Gain=dBm(HB0_fi.Vout[1])– HB0_fi.RFpwr 来计算输出功率和增益，在该设置下，全数字化接收机射频前端的输入 1dB 压缩点约为–31dBm。

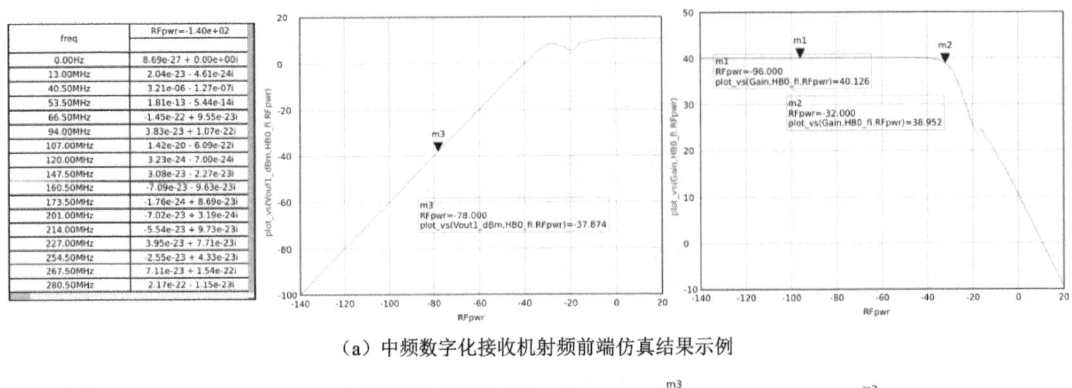

freq	RFpwr=-1.40e+02
0.00Hz	8.69e-27 + 0.00e+00i
13.00MHz	2.04e-23 - 4.61e-24i
40.50MHz	3.21e-06 - 1.27e-07i
53.50MHz	1.81e-13 - 5.44e-14i
66.50MHz	-1.45e-22 + 9.55e-23i
94.00MHz	3.83e-23 + 1.07e-22i
107.00MHz	1.42e-20 - 6.09e-22i
120.00MHz	3.23e-24 - 7.00e-24i
147.50MHz	3.08e-23 - 2.27e-23i
160.50MHz	-7.09e-23 - 9.63e-23i
173.50MHz	-1.76e-24 + 8.69e-23i
201.00MHz	-7.02e-23 + 3.19e-24i
214.00MHz	-5.54e-23 + 9.73e-23i
227.00MHz	3.95e-23 + 7.71e-23i
254.50MHz	-2.55e-23 + 4.33e-23i
267.50MHz	7.11e-23 + 1.54e-22i
280.50MHz	2.17e-22 - 1.15e-23i

（a）中频数字化接收机射频前端仿真结果示例

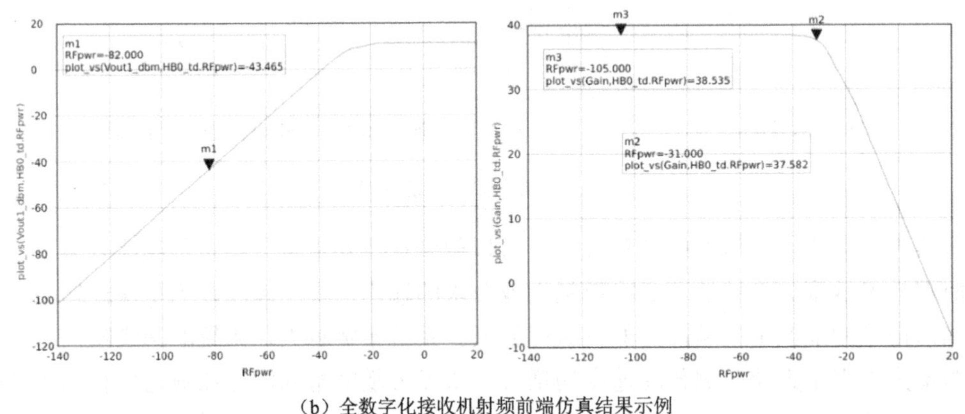

（b）全数字化接收机射频前端仿真结果示例

图 8.16　输出功率和增益随输入功率的变化

改变放大器的增益，输入 1dB 压缩点会随之变化。结合前面计算出来的灵敏度，即可算出接收机射频前端的线性动态范围。

下面介绍输入三阶截断点的仿真。输入三阶截断点是表征有源器件的线性范围的，无源器件一般不存在线性范围这个指标，故认为收发开关、低通滤波器等部件的输入三阶截断点都很大，它们对系统线性范围的影响可忽略，但其损耗/增益对总输入三阶截断点的影响不能忽略。

将输入信源改成双音信源 PnTone，两个输入信号差频为 1kHz，输入信号功率均为 (RFpwr–3)dBm，如图 8.17（a）所示，本振信号保持不变，修改 HB 控件和 Mix 控件设置，HB 控件设置如图 8.17（b）所示，得到修改后的原理图。在【Equations】下，输入 IP3_t1_out 和 IP3_t2_out 的表达式，如图 8.17（c）所示。当输入功率为–50dBm 时，仿真结果如图 8.17（d）所示，可以看到，在当前设置下，输出频率中包含多种信号，其中中频分量分别为 40.499MHz 和 40.501MHz，其功率约为–13dBm；三阶分量主要为 40.497MHz 和 40.503MHz，其功率约为–74dBm；输出三阶截断点为 17.65dBm，对应的输入三阶截断点约为–21dBm。

（a）PnTone 设置

（b）HB 控件设置

Equations
IP3_t1_out=ip3_out(HB0_fi.Vout,{1,-1,0},{1,-2,1},50,Mix)
IP3_t2_out=ip3_out(HB0_fi.Vout,{1,0,-1},{1,1,-2},50,Mix)

（c）表达式设置

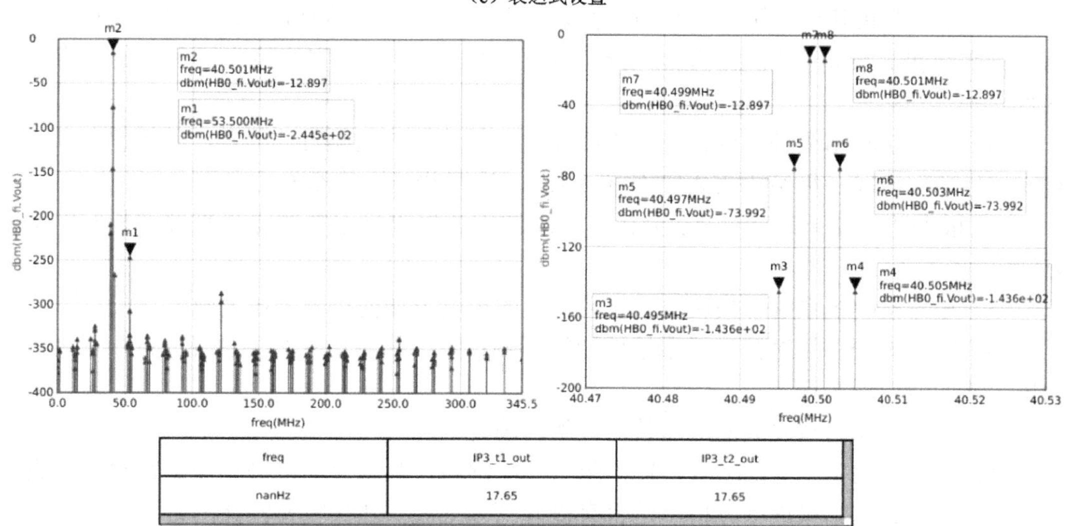

freq	IP3_t1_out	IP3_t2_out
nanHz	17.65	17.65

（d）仿真结果

图 8.17　中频数字化接收机射频前端输入三阶截断点仿真示例

在同样的参数设置下，将理论值和仿真所得线性动态范围、无杂散动态范围填入表 8.2。对比分析理论值和仿真结果的差异和产生原因，在此基础上，对比分析两种不同结构的接收机射频前端的性能差异。

表 8.2　理论值和仿真结果对比表（输入信号频率为 13MHz）

	理论值			仿真结果		
	输入 1dB 压缩点	线性动态范围	无杂散动态范围	输入 1dB 压缩点	线性动态范围	无杂散动态范围
中频数字化接收机射频前端						
全数字化接收机射频前端						

值得一提的是，本章中系统仿真基本没有用到具体的电路器件，而是使用一个个的行为级功能模块，直接按设计要求对其参数进行设置，对整机方案的各种特性进行仿真。对系统设计而言，这确实是一种十分简洁易行的做法，它直接从行为级和功能级的角度去研究分析系统性能，这就相当于只需把已经封装好的模块拿来用，而不必去考虑具体的电路构成。但在不考虑系统各个模块内部实现的情况下，如何设置参数才能尽量完整、真实、客观地仿真出所需的结果，在系统级仿真中显得十分关键。

思考题

（1）分析高频地波雷达接收机动态范围的主要决定因素及如何测量其动态范围。

（2）根据各模块的实际指标设置参数，完成系统设计和仿真，仿真增益、灵敏度、动态范围等结果。分析高频地波雷达全数字化接收机和中频数字化接收机各自的特点及优缺点。

（3）根据仿真结果进行分析，分析高频地波雷达接收机频带选择性，并根据各节点的输出信号功率情况（可参考图 8.12 和图 8.13），计算并分析各部分的增益。

（4）根据仿真结果进行分析，分析高频地波雷达接收机主要的噪声来源和相应的降噪方法。

（5）思考接收机系统各模块对系统灵敏度的影响及如何提高系统灵敏度。

（6）完成本振信号对接收机系统性能的影响仿真，并对仿真结果进行分析，思考本振功率应该如何合理选择。

（7）思考可调增益放大器的增益应该如何确定。

（8）如果考虑接收机的输入、输出阻抗匹配问题，那么该如何进行仿真？尝试完成。

（9）根据仿真结果进行分析，是否有提升高频地波雷达接收机性能的方法。

（10）思考如果把接收机系统从零中频改为低中频，那么该如何设计系统和各模块的参数。

（11）思考混频器和前级放大器的位置对调会给接收机的性能带来什么变化。

（12）思考高频地波雷达接收机工作在双频模式下（中心频率分别为 7MHz 和 12MHz）的射频前端的系统结构和电路设计方法。

参考文献

[1] GU Q Z. 无线通信中的射频收发系统设计[M]. 杨国敏，译. 北京：清华大学出版社，2016.

[2] BARRICK D E .Theory of HF and VHF Propagation Across the Rough Sea, 1, The Effective Surface Impedance for a Slightly Rough Highly Conducting Medium at Grazing Incidence[J]. Radio Science, 1971,6(5): 517-526.

[3] 杨子杰，田建生，高火涛，等. 高频地波雷达接收机研制[J]. 2001（05）：532-535.

[4] 吴雄斌，杨绍麟，程丰，等. 高频地波雷达东海海洋表面矢量流探测试验[J]. 地球物理学报，2003，46（03）：340-346.

[5] 张国军，文必洋，吴雄斌，等. 高频雷达接收机模拟前端的设计与实现[J]. 无线电工程，2004（9）：31-33.

[6] 骆文，王勤，杨子杰. 高频地波雷达接收机模拟前端的设计[J]. 武汉工程大学学报，2011，05（03）：97-100.

[7] 吴雄斌，张兰，柳剑飞. 海洋雷达探测技术综述[J].海洋技术，2015，34（3）：8-15.

[8] 李世界，陈章友，张兰，等. 多通道双频高频雷达接收机模拟前端的设计[J]. 电子技术应用，2018，3（44）：31-35.

[9] 李世界，张兰，杨公宇，等. 基于 ADS 的高频雷达接收机仿真实验设计[J]. 实验室研究与探索，2018，37（12）：4.

[10] 田应伟. 双频全数字高频海洋雷达研制及相关问题研究[D]. 武汉：武汉大学，2015.

[11] 柳剑飞，吴雄斌，唐瑞，等. 一种适用于多基地多频组网的高频超视距雷达模拟前端：CN 204188799 [P]. 2014-11.

[12] Li Z, WEN B, TIAN Y. Design and Implementation of a Dual-Frequency Compact Antenna System for HF Radar[J]. IEEE Antennas and Wireless Propagation Letters, 2017(16): 1887-1890.

[13] TIAN Y, WEN B, Li Z, et al. Fully digital multi-frequency compact high-frequency radar system for sea surface remote sensing[J]. IET Radar Sonar & Navigation, 2019, 13(8): 1359-1365.

[14] El-DARYMLI K, HANSEN N, DAWE B, et al. Design and implementation of a high-frequency software-defined radar for coastal ocean applications[J]. IEEE Aerospace and Electronic Systems Magazine, 2018, 33(3):14-21.

[15] 伍越.基于 ADS 的接收机射频前端的研究与设计[D]. 哈尔滨：哈尔滨工程大学，2012.

[16] 邓梅廷. S 波段 TD-LTE 通信系统射频前端关键技术研究[D]. 成都：电子科技大学，2018.

[17] 刘亚姣. 2.4G 高灵敏度接收机射频前端设计与实现[D]. 成都：电子科技大学，2011.

[18] 徐贺. S 波段接收机射频前端研究与设计[D]. 西安：西安电子科技大学，2013.

[19] 刘国栋. TD-LTE 终端射频前端的研究与设计[D]. 重庆：重庆邮电大学，2012.

[20] 徐兴福. ADS2011 射频电路设计与仿真实例[M]. 北京：电子工业出版社，2014.

第9章 常用测量仪器及 AetherMW

9.1 常用测量仪器

在射频电路测量中，常用的仪器有很多，包括射频信源、功率计、示波器、频谱分析仪和矢量网络分析仪等。其中，信源主要提供射频信号；功率计可以准确测量功率；示波器可以在时域内观察信号，主要观察信号的幅度、周期和频率。它们的使用相对比较简单，这里重点介绍频谱分析仪和矢量网络分析仪（Vector Network Analyzer，VNA）。

9.1.1 频谱分析仪

1. 频谱分析仪工作原理

频域测量可得到信号的各频率分量，以获得信号的多种参数，主要完成系统频率特性测量和信号的频谱分析等。频谱分析仪是频域测量仪器的代表性产品，它显示输入信号的基波和谐波幅度随频率的变化情况，测量功能多样，包括频率、功率、噪声、电场强度等参数，属于常用的频域测量仪器。

频谱分析仪相对于示波器有许多优点，其窄带频域测量较之时域有更高的灵敏度，并可弥补示波器针对高频信号分析的不足，同时可将多频信号以频域的方式来呈现，显示信号在频域中的特性。频谱分析仪主要的应用是广播、电视、通信、网络和雷达系统等，如无线通信中谐波成分检测、雷达和无线业务中频谱检测、电磁干扰检测等。随着这些应用越来越向更高频率发展，频谱分析仪的测量范围已从高频频段扩展到微波频段。

依据电路结构的差异，频谱分析仪可分为模拟式频谱分析仪和数字式频谱分析仪等；依据信号处理方式的差异，频谱分析仪可分为扫频式频谱分析仪、快速傅里叶变换频谱分析仪和实时频谱分析仪等。

1）扫频式频谱分析仪

扫频式频谱分析仪广泛使用超外差结构，如图 9.1 所示，适合宽频带分析场合。扫频式频谱分析仪实际上是超外差接收机和示波器的组合，其原理是先将输入信号通过射频衰减器和低通滤波器后直接加入混频器，可调节的本地振荡器经由与显示屏同步的信号合成器产生随时间线性变化的振荡频率，再将混频器信号与输入信号混频后的中频信号（IF）进行放大（对数放大器）、检波与滤波后传送至显示屏，因此显示屏的纵轴将显示信号振幅与频率的相对关系。

扫频式频谱分析仪的主要电路包括射频衰减器、预选器或低通滤波器、混频器、本地振荡器、基准振荡器、中频放大器、衰减器、中频滤波器、对数放大器、包络检波器、视频滤波器等。其中，射频衰减器是为了保证信号在输入混频器时处在合适的电平上，从而防止发生过载、增益压缩和失真。低通滤波器的作用是阻止高频信号到达混频器，防止带外信号与本振相混频在中频产生多余的频率响应。微波频谱分析仪用预选器代替了低通滤波器，预选器是一种可调滤波器，能够滤掉所关心的频率以外的其他频率的信号。信号经过混频器混频后，通常取差频信号为中频信号。中频滤波器过滤其他信号，让中频信号通过并放大。基准振荡器的精度决定了频谱分析仪的频率精度和相位噪声。中频放大器用来调节信号在显示器上的垂直位置，而不会影响信号在混频器输入端的电平。当中频增益改变时，参考电平值会相应发生变化，以保持所显示信号指示值的正确性。包络检波器将中频信号转换为基带信号或视频信号。视频滤波器（一般为低通滤波器）对视频信号内部噪声进行平滑处理，减小其对输入信号幅度的影响。视频带宽和分辨率带宽的比值越小，平滑效果越好。

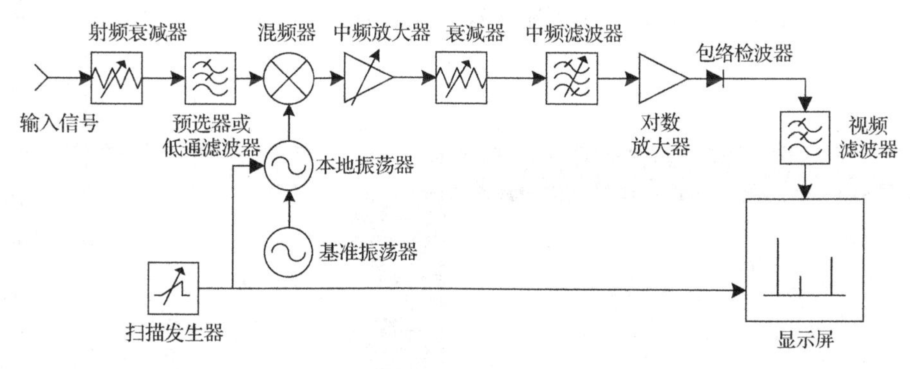

图 9.1　典型超外差扫频式频谱分析仪的结构框图

超外差扫频式频谱分析仪具有动态范围大、灵敏度高和频率分析范围宽等优点，但由于超外差扫频式频谱分析仪频率分析范围宽，因此当它以一定步长对整个分析带宽扫描时，容易漏掉当前扫描波段外的瞬时事件，实时性较差，无法快速捕捉间发、瞬时信号。

2）快速傅里叶变换频谱分析仪

快速傅里叶变换（FFT）频谱分析仪首先通过 ADC 对一段时间内的时域信号进行直接采样，然后利用 FFT 得到信号的相位、频率和幅度的信息，达到频域测量的目的。FFT 频谱分析仪实时测量性能比扫频式频谱分析仪有了明显提升，但是其受 ADC 工作时钟频率和 FFT 运算速度等限制，工作频率范围和动态范围等指标要低于扫频式频谱分析仪，主要用于窄带分析。

3）实时频谱分析仪

实时频谱分析仪不进行本振扫描，而是先通过多级射频下变频器获得较宽输入频段，再采用 FFT 来实现频谱测量，从而能够无丢失地将所有 ADC 采样数据不断进行频谱生成，不漏掉任何信号变化的瞬间。它结合了扫频式频谱分析仪和 FFT 频谱分析仪的优点，其结构主要包括射频前端（射频衰减器、滤波器、混频器、本地振荡器、中频放大器、中频滤波器等）、数字化部分（ADC 等）和数据处理部分（数字下变频器、FFT 模块、数据存储模块等）。典型实时频谱分析仪的结构框图如图 9.2 所示。

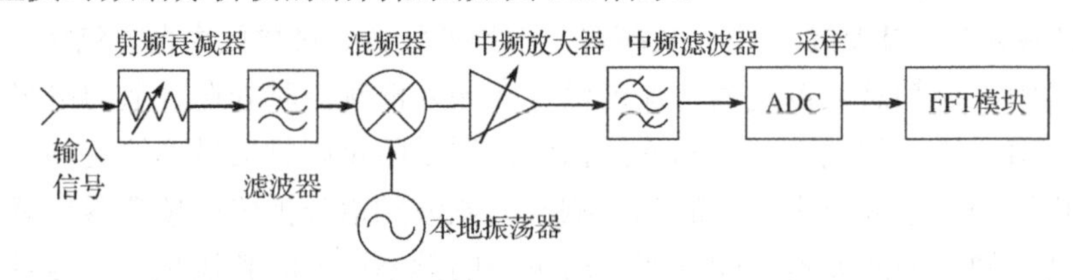

图 9.2　典型实时频谱分析仪的结构框图

2. 频谱分析仪使用介绍

频谱分析仪的主要技术指标包括频率范围、输入功率、分辨率、扫频时间、灵敏度、相位噪声、动态范围、显示方式等。使用频谱分析仪时需要设置的参数主要有频率范围（中心频率、带宽、起始频率和终止频率）、电平显示范围（参考电平和量程跨度）、频率分辨率和扫描时间等。下面以 GA4063 为例介绍频谱分析仪的具体性能指标和使用注意事项。

GA4063 包括跟踪发生器，频率范围为 9kHz～3GHz，GA4063 外观示意图如图 9.3 所示。

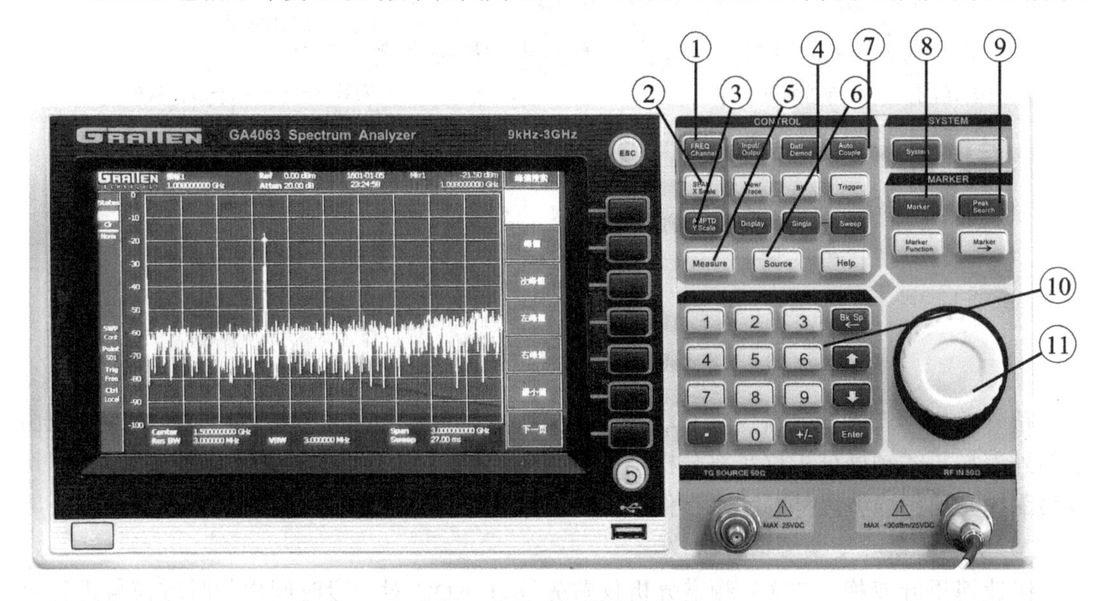

图 9.3　GA4063 外观示意图

GA4063 面板上的一些关键按钮（旋钮）或区域的介绍如下。

① FREQ Channel 是设置频率参数的按钮。

② SPAN X Scale 是设置带宽参数的按钮。

③ AMPTD Y Scale 是设置参考电平的按钮，通过它调整频谱分析仪内部的衰减器。

④ BW 是设置带宽参数的按钮。

⑤ Measure 是开始测量按钮。

⑥ Source 设定扫频源的输出端。

⑦ Auto Couple 自动捕捉波形。

⑧ Marker 是设置标记的按钮，添加标记，显示其频率和幅度。

⑨ Peak Search 是搜索最高点的按钮。

⑩ 此区域为数字按键区。

⑪ 此旋钮为调节旋钮。

当利用 GA4063 测量信号频谱时，根据待测信号的频率和幅度来调整参数设置，利用 FREQ Channel 按钮和 SPAN X Scale 按钮设置中心频率和带宽，或者直接设置起始频率和终止频率，再利用 AMPTD Y Scale 按钮设置参考电平，然后将待测信源直接接入频谱分析仪，利用 Marker 按钮测量信号的频率和幅度，即可测量信源参数。如果待测信号的频率和幅度未知，则可以先采用较大带宽和默认参考电平粗测，再根据实际结果进行调整。

频谱分析仪的带宽通常包括扫频带宽（SPAN）、分辨率带宽（Resolution Bandwidth，RBW）和视频带宽（Video Bandwidth，VBW）。

1）扫频带宽

扫频带宽是指频谱分析仪窗口的显示带宽。每个信源频率都可能有谐波成分存在，在宽带系统（最高频率与最低频率相差 2 倍以上）中使用信源时尤其需要关注，这些谐波成分有可能会影响其他有用频率的使用。因此当使用频谱分析仪测量时，扫频带宽越大，可观测的谐波分量越多。大扫频带宽有利于观察信号谐波，而小扫频带宽有利于观察信源中心频率处的纯净度和杂散，使用时应根据实际情况选取。

2）分辨率带宽

分辨率带宽是指频谱分析仪混频后中频带通滤波器的带宽。该参数的设置用于分辨两个邻近频率，也用于确定中频噪声带宽。分辨率带宽代表两个不同频率的信号能够被清楚地分辨出来的最小带宽差异，两个不同频率的信号带宽如果低于频谱分析仪的分辨率带宽，则此时这两个信号将重叠，难以分辨。分辨率带宽越小，分辨能力越强，噪声基底越小（噪声功率越小）。较大的分辨率带宽能较充分地反映输入信号频谱的波形与幅度，较小的分辨率带宽能区别不同频率的信号。较小的分辨率带宽有助于不同频率信号的分辨与测量，但将滤除较高频率的信号成分，导致信号显示时失真，失真值与设定的分辨率带宽密切相关；较大的分辨率带宽有助于宽带信号的测量，将增大噪声基底，降低测量灵敏度，测量低强度的信号时易产生阻碍。

此外，频谱分析仪最后测量出来的功率是基于分辨率带宽的。例如，将分辨率带宽设为 20MHz，则频谱分析仪显示的是这 20MHz 带宽内所有信号+噪声的功率。以 GSM 手机为例，GSM 信道带宽为 200kHz（其中包括了保护间隔），当用频谱分析仪测量 GSM 手机信道 1 功率时，如果把分辨率带宽分别设为 200kHz 和 1MHz，则测量得到的信道 1 峰值功率大小基本相同。

3）视频带宽

视频带宽由检波后的视频滤波器带宽决定。视频滤波器用于减小噪声对显示信号幅度的影响，通过对显示信号进行平滑或平均（时间为 1/VBW），以利于弱信号检测。视频带宽越小，噪声毛刺（或幅度）越小，曲线越平滑，但视频带宽不改变信号功率和噪声功率（噪声基底）。

图 9.4 所示为使用频谱分析仪测量的 50MHz 系统时钟源频谱，其信号频谱的测量条件为扫频带宽 SPAN=10MHz，分辨率带宽 RBW=100kHz，视频带宽 VBW=100kHz。即图 9.4 中每个点的信号功率为 RBW=100kHz 带宽内的平均功率，并对所有点进行了 1/VBW=0.01ms 平均，信号测量范围是 50MHz±5MHz。从该频谱标记中可读出信号中心频率（50MHz）、信号带宽（单频）、信号功率（–1.19dBm，参考电平为 0dBm）。

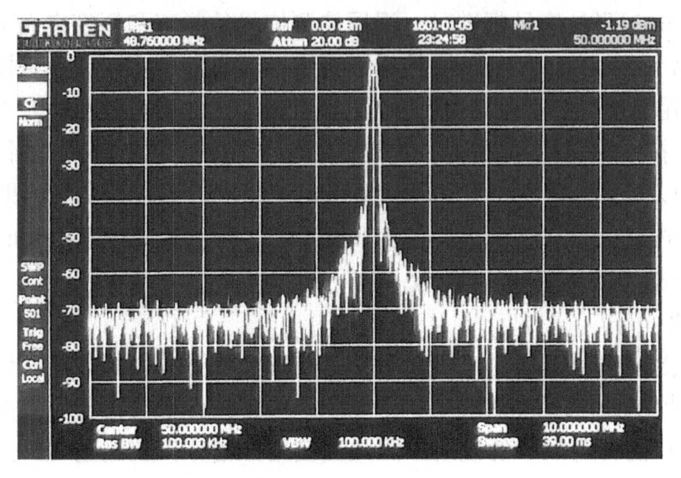

图 9.4　50MHz 系统时钟源频谱

扫频带宽、分辨率带宽、视频带宽的设置会影响频谱分析仪输出时间（或扫频时间），该扫频时间正比于扫频带宽，反比于分辨率带宽或视频带宽，即分辨率带宽越小，扫频带宽越大，扫频时间越长。在通常情况下，频谱分析仪都会自动选择一个折中的分辨率带宽。若需要观察弱信号，即需要降低噪声基底，此时应降低分辨率带宽（如 RBW=10Hz），同时降低扫频带宽。

此外，对于含跟踪发生器的频谱分析仪，如果需要用到扫频源，则需要把跟踪发生器打开，并对其进行校准，校准时需要把频谱分析仪的输出端口用导线短接到输入端口，校准后频谱会显示一条在 0dBm 位置的直线。对于 GA4063，利用 Source 按钮设定跟踪源，在界面上单击归一化（开启）按钮即完成校准。

9.1.2　矢量网络分析仪

1. 矢量网络分析仪工作原理

频谱测量表征系统或电路中存在的信号特性，网络测量表征的是系统特性，矢量网络分析仪通过输出扫频信号来获得电路器件或网络的幅频及相频特性。

矢量网络分析仪测量的主要是器件的散射参数（S 参数）。

在网络分析中，矢量信号包含了幅度和相位信息，而标量信号仅包含幅度信息。按照测量结果是否含有相位信息，网络分析仪可分为标量网络分析仪 SNA（仅能测量器件的幅频特性）和矢量网络分析仪 VNA（可同时测量器件的幅频特性和相频特性）。由于矢量网络分析仪更加灵活和高效，因此目前市场上以矢量网络分析仪为主。

矢量网络分析仪是一种功能全面的微波测量仪器，能够在很宽的频率范围内进行扫频测量，主要用于测量有源或无源的单端口或多端口网络的散射参数（*S* 参数），是射频工程中使用广泛的测量仪器。它一般以扫频的工作方式测量待测器件（DUT），可以得到待测器件散射参数的幅频特性、相频特性，并且通过内部的运算处理模块，可以换算出许多其他的网络参数，如阻抗参数、导纳参数和传输参数、插入相移、群延迟、隔离度和方向性等。

从组成结构上来讲，矢量网络分析仪是一个包含激励源和接收设备的闭环测量系统。图 9.5 所示为矢量网络分析仪的通用结构，它包含激励源、信号分离装置、接收机/测量单元、信号处理及显示单元等关键模块。激励源提供待测器件的激励输入信号；信号分离装置分配待测器件输入信号和提取反射信号；接收机/检测单元用于对待测器件的反射信号、传输信号和输入信号进行测量、比较和分析；信号处理及显示单元用于对测量结果进行处理和显示。

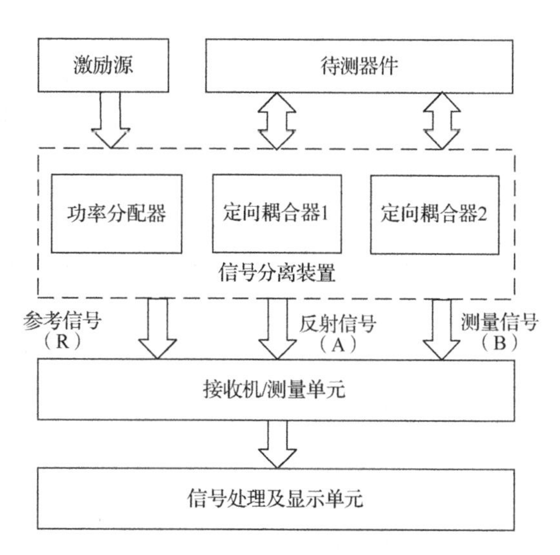

图 9.5　矢量网络分析仪的通用结构

（1）激励源提供待测器件进行测量所需的激励信号。由于矢量网络分析仪要测量待测器件的传输/反射特性与工作频率及信号功率的关系，因此矢量网络分析仪内的激励源需要具备频率扫描和功率扫描等功能。

（2）信号分离装置由功率分配器和定向耦合器组成，分别提取待测器件输入信号和反射信号。激励源产生满足功率和频率要求的扫频信号，经功率分配器分为两路，一路用于激励被测器件，另一路作为参考信号（R），进入接收机/测量单元。激励信号输入待测器件后产生带有待测器件幅频和相频响应的测量信号（B），待测器件的反射信号（A）会通过定向耦合器耦合输出，进行反射特性的测量。

（3）接收机/测量单元对待测器件的反射信号、传输信号和输入信号进行测量、比较和分析。网络分析仪测量信号有两种基本方法。标量网络分析仪主要运用宽带二极管检波器，提取射频信号输入包络电平，输出电压反映输入信号功率，宽带二极管检波器只反映信号幅度信息，丢失了射频载波信号的相位信息。矢量网络分析仪通过调谐接收机先将信号分离装置分离出来的 R、A 和 B 信号分别进行下变频得到中频信号，再通过 ADC 变为数字量后在内部计算单元中进行处理，这样可以得到信号的相位和幅度信息，其工作原理如图 9.6 所示。矢量网络分析仪实际上是一个窄带接收机，与激励源同步调谐的本振源产生本振信号，与扫频信号混频，产生中频信号，经滤波后进入采样和数字信号处理模块。调谐接收机灵敏度与中频带宽有直接关系，中频带宽越窄，进入接收机的噪声能量越少，灵敏度相应提高，但输出信号响应的时间会变长，矢量网络分析仪测量速度会下降。

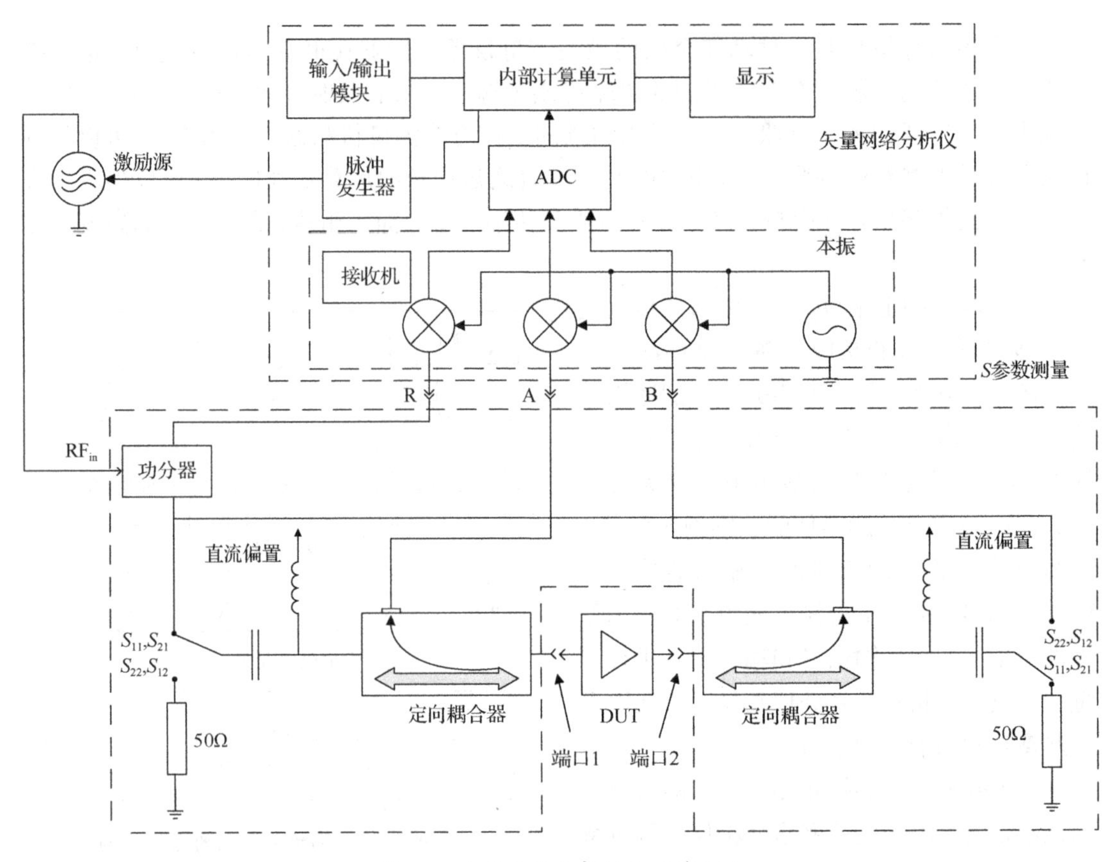

图 9.6　矢量网络分析仪的工作原理

（4）信号处理及显示单元。大多数商用矢量网络分析仪通过数字化处理实现信号处理。矢量网络分析仪的信号处理及显示单元能够对测量得到的数据进行处理，如补偿系统误差，并将散射参数转换成其他的网络参数，使仪器的测量结果更加精确、多样化。误差补偿过程即校准过程，在每个步进频点的测量结果中自动扣除预先存储好的误差模型。

2. 矢量网络分析仪使用介绍

矢量网络分析仪的主要指标包括频率范围、端口数目、输出功率范围、测量精度、扫频时间、中频带宽、曲线/通道/显示数目、迹线噪声、支持的校准方法等。其中，频率范围指矢量网络分析仪支持测量的频率的范围大小；端口数目多为 2 个或 4 个；输出功率范围反映的是矢量网络分析仪的激励源和测量仪可将多大功率发射入待测器件，它用 dBm 表示，参考值为 50Ω 阻抗，以便匹配大多数射频传输线的特征阻抗；迹线噪声是系统中的随机噪声造成的在待测器件的信号响应上形成的叠加噪声，它使信号看上去不那么平滑，甚至有些抖动，它可以通过提高测量功率、降低接收机的带宽或取平均值而消除；中频带宽是矢量网络分析仪中接收机内部中频滤波器的带宽，中频带宽越大，测量速度越快，迹线噪声越大，动态范围越小；支持的校准方法包括机械校准方法和电子校准方法等。

下面以 SNA6124A 为例对矢量网络分析仪的使用进行介绍，它属于四端口台式矢量网络分析仪，最高测量频率可达 13.5GHz。

1）面板及按钮

SNA6124A 面板分区如下。

① 通道设置区，即图 9.7 中的【Instrument】区域，可进行各测试通道/轨迹的切换与选择。

② 选择区，包含上下左右四个键和确认键，实现选择和数据修改。

③ 数字键操作区，主要为数字键和单位键等。

④ 结果设置区，即图 9.7 中的【Response】区域，通常包括测量类型选择、结果显示格式选择、标记设置、运算设置、标尺设置、校准设置、搜索设置、平均带宽设置等。

⑤ 系统设置区，即图 9.7 中的【Utility】区域，包含系统菜单设置、复位键、存储键、显示键等。

⑥ 参数设置区，即图 9.7 中的【Stimulus】区域，设置起始频率、终止频率、中心频率、带宽功率、扫描类型和触发方式。

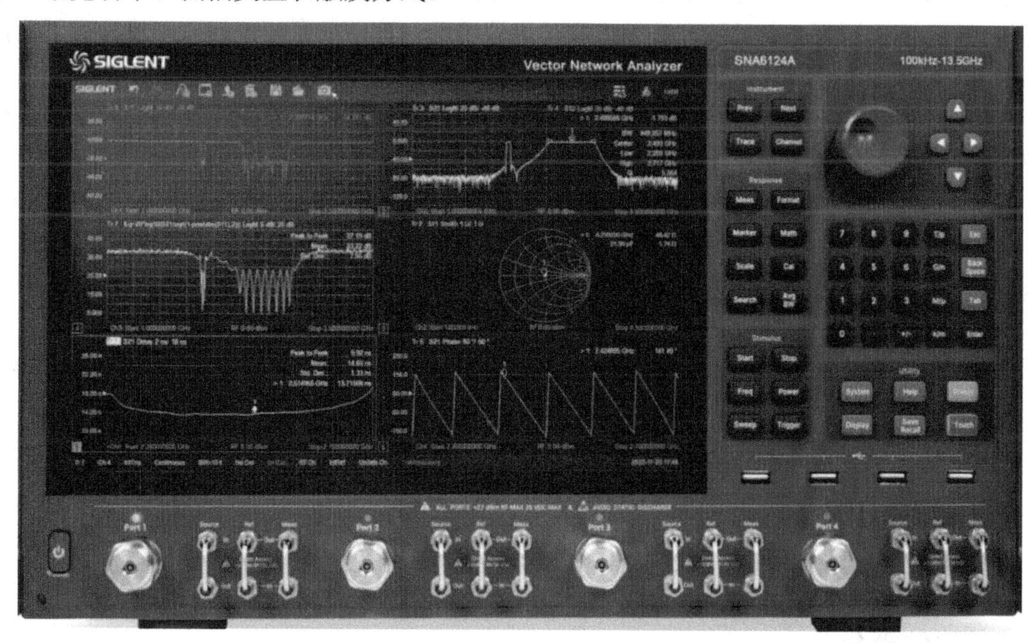

图 9.7　矢量网络分析仪面板示意图

2）矢量网络分析仪的校准

矢量网络分析仪在使用之前，要通过校准来降低由仪表原理及测量设备引起的系统误差。矢量网络分析仪内部各种器件的失配、耦合器的不理想方向性、连接电缆间的插入损耗等都会造成系统误差。这些误差造成了待测器件实际 S 参数和矢量网络分析仪测出来的 S 参数的差别。因此，在使用矢量网络分析仪测量之前，都是需要进行系统误差校准的，其目的就是将仪表测量装置本身引入的误差项修正掉，提高待测器件的 S 参数测量准确性。

校准原理为先测量参数已知的标准件，得到误差项，再将测量结果中的误差项消除。校准件有两种类型，一种是机械校准件，另一种是电子校准件。其中，机械校准件一般包括开路校准件 Open、短路校准件 Short、负载校准件 Load 及通路校准件 Thru，在理想的情况下，开路校准件反射系数为 1，短路校准件反射系数为–1，负载校准件反射系数为 0，通路校准件直通时反射系数为 0。在商用矢量网络分析仪中，都会配备这些基础的标准校准件，通常被称为机械校准件工具箱或 Cal Kit，校准时需要多次连接。其中开路校准件、短路校准件、负载校准件属于单端口校准件，进行反射系数测量，消除测量端口的方向性、源失配、反射通道频率响应这三项误差；通路校准件属于二端口校准件，测量影响传输的误差项，进行频率响应校准。如果只需要用矢量网络分析仪进行单端口的反射系数等测量，如 S_{11}、S_{22}、驻波比等，则仅进行单端口校准即可；如果需要测量传输系数等，则需要进行二端口校准，消除多项误差。电子校准件的内部配有开关功能，不需要多次连接便可通过电气计算来重现不同类型的负载，具有快速、可重复和减少连接器磨损的优点。

机械校准时要先设置好测量所需的频率范围，按下矢量网络分析仪上的校准按钮，进入校准界面，按照界面上的提示依次连接开路校准件、短路校准件、负载校准件和通路校准件，完成校准即可。电子校准其他步骤与机械校准一致，只是要选择电子校准件及对应的端口，开启自动校准。电子校准件大幅缩减了校准步骤，减少了连接器的损耗，保证了校准精度，节省了校准所需时间，为多端口测量和产线测量提供了便利。矢量网络分析仪完成校准以后，就可以进行测量了。

3）基于矢量网络分析仪的测量

当使用矢量网络分析仪进行测量时，首先应根据待测器件完成对起始频率和终止频率、功率及中频带宽等的设置，设置完成后进行校准，接下来就可以进行器件测量、数据分析和结果图导出等。

当测量驻波比时，把待测器件接入矢量网络分析仪的端口 1 上，连接时要注意选择合适的射频连接线，通过 Format 选择驻波比选项，就可以看到驻波比随频率变化的曲线，移动光标可以看到各个频点的驻波比，分析结果，也可直接存储结果图。

9.2 AetherMW

9.2.1 软件简介

Empyrean AetherMW（简称 AetherMW）是由华大九天公司推出的电路和系统分析软件，它集成多种仿真软件的优点，仿真手段丰富多样，支持微波射频电路全流程设计，包括前端设计和后端设计，开发了原理图编辑、版图编辑、电路综合、数据显示与分析、通用器件库等工具及模块，并支持微波射频电路的优化、调谐与统计分析，用以解决微波射频电路从原理图到版图等各个环节的设计问题。设计流程如图 9.8 所示。

AetherMW 集成了各种前端 EDA 工具，包括原理图编辑器 AetherMW Schematic Editor（SE）、各类仿真器、结果分析工具 iViewer 和各类电路自动优化工具等。在仿真过程中，AetherMW 调用华大九天公司的 Alps-RF 仿真器来支撑各类 RFMW 仿真，包括 Tran、AC、DC 等普通分析，SP、HBSP 等 S 参数分析，HB、PSS、Envelop 等频谱分析，STB 等稳定性分析，Noise、HB Noise 等噪声分析和参数扫描等。原理图仿真结束后，利用

iViewer 工具进行结果显示和分析，iViewer 工具包含强大的计算器和后处理模块，可支持各类时域、频域、Smith 圆图、报表等结果的展示。此外，在设计过程中，可利用 AetherMW 提供的各类电路自动优化工具来简化设计，包含传输线参数计算工具 Transmission Line Assistant、基于 SmithChart 的半自动阻抗匹配工具和滤波器自动综合工具 Filter Synthetization。其中，传输线参数计算工具 Transmission Line Assistant 进行传输线阻抗仿真和综合，该工具支持各种微带线（Microstrip）、共面波导（Coplanar Waveguide）、矩形波导（Rectangle Waveguide）等多种传输线的参数计算。基于 SmithChart 的半自动阻抗匹配工具提供了 Smith Chart 的全部功能，能够进行集总参数器件阻抗匹配电路的自动生成和结果显示。滤波器自动综合工具 Filter Synthetization 可自动设计滤波电路，并对电路性能进行仿真。

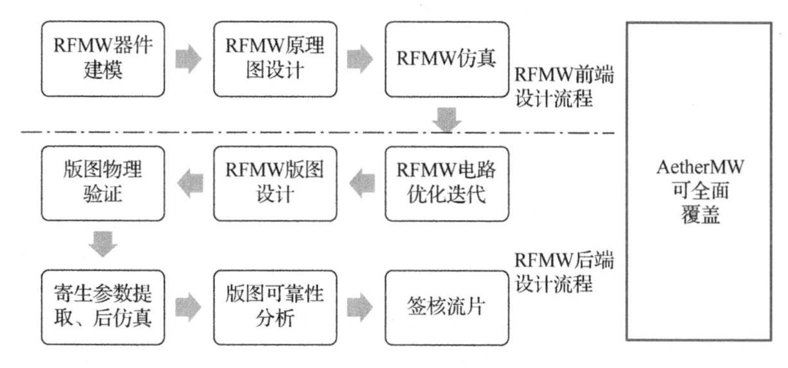

图 9.8　设计流程

AetherMW 中还集成了各种后端 EDA 工具，包括版图编辑器 AetherMW Layout Editor（LE）、物理验证平台 Argus、寄生参数提取工具 RCExplorer 和可靠性分析工具 Patron。其中，版图编辑器 AetherMW Layout Editor 支持 Schematic Drive Layout（SDL）、Auto Guardring 和 Auto Via 等操作，还支持基于脚本的自动化操作。物理验证平台 Argus 集成了 DRStudio 辅助设计规则的开发。寄生参数提取工具 RCExplorer 支持 DSPF 的提取、反标和基于 DSPF 的后仿真，以解决射频电路设计中的寄生热点问题。可靠性分析工具 Patron 支撑动态、带自热效应、多电路状态的 EM/IR 分析。

本书中重点关注的是前端 EDA 部分，主要完成原理图设计、仿真和优化，后面的内容将主要针对前端设计中相关的器件、界面和操作方法等进行介绍。

9.2.2　设计环境

AetherMW 的主要操作界面包括主界面、原理图设计界面、Layout 版图设计界面和数据显示界面等。

1. 主界面

打开 AetherMW，启动后将出现开始界面，接着出现图 9.9 所示 Design Manager 界面。Design Manager 界面拥有多层结构，包括库（Library）、单元（Cell）和视图（View，包括版图、原理图和器件符号等），它是进行设计管理的主界面。

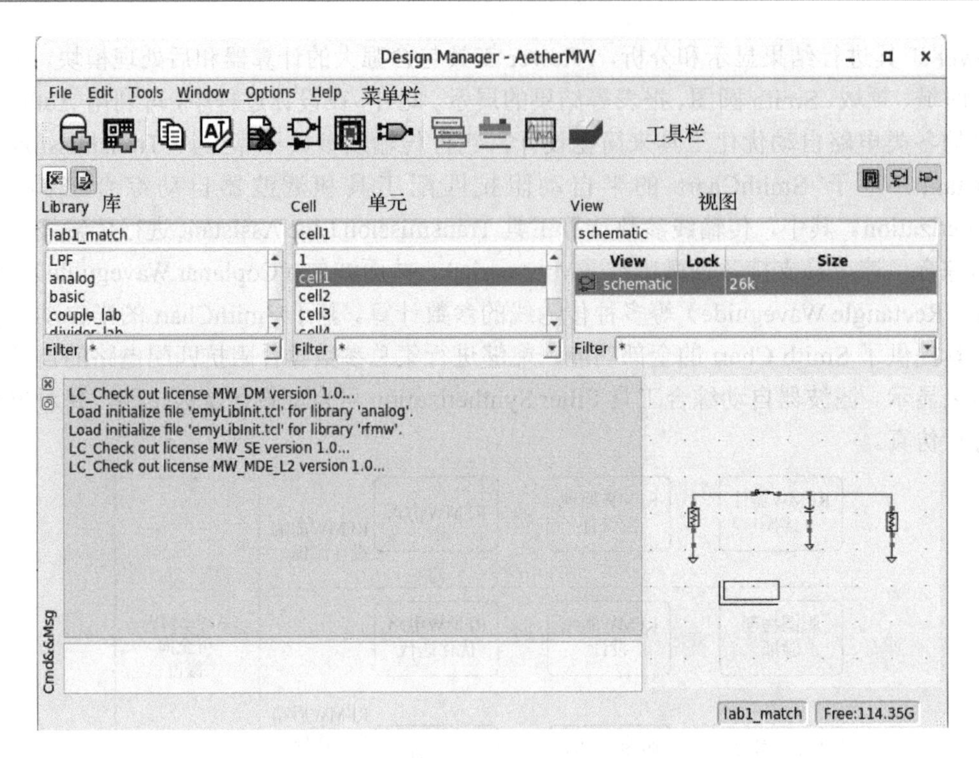

图 9.9　Design Manager 界面

AetherMW 的设计工程主要分为三级，分别是库（Library）、单元（Cell）和视图（View）。在工程目录之下，可以将不同类别的设计放入不同库中，也可以应用其他目录位置下的库；工程目录下的 lib.defs 文件中保存着当前工程目录用的所有库的目录位置及属性；库的下一级是单元，可以认为是设计单元；单元的下一级是视图，视图是单元的表征形式，如一个滤波器的设计中包括原理图的表征形式、版图的表征形式、VerilogA 的表征形式等。在单元参与大的电路设计分析时，可以通过 Config View 配置选用哪个视图参与仿真。在单元的级别下包含 iViewer 目录，该目录下存储不同的对仿真数据进行显示和处理的.iv 文件。在工程目录下，还包括 display.drf 文件，其用来设置原理图、版图的显示配色，Simulation 目录下存储所有的仿真数据。

菜单栏中包含【File】【Edit】【Tools】【Window】【Options】【Help】6 个下拉菜单选项。其中，【File】选项主要实现创建、打开、保存、导入和导出库/单元/视图等。【Edit】选项可实现对文件的复制、重命名、删除等操作。【Tools】选项提供了对全局进行设置和管理的工具，如【Technology Manager】工具用来查看或编辑工艺文件中的信息、【Display Resource Editor】工具用来修改图层显示配色、【Library Path Editor】工具用来添加 PDK 工艺库、【CDF Editor】工具用来进行 CDF（Component Description Format）编辑等。【Window】选项实现对各窗口的管理。

工具栏中提供了各种快捷按钮，可以方便地进行相关操作，包括【New Library】按钮、【New Cell/View】按钮、【Copy】按钮、【Rename】按钮、【Delete】按钮、【New Schematic View】按钮、【New Symbol View】按钮、【Material Editor】按钮、【Substrate Editor】按钮、【iViewer】按钮和【TLine】按钮等。

2. 原理图设计界面

AetherMW 的原理图设计界面如图 9.10 所示，该界面为用户提供了方便的设计原理图的环境。

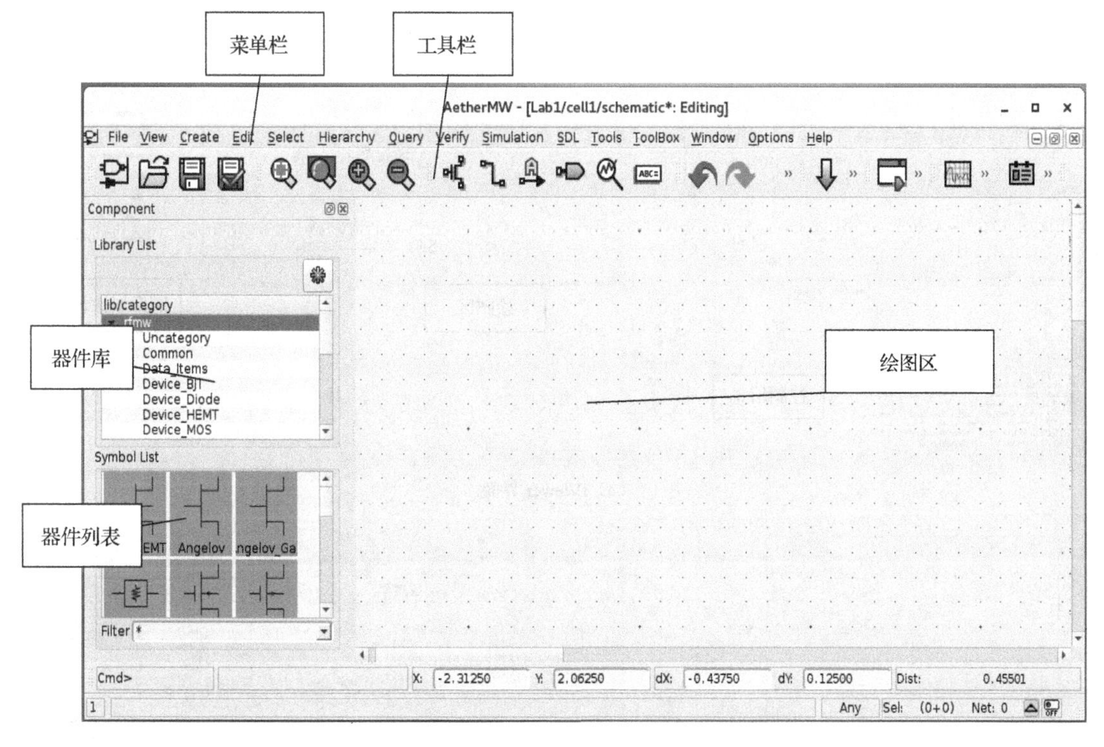

图 9.10　原理图设计界面

原理图设计界面包括菜单栏、工具栏、器件库、器件列表和绘图区等。其中，器件库和器件列表包含用户可能需要的器件模型，并通过器件列表分类管理，当用户选择一类器件或仿真控件时，器件列表中会显示当前选定类型的所有器件或仿真控件。

3. Layout 版图设计界面

Layout 版图设计界面与原理图设计界面的内容基本相同，用来进行 Layout 版图的设计、编辑和仿真。用户可以在 Layout 版图设计界面创建一个 Layout 版图，还可以添加连接线来描述电气连接。

4. 数据显示界面

iViewer 界面是 AetherMW 的数据显示界面。用户使用数组存储自己输入的仿真信息，当完成仿真分析时，可在 iViewer 界面显示这些信息，以便进行直观分析。在 iViewer 界面中，用户可以用多种图表显示数据，还可以使用标记读取曲线上特定点的数据和使用公式表现对数据的处理等操作。如果要从主界面、原理图设计界面查看仿真结果，则可选择【Tools】→【iViewer】选项，使用对话框载入。

iViewer 界面由菜单栏、工具栏、标记工具栏、数据源列表、绘图区、图像属性设置区和控制信息等部分组成。iViewer 界面和数据结果显示形式如图 9.11 所示。

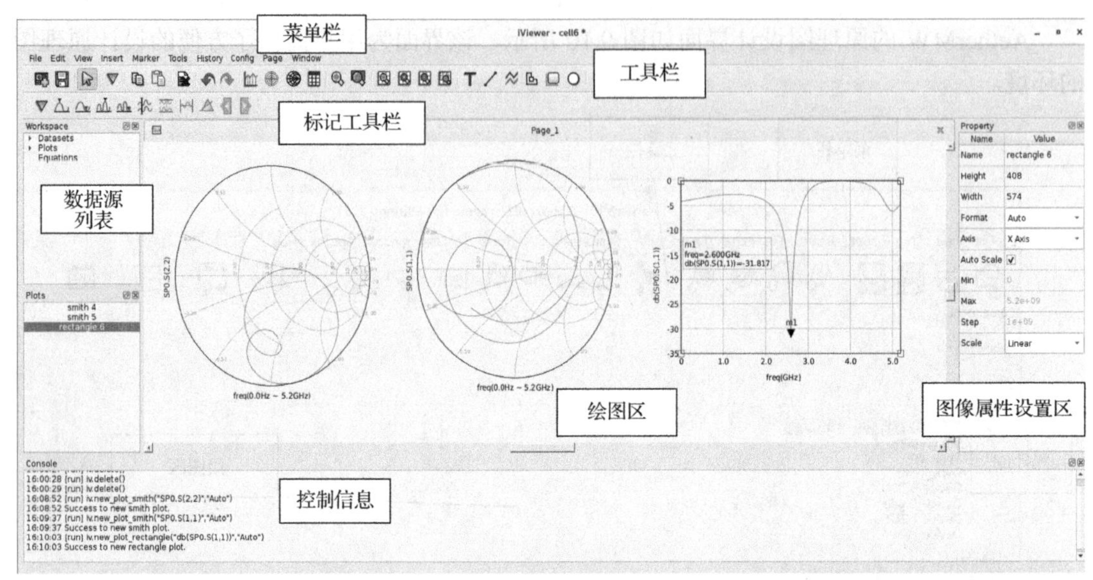

（a）iViewer 界面

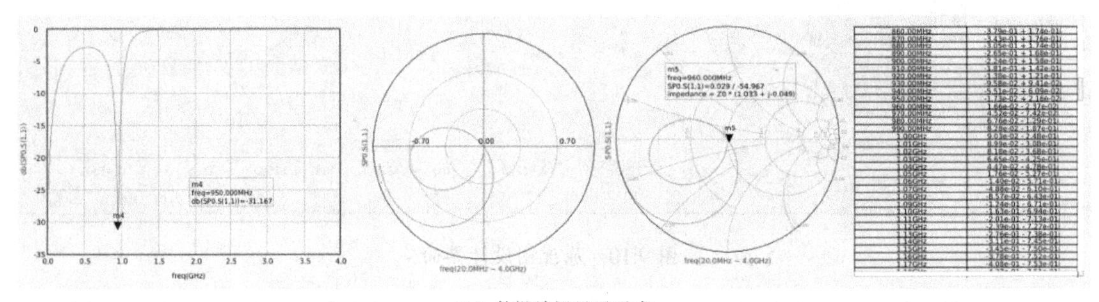

（b）数据结果显示形式

图 9.11　iViewer 界面和数据结果显示形式

工具栏给出了 iViewer 界面支持的数据结果显示形式，包括直角坐标、极坐标、Smith 圆图、数据列表等，可通过【Fit All】按钮来调整结果图的大小使其完整显示。

结果图的设置界面如图 9.12 所示。其中，【Type】窗口确定结果图的基本类型，默认是直角坐标，【Select Type】区域选择曲线类型，包括散点图、连线图、频谱图、直方图、眼图等，Data Source 栏选择数据来源，Function 栏确定输出函数，可以是带显示数据的 dB 值、幅度值、相位值、实部、虚部等。【Config】窗口确定显示图形的配置，包括图形的长度、宽度，横纵轴的配置（是对数坐标还是线性坐标等），一般采用默认选项即可，在有特殊需求的情况下需要根据结果的范围来调整横纵轴的配置。

此外，结果图可以使用 Marker 功能对波形进行标记和测量。

除直接显示仿真结果外，还可以在数据源列表中，右击【Equations】选项创建并插入公式，通过调用软件自带的各种不同函数进行二次计算后，将结果波形显示出来，如图 9.13 所示。

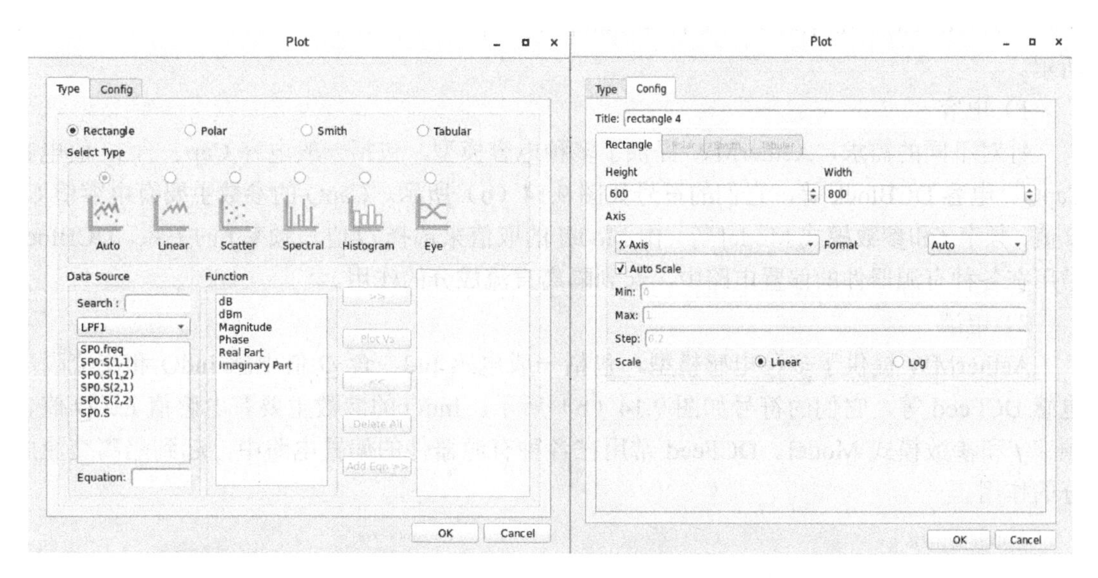

图 9.12　结果图的设置界面

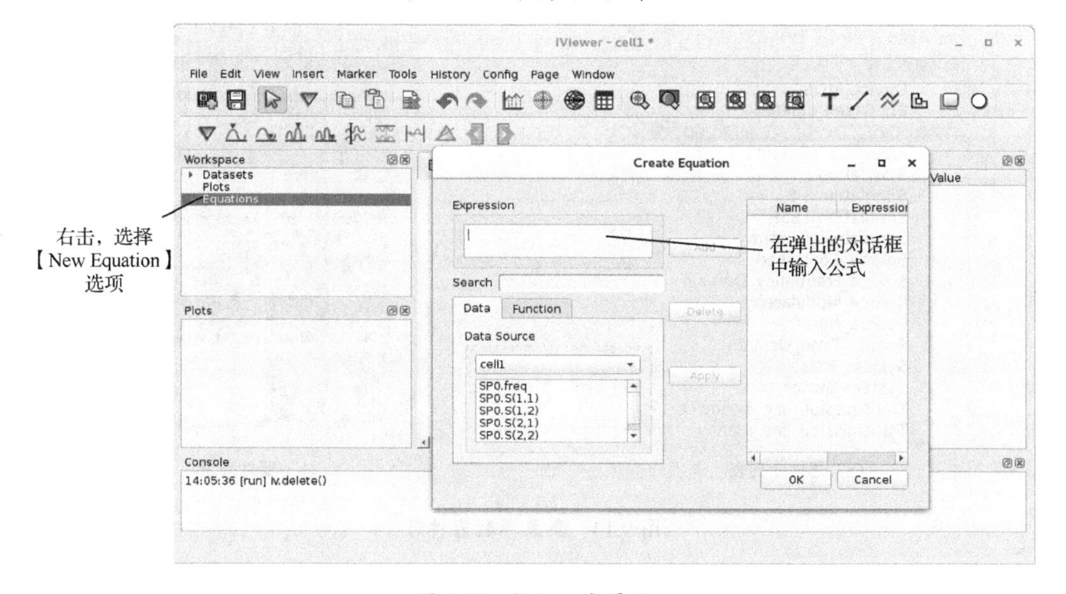

图 9.13　插入公式界面

9.2.3　基本器件

在原理图设计和仿真的过程中，经常会用到基本器件。AetherMW 自带 RFMW 库，它是汇集了各类 RFMW 器件符号的基础库，在整个射频电路的前端设计过程中起到重要的支撑作用。

1. 集总参数器件

集总参数器件包括电容、电感和电阻等各类无源器件，在进行电路设计时这些器件必不可少。AetherMW 的集总参数器件库 Lumped_Components 提供了多种模型，如图 9.14（a）所示。

1）电容

针对不同的需求，AetherMW 提供了多种电容模型，包括一般电容 Cap、含 Q 值电容 CapQ、电容 DCBlock 等，它们的符号如图 9.14（b）所示。CapQ 的参数主要有电容值 C、Q 值、频率 f 和参数模式 Model 等，由 Model 的取值来选择 Q 值与频率 f 的关系。DCBlock 常用在各种有源器件的偏置电路中，起到隔离直流成分的作用。

2）电感

AetherMW 提供了多种电感模型，包括一般电感 Ind、含 Q 值电感 IndQ 和交流隔离电感 DCFeed 等，它们的符号如图 9.14（b）所示。IndQ 的参数主要有电感值 L、Q 值、频率 f 和参数模式 Model。DCFeed 常用在各种有源器件的偏置电路中，起到隔离交流成分的作用。

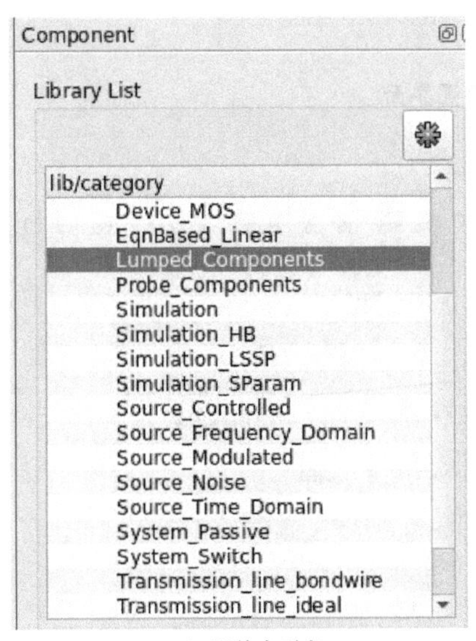

（a）器件库列表

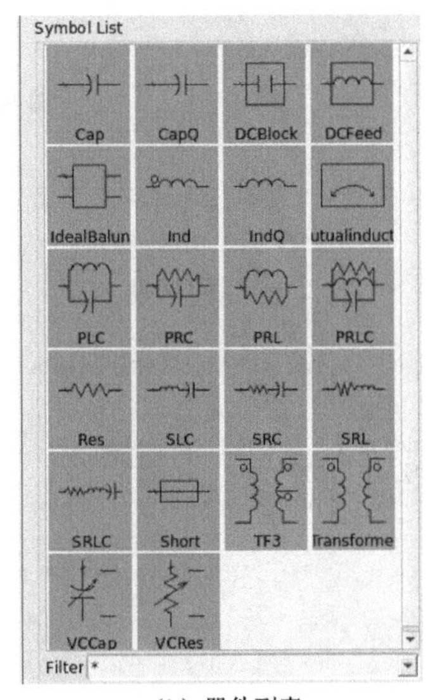

（b）器件列表

图 9.14　集总参数器件库

3）电阻

AetherMW 提供了多种电阻模型，通常只用到一般电阻 Res。

4）RLC 单元

除单个的集总参数器件外，AetherMW 还提供了 RLC 单元，如电感、电容并联单元 PLC（主要参数为电感值 L 和电容值 C），电阻、电容并联单元 PRC（主要参数为电阻值 R 和电容值 C），电阻、电感并联单元 PRL（主要参数为电阻值 R 和电感值 L），电阻、电感、电容并联单元 PRLC（主要参数为电感值 L、电容值 C、电感值 L），电感、电容串联单元 SLC，电阻、电容串联单元 SRC，电感、电阻串联单元 SRL 和电阻、电感、电容串联单元 SRLC 等。

2．分布参数器件

AetherMW 提供了各种分布参数器件模型，分布参数器件库主要包括各种传输线，如理想传输线 Transmission_line_ideal、微带传输线 Transmission_line_microtrip、带状传输线 Transmission_line_stripline 和波导传输线 Transmission_line_waveguide 等，如图 9.15（a）所示。

1）理想传输线

选择【Transmission_line_ideal】选项，就可以在模型列表中查看各种理想传输线模型，如图 9.15(b)所示，包括理想传输线 TLINE、理想耦合线 CLINE、理想短路线 TLINE_SHORT 和理想开路线 TLINE_OPEN 等。

2）微带传输线

选择【Transmission_line_microtrip】选项，就可以在模型列表中查看各种形状的微带传输线模型，如图 9.15（c）所示，包括一般微带传输线 MLINE、耦合微带传输线 MS_CFIL、微带短路线 MLINE_SHORT、微带开路线 MLINE_OPEN、微带直角连接线 MS_CORN、微带弧形线 MS_CURVE、薄膜电阻 TFR、微带 T 形结 MS_TEE、微带扇形线【MS_RSTUB】等。微带传输线的电参数很多，可以通过微带传输线参数设置控件 MSub 进行设置，对于每个微带传输线的尺寸参数（如长度、宽度）等，需要双击每个微带传输线单独进行设置。当进行微带电路设计时，经常要用到此类器件。

3）带状传输线

选择【Transmission_line_ stripline】选项，就可以在模型列表中查看各种形状和特性的带状传输线模型，如图 9.15（d）所示。

4）波导传输线

选择【Transmission_line_waveguide】选项，就可以在模型列表中查看各种波导传输线模型，如图 9.15（e）所示，如矩形波导传输线、共面波导传输线、终端短路波导传输线和终端开路波导传输线等。

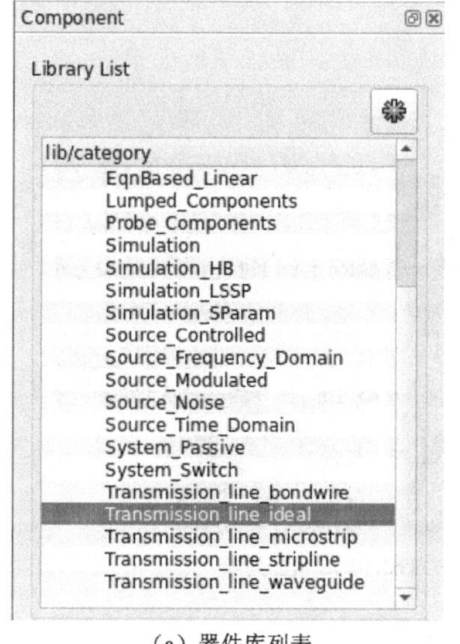

（a）器件库列表

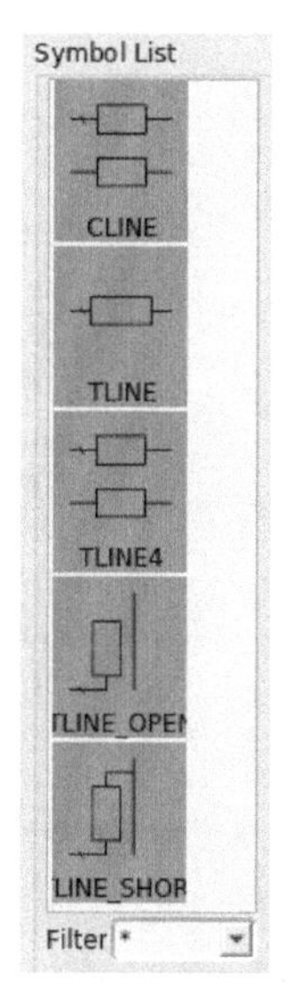

（b）理想传输线模型列表

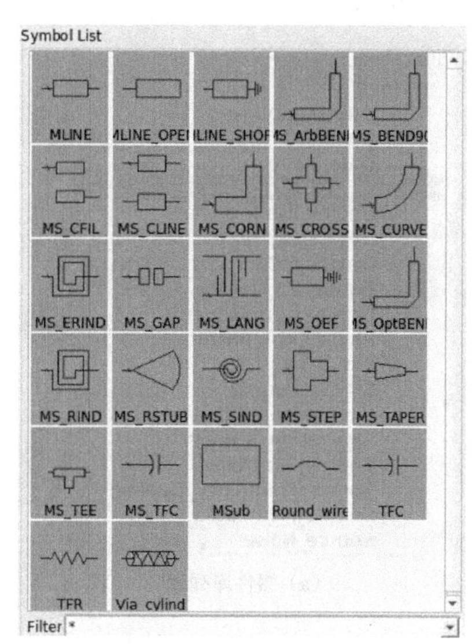

（c）微带传输线模型列表

图 9.15　传输线

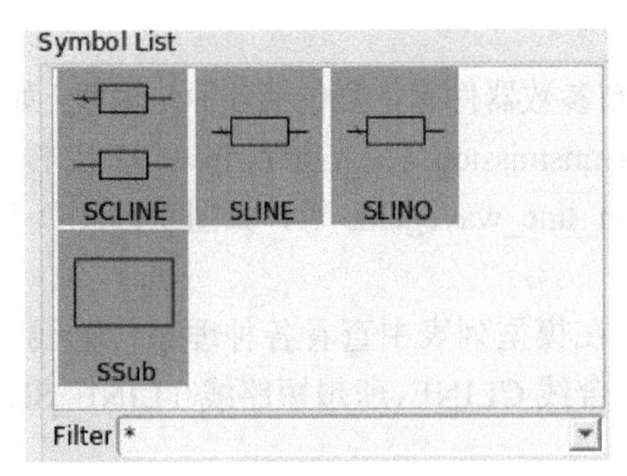

（d）带状传输线模型列表

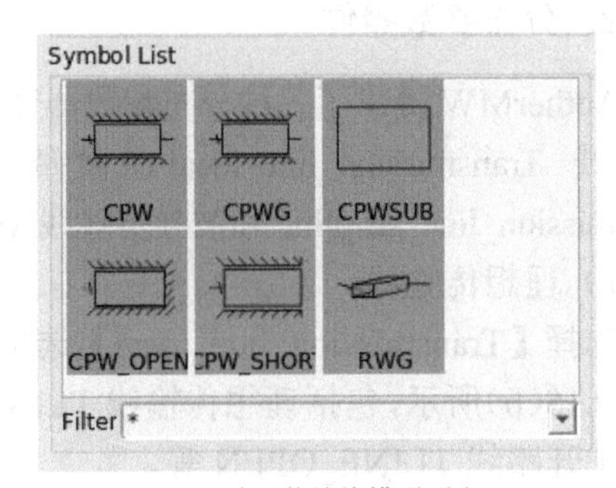

（e）波导传输线模型列表

图 9.15　传输线（续）

3. 有源器件

AetherMW 提供了各种有源器件模型，主要包括二极管 Device_Diode 和三极管 Device_BJT 等，如图 9.16（a）所示。

1）二极管

AetherMW 提供了多种二极管模型，用户可以针对不同的仿真情景来选择合适的二极管模型。选择【Device_Diode】选项，就可以在模型列表中查看各种二极管模型，如图 9.16（d）所示，使用时可填写其 Model 以适配仿真。

2）三极管、HEMT 和 MOS

三极管、HEMT 和 MOS 可以通过器件库列表中的【Device_BJT】选项、【Device_HEMT】选项和【Device_MOS】选项来查看，如图 9.16（c）、图 9.16（e）和图 9.16（b）所示。三极管、HEMT 和 MOS 的参数很多，用户可以对它们分别进行设置，使用时可填写其 Model 以适配仿真。

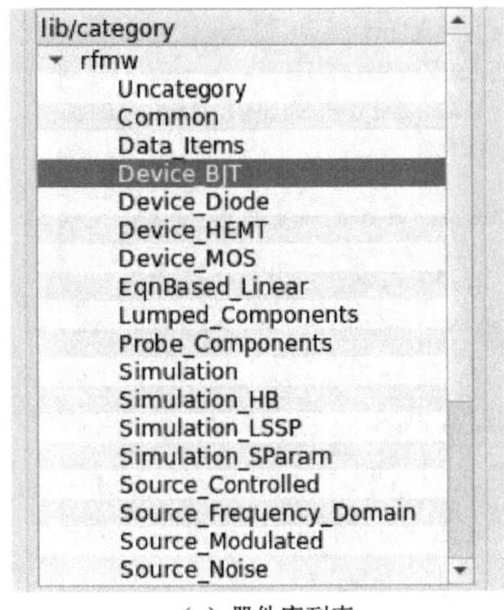

（a）器件库列表

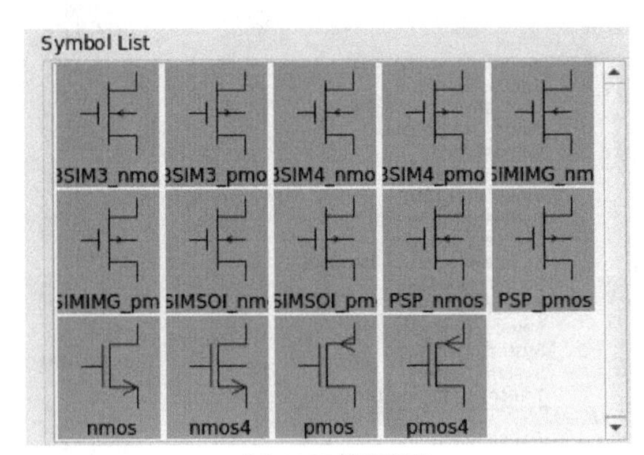

（b）MOS 模型列表

图 9.16　二极管、三极管、HEMT 和 MOS

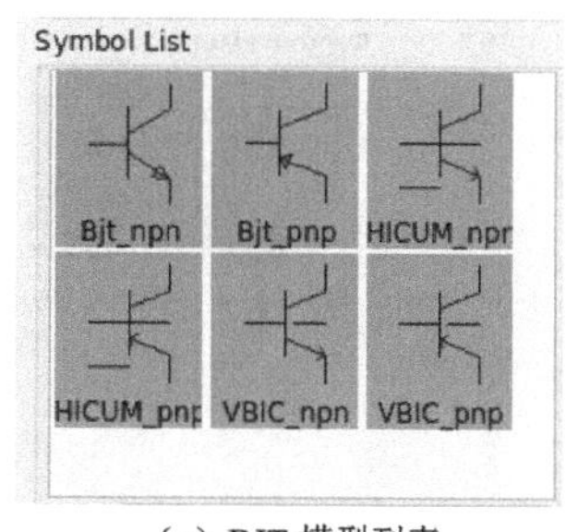

（c）BJT 模型列表

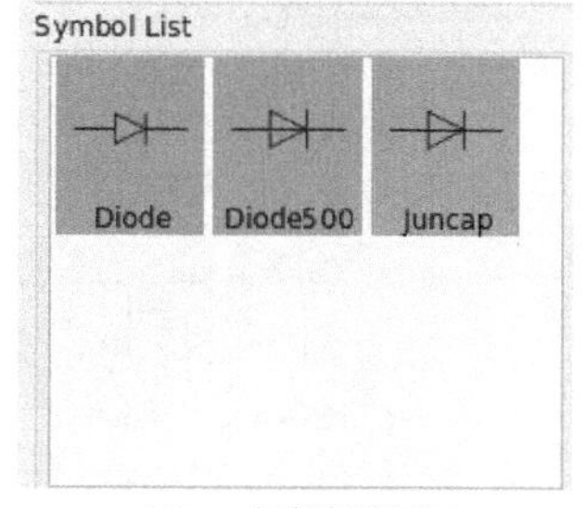

（d）二极管模型列表

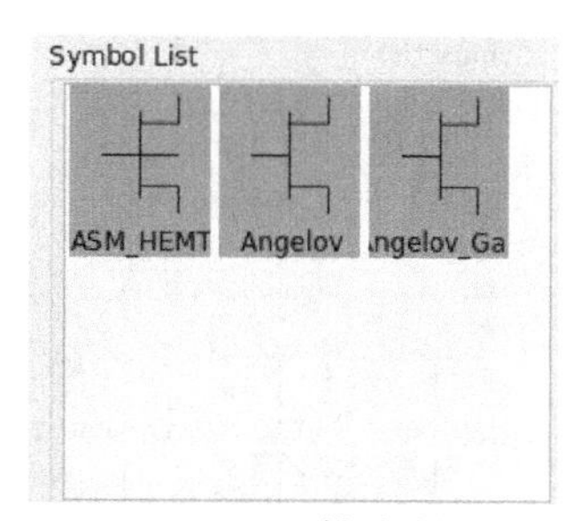

（e）HEMT 模型列表

图 9.16　二极管、三极管、HEMT 和 MOS（续）

4. 信源

AetherMW 中的信源有多种模型，包括时域源模型 Source_Time_Domain、频域源模型 Source_Frequency_Domain、受控源模型 Source_Controlled 和噪声源模型 Source_Noise 等，如图 9.17（a）所示。

（1）时域源模型提供了各种时域表示的信源，包括时钟源、数字源、时域电压源、时域电流源等。时域源主要应用于各种时域仿真中，用户可以在器件库列表中通过选择【Source_Time_Domain】选项来查看各种时域源模型，如图 9.17（b）所示。

（2）频域源模型提供了各种频域表示的信源，有频域电压源、频域电流源、多频信源及带有相位噪声的本振源等，可以通过在器件库列表中选择【Source_Frequency_ Domain】选项来查看各种频域源模型，如图 9.17（c）所示。

（3）受控源模型包括电流控电流源（CCCS）、电流控电压源（CCVS）、电压控电流源（VCCS）和电压控电压源（VCVS）等，可以通过在器件库列表中选择【Source_Controlled】选项来查看各种受控源模型，如图 9.17（d）所示。

（4）噪声源模型提供了电流噪声源和电压噪声源，并提供了一个二端口网络的等效噪声源，用户可以通过噪声源方便地分析电路或系统的噪声系数等关键噪声指标。噪声源模型列表如图 9.17（e）所示。

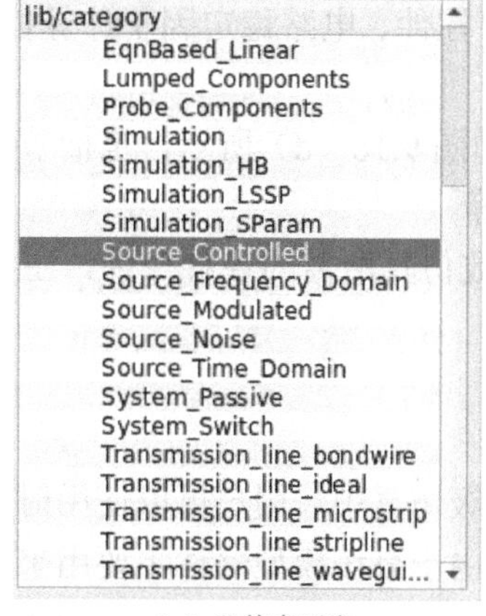

（a）器件库列表

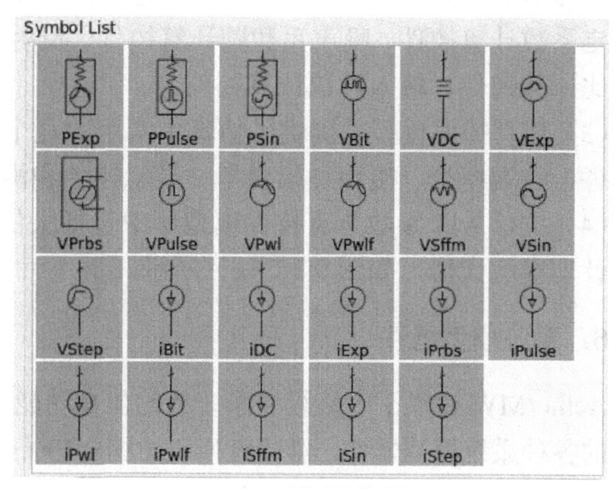

（b）时域源模型列表

图 9.17　各类信源

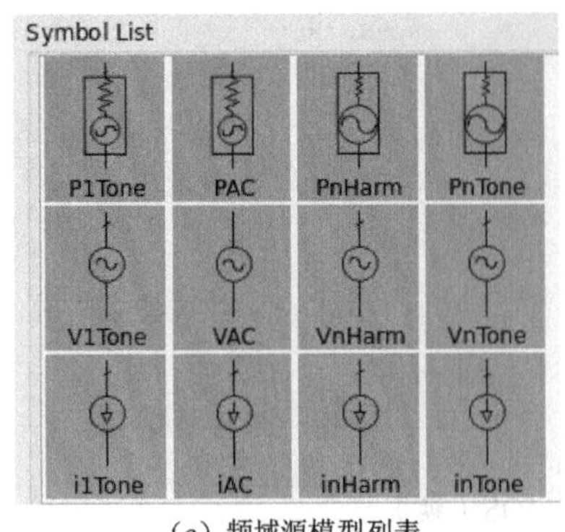

（c）频域源模型列表

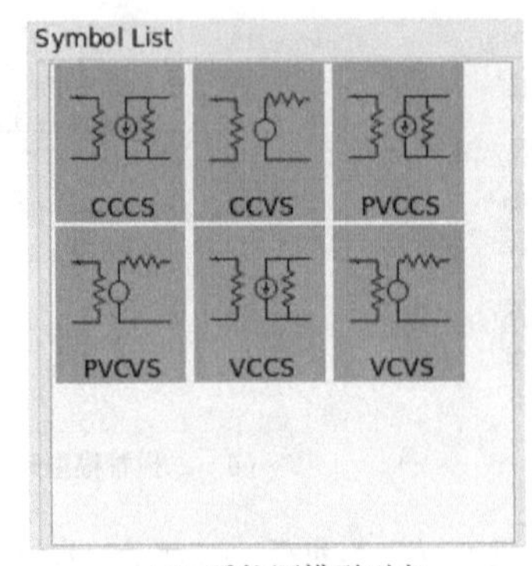

（d）受控源模型列表

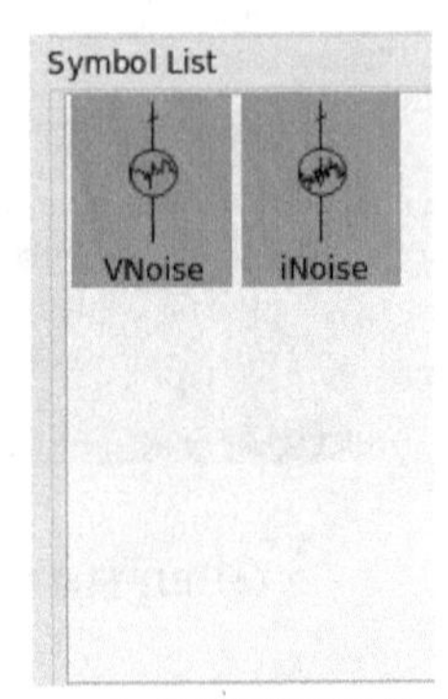

（e）噪声源模型列表

图 9.17　各类信源（续）

5. 仿真控件

在 AetherMW 的器件库中提供了各类仿真控件，包括谐波平衡仿真控件 Simulation_HB、*S* 参数仿真控件 Simulation _SParam、仿真控件 Simulation、大信号 *S* 参数仿真控件 Simulation _LSSP 等，如图 9.18（a）所示。

（1）谐波平衡仿真控件模型库提供了系统进行谐波平衡仿真所需的各种控件，如图 9.18（b）所示。谐波平衡仿真是一种仿真非线性电路与系统的频域分析技术，可直接获得频域的电压、电流并计算出稳态时的频谱。对于非线性电路分析，谐波平衡仿真可以提供一个比较快速有效的分析方法。谐波平衡仿真控件模型库中包括各类三阶互调仿真控件、谐波失真仿真控件、非线性噪声分析仿真控件等。采用谐波平衡仿真控件可以仿真噪声系数、饱和电平、三阶截断点、本振泄漏、镜频抑制、中频抑制和组合干扰等参数，对于设计射频放大器、混频器、振荡器十分有用。当设计大规模 RFIC 或 RF/IF 子系统时，由于存在大量的谐波和交调成分，因此谐波平衡仿真必不可少。

（2）*S* 参数仿真控件模型库提供了 *S* 参数仿真所需的各种控件，如图 9.18（c）所示。*S* 参数仿真在微波射频电路设计和仿真中会经常用到，其基本功能就是仿真一段频率范围内的 *S* 参数。*S* 参数仿真控件模型库中包括最大增益计算控件、电压增益计算控件、负载/源稳定系数计算控件、噪声系数圆计算控件、反射系数计算控件、电路稳定因子计算控件、驻波比计算控件、输入阻抗计算控件等。

（3）仿真控件模型库提供了仿真中常用的几个控件，如图 9.18（d）所示，包括节点设置控件、终端模型、接地终端模型、显示控件和测量控件等。

（4）大信号 *S* 参数仿真控件模型库中包括大信号 *S* 参数仿真所需的各种控件，主要用于设计功率放大器，如图 9.18（e）所示。

6. 系统模型器件

AetherMW 提供了电路级和系统级的仿真功能，在系统级仿真中，用户可以使用射频电路中的各种系统模型器件，器件库列表如图 9.19（a）所示。由于系统模型器件主要用来进行系统级仿真，因此其参数一般只包括模块本身的性能参数，而不包括具体电路器件的相关参数。AetherMW 中的系统模型器件库主要包括无源器件模型库 System_Passive 和开关器件模型库 System_Switch。

（1）无源器件模型库给出了各种无源的系统级电路器件，如图 9.19（b）所示，主要包括衰减器、功率分配器、耦合器、移相器等器件，在进行系统级仿真时会经常用到。

（2）开关器件模型库给出了各种开关的系统级电路模型，如图 9.19（c）所示。

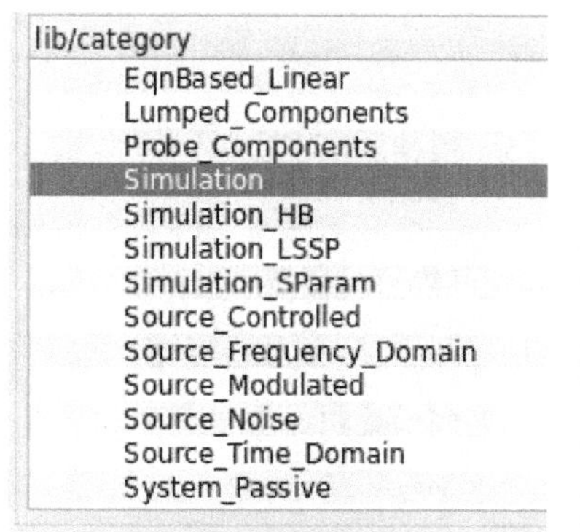

（a）器件库列表

（b）Simulation_HB 模型列表

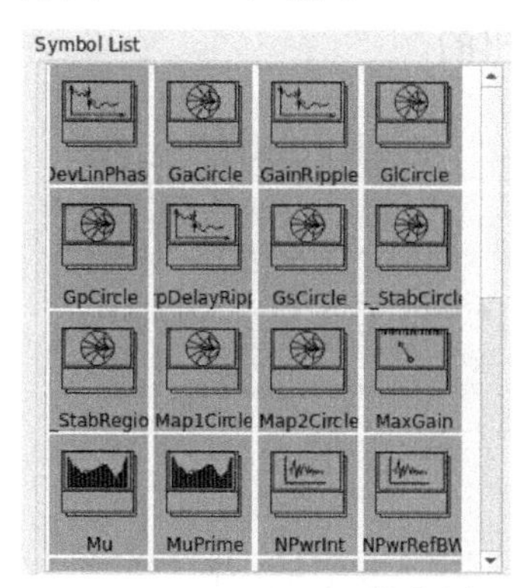

（c）Simulation_SParam 模型列表

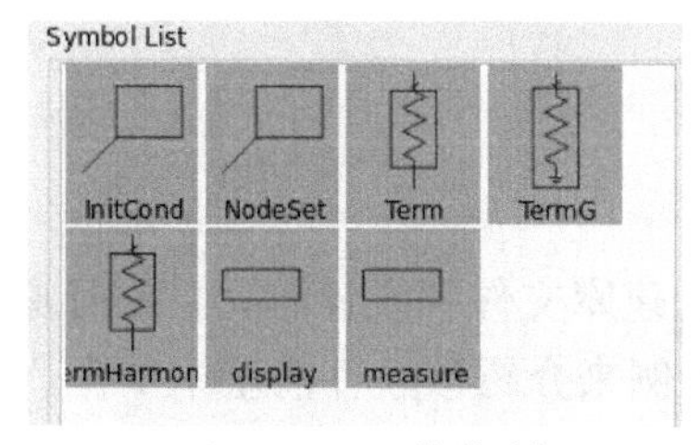

（d）Simulation 模型列表

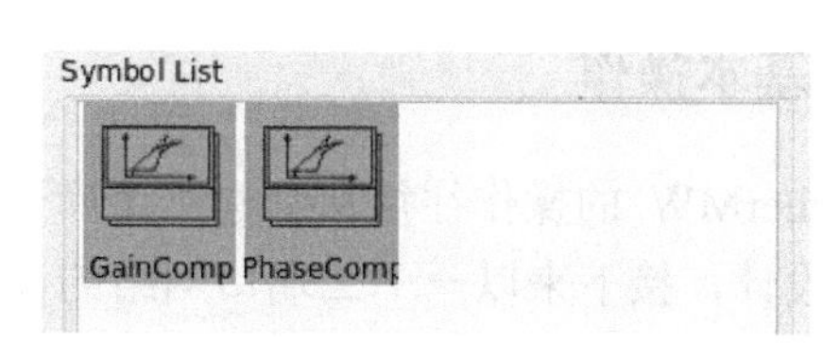

（e）Simulation_LSSP 模型列表

图 9.18　各类仿真控件

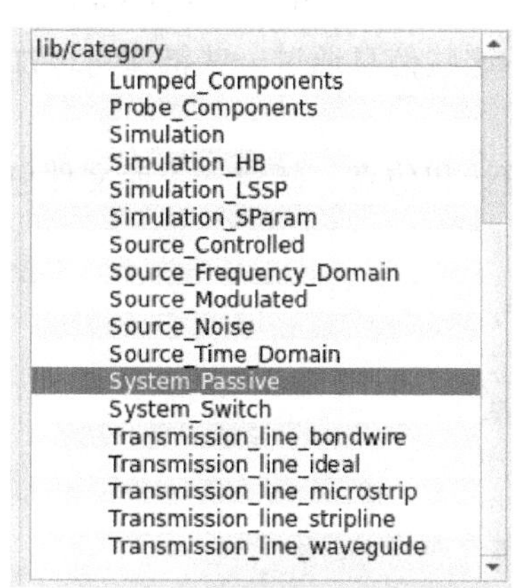

（a）器件库列表

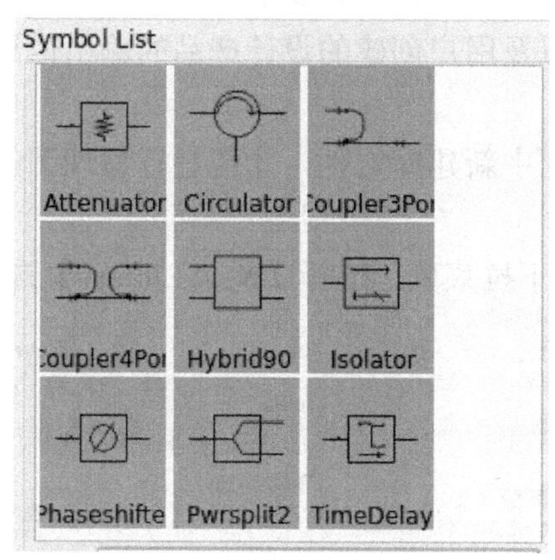

（b）无源器件模型列表

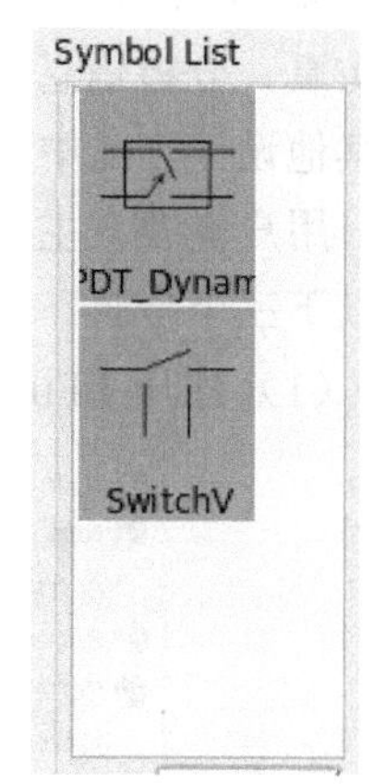

（c）开关器件模型列表

图 9.19　各类系统模型器件

7．其他模型器件

（1）测量器件模型库 Probe_Components 中包括各类测量器件模型，如图 9.20（a）所示，可以测量电路中的电压、电流、功率和频谱等。

（2）数据管理模型库 Data_Items 中器件的主要功能是对软件中的数据条目进行管理，如图 9.20（b）所示。

（3）基于方程的线性网络模型库 Eqn Based_Linear 中包括各种线性网络模型，如图 9.20（c）所示，这些网络模型的参数（如 S 参数、Y 参数、Z 参数等）都是以线性方程的形式给出的。

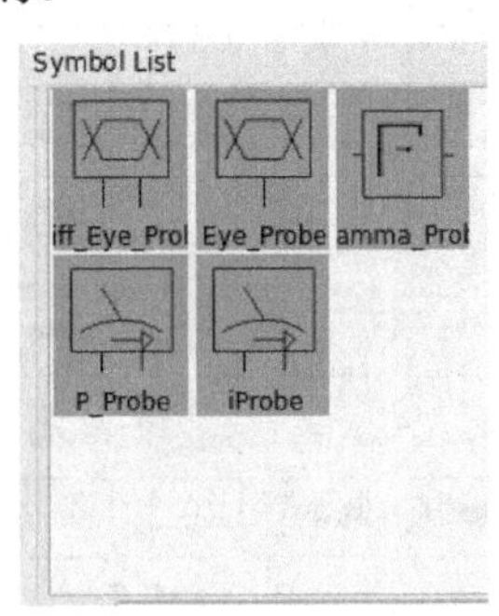

（a）测量器件模型列表

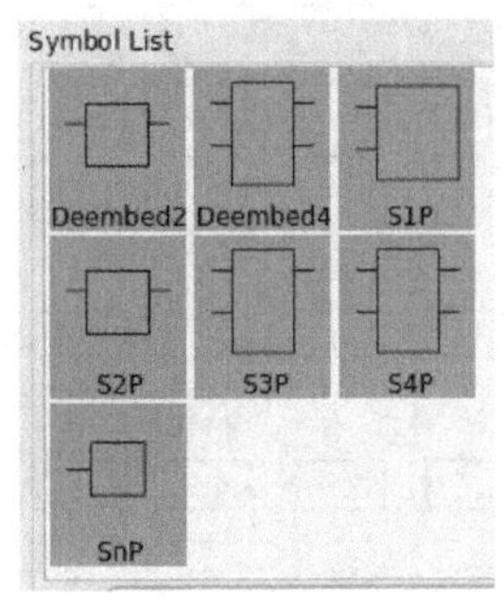

（b）数据管理模型列表

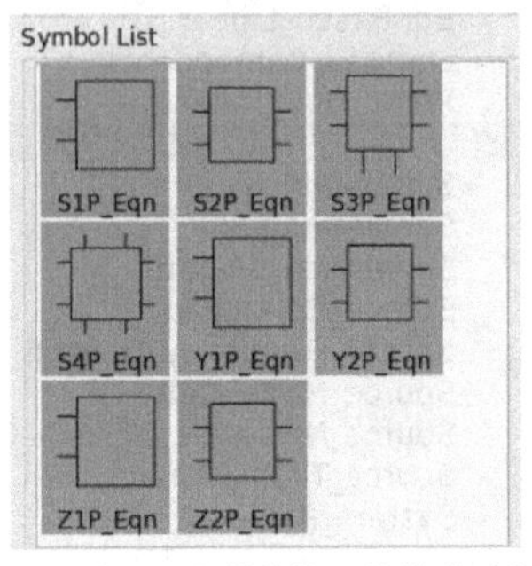

（c）基于方程的线性网络模型列表

图 9.20　其他模型器件

9.2.4　基本操作

AetherMW 的操作往往从新建一个库开始，用于新建库文件和设计单元，进行原理图和仿真设计，接下来以一个二端口网络的设计和仿真为例来介绍该软件的基本操作。

1．新建、打开和保存库文件

AetherMW 使用库文件自动组织和存储数据，一个库中包括电路原理图和 Layout 版图的仿真、分析信息，以及用户创建的设计产品的输出信息，这些信息通过一些链接可以加到其他设计产品中。

用户需要在主界面中新建库文件，才能进行原理图的设计和仿真。新建一个库文件包括以下三个步骤。

（1）打开【File】下拉菜单，选择【New Library】选项，如图 9.21 所示。

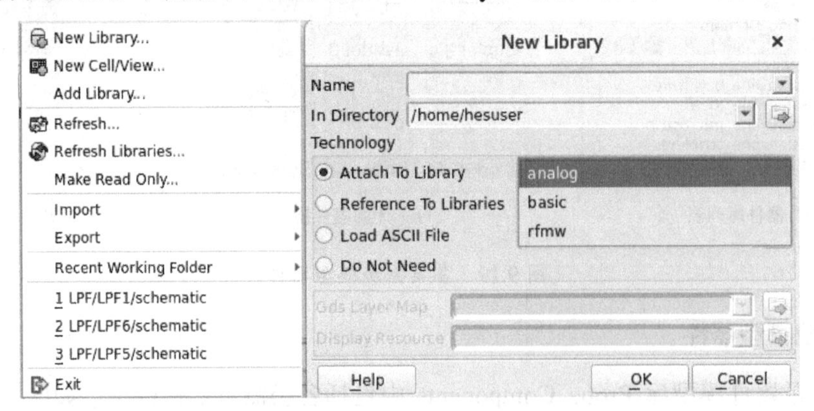

图 9.21　新建库文件的操作界面

（2）在弹出的【New Library】对话框中输入新建库的信息：在 Name 栏中输入库名称，在 In Directory 栏中改变库的存储路径。

（3）首先打开【Attach To Library】的下拉栏，把新建库添加到 rfmw 器件库中，然后单击【OK】按钮，完成该库的创建。

2．新建设计单元

在菜单栏中单击【File】选项卡，在下拉菜单中选择【New Cell/View】选项，弹出【New Cell/View】对话框，这时【View Type】默认的是 Schematic，即原理图，如图 9.22 所示。在【New Cell/View】对话框中设置新建原理图的信息。设置完成后，软件会自动生成并打开一个原理图。如果需要新建版图，则打开【View Type】下拉栏，选择【Layout】选项，即可新建版图。一个库文件可以包含多个设计单元，所有设计单元都可以直接在主界面或从一个设计界面内显示和打开。

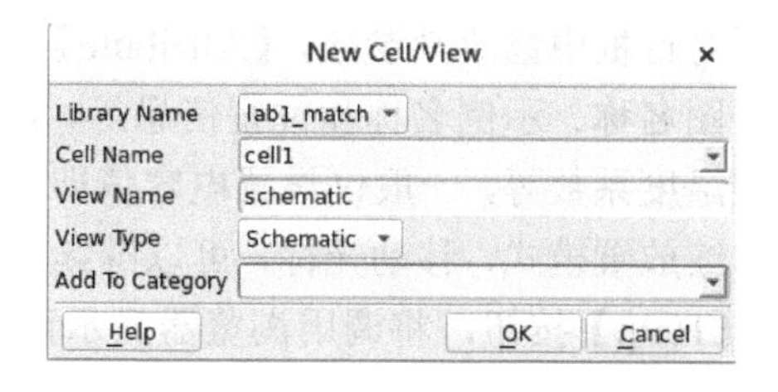

图 9.22　新建设计单元操作界面

3．设置原理图参数

对于一个新的原理图，首先需要按照设计需求或使用习惯对原理图的参数进行设置，参数设置通过原理图设计界面【Options】选项卡下的【Settings】选项来完成，其对话框如图 9.23（a）所示。通过设置【Display】窗口下的 Type，原理图背景可显示点或线。

默认的原理图背景为白色。如需设置原理图背景、器件、引脚、标记等的颜色，可通过原理图设计界面【Options】选项卡下的【Color】选项来完成，其对话框如图 9.23（b）所示，使用时可根据实际需求来调整各部分的颜色，单击【Apply】按钮，完成颜色设置。当颜色设置应用于当前场景时，选择【Apply the setting to current section】选项；当颜色设置应用于本工程下所有设计时，选择【Apply the setting to current project】选项；当颜色设置应用于本用户下的所有工程时，选择【Apply the setting to current user】选项。

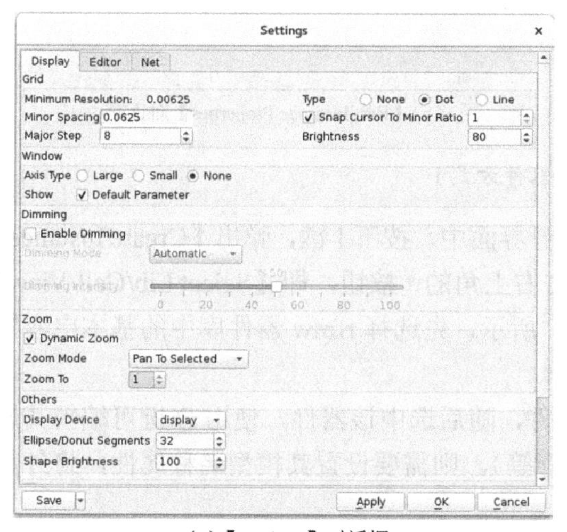

（a）【Settings】对话框

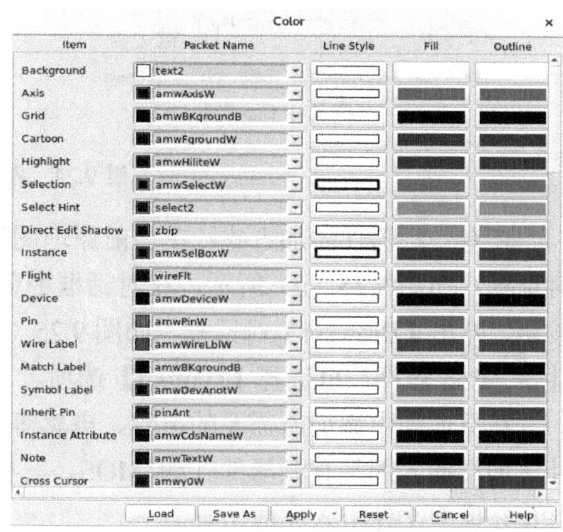

（b）【Color】对话框

图 9.23　原理图参数设置对话框

4．在原理图中添加器件

在原理图设计界面的绘图区，用户可以添加或连接器件、信源和仿真控件。用户还可以添加整个电路作为子电路来进行分级设计。添加器件的过程如下。

以在原理图中添加一个电容为例，最直接的方式是单击原理图设计界面中 lib/category 栏下的【rfmw】前面的倒三角，展开器件库，选中 rfmw 器件库的【Lumped Components】中的 Cap 器件，如图 9.24（a）所示，移动光标到绘图区，单击鼠标右键可以对 Cap 器件进行旋转，使用鼠标滚轮可以进行原理图放大/缩小，使其适应原理图的总体设计。单击鼠标左键，将 Cap 器件放置在原理图中。双击该 Cap 器件，可在弹出的图 9.24（b）所示对话框中修改其参数，【Attribute】区域列出了该 Cap 器件所在的库名称、器件名称、视图名称、示例名称和位置信息等，【Parameter】区域列出了该 Cap 器件的模型、电容值、温度系数等，一般仅设置电容值即可。在默认方式下，原理图编辑环境中设置的是器件连续放置模式，移动光标，可以继续放置第二个器件。按下 Esc 键结束器件放置操作。单击【Help】按钮，将调用浏览器显示该器件的帮助信息。

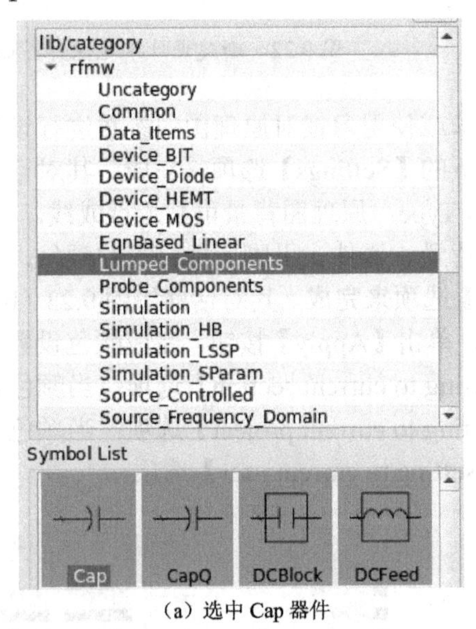

（a）选中 Cap 器件

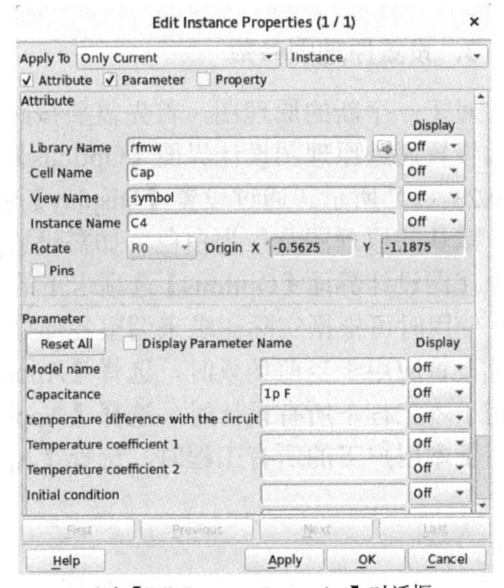

（b）【Edit Instance Properties】对话框

图 9.24　添加器件方式 1

还有一种器件添加方式：在当前原理图设计界面中，按下 I 键，弹出【Create Instance】对话框，如图 9.25（a）所示，在对话框中单击右上角的按钮，即【Select Lib/Cell/View】按钮，弹出【Browser】对话框，如图 9.25（b）所示，先选择 rfmw 器件库中的基本电容器件——Cap 器件，再选择【symbol】选项。

在原理图中添加所需要的电容、电感等器件，随后选中该器件，使用 Q 键可编辑其属性。如果插入的是有源器件（如 MOS、三极管等），则需要设置其模型名称属性，将外部 SPICE 模型文件引入完成仿真。

除添加器件外，由于要仿真的是一个二端口网络，因此需要在原理图中添加两个端口，在 rfmw 器件库的 Simulation 库中选择 Term，在 Common 库中选择 GND，将其分别添加到原理图中。注意两侧的 Term 器件的端口号，*S* 参数仿真结果中的端口号是以 Term 器件的编号为序的，如果有必要，可以双击 Term 器件修改端口号。此外，AetherMW 的原理图编辑环境中除测量器件外，参数不支持复数输入。对于参数支持复数输入的，需要分别输入复数的实部和虚部，如 Term 器件，当需要设置复数阻抗时，实部由 r 参数输入，虚部由 x 参数输入。

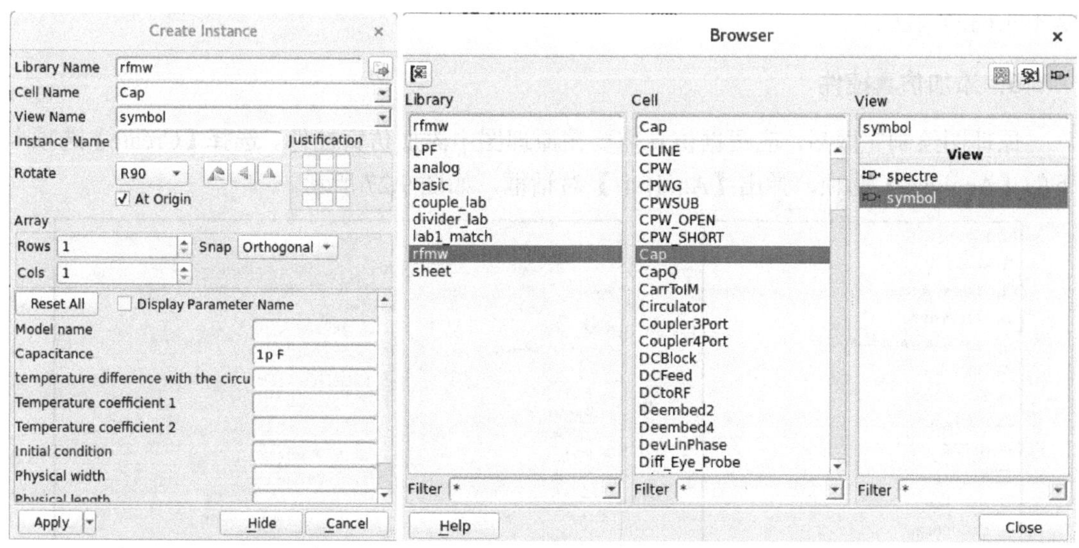

（a）【Create Instance】对话框　　（b）【Browser】对话框

图 9.25　添加器件方式 2

所有的器件都放置在合适的位置后，单击工具栏中的【Wire】按钮或按下 W 键，将光标移动到器件上方连接引脚附近，器件引脚将出现菱形引脚连线捕捉模式，单击开始连线，用导线将器件连接起来，每个器件都有自己的连接点，按 Esc 键结束连线操作。为了后续调整参数的方便，可以把器件的部分参数用变量来表示，示例中两个电容值和一个电感值均用变量表示，分别为 c0、c1 和 l0。先通过菜单栏中【Create】选项卡下的【Variable】选项向原理图中插入变量，再设置变量名称 c0、c1、l0 并为其赋值，从而实现为每个器件的参数赋值。原理图建立示例如图 9.26 所示。

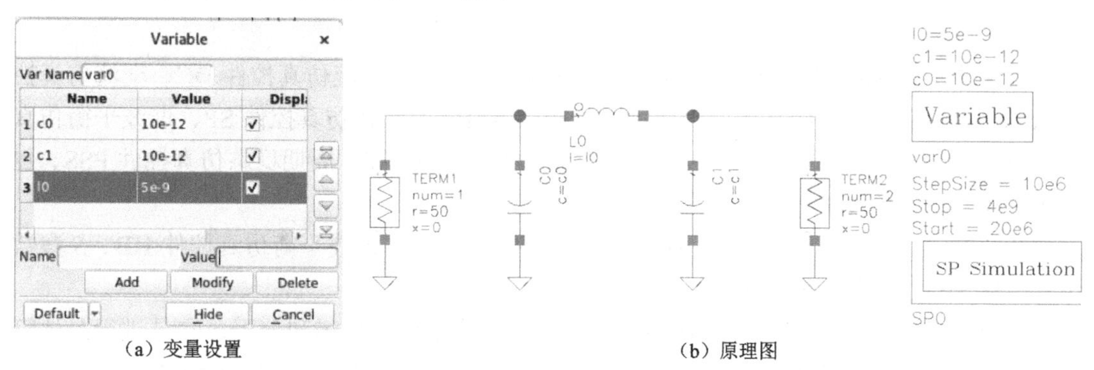

（a）变量设置　　（b）原理图

图 9.26　原理图建立示例

AetherMW 的原理图编辑环境和数据处理环境都支持常数、变量、表达式和函数。原理图中的变量名称支持的字符集为 A～Z、a～z、0～9、_，不支持以数字和特殊符号开头的变量名称。AetherMW 中的器件参数支持“数值+单位”的输入形式，单位不支持变量，数值和单位中间不能有空格，如 5nH、10pF、10mA 等写法是正确的；5 nH、10 pF、10 mA 等写法是不正确的。AetherMW 不支持“变量+单位”的输入形式，如 f0 MHz、c1 nF 等都是不正确的写法。

5．添加仿真控件

原理图绘制完成后，应根据仿真需要在原理图中添加仿真控件。选择【Create】选项卡下的【Analysis】选项，弹出【Analysis】对话框，如图 9.27 所示。

Instance... I
Wire... W
Wide Wire... Shift+W
Wire Name... L
Wire Stubs And Names
Pin... P
Solder Dot D
Patchcord...
NoERC
Net Expression...
Note Text...
Note Shape...
Symbol View...
UpdateSymbol...
Sim Probe
Variable...
Netlist Include...
Statistics
Analysis...
Sweep...
MixSweep...
BatchSim...
From Template...
Measurement...
Assert Checking...

（a）选择【Analysis】选项

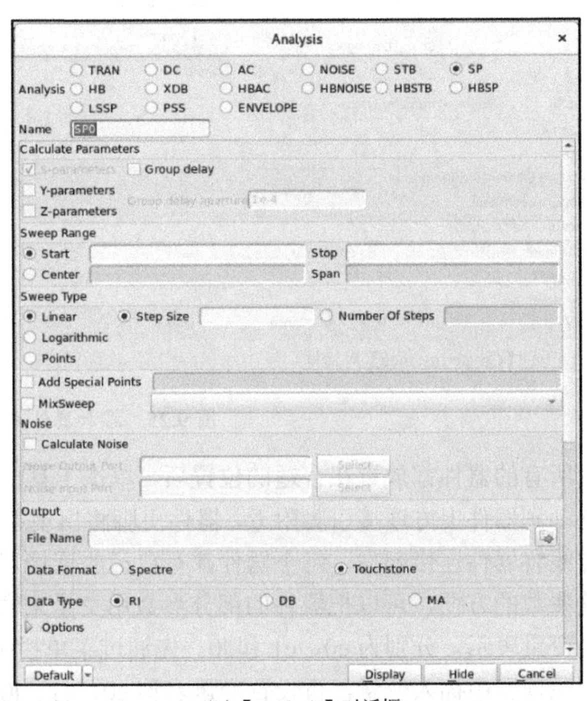

（b）【Analysis】对话框

图 9.27　添加仿真控件示例

可在【Analysis】对话框中选择瞬态仿真控件 TRAN、直流仿真控件 DC、交流仿真控件 AC、噪声仿真控件 NOISE、稳定性分析控件 STB、*S* 参数仿真控件 SP、谐波平衡仿真控件 HB、增益仿真控件 XDB、大信号 *S* 参数仿真控件 LSSP、周期稳态仿真控件 PSS、包络仿真控件 ENVELOPE 等。

图 9.28 给出了直流仿真控件 DC、交流仿真控件 AC、谐波平衡仿真控件 HB、*S* 参数仿真控件 SP 的参数设置界面。

直流仿真控件 DC 可进行电路的拓扑检查及直流工作点扫描和分析，它是进行晶体管仿真的重要工具，其参数设置界面如图 9.28（a）所示，其中【Sweep Variable】区域用来设置其扫描变量的名称、类型、范围等，【Options】区域用来设置仿真的外部辅助信息等。

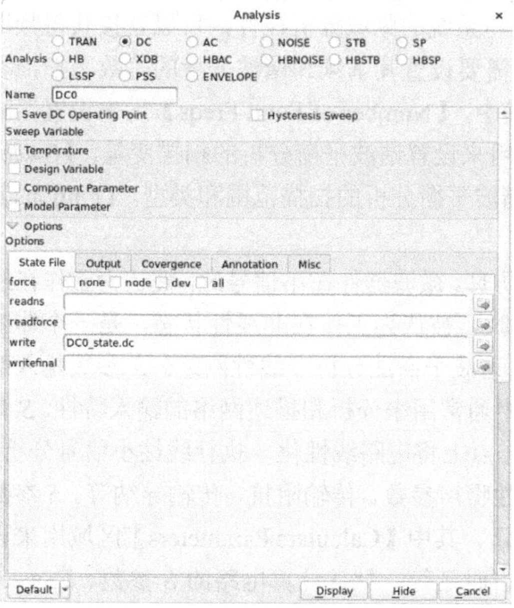

Analysis ×
TRAN DC AC NOISE STB SP
Analysis HB XDB HBAC HBNOISE HBSTB HBSP
LSSP PSS ENVELOPE
Name DC0
Save DC Operating Point
Hysteresis Sweep
Sweep Variable
Temperature
Design Variable
Component Parameter
Model Parameter
Options
Options
State File Output Covergence Annotation Misc
force none node dev all
readns
readforce
write DC0_state.dc
writefinal
Default Display Hide Cancel

（a）直流仿真控件 DC

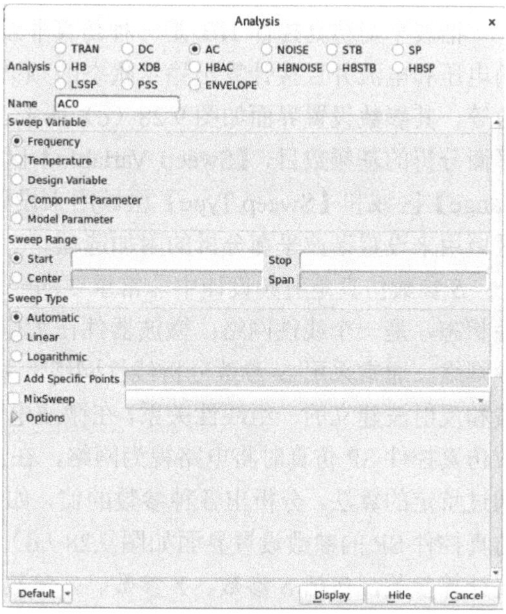

Analysis ×
TRAN DC AC NOISE STB SP
Analysis HB XDB HBAC HBNOISE HBSTB HBSP
LSSP PSS ENVELOPE
Name AC0
Sweep Variable
Frequency
Temperature
Design Variable
Component Parameter
Model Parameter
Sweep Range
Start Stop
Center Span
Sweep Type
Automatic
Linear
Logarithmic
Add Specific Points
MixSweep
Options
Default Display Hide Cancel

（b）交流仿真控件 AC

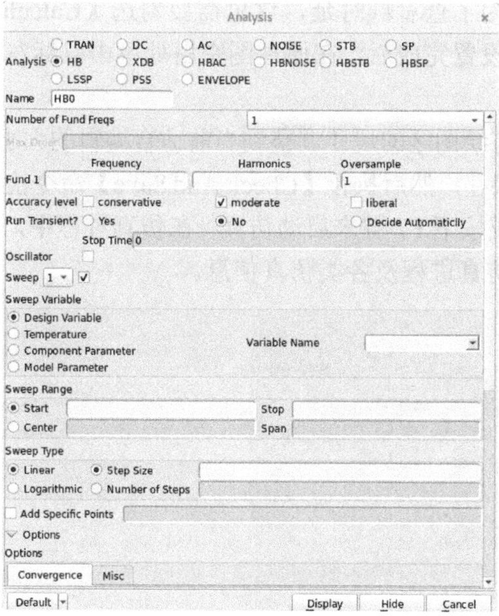

Analysis ×
TRAN DC AC NOISE STB SP
Analysis HB XDB HBAC HBNOISE HBSTB HBSP
LSSP PSS ENVELOPE
Name HB0
Number of Fund Freqs 1
Frequency Harmonics Oversample
Fund 1 1
Accuracy level conservative moderate liberal
Run Transient? Yes No Decide Automaticly
Stop Time 0
Oscillator
Sweep 1
Sweep Variable
Design Variable
Temperature
Component Parameter
Model Parameter
Variable Name
Sweep Range
Start Stop
Center Span
Sweep Type
Linear Step Size
Logarithmic Number of Steps
Add Specific Points
Options
Options
Convergence Misc
Default Display Hide Cancel

（c）谐波平衡仿真控件 HB

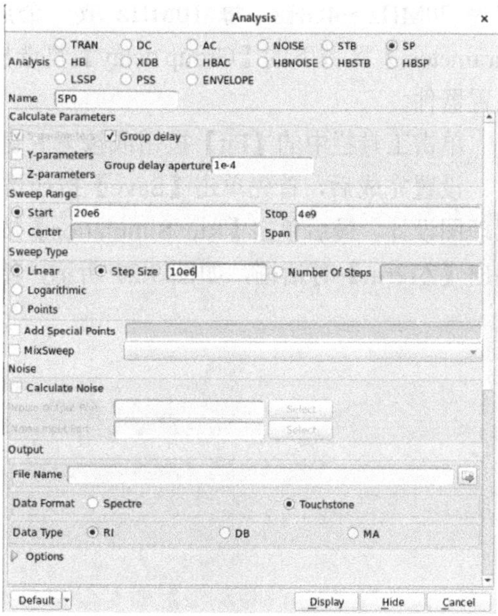

Analysis ×
TRAN DC AC NOISE STB SP
Analysis HB XDB HBAC HBNOISE HBSTB HBSP
LSSP PSS ENVELOPE
Name SP0
Calculate Parameters
Group delay
Y-parameters
Z-parameters
Group delay aperture 1e-4
Sweep Range
Start 20e6 Stop 4e9
Center Span
Sweep Type
Linear Step Size 10e6 Number Of Steps
Logarithmic
Points
Add Special Points
MixSweep
Noise
Calculate Noise
Select
Select
Output
File Name
Data Format Spectre Touchstone
Data Type RI DB MA
Options
Default Display Hide Cancel

（d）*S* 参数仿真控件 SP

图 9.28　*仿真控件参数设置界面*

交流仿真控件 AC 是常用的仿真控件之一，可以扫描各频点上的小信号传输参数。在设计无源电路和小信号有源电路，如滤波器、低噪声放大器时，交流仿真控件 AC 十分有用。在进行电路的交流仿真前，应该首先找到电路的直流工作点，然后将非线性器件在直流工作点附近线性化并执行交流仿真。在交流仿真控件 AC 参数设置界面中，【Sweep Variable】区域用来设置其扫描变量，【Sweep Range】区域用来设置其扫描范围，【Sweep Type】区域用来设置其扫描类型，如图 9.28（b）所示。

谐波平衡仿真控件 HB 是一种仿真非线性与系统的频域分析控件，可以直接获得频域的电压和电流并直接计算出稳定状态的频谱，需要设置其基频和谐波分量的阶数、扫描参数等，其参数设置界面如图 9.28（c）所示。其中，【Number of Fund Freqs】用来设置谐波平衡分析的基频数目，【Sweep Variable】区域用来设置谐波平衡分析的扫描变量，【Sweep Range】区域和【Sweep Type】区域用来设置谐波平衡分析的扫描范围和类型，【Options】区域用来设置谐波平衡分析的附加选项。

S 参数仿真是射频设计中非常重要的一种仿真。微波器件在小信号时，被认为工作在线性状态，是一个线性网络；微波器件在大信号时，被认为工作在非线性状态，是一个非线性网络。通常采用 *S* 参数分析线性网络，采用谐波平衡法分析非线性网络。*S* 参数是入射波和反射波建立的一组线性关系，在微波电路中通常用来分析和描述网络的输入特性。*S* 参数仿真控件 SP 仿真时将电路视为网络，在工作点上将电路线性化，执行线性小信号分析，通过特定的算法，分析出各种参数的值，如线性噪声参数、传输阻抗、传输导纳等。*S* 参数仿真控件 SP 的参数设置界面如图 9.28（d）所示，其中【Calculate Parameters】区域用来设置计算参数，包括 *S* 参数、*Y* 参数、*Z* 参数和群时延等，默认计算电路的 *S* 参数。【Sweep Range】区域用来设置扫描范围。【Sweep Type】区域用来设置扫描类型，这里设置扫描范围为 20MHz～4GHz，每 10MHz 取一个点。为了查看群时延，这里需要勾选【Calculate Parameters】区域下的【Group delay】复选框。设置完成后，在原理图空白处单击鼠标左键放置器件。

单击工具栏中的【Fit】按钮或按下 F 键，将绘图区的尺寸调整到当前适合编辑的大小。

设置完成后，首先单击【Save】按钮进行保存，然后执行【Check And Save】命令检查原理图设计，最后单击【Run Simulation】按钮或按下 F7 键来启动仿真。在仿真过程中，会弹出【ZTerm】对话框，如图 9.29 所示，给出仿真进程及各类仿真信息。

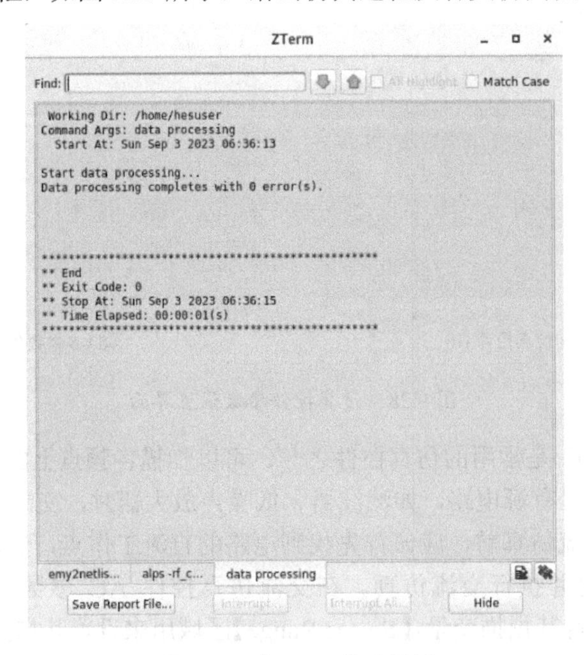

图 9.29　【ZTerm】对话框

6．查看并分析仿真结果

仿真完成后，会自动进入数据显示界面 iViewer。查看仿真结果的基本过程为选择包含需要显示数据的数组，选择绘图类型、选择数据变量和选择扫描类型。为了达到更好的显示效果，用户还可添加用来标识指定数据点的标记或用文本来诠释。具体的过程如下。

（1）首先单击 iViewer 界面左侧【Workspace】区域内【Datasets】前面的倒三角，展开数据，然后单击对应的原理图名称前面的倒三角，这样仿真结果及变量都会在列表中显示，如图 9.30 所示，后面可以分析具体结果。

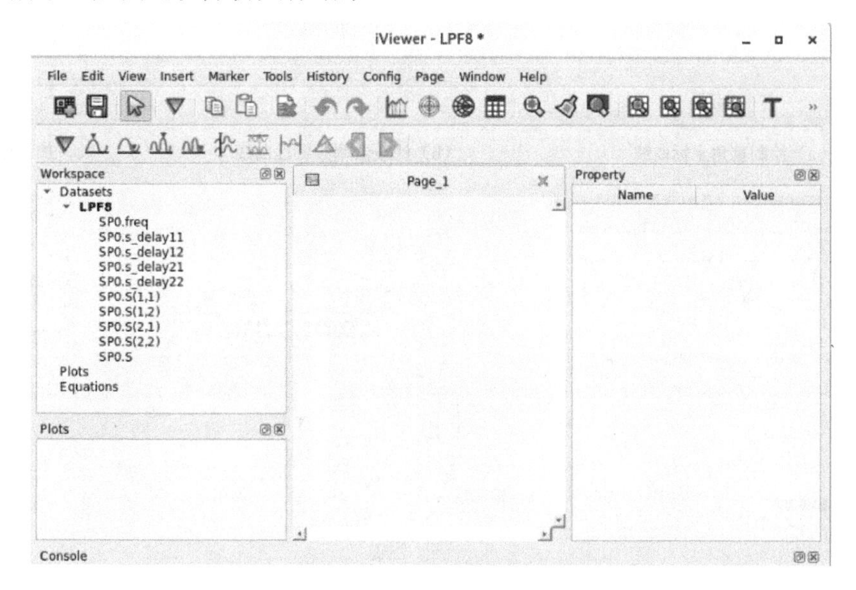

图 9.30　iViewer 界面

（2）单击 iViewer 界面工具栏中的【Rectangle Plot】按钮，在弹出的【Plot】对话框中进行设置，在 Data Source 栏中选择【SP0.S(2,1)】选项，在 Function 栏中选择【dB】选项，单击【>>】按钮，将 db(SP0.S(2,1))添加进去，如图 9.31（a）所示，单击【OK】按钮后，以直角坐标形式绘制 S_{21} 曲线，得到图 9.31（b）所示滤波器幅频特性曲线。

根据图 9.31（b）可以得出示例电路为一个低通滤波器，为了清晰地读出各频点对应的值，单击【New Marker】按钮，把光标移到曲线轨迹上单击，加入标记，如图 9.31（c）所示，利用标记可读出滤波器的通带截止频率为 1.1GHz 左右。如果要移动标记，可以先单击标记将其激活，再将光标在曲线轨迹上左右移动，便于读取滤波器的通带和阻带数据。如果坐标轴范围不合适，则可以选中绘制的曲线，在右侧的属性区中，找到【Axis】选项，打开其下拉框选择【Y Axis】选项可以修改 Y 轴标尺。取消勾选【Auto Scale】复选框，设置满足要求的最小值、最大值及步长。

（3）单击 iViewer 界面工具栏中的【Smith Chart Plot】按钮，在弹出的【Plot】对话框中进行设置，在 Data Source 栏中选择【SP0.S(1,1)】选项，单击【>>】按钮，将 SP0.S(1,1)添加进去，如图 9.31（d）所示，单击【OK】按钮后，以 Smith 圆图形式绘制 S_{11} 曲线，得到图 9.31（e）所示滤波器端口反射系数和阻抗特性曲线。

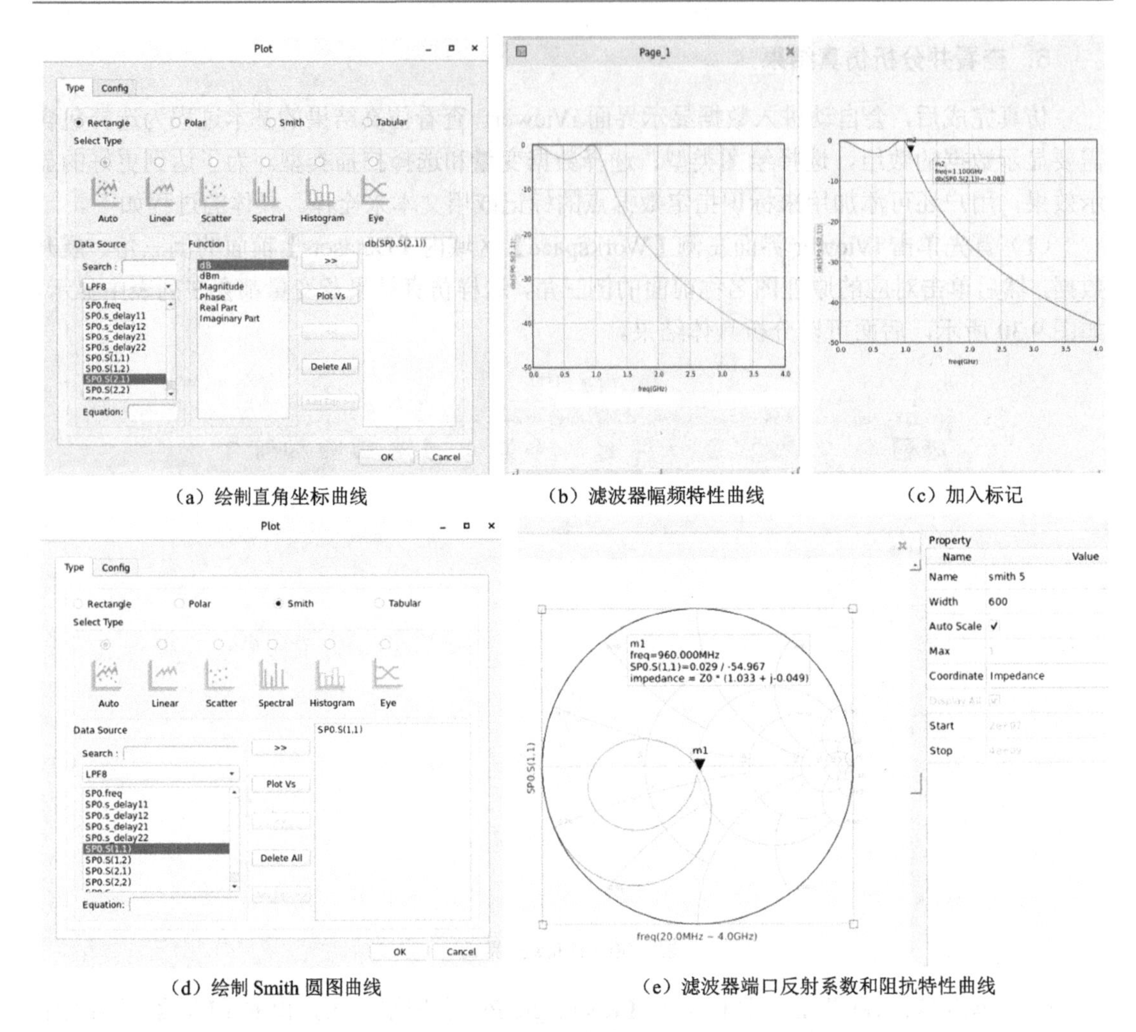

（a）绘制直角坐标曲线　（b）滤波器幅频特性曲线　（c）加入标记

（d）绘制 Smith 圆图曲线　（e）滤波器端口反射系数和阻抗特性曲线

图 9.31　结果显示

（4）如果所需分析的结果需要二次计算才能得到，则可利用公式编辑器。在 iViewer 界面左侧的【Workspace】区域中，右击【Equations】选项，选择【New Equation】选项，弹出【Create Equation】对话框，如图 9.32（a）所示。其中，【Expression】区域为表达式编辑区，【Data】窗口列出了仿真结果，【Function】窗口列出了公式编辑器中可以使用的数据处理函数。

以驻波比仿真为例进行说明，在【Expression】区域输入 VSWR1=(1+mag(SP0.S(1,1)))/(1-mag(SP0.S(1,1)))，通过【Add】按钮将其添加到右侧，单击【OK】按钮完成设置。当读取结果时，在 Data Source 栏中选择【VSWR1】选项，如图 9.32（b）所示，得到的驻波比曲线如图 9.32（c）所示。

为了清晰地显示 0～2GHz 范围内的结果，需要修改横纵轴范围。双击 VSWR1 曲线，选择【Config】选项，在【Axis】区域下选择【X Axis】选项，将其范围设置为 0～1.3GHz，步长设置为 0.1GHz，如图 9.33（a）所示。在【Axis】区域下选择【Y Axis】选项，将其范围设置为 0～40，步长设置为 5，如图 9.33（b）所示。设置完成后的驻波比曲线如图 9.33（c）所示，此时可以清晰地看到通带端口驻波比的变化情况。

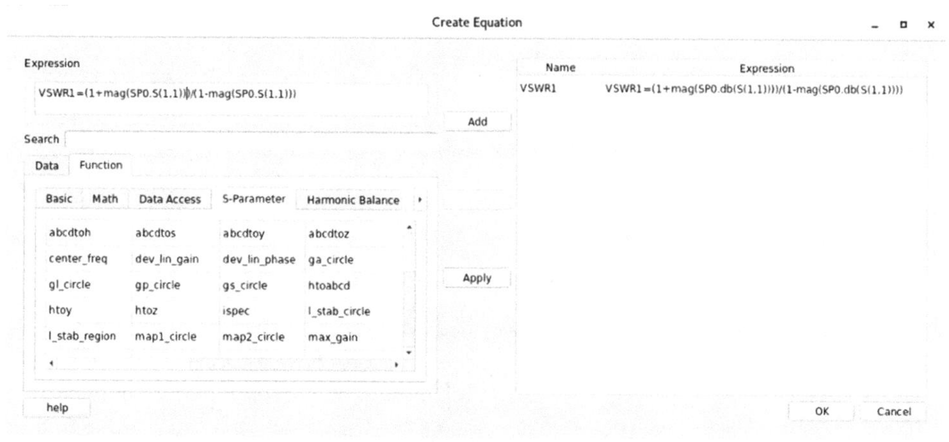

（a）【Create Equation】对话框

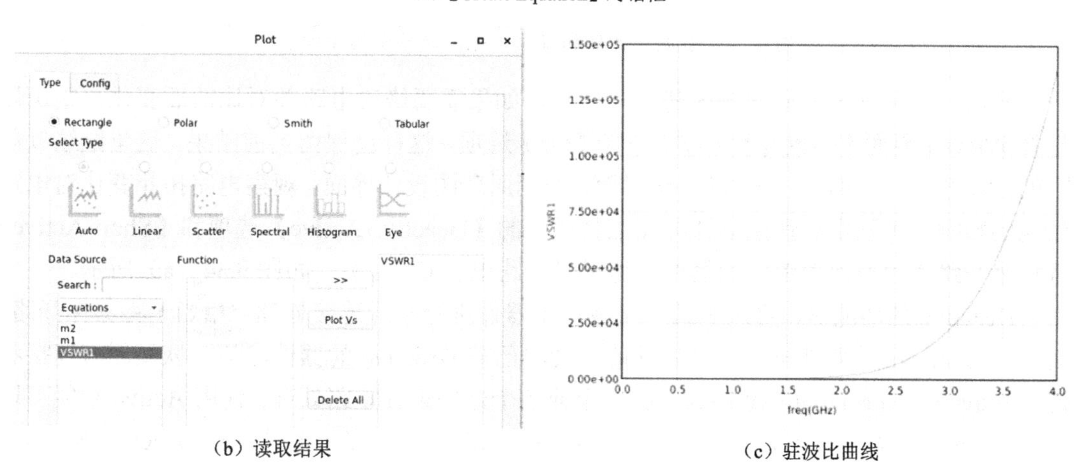

（b）读取结果　　　　（c）驻波比曲线

图 9.32　公式编辑器使用及结果显示示例

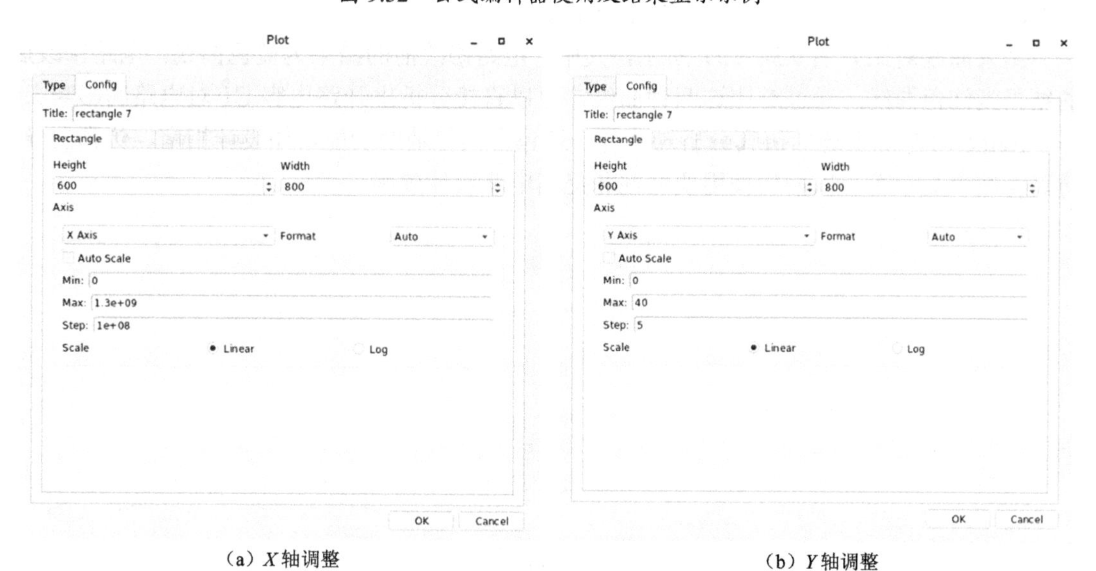

（a）*X* 轴调整　　　　（b）*Y* 轴调整

图 9.33　驻波比曲线的横纵轴范围调整示例

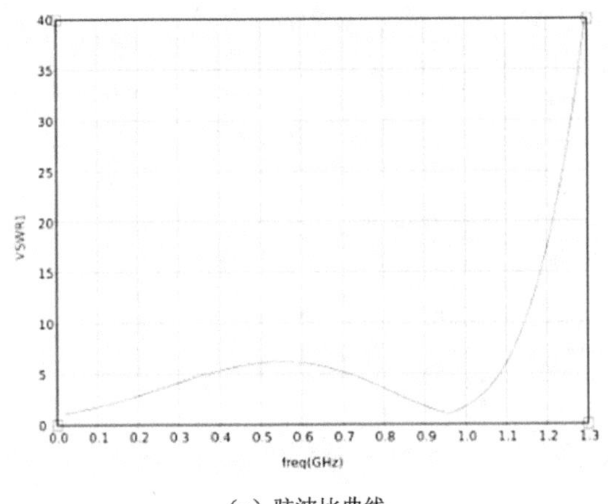

（c）驻波比曲线

图 9.33　驻波比曲线的横纵轴范围调整示例（续）

到此，已基本完成原理图的建立与仿真，如果需要修改电路并对比前后变化，则可以选择 iViewer 界面【History】选项卡下的【On】选项，这样会保留当前结果。这里继续以前面的滤波器设计为例，退出 iViewer 界面，回到原理图设计界面，观察电路拓扑变化对电路性能的影响。可利用原理图设计界面工具栏中的【Deactive/Active】选项和【Short/Active】选项来开路或短路原理图中的器件，这里以开路电容 C1 为例，如图 9.34（a）所示。

Deactive 的功能是，将选中的一个或多个器件进行断开连接处理，相当于将器件开路。对已被 Deactive 的器件再次使用该功能，会将已被 Deactive 的器件激活，恢复原有连接状态（Active）。Short 的功能是将选中的一个或多个器件进行短路处理；使用 Active 功能可以将已被 Short 的器件激活，恢复原有连接状态。当对选中的多个器件进行 Deactive 操作时，会将所有选中的器件进行 Deactive（不管其中是否有器件已被 Deactive 或 Short），再次进行 Deactive，会将所有选中的器件进行 Active。

结果曲线对比如图 9.34（b）所示，其中，电路修改前的结果为蓝色曲线，电路修改后的结果为红色曲线。通过对比这两种曲线，可以直接分析出开路电容 C1 对电路的影响。

AetherMW 除上述的仿真分析功能外，还包含其他辅助功能，如设计指南、仿真向导、仿真与结果显示等，以增加使用便利性和提高电路设计效率。

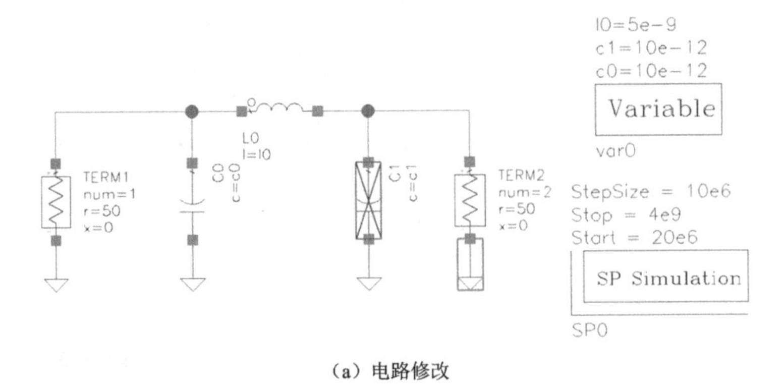

（a）电路修改

图 9.34　电路修改与结果曲线对比示例

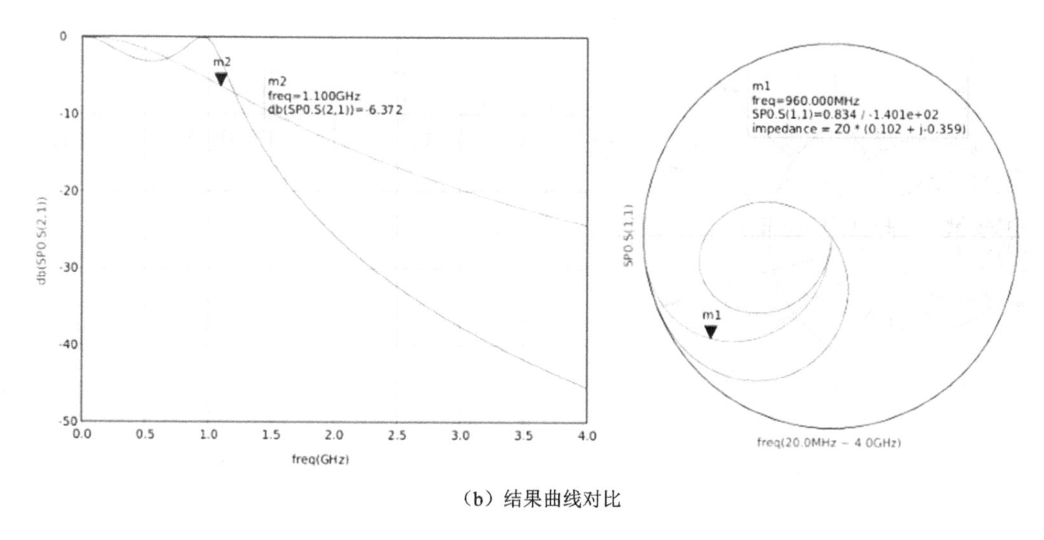

（b）结果曲线对比

图 9.34　电路修改与结果曲线对比示例（续）

思考题

（1）思考频谱分析仪进行测量时的误差来源。
（2）思考矢量网络分析仪进行测量时的误差来源。
（3）思考利用频谱分析仪和矢量网络分析仪完成滤波器模块特性测量的方法。
（4）思考 AetherMW 中各类仿真控件的差异。
（5）思考射频电路设计中进行滤波器设计时，所需用到的仿真控件及配置方式。
（6）思考射频电路设计中进行放大器设计时，所需用到的仿真控件及配置方式。
（7）思考射频电路设计中进行混频器设计时，所需用到的仿真控件及配置方式。
（8）思考射频电路设计中进行振荡器设计时，所需用到的仿真控件及配置方式。

参考文献

[1] 郭宏福，马超，邓敬亚，等. 电波测量原理与实验[M]. 西安：西安电子科技大学出版社，2015.
[2] 雷振亚，明正峰，李磊，等. 微波工程导论[M]. 北京：科学出版社，2010.
[3] 夏新运. 微波实时频谱分析仪射频前端设计[D]. 成都：电子科技大学，2016.
[4] 平志琪. 实时频谱分析仪中的宽带数字中频技术研究与实现[D]. 南京：东南大学，2015.
[5] 刘意. 实时 USB 频谱分析仪射频前端组件的设计与实现[D]. 成都：电子科技大学，2020.
[6] 孔维东，胡凯茂，汪蕊花. 扫频式频谱分析仪的信号测量方法[J]. 中国无线电，2022(1)：52-55.

[7] 闻乐天. 矢量网络分析仪时域测量技术及不确定度研究[D]. 南京：南京航空航天大学，2019.
[8] 胡雪萍. 矢量网络分析仪测量不确定度研究[D]. 南京：南京航空航天大学，2018.
[9] 刘敬坤，李继森，孙凯. 矢量网络分析仪大动态范围接收机设计[J]. 国外电子测量技术，2021（012）：131-134.
[10] 廖永波，鞠家欣. Aether 实用教程[M]. 北京：冶金工业出版社，2016.